地震台站标准化设计与示例

赵　刚　肖武军　陈　敏　凌学书　编著

地震出版社

图书在版编目（CIP）数据

地震台站标准化设计与示例/赵刚等编著. —北京：地震出版社，2023. 8
ISBN 978-7-5028-5530-7
Ⅰ. ①地…　Ⅱ. ①赵…　Ⅲ. ①地震台—设计—标准化—中国　Ⅳ. ①P315. 782
中国版本图书馆 CIP 数据核字（2022）第 240747 号

地震版　XM5133/P（6357）

地震台站标准化设计与示例

赵　刚　肖武军　陈　敏　凌学书　编著
责任编辑：王　伟
责任校对：凌　樱

出版发行：地震出版社
北京市海淀区民族大学南路 9 号　　邮编：100081
销售中心：68423031　68467991　　传真：68467991
总 编 办：68462709　68423029
编辑二部（原专业部）：68721991
http://seismologicalpress. com
E-mail：68721991@ sina. com
经销：全国各地新华书店
印刷：河北文盛印刷有限公司

版（印）次：2023 年 8 月第一版　2023 年 8 月第一次印刷
开本：787×1092　1/16
字数：429 千字
印张：16. 75
书号：ISBN 978-7-5028-5530-7
定价：100. 00 元

前　言

地震台站是开展地震观测和研究的基层地震业务管理单元，是地震观测的基础。经过几十年的不懈努力，我国已建成由遍布全国的测震、地壳形变、电磁、地下流体等固定台站组成、覆盖全国大陆地区的地震监测台网，产出了丰富的地震观测成果，在地震预测预报、地球科学研究、国民经济建设等领域中发挥着重要作用。

随着现代科学技术的飞速发展，我国地震台站进行了大规模的数字化、网络化技术改造和建设，地震观测设备广泛应用数字技术、信息网络技术，自动化程度日益提高。但是，由于我国大部分地震台站地处野外，地震观测需求多、观测系统复杂，加上各种地震专业设备种类多。总的来说，不同时期建设的地震台站受当时客观条件限制，加上缺乏可行性、操作性强的统一标准规范，导致地震台站标准化、规范化水平偏低。

地震台站标准化设计是提升地震台站管理水平和观测能力的重要环节，对推进防震减灾业务现代化具有重要意义。2017 年，中国地震局监测预报司组织有关专家根据我国科学技术条件、国家和相关行业制定的有关标准和规定，结合我国地震台站的具体实际情况，按照“观测布局合理、防震加固科学、综合布线规范、标识标志清晰”的基本要求，对典型地震台站开展了标准化设计，并在全国部分省（自治区、直辖市）地震台站开展试点实施。改造台站显著提升了其公益性、科技性等地震行业特色，实现了标识标志清晰、综合布线规范、设备布设合理、外观形象统一的地震台站标准化设计目标，形成了可使用、可推广、可借鉴的地震台站标准化改造模式，极大提升了改造地震台站的规范化水平，取得了较好效果。2020 年初，中国地震局领导在安徽视察时指出：“紫蓬山地震台作为未来现代化地震台的雏形已经形成，在标准化建设方面做了很好的探索和实践，也为全国性的标准化建设提供了很好的样板。”

本书重点介绍观测布局、防震加固、综合布线、标识标志等地震台站标准化设计方面的内容，按照测震、强震动、重力、地磁、地电、地壳运动、地质、地球化学等具体地震观测业务的不同需求，在遵循各观测学科台站建设标准规范基础上，充分考虑地震台站的环境复杂性和各观测手段的实际需求，对综合台、测震站、强震动站、重力站、地磁站、地电站、GNSS 站、跨断层形变站、形变站与流体站等分别进行设计，每个部分包括各学科典型地震台站的观测布局、防震加固、综合布线、标识标志等内容，以及地震台站标准化所需的主要元素、重要部件以及配套设施设计，并配有相应图例和文字说明。本书特摘选若干典型台站的设计改造方案进行案例分析，附录中也提供了典型地震台站设计效果图，供参考。目的是能够使台站一线人员更好地理解与掌握有关知识，在台站建设和改造实施及日常维护中有所帮助。

本书的出版得到了各方面的大力支持。地震台站标准化设计工作组的专家对本书的形成贡献了他们的智慧；中国地震局各学科管理组的专家和各省（自治区、直辖市）地震局的同仁给了大量的建议；中国地震局监测预报司的领导对本书的编写给予了大力支持和指导。在此，对所有支持和帮助本书出版的人员表示诚挚的谢意。本书各章节作者分别为：第 1 章：赵刚、肖武军、凌学书；第 2 章：陈敏、赵刚、凌学书；第 3 章：肖武军、李江、杨陈；第 4 章：谭俊义、赵建和、张学应；第 5 章：胡玉良、韦进；第 6 章：郑先进、师宏波；第 7 章：贾鸿飞、张素琴；第 8 章：瞿旻、范晔；第 9 章：赵楠、孟宪刚；第 10 章：牛延平、吴磊；第 11 章：邓卫平、张彬；第 12 章：马伟、孙国栋；第 13 章：曹志磊、张学应；第 14 章：赖加成、陈文明；第 15 章：付琦、马广庆、贾昕晔；附录Ⅰ：凌学书、曹志磊；附录Ⅱ：孙国栋、龚飞；全文统稿、编辑和校核：赵刚、赵建和、肖武军。

由于对地震台站改造工作总结还不够深入，加之水平和时间有限，书中有些内容还有待进一步深化，瑕疵和疏漏在所难免，恳请读者予以指正并提出宝贵意见，以便我们继续努力，不断完善，从而更好地为我国防震减灾事业服务。

目 录

1 概　　述

从广义上来说，地震台站标准化内容既要包含台站勘选、设计、实施、测试、验收等方面建设标准化，也要包含台站仪器设备配置、仪器设备安装运行、观测数据质量控制、观测系统监控与运维等方面业务标准化。

按照地震台站标准化设计工作的整体部署，本次地震台站标准化设计重点要达到“观测布局合理、防震加固科学、综合布线规范、标识标志清晰”的基本要求。本书重点介绍观测布局、防震加固、综合布线、标识标志等标准化设计方面的内容，在遵循各观测学科台站建设标准规范基础上，充分考虑地震台站的环境复杂性和各观测手段的实际需求，对综合台、测震站、强震动站、重力站、地磁站、地电站、GNSS 站、跨断层形变站、形变站与流体站等分别进行设计，目的是能够使台站一线人员更好的理解与掌握的有关知识，在台站建设和改造实施及日常维护中有所帮助。

1.1　地震台站标准化设计工作

在遵循各学科已有标准规范的基础上，开展调研分析总结，提出地震台站标准化设计的总体技术思路，形成台站标准化设计方案。

1.1.1　现状

地震台是开展地震观测和研究的基层地震业务管理单元，地震观测站点是开展地震观测的场所，是地震监测系统的基础。地震台站既是开展地震观测的场所，又是监测预报的基本单元。截至 2017 年 3 月底，我国已建成由遍布全国的测震、地壳形变、电磁、地下流体共 3588 个固定台站组成、覆盖全国大陆地区的地震监测台网，产出了丰富的地震观测成果，在地震预测预报、地球科学研究、国民经济建设等领域中发挥着重要作用。

目前，我国已发布的一些地震观测相关的国家标准、行业标准，包括测震、形变、电磁、流体等各学科台站建设规范、地震观测专业设备入网技术要求等，基本覆盖了已有的主流地震观测测项，在地震台站的建设和发展中发挥极其重要的作用。但是，这些标准规范关注的重点是学科观测需求，对观测布局、标识标志、防震加固、综合布线等台站公用技术内容的设计不完善、要求不明确，导致在地震台站具体建设实施过程中可操作性不足、规范性不强，造成已建成的地震台站标准化水平偏低、行业辨识度差。我国现有地震台站与其他行业野外台站相比，在行业辨识度、建设规范性等方面的标准化程度差距明显，制约了我国地震台站作为专业化地震观测场所的发展。

地震台站标准化设计是提升台站管理水平和观测能力的重要环节，对推进防震减灾业务现代化具有重要意义。中国地震局领导高度重视台站标准化工作，在新疆、云南等地调研时多次强调“要加强监测仪器布设等标准化建设”。对地震台站进行标准化、规范化的统一设计，是地震监测台网标准化建设的重要组成部分。2020 年 9 月，中国地震局正式发布了

《中国测震站网规划（2020~2030 年）》和《中国地球物理站网（地壳形变、重力、地磁）规划（2020~2030 年）》，各单位正在实施建设或计划建设的地震台站会不断增加，投入运行的地震观测专业仪器也必将越来越多。

为此，亟需开展地震台站标准化方面的研究，制定和完善地震台站标准化设计技术规范，规范地震台站观测布局、标识标志、防震加固、线缆布设等公用技术标准化设计，提升地震台站标准化、规范化水平，全面展现我国地震台站的公益性、科技性等行业特色。

1.1.2 调研分析

台站调研。赴重庆、广东等地调研了气象、通信、电力等行业典型站点标准化建设工作，实地调研了辽宁、河北、甘肃、江苏、福建、云南等地 36 个典型地震台站，调研台站涵盖了绝大多数主流地震观测手段，基本摸清了各学科典型台站的现状，提出了地震台站标准化设计所需涵盖的范围和内容。

总体分析。地震台站观测需求多、观测系统复杂（如有的台站包括测震、重力、形变等观测，有的台站包括测震、地电、重力等观测，有的台站包括地电、流体、形变等观测，……，等不同观测测项组合），加上各种地震专业设备种类多、数量差距大（在全国观测台网中存在着 153 个型号地震专业设备，同一类型号设备差别大，多的有数百套、少的只有几套）。截至 2018 年底，中国地震局地震监测台网共有 5169 套地震专业设备，涉及测震、形变、电磁、流体等观测手段。在收集分析了已有与台站观测布局、仪器布设、线路布设、标识标志等与标准化设计有关的标准规范基础上，整理形成了测震、形变、电磁、流体等学科总结分析报告，梳理出了地震台站标准化改造需求。

存在的典型问题如下：一是台站外观风格不统一、辨识度低。由于不同时期的项目建设受当时资金、技术条件限制，建成的台站样式、标识五花八门，辨识度极低。二是各台站观测手段功能分类不清晰、不明确。台站观测场地和观测室内部未有明确功能分区，专业仪器类型多、布设随意性大，缺乏明确防震设计方案。三是台站观测环境达不到专业设备运行要求，部分观测场地潮湿严重、保温性差，运行环境恶劣，导致专业仪器故障率高，产出数据不可靠。四是观测室内部设备布设混乱。如设备安装位置、布线规则不明确，供电线、接地线等线路布设不规范，辅助设施不足，缺乏必要的标识和标志。

总之，由于不同时期建设的台站受当时客观条件限制，加上缺乏可行性、操作性强的标准规范，导致现有台站标准化水平偏低。

1.1.3 技术思路

在借鉴国家和其他行业已发布的相关标准规范基础上，充分调研分析总结我国地震台站目前存在的典型问题，在遵循各观测学科台站建设标准规范的基础上，提出了能充分展现地震行业特色、规范统一、操作性强的台站标准化建设技术思路，在行业内形成了涵盖标识标志、观测布局、防震加固和综合布线等内容的设计方案。外观设计重点体现显著的科技属性和行业辨识度，内部设计重点实现观测布局合理、设备固定科学、综合布线规范，保障台站运行质量。采取边设计、边应用、边完善的措施，首次在安徽局等单位典型台站进行了设计和应用，积累经验、总结成果、验证完善，保障了地震台站标准化总体技术思路的科学性、合理性。

1.1.4 工作过程

在地震台站还没有形成统一的、可操作性强的技术规范情况下，与相关单位合作，查阅和学习多个相关国家标准与行业标准，本着“规范合理、特色突出、普适兼容”的原则，经过需求论证、征求意见等阶段，制定地震台站标准化设计技术要求。

需求梳理。在借鉴相关国家与行业标准的基础上，充分考虑地震台站环境的复杂性和各观测手段的实际需求，开展地震台站标准化设计工作，梳理出典型地震台站标准化设计技术需求，编制了各学科地震台站标准化设计相关标准规范报告，提出各学科主流专业观测仪器的标准化布设流程。

要求编制。根据技术需求论证意见，邀请各学科专家、专业设计团队开展技术方案进行专业化设计，按照测震、强震动、重力、地磁、地电、地壳运动、地质、地球化学等地震观测的不同需求，形成了典型综合台、测震站、强震动站、重力站、地磁站、地电站和 GNSS 站、跨断层形变站、形变站与流体站的标准化设计，完成了地震台站标准化设计征求意见稿编制。

征求意见。2018 年 3 月，向局属各单位及社会公开征求意见。

印发试行。2018 年 4 月，逐一研究各条反馈意见，邀请相关专家修改完善后，针对台站存在问题，提出了应对措施，包括规范观测场地，增加防震固定装置、合理布设各种线缆、增加设施标志标识等内容，形成了较为完善的地震台站标准化设计要求试行稿。通过评审后印发试行。

完善设计。按照验收专家意见，结合各学科论证意见和台站试点实施中发现的问题，编制完成修订稿，并于 2019 年 4 月正式印发。

1.2 地震台站标准化设计的典型试验与试点应用

对典型问题开展了针对性设计试验，并在地震台站开展了试点应用，为地震台站标准化设计要求的制定提供了参考和依据。

1.2.1 典型设计试验

1. 观测布局设计试验

台站观测布局在满足各学科台站建设规范的基础上，按用途划分为专业观测区和辅助功能区，明确了专业观测区和辅助功能区内设备设施的配置和布设要求，具体见本书中各学科典型地震台站设计的观测布局章节内容。

专业观测区布设地震监测专业设备，包括传感器、采集器、主机、通信设备及放置仪器的机柜等。

辅助功能区布设供配电、防雷接地、安全监控等辅助设施，并对辅助设施的布设提出明确要求。

观测室建筑和空间布局应兼顾灵活性和美观性，结构及材料应满足保温、隔热、防潮、防火、防尘等要求。

2. 标识标志设计试验

标志由徽标标识、文字标识和颜色标识组成。标志设计符合协调、实用、美观原则，标识内容符合准确、简练、清晰的要求。

标识标志包括台站名称类标识、观测场地类标识、仪器设备类标识、线路线缆类标识、通用类标识等内容，具有显著的地震行业辨识度。标志标识颜色采用CMYK颜色模式和PANTONE色卡配色系统表示。观测场地名称识别标志的辅助信息包括观测场地名称、观测测项名称、启用日期等，其中有关观测测项名称的文字内容表述应符合DB/T 3—2011《地震测项分类与代码》的规定。仪器设备名称识别标志的辅助信息包括仪器名称、厂家信息、仪器编号、启用日期等，其中有关地震观测仪器名称的文字内容表述应符合DB/T 87—2021《地震观测仪器型号编码及名称命名规则》的规定。线路线缆名称识别标志的辅助信息包括标识线路线缆的起止位置和线路线缆名称等信息，用于识别布设在线槽、桥架、走线架等设施内的线路线缆信息。

标志基材应使用耐腐蚀和耐水性材料，地震监测站名称、观测场地名称识别标志的基材可采用不锈钢拉丝材质制作，仪器设备名称识别标志、线路线缆名称识别标志的基材可采用聚丙烯材质制作，地磁仪器识别标志应采用无磁性材料制作。在标牌的材质、加工工艺、安装方式及版面样式进行了大量探索。在改造中，调研并试加工了包括亚克力、不锈钢、拉丝不锈钢等几种标牌材质，包括丝印、丝印覆膜、腐蚀烤漆等几种加工工艺，安装包括玻璃胶粘接方式、金属钢角悬挂方式，通过实验对比和安装效果，最终确定拉丝不锈钢腐蚀烤漆的制作方式和金属钢角悬挂的安装方式。

3. 防震加固设计试验

地震台站正常运行的地震观测仪器、公用设备设施，为避免因地震或其他原因导致的倾倒和滑落，应科学加装防震固定装置。地震观测传感器或观测装置，在满足地震观测要求的前提下，结合台站所处的地理位置和可能的最大地震烈度，合理采取防震加固措施。

根据台站实际观测状况，设计了一款安装方便、稳固可靠、维护便捷的防震装置与地震计防风扰密封罩。固定防震装置试验中，防震装置与地震计固定安装在振动台面上开展试验，检测防震装置的抗震性能。防震装置在中国地震局工程力学研究所燕郊实验室进行了振动台防震性能试验，并在山东郯城台以及安徽紫蓬山台进行了的台站现场噪声试验观测。在一致性试验数据分析中，采用的是平方相干性数据分析方法，通过远震记录、近震记录两类记录情况进行记录波形对比分析，同时还对处于不同状态的记录地震波形对比。通过上述实际对比试验，得到了地震计加防震装置和不加防震装置情况下，尤其是对比远震和近震的记录情况，经分析认为，“地处我国大陆地区地震烈度≤Ⅶ区（7度）台站地震计可不进行防震装置加固，要在满足地震观测要求的前提下，结合台站所处的地理位置和可能的最大地震烈度，合理采取防震加固措施”，为台站标准化技术方案制定提供技术支撑。

对非标准机架式仪器设备设计了固定装置，根据台站使用的非标准仪器设备外形尺寸设计了一定高度的托盘。托盘采用2mm冷轧钢喷塑加工而成，主机放在托盘内，托盘通过螺丝固定在机柜导轨上实现规范固定。台站授时传感器没有统一的固定装置，实施中设计了一个可以固定3~5个授时传感器的固定装置，保证授时传感器规范固定。设计井口固定装置，采用304不锈钢钢管加工而成，支撑杆与底板焊接，固定盘采用发轮盘与钢管焊接，支撑杆和固定盘之间采用不锈钢螺丝连接固定，该固定装置经过膨胀螺丝将底板与原始地面连接固定，满足了井下观测设备信号线缆的固定与规范布设要求。

4. 综合布线设计试验

地震台站所有与观测系统运行有关的各类线缆线路应统一规划、规范布设，做到强弱电分离、横平竖直，杜绝明线铺设。

在满足地震观测实际要求的前提下，合理规划各种线缆，避免线缆过多过长的情况出现。

室外线缆采用套入金属管或 PVC 管埋地（墙）或嵌入线槽方式铺设，线缆铺设走向的明显位置处，每隔 10m 做标识，进入观测室前，线缆做防强风、防雨水倒灌等安全保护措施，外墙位置处做标识。

室内线缆采用线槽地板下铺设或桥架铺设，水平（垂直）走向的走线架、走线槽及走线管与水平（垂直）面平行，采用不锈钢或 PVC 材料制作，在线缆铺设走向的明显位置处每隔 5m 标识。

机柜内线缆在竖向理线槽和横向理线器内铺设，强电线缆铺设在机柜内左侧竖向理线槽，弱电线缆铺设在机柜内右侧竖向理线槽。

紫蓬山和九华山台站将走线桥架引入到台站，使用全封闭线槽，下走线方式引入机柜。线槽宽度 100mm，采用 1.2mm 不锈钢材料，采用填缝材料加以固定。所有线缆均平行布设在线槽内，间隔 500mm 用轧带固定。布线时强弱电分开布设，避免线路间电磁干扰。

1.2.2　台站试点应用

为突出设计与实践并重，在东、中、西部地区的安徽等地选择 16 个典型台站开展典型台站实地应用，涵盖了测震、强震、地电、地磁、重力、形变、流体等在网主流观测手段，形成实现台站标准化的有效技术途径，为我国地震台站标准化建设提供了工程示范。各单位按照台站标准化设计的技术思路，在观测布局、防震加固、综合布线、标识标志等方面提出有效可行的技术方案。

第一，台站观测布局设计。结合台站实际情况，开展专业观测区和辅助功能区的分区设计，专业仪器布设在仪器机柜的专业设备区，通信等公共设备布设在仪器机柜的公共设备区，对改造台站的各种公共设备设施布设进行了明确要求。

第二，台站标识标志设计。标志设计符合协调、实用、美观的原则，标识内容符合准确、简练、清晰的要求。设备粘贴相应标识标志，台站名称标识、门头标识、导视标识等，可适当进行个性化设计，标志外观应平滑、整齐、色泽均匀。

第三，台站观测线路设计。室外内、机柜内等与观测系统运行有关的线缆要统一规划、规范布设，在满足观测要求的前提下，合理规划各种线缆，避免出现线缆过多过长的情况。

第四，台站防震加固设计。正常运行仪器设备设施，为避免因地震或其他原因导致的倾倒和滑落，科学加装防震固定装置。

在台站实施过程中，各单位台站人员、实施人员进行数次集中工作和台站现场研讨，对观测布局、防震固定、综合布线、标识标志、外观形象等进行了广泛交流，确保试点台站实施质量，为今后台站标准化建设推广奠定了基础。

2019 年 1 月，通过专家验收，专家组实地查验了台站改造实施情况，认真检查了仪器设施防震加固、线路线缆综合布设、标识标志安装等方面内容，认为试点台站在防震加固、综合布线、标识标志等方面具有很强的示范性，为全面推广台站标准化建设奠定了基础。

为落实中国地震局领导对台站标准化工作做出的“进一步总结经验、优化设计、加大实施力度”的批示，在各类台站建设改造类项目的支持下，2019 年在安徽、云南、甘肃、新疆等 20 个单位所属的 99 个地震台站进行示范应用，2020 年继续在河北、山东、陕西等 10 个单位所属的 167 个地震监测站进行大规模推广应用，取得了显著的改造成效。

2020 年初，中国地震局领导在安徽视察时指出：“紫蓬山地震台作为未来现代化地震台的雏形已经形成，在标准化建设方面做了很好的探索和实践，也为全国性的标准化建设提供了很好的样板。”

1.3 地震台站标准化设计的主要内容及相关使用说明

1.3.1 主要内容

从广义上来说，地震台站标准化设计既要包含台站勘选、设计、实施、验收等方面建设标准化，也要包含台站仪器设备配置、仪器设备安装运行、观测数据质量控制、观测系统监控与运维等方面业务标准化。在前期实施的地震台站标准化设计与试点专项，其重点围绕观测布局、防震加固、综合布线、标识标志等内容进行开展设计与实施，未涉及其他台站建设和业务运行的标准化内容，所以本书也将从这几个方面进行介绍。

在遵循各观测学科台站建设标准规范基础上，本着“规范合理、特色突出、普适兼容”的原则，充分考虑地震台站的环境复杂性和各观测手段的实际需求，开展了地震台站标准化设计工作，保障了设计的科学性、合理性，统一规范了各学科的公用技术设计要求。

1. 观测布局

依据国家和行业相关标准和技术规范，结合各学科不同观测需求，对测震站、强震动站、重力站、地磁站、地电站、GNSS 站、跨断层形变站、形变站与流体站的观测布局分别设计。

地震台站要结合观测实际情况，开展专业观测区和辅助功能区的布局设计。

（1）专业观测区布设观测装置、观测传感器、采集器、主机等地震监测专业设备。

（2）辅助功能区布设供配电、防雷、接地、监控、通信、UPS、设备机柜等辅助设施。

（3）观测室建筑和空间布局应兼顾灵活性和美观性，结构材料应满足保温、隔热、防潮、防火、防尘等要求。

（4）观测室及观测场地设计按照各学科相关行业标准开展设计。

（5）根据实际情况，观测室内设仪器机柜、电池柜，安防和环境监控设备、电源开关、照明灯、墙面插座、等电位箱等辅助设施。

（6）试验仪器应独立场地布设，应避免对已入网且正式运行的地震专业仪器产出造成影响。

（7）观测室内设“强弱电间”，配电箱安装在后侧墙体上距地面高度 1.5m 处，预留线缆入户孔位于后侧墙体上方。

（8）机柜后侧距墙壁不小于 1.2m；等电位箱安装在机柜后侧墙体上，距地面高度 0.3m。

（9）台站安装安防和环境监控设备，其高度距地面 2.3m。

（10）电源插座内嵌于墙上距地面高度 0.3m；照明开关置于进门右侧，距地面高度 1.4m。

（11）GNSS 室外天线支架，其支架距地面高度 2.8m。

（12）观测室墙体及屋顶做防潮、隔热、防变形设计；山洞观测区按学科要求应设船舱门或冰箱门；无人站入户门选用 C 级锁、甲级防盗防锈门（如 304 不锈钢门）。

（13）综合台仪器机房地面应选用表面电阻或体积电阻值约为 $2.5\times10^{4}\sim1.0\times10^{9}\Omega$ 防静电地板架空方式铺设；无人站观测室的地面选用防静电涂料涂抹。

（14）仪器机柜采用标准机柜，分为公共设备区和专业设备区。公共设备区依次放置线缆收纳箱、防雷集成箱、电源分配单元和配线架等，专用设备区依次放置专业观测设备，根据线缆进入的位置，可调整线缆收纳箱位置。

（15）地磁台站用无磁材料进行设计和施工。

2. 标识标志

标识标志主要包括台站名称类标识、观测场地类标识、仪器设备类标识、线路线缆类标识、通用类标识等。设备设施粘贴相应标识标志，台站名称标识、门头标识、导视标识等，可适当进行个性化设计，标志设计应符合协调、实用、美观的原则，标识内容应符合准确、简练、清晰的要求。

（1）标志构成：

①标志由中国地震局徽标标识、文字标识和颜色标识组成。

②中国地震局徽标标识使用应遵循《中国地震局视觉形象识别手册》要求，不得随意更改。

③文字中有关地震观测测项的名称文字内容表述应符合 DB/T 3《地震测项分类与代码》的规定。

④文字中有关地震观测仪器的名称文字内容表述应符合 DB/T 87《地震观测仪器型号编码及名称命名规则》的规定。

⑤在文字标识中，汉字字体宜为中文简体；英文单词中除介词、连词外其他单词的首字母宜大写，也可所有字母均大写；需要使用数字表示序号或编号时，宜使用阿拉伯数字。

⑥颜色采用 CMYK 颜色模式表示，CMYK 颜色使用应符合 GB/T 18721《印刷技术　印前数据交换　CMYK 标准色彩图像数据（CMYK/SCID）》的规定。CMYK 印刷四色模式，其中四个字母分别指 Cyan（青色）、Magenta（品红色）、Yellow（黄色）、Black（黑色），在印刷中代表四种颜色的油墨标志标识主体颜色为蓝色和白色，标识辅助颜色为青色和灰色。

（2）标志外观：

标志外观应平滑、整齐、色泽均匀，避免出现不明显的毛刺、弯曲、裂纹，明显的气孔、气泡、皱纹、剥落及颗粒杂质，明显划痕、锈迹、斑点及影响字迹清晰的暗影。

（3）标志规格：

①台站名称类标志应按有关要求命名。有场地条件的综合台大门口，宜采用 2m×0.25m 门牌；综合台观测室，宜采用 0.4m×0.2m 门牌；无人观测站，宜采用 0.45m×0.6m 门牌。

②观测场地类标志应标识观测场地信息。观测井、观测墩，宜采用 0.6m×0.4m 或 0.2m

×0.1m 标牌。

③地电观测的线杆和线杆接线盒，宜采用 0.3m×0.2m 标牌。

④地磁观测的方位标和监测桩，宜采用 0.2m×0.1m 标牌。

⑤山洞观测区的观测场地布局，宜采用 0.6m×0.4m 标牌。

⑥仪器类标志应标识厂商、型号、启用日期等仪器信息，其标志规格宜 0.18m×0.035m。

⑦线缆类标志应标识线路名称、起止位置等信息，其标志规格宜 0.2m×0.1m。

⑧通用类标志应标识提示性、警示性等信息，其标志规格宜 0.2m×0.1m。

（4）标志制作：

①使用耐腐蚀和耐水性材料，其载体及制作性能要求应符合 GB/T 38651.1《公共信息标志载体　第 1 部分：技术要求》的规定。

②台站名称标志、观测场地标志和通用标志的基材宜采用不锈钢金属材质或 PVC 材质。

③仪器类标志、线缆类标志的基材宜采用不锈钢金属材质、PVC 材质或 PP 材质。

④地磁台站标志应采用无磁性材料制作。

（5）标志安装：

①标志安装流程和安装施工要求应符合 GB/T 38651.3《公共信息标志载体　第 3 部分：安装要求》的规定。

②台站名称类标志宜安装于台站门口左侧。

③观测场地类标志应安装于观测场地明显位置处。

④仪器类标志应安装于仪器机柜正面带卡槽的盲板内。

⑤线缆类标志应安装于线缆走向的明显位置处。

⑥通用类标志应安装于提示、警示信息的明显位置处。

3. 观测线路

台站所有与观测系统运行有关的各类线缆线路（包括观测室室外线路、观测室室内线路、仪器机柜内线缆等）统一规划、规范布设，做到强弱电分离、横平竖直，杜绝明线铺设，在满足观测要求的前提下，合理规划各种线缆，避免出现线缆过多过长的情况。

（1）观测室外的线缆铺设应符合下列要求：

①采用套入金属管或 PVC 管埋地（墙）或嵌入线槽铺设。

②埋地铺设的线缆，埋地深度不小于 0.7m。

③线缆铺设走向的明显位置处，每隔 10m 做标识。

④进入观测室前，线缆做防强风、防雨水倒灌等安全保护措施。

⑤在线缆进入观测室前的外墙位置处做标识。

⑥当线缆穿越楼层或墙体时，要对孔洞处线缆做保护。

（2）观测室内的线缆铺设符合下列要求：

①在线缆进入观测室后的内墙位置处做标识。

②采用线槽、线管地板下铺设或桥架等方式铺设。

③在线缆铺设走向的明显位置处，每隔 5m 标识。

④水平走向的走线架、走线槽道及走线管与水平面平行。

⑤垂直走向的走线架、走线槽道及走线管与水平面垂直。

⑥山洞内的连接线直接沿山洞内铺设，应做好防潮等保护措施。

⑦线槽、线管、桥架、走线架、走线槽道及走线管等可采用防腐蚀性强的不锈钢或PVC材料制作。

（3）机柜内的线缆铺设符合下列要求：

①采取下进线方式时，线缆通过抗震底座进入机柜。

②线缆通过竖向理线槽和横向理线器铺设。

③强电线缆铺设在仪器机柜内左侧竖向理线槽。

④弱电线缆铺设在仪器机柜内右侧竖向理线槽。

⑤地磁台站线缆铺设应采用无磁性材料。

4. 防震加固

地震台站正常运行的地震观测仪器、公用设备设施，为避免因地震或其他原因导致的倾倒和滑落，应科学加装防震固定装置。地震观测传感器或观测装置，在满足地震观测要求的前提下，结合台站所处的地理位置和可能的最大地震烈度，合理采取防震加固措施。除特别说明的仪器设备外，其余各类设备设施须采取抗震防倾倒、滑落的固定措施。

（1）下列仪器、设备和设施应采取防震加固措施：

①除观测传感器或观测装置外，仪器的控制主机、数据采集器等其他组件。

②光端机、交换机、路由器等通信设备。

③配电箱、接地箱、UPS电池架、线缆收纳箱等设施。

④观测室外GNSS蘑菇头、无线通信天线等设施。

⑤用于观测数据处理的计算机、服务器等设备，存放观测数据的桌柜等设施。

⑥用于铺设线缆的线槽、线管、线架、桥架等各种设施。

⑦用于标识仪器、设备、设施等信息的标志。

（2）仪器机柜内部按功能划分为专业仪器区和公共设备区，且仪器安装符合以下要求：

①仪器机柜宜采用19英寸标准机柜。

②地震观测仪器应安装在专业仪器区，公用设备应安装在公共设备区。

③机柜内的仪器和设备应整齐有序，严禁直接叠放。

④直接固定在机柜两侧导轨的仪器和设备，采用螺丝加固。

⑤不能固定在机柜两侧导轨的仪器和设备，采用托盘加固或专用装置加固。

⑥机柜板材采用优质镀铝锌钢板制作，配置承重加固装置。

⑦根据线缆进入机柜的位置，可调整线缆收纳箱位置。

（3）仪器机柜应按下列方法进行加固：

①在有架空地板的观测室，通过带有水平调节功能的抗震底座与原始地面固定。

②在无架空地板的观测室，通过膨胀螺栓直接固定在原始地面上。

（4）地磁仪器的防震加固装置应采用无磁性材料制作。

（5）观测室室外观测井、观测墩等固定装置的外盖板须倾斜放置，通常为30°左右。

（6）各类防护罩一般放置在带有凹槽的不锈钢底座上。为避免滑动，不锈钢底座应牢固黏贴在摆墩上，防护罩须预留调试窗（四周应加密封条）。

1.3.2 相关说明

依据国家和行业相关标准和技术规范，按照测震、强震动、重力、地磁、地电、地壳运动、地质、地球化学等具体地震观测业务的不同需求，设计了综合台、测震站、强震动站、重力站、地磁站、地电站、GNSS 站、跨断层形变站、形变站、流体站等 10 个方面内容，每个部分对各学科典型地震台站的观测布局、防震加固、综合布线、标识标志等方面进行了标准化设计，提出了规范化要求，每个部分都包含了地震台站标准化所需的主要元素、重要部件以及配套设施设计，并配有相应图例和文字说明。

本书特摘选若干典型地震台站的设计改造方案进行案例分析，供参考。

附录中提供了典型地震台站设计效果图。

2　综合观测台

综合观测台通常是指利用测震、重力、地磁、地电、地壳形变和地下流体等观测仪器（其中的几种或多种），在地表或地下（包括地下室、洞体和井下）固定地点，连续进行地震观测或地球物理观测的常设场所。

综合观测台一般地处地震监测的重要区域，按照“防震加固科学、综合布线规范、标识标志清晰”的基本要求，对综合观测台进行了标准化设计，提出了规范化要求。

本章包含综合观测台建设标准化设计所需的主要元素、重要部件以及配套设施设计，并配有相应图例和文字说明。

各类地震监测专业设备的传感器或观测装置的防震加固设计详见各章节。

本章可供新建综合观测台设计、已有综合观测台改造，以及运行维护管理使用。

2.1　观测布局设计

2.2　防震加固设计

2.3　综合布线设计

2.4　标识标志设计

2.1-1 系统连接图

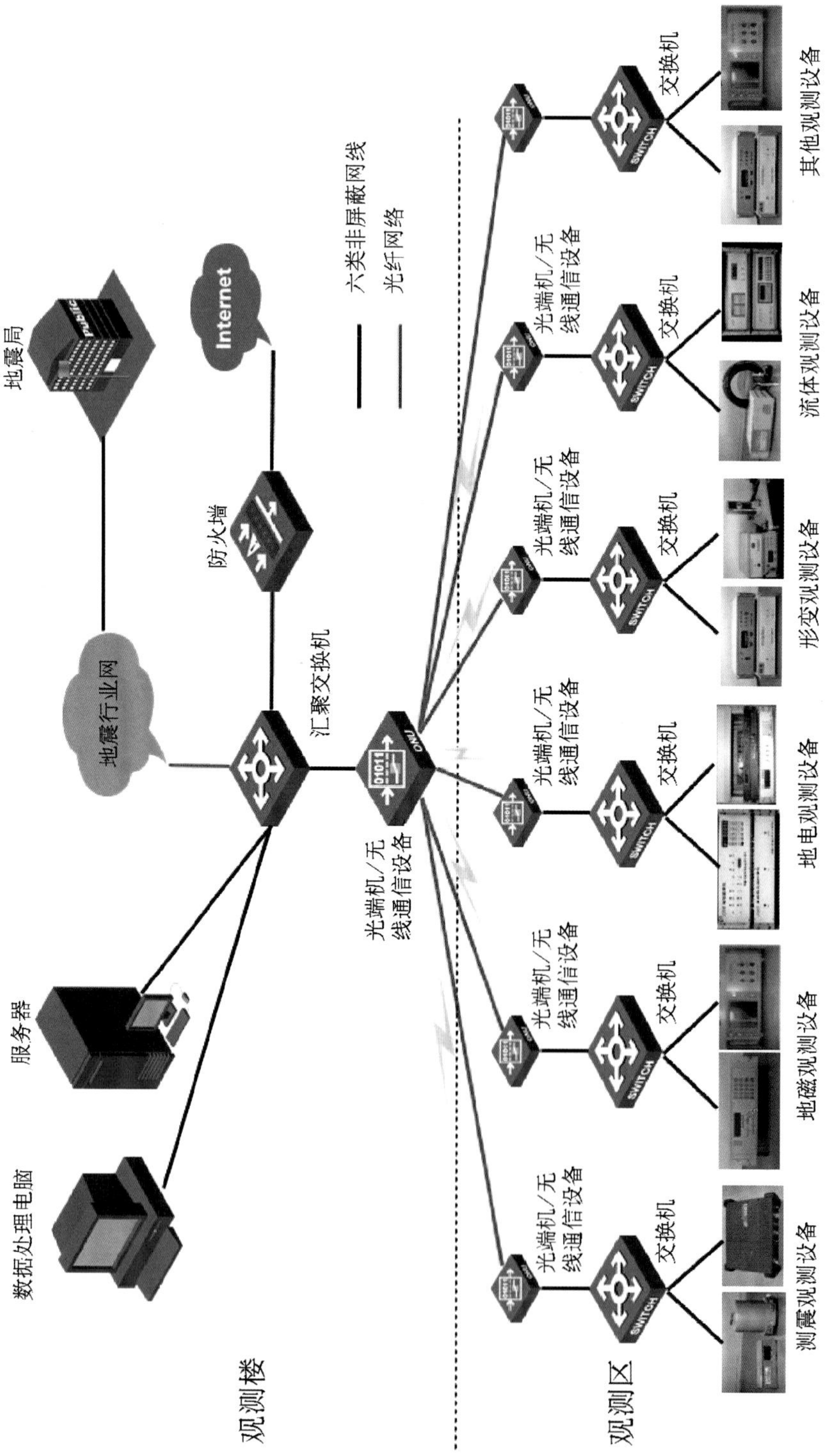
地震局
Internet
六类非屏蔽网线
光纤网络
防火墙
地震行业网
汇聚交换机
光端机/无线通信设备
服务器
数据处理电脑
观测楼
观测区
光端机/无线通信设备
交换机
测震观测设备
地磁观测设备
地电观测设备
形变观测设备
流体观测设备
其他观测设备

2.1-2 低压配电系统图

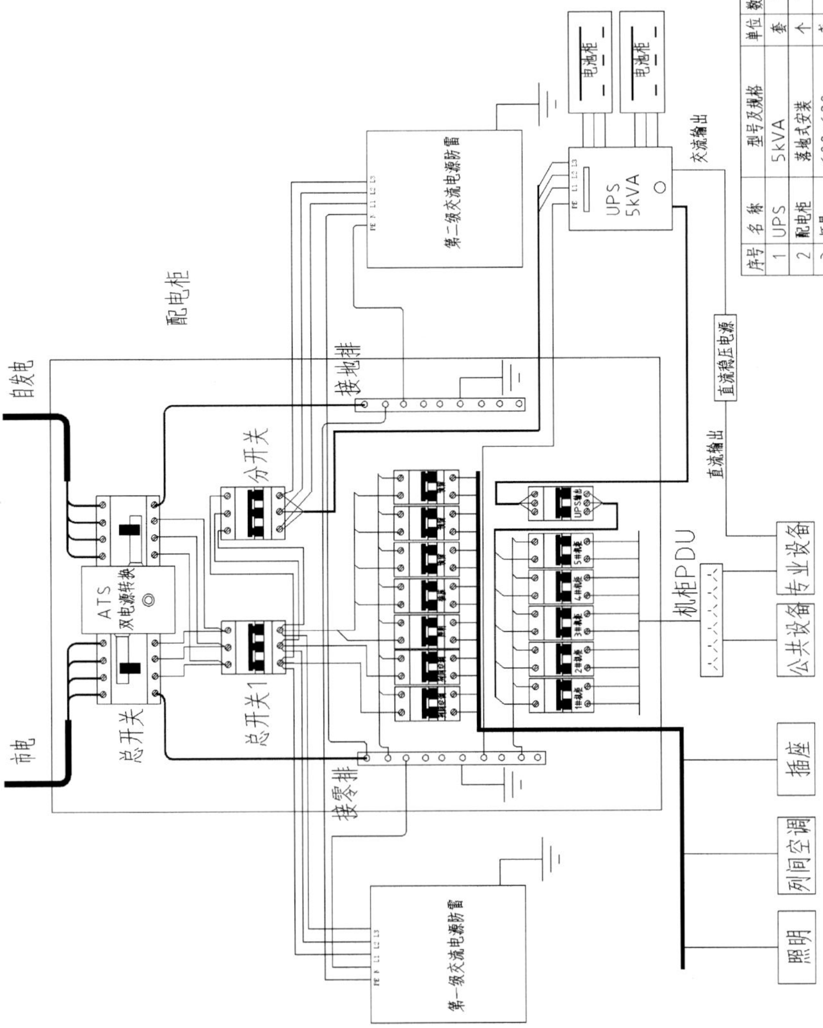

序号	名称	型号及规格	单位	数量	备注
1	UPS	5kVA	套	1	蓄电池容量不小于8h
2	配电柜	落地式安装	个	1	尺寸由设计确定
3	灯具	600x600	盏	-	数量具体由工程设计确定
4	BV电线	≥2.5mm	米	-	数量具体由工程设计确定
5	主干电缆	≥16mm	米	-	数量具体由工程设计确定
6	列间空调	制冷量5kW	台	2	数量具体由工程设计确定
7	浪涌保护器	B+C级	个	1	防护等级由工程设计确定

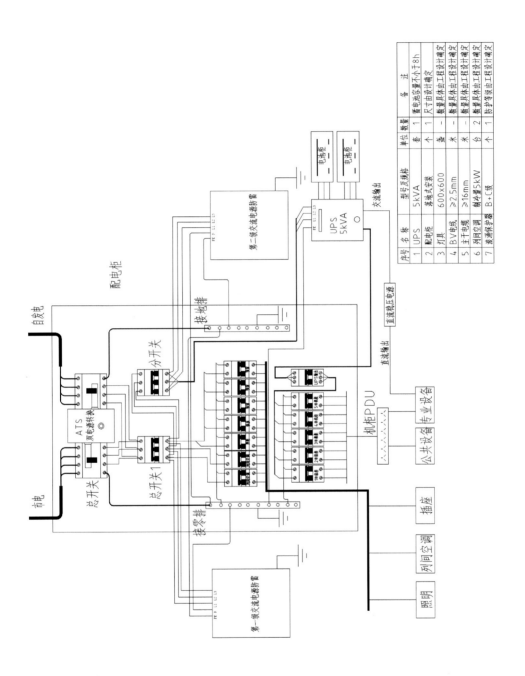

2.1-3 接地系统图

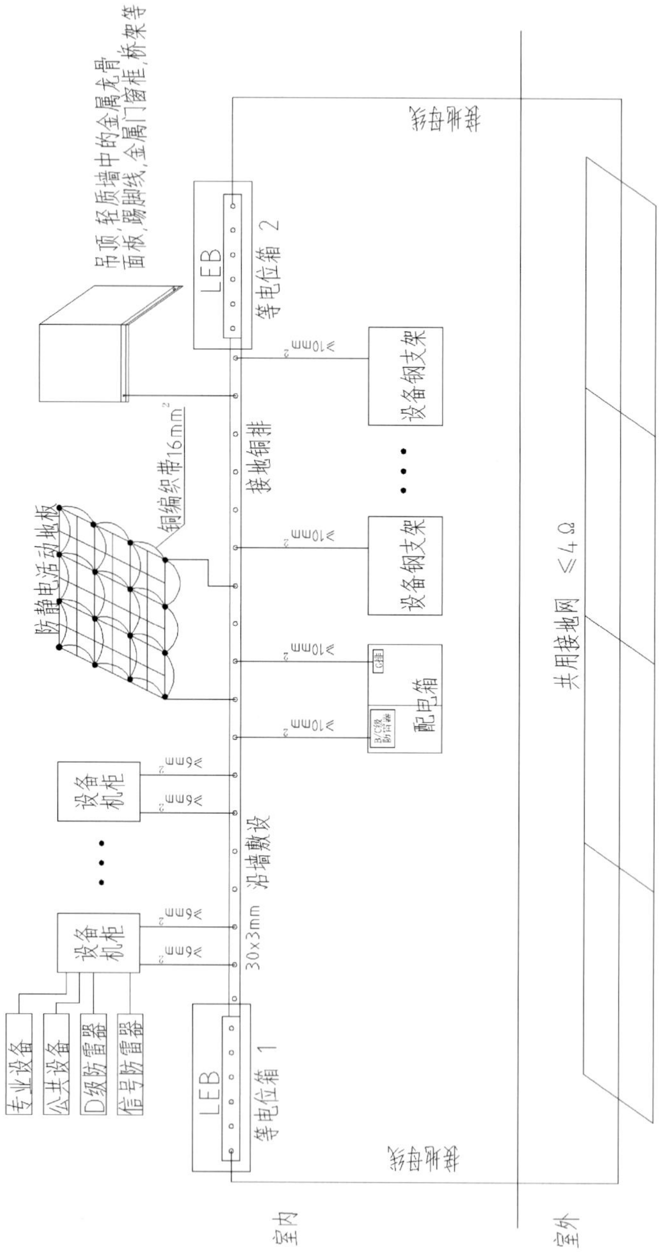

序号	名称	型号及规格	单位	数量	备注
1	共用接地网	由具体由工程设计确定	套	1	接地电阻≤4Ω
2	等电位箱	由具体由工程设计确定	个	2	
3	接地铜排	30×3mm	盘	-	数量具体由工程设计确定
4	接地电缆	≥6mm²	米	-	数量具体由工程设计确定
5	接地电缆	≥10mm²	米	-	数量具体由工程设计确定
6	接地母线	由具体由工程设计确定	台	-	数量具体由工程设计确定
7	铜编织带	16mm²	个	-	数量具体由工程设计确定

2.1-4 观测仪器机房平面图

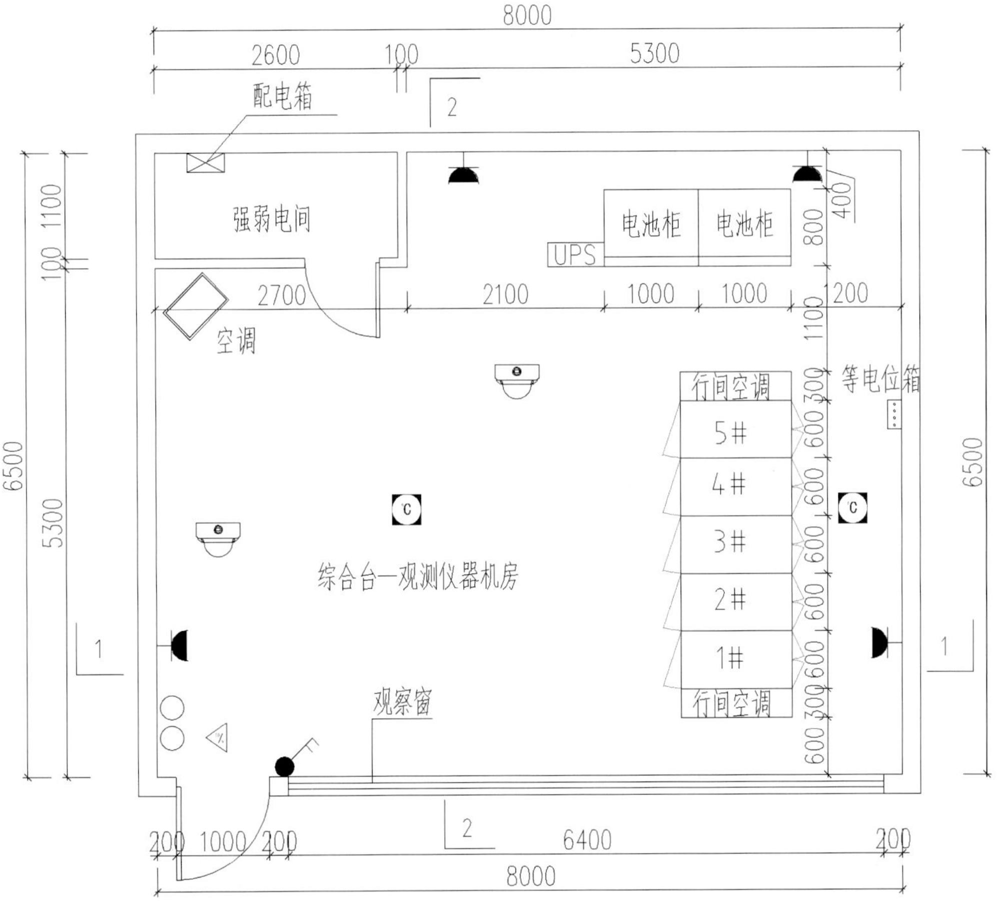

图注：

（1）观测布局：

①观测仪器机房按照面积不小于 50m^2 进行规划设计。

②设钢化玻璃隔断墙和带保密锁钢化玻璃门；墙体及屋顶做防潮、隔热、防变形设计。

③地面铺设防静电地板，采取泄放静电措施和相应接地构造，符合 DB/T 68—2017。

（2）设备布设与配置：

①观测仪器机房内设“强弱电间”，在后墙上距地面高度 1.5m 处安装配电箱；后侧墙体上方预留线缆入户孔。

②观测仪器机房内设多台设备机柜、UPS、电池柜、柜式空调、安防和环境监控设备、电源开关、照明灯、墙面插座、等电位箱等。

③设备机柜后侧距墙壁不小于 1.2m；等电位箱安装在机柜后侧墙面，距地面高度 0.3m；电源插座内嵌于墙上距地面高度 0.3m；照明开关置于进门右侧，距地面高度 1.4m。

（3）其他设施：

①观测仪器机房安装节能照明灯具；室内据情安装安防和环境监控设备，高度距地面 2.3m。

②有 GNSS 等室外天线支架，其支架距地面高度 2.8m。

2.1-5 观测仪器机房效果图

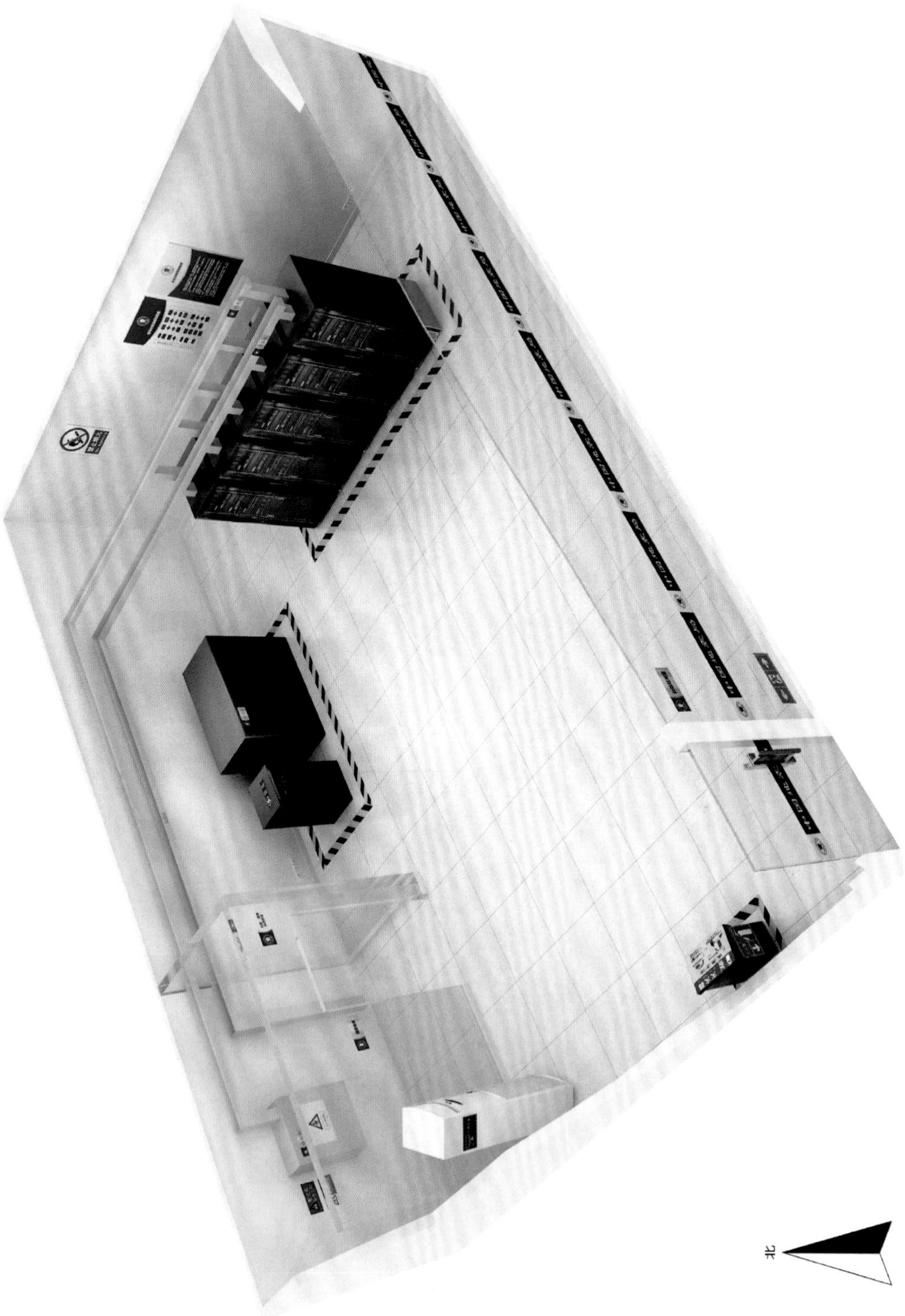

2.2－1 观测桌柜等固定设计图

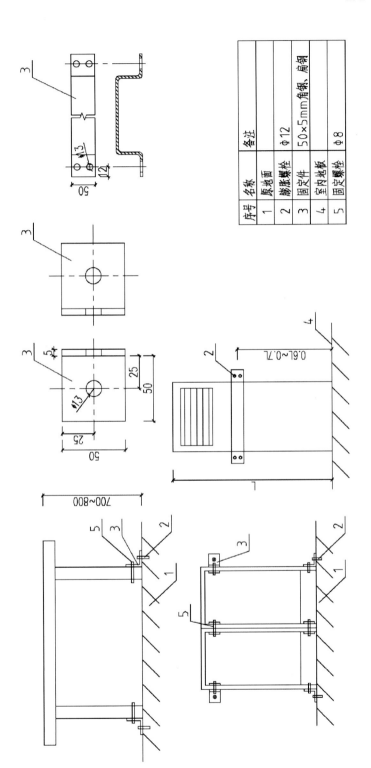

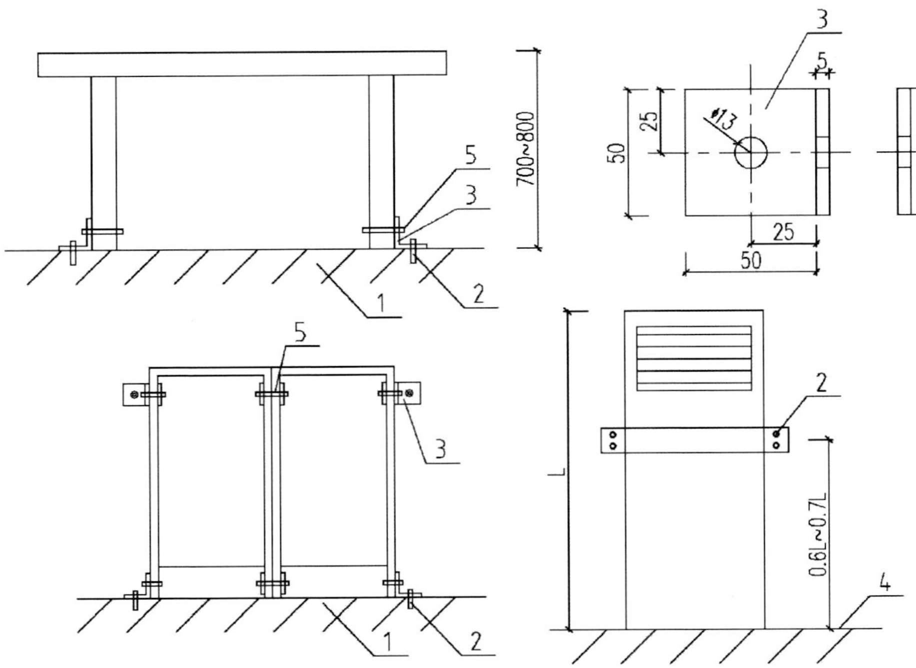

序号	名称	备注
1	原地面	
2	膨胀螺栓	Φ12
3	固定件	50×5mm角钢、扁钢
4	室内地板	
5	固定螺栓	Φ8

图注：

（1）本图例为观测专用桌（柜）、立式空调固定设计图。

（2）适用范围：适用于观测专用桌（柜）、立式空调等。

（3）材料材质：M12×160mm 膨胀螺栓；M8 螺栓；L 形 50×5mm 角钢；50×3mm 扁钢。

（4）安装要求：以四点固定的方式将观测专用桌（柜）等固定于原始地面，柜体高度超过 1800mm，需在顶端加装固定。

（5）其他要求：所使用加固材料应符合本图例材料材质要求的最低限度。

2.2－2 观测桌面类设备固定设计图

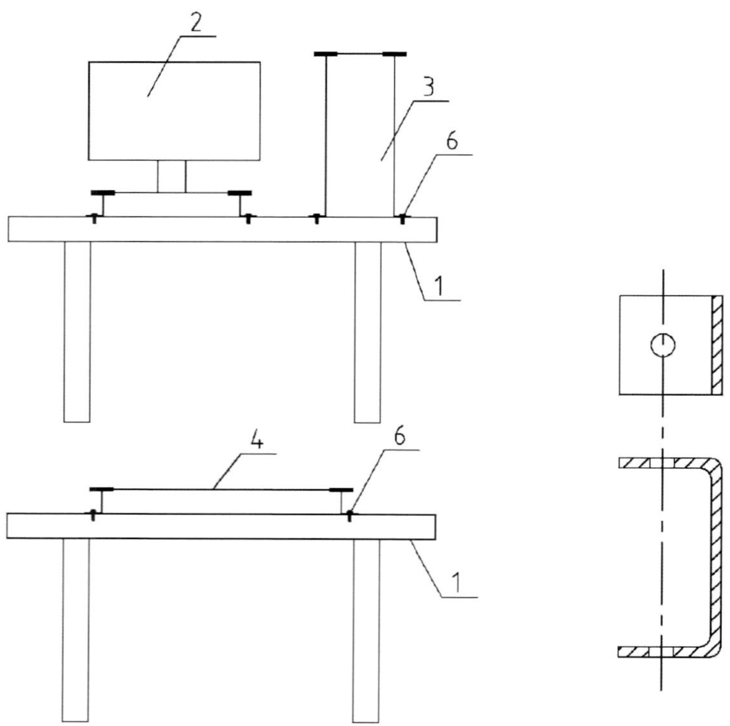

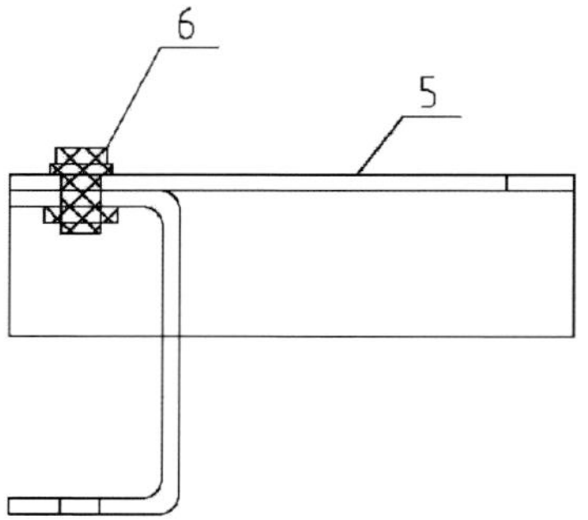

序号	名称	备注
1	观测专用桌	
2	显示器	
3	台式电脑	
4	专用设备	
5	固定件	30×3mm角钢、扁钢
6	固定螺栓	Φ4

图注：

（1）本图例为桌面类设备固定设计图。

如观测数据处理计算机显示器、计算机机箱等。

（2）适用范围：适用于无加固螺孔的桌面类设备。

（3）材料材质：30×3mm 扁钢，L 形 30×3mm 角钢；所用螺丝直径 M4。

（4）安装要求：以四点固定的方式将桌面类设备固定于桌面。

（5）其他要求：所使用加固材料应符合本图例材料材质要求的最低限度。

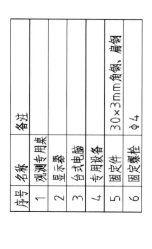

2.2－3 设备机柜固定设计图

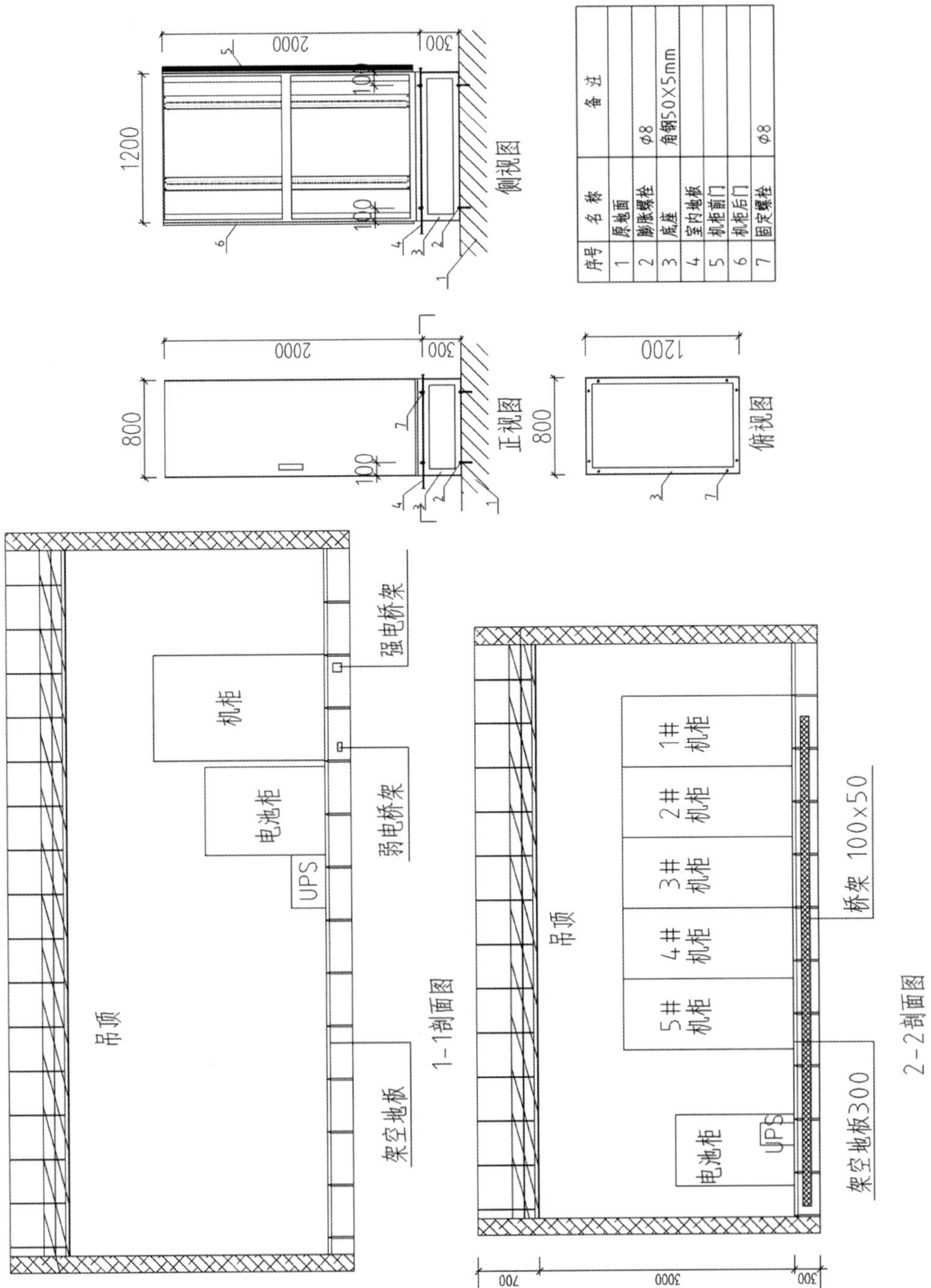

序号	名称	备注
1	原地面	
2	膨胀螺栓	φ8
3	底座	角钢50×5mm
4	室内地板	
5	机柜前门	
6	机柜后门	
7	固定螺栓	φ8

2.2－4　1#设备机柜固定设计图

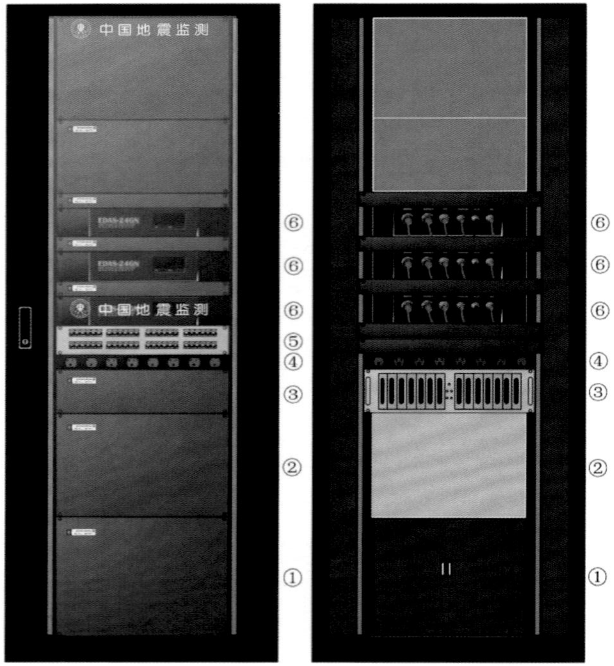

①线缆收纳箱
②预留区
③防雷集成箱
④电源分配单元
⑤配线架
⑥地震数据采集器

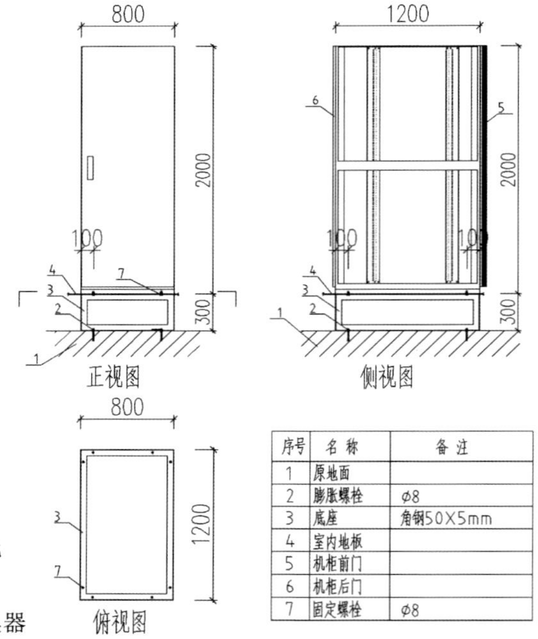

序号	名 称	备 注
1	原地面	
2	膨胀螺栓	φ8
3	底座	角钢50X5mm
4	室内地板	
5	机柜前门	
6	机柜后门	
7	固定螺栓	φ8

图注：

（1）1#设备机柜，采用42U标准机柜，其中01U—30U为公共设备区，依次放置线缆收纳箱、防雷集成箱、电源分配单元和配线架，30U以上区域为专用设备区，放置地震数据采集器；根据线缆进入的位置，可调整线缆收纳箱位置。

（2）设备机柜建议尺寸800mm×1200mm×2000mm，颜色黑色；设备机柜板材采用优质冷轧钢板制作。

（3）标准设备嵌入采用螺丝前固定，非标设备放置采用托盘固定，托盘数量不少于6个，加固支撑安装应平稳牢固。

（4）设备机柜配置承重固定装置，设备机柜内前后左右设4个竖向全封闭金属理线槽，设备线路应在竖向和横向理线器内布设。

（5）设备机柜内所有设备均应固定，不得随意叠放。

（6）设备机柜采用专用抗震底座固定，详见设备机柜固定图示。

（7）设备机柜正面有“中国地震监测”标识。

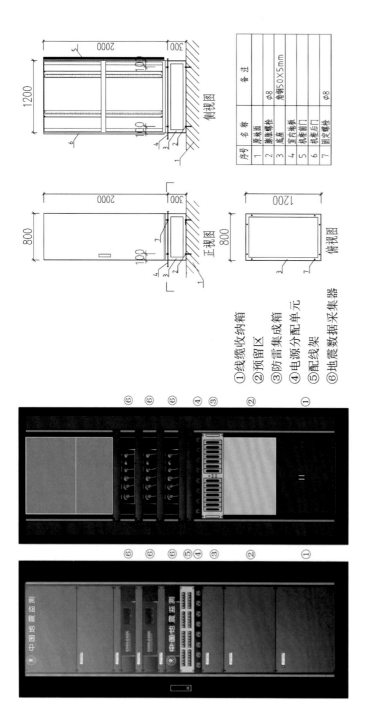

2.2-5 2#设备机柜固定设计图

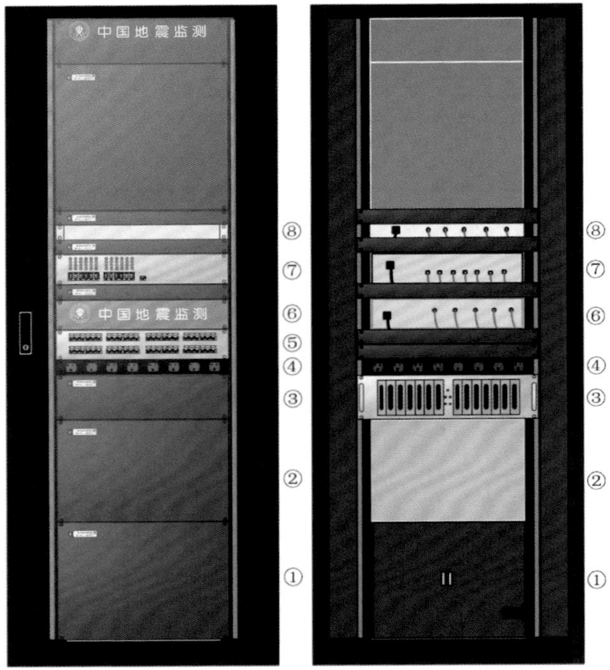

①线缆收纳箱
②预留区
③防雷集成箱
④电源分配单元
⑤配线架
⑥地电阻率仪
⑦地电场仪

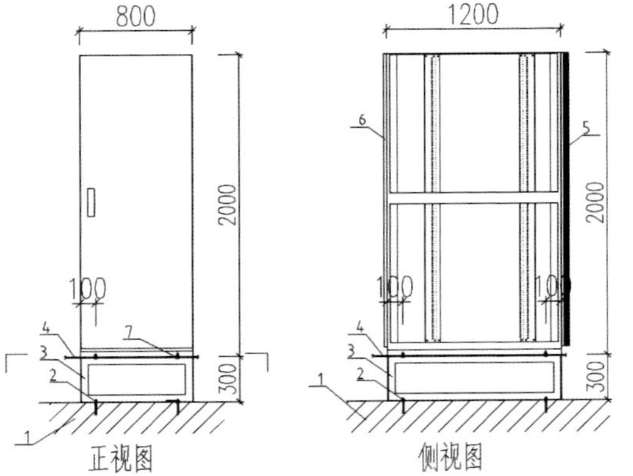

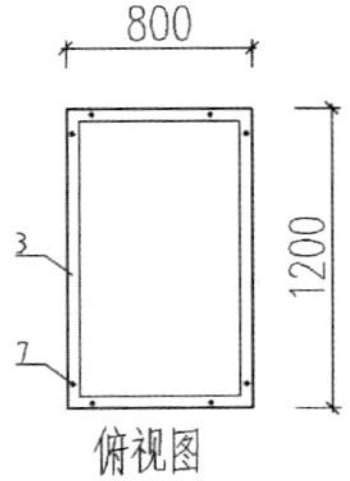

序号	名称	备注
1	原地面	
2	膨胀螺栓	φ8
3	底座	角钢50X5mm
4	室内地板	
5	机柜前门	
6	机柜后门	
7	固定螺栓	φ8

图注：

（1）2#设备机柜，采用42U标准机柜，其中01U—30U为公共设备区，依次放置线缆收纳箱、防雷集成箱、电源分配单元和配线架，30U以上区域为专用设备区，依次放置地电阻率仪、地电场仪等专业设备；根据线缆进入的位置，可调整线缆收纳箱位置。

（2）设备机柜建议尺寸800mm×1200mm×2000mm，颜色黑色；设备机柜板材采用优质冷轧钢板制作。

（3）标准设备嵌入采用螺丝前固定，非标设备放置采用托盘固定，托盘数量不少于6个，加固支撑安装应平稳牢固。

（4）设备机柜配置承重固定装置，设备机柜内前后左右设4个竖向全封闭金属理线槽，设备线路应在竖向和横向理线器内布设。

（5）设备机柜内所有设备均应固定，不得随意叠放。

（6）设备机柜采用专用抗震底座固定，详见设备机柜固定图示。

（7）设备机柜正面有“中国地震监测”标识。

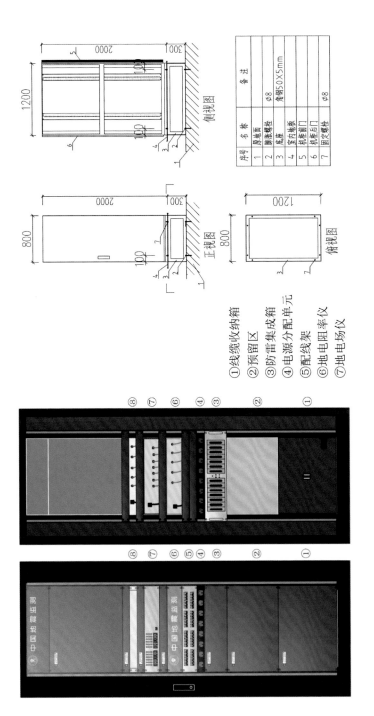

2.2－6　3#设备机柜固定设计图

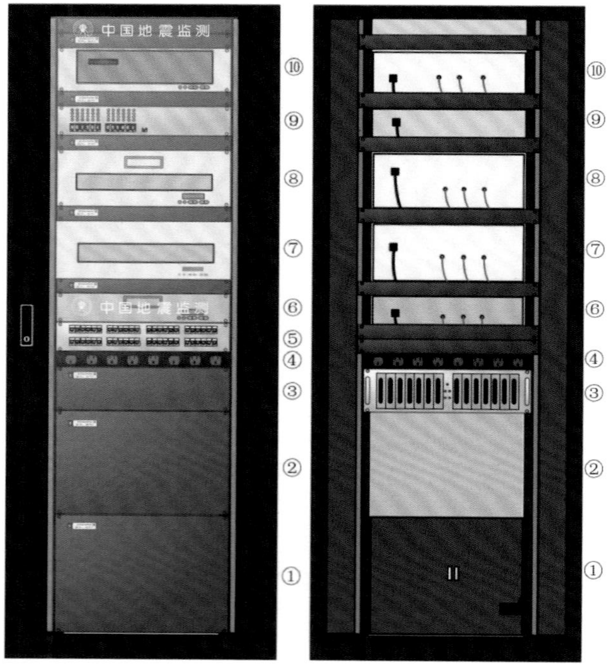

①线缆收纳箱
②预留区
③防雷集成箱
④电源分配单元
⑤配线架
⑥垂直摆倾斜仪
⑦伸缩仪
⑧水管倾斜仪
⑨重力仪
⑩钻孔应变仪

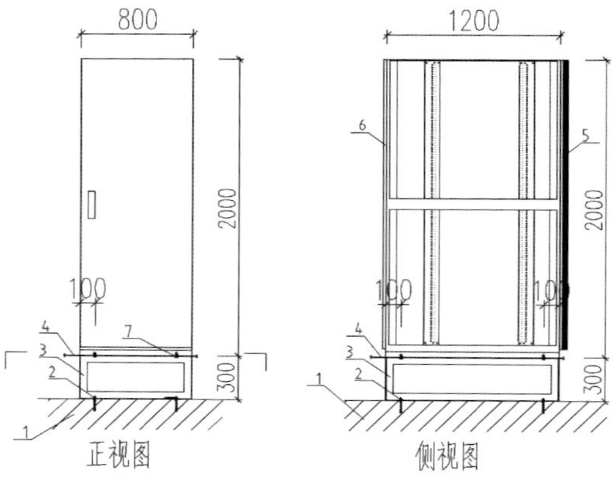

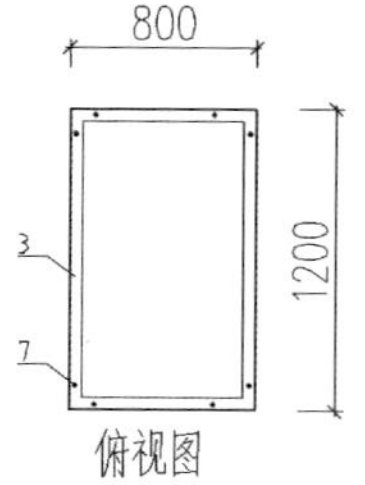

序号	名称	备注
1	原地面	
2	膨胀螺栓	φ8
3	底座	角钢50X5mm
4	室内地板	
5	机柜前门	
6	机柜后门	
7	固定螺栓	φ8

图注：

（1）3#设备机柜，采用42U标准机柜，其中01U—30U为公共设备区，依次放置线缆收纳箱、防雷集成箱、电源分配单元和配线架，30U以上区域为专用设备区，依次放置垂直摆倾斜仪、伸缩仪、水管仪等专业设备；根据线缆进入的位置，可调整线缆收纳箱位置。

（2）设备机柜建议尺寸800mm×1200mm×2000mm，颜色黑色；设备机柜板材采用优质冷轧钢板制作。

（3）标准设备嵌入采用螺丝前固定，非标设备放置采用托盘固定，托盘数量不少于6个，加固支撑安装应平稳牢固。

（4）设备机柜配置承重固定装置，设备机柜内前后左右设4个竖向全封闭金属理线槽，设备线路应在竖向和横向理线器内布设。

（5）设备机柜内所有设备均应固定，不得随意叠放。

（6）设备机柜采用专用抗震底座固定，详见设备机柜固定图示。

（7）设备机柜正面有“中国地震监测”标识。

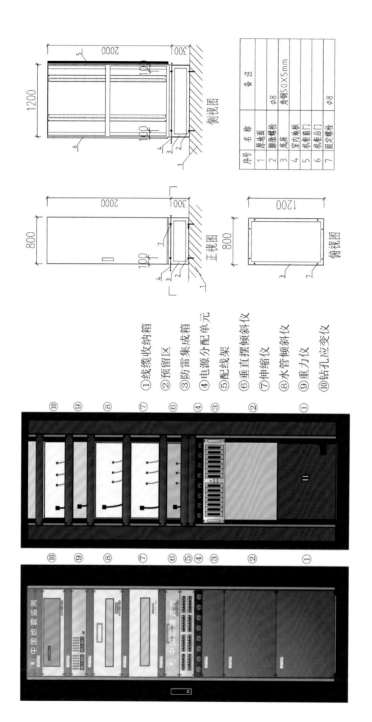

2.2-7 4#设备机柜固定设计图

①线缆收纳箱
②预留区
③防雷集成箱
④电源分配单元
⑤配线架
⑥三要素仪
⑦水位仪
⑧温度仪
⑨测汞仪
⑩测氡仪

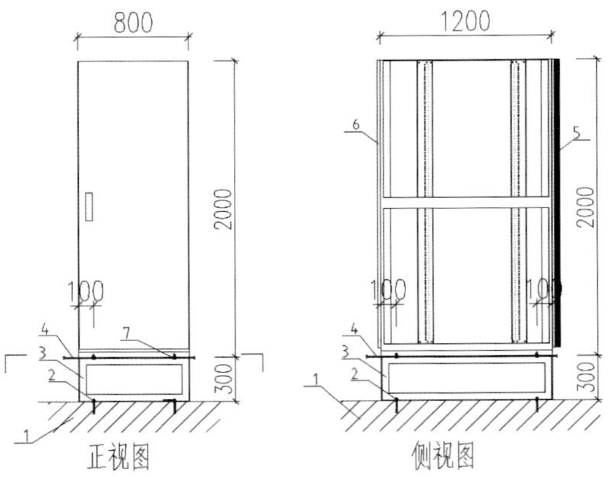

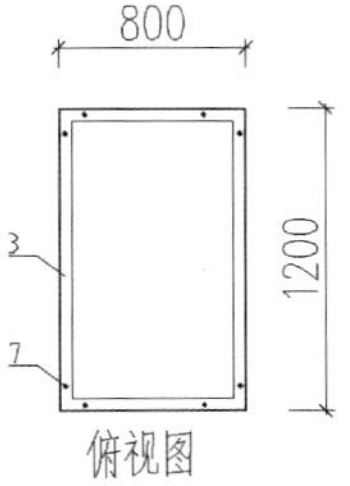

序号	名 称	备 注
1	原地面	
2	膨胀螺栓	φ8
3	底座	角钢50X5mm
4	室内地板	
5	机柜前门	
6	机柜后门	
7	固定螺栓	φ8

图注：

（1）4#设备机柜，采用42U标准机柜，其中01U—30U为公共设备区，依次放置线缆收纳箱、防雷集成箱、电源分配单元和配线架，30U以上区域为专用设备区，依次放置水位仪、水温仪、测汞仪、测氡仪等专业设备；根据线缆进入的位置，可调整线缆收纳箱位置。

（2）设备机柜建议尺寸800mm×1200mm×2000mm，颜色黑色；设备机柜板材采用优质冷轧钢板制作。

（3）标准设备嵌入采用螺丝前固定，非标设备放置采用托盘固定，托盘数量不少于6个，加固支撑安装应平稳牢固。

（4）设备机柜配置承重固定装置，设备机柜内前后左右设4个竖向全封闭金属理线槽，设备线路应在竖向和横向理线器内布设。

（5）设备机柜内所有设备均应固定，不得随意叠放。

（6）设备机柜采用专用抗震底座固定，详见设备机柜固定图示。

（7）设备机柜正面有“中国地震监测”标识。

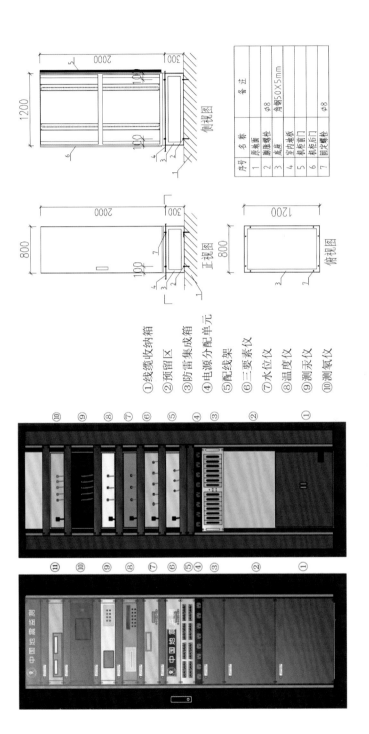

2.2－8　5#公用机柜固定设计图

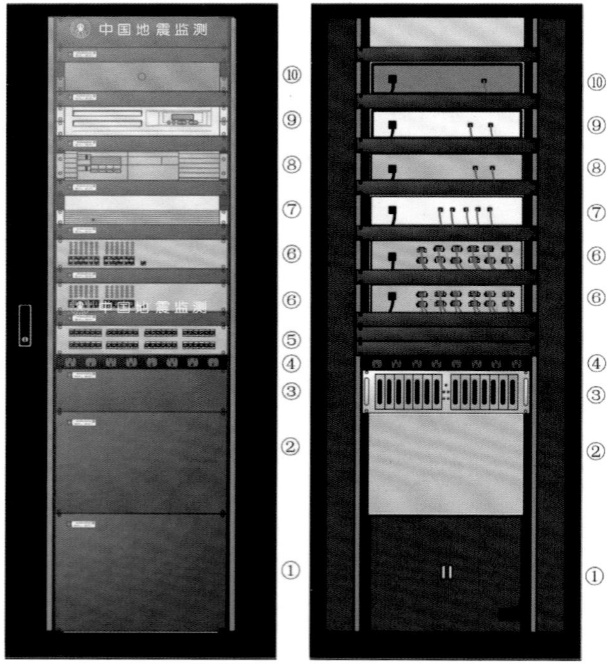

①线缆收纳箱
②电源设备
③防雷集成箱
④电源分配单元
⑤配线架
⑥交换机
⑦光端机
⑧路由器
⑨服务器
⑩KVM显示器

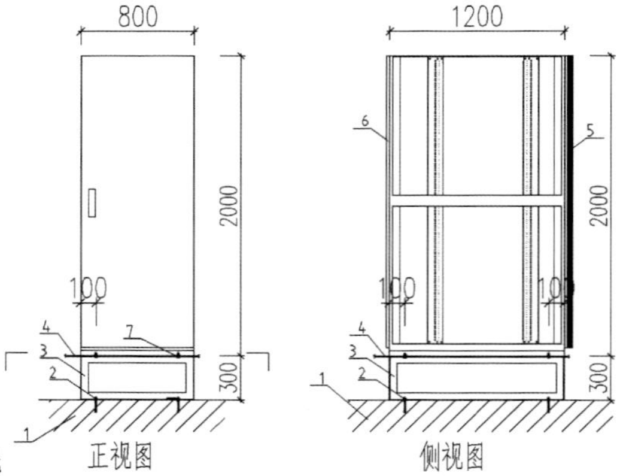

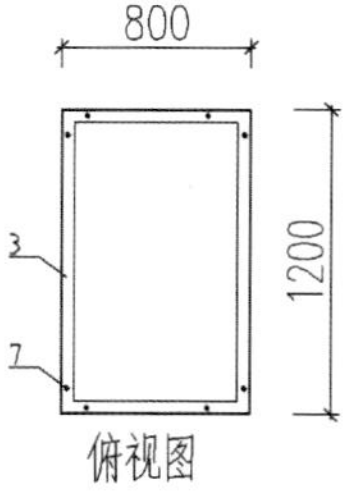

序号	名 称	备 注
1	原地面	
2	膨胀螺栓	φ8
3	底座	角钢50X5mm
4	室内地板	
5	机柜前门	
6	机柜后门	
7	固定螺栓	φ8

图注：

（1）5#公用机柜，采用 42U 标准机柜，其中 01U—30U 区域内容依次放置线缆收纳箱、电源设备、防雷集成箱、电源分配单元等，30U 以上依次放置交换机、光端机、路由器、服务器、KVM 显示器等现场设备；根据线缆进入的位置，可调整线缆收纳箱位置。

（2）公用机柜建议尺寸 800mm×1200mm×2000mm，颜色黑色；设备机柜板材采用优质冷轧钢板制作。

（3）标准设备嵌入采用螺丝前固定，非标设备放置采用托盘固定，托盘数量不少于 6 个，加固支撑安装应平稳牢固。

（4）设备机柜配置承重固定装置，设备机柜内前后左右设 4 个竖向全封闭金属理线槽，设备线路应在竖向和横向理线器内布设。

（5）设备机柜内所有设备均应固定，不得随意叠放。

（6）设备机柜采用专用抗震底座固定，详见设备机柜固定图示。

（7）设备机柜正面有“中国地震监测”标识。

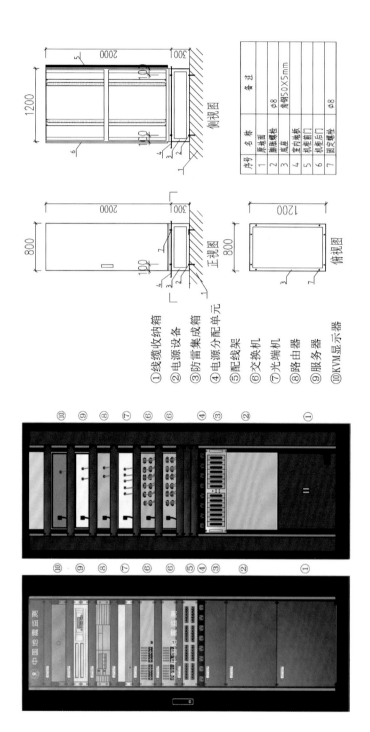

2.2－9 非标准立式设备固定设计图

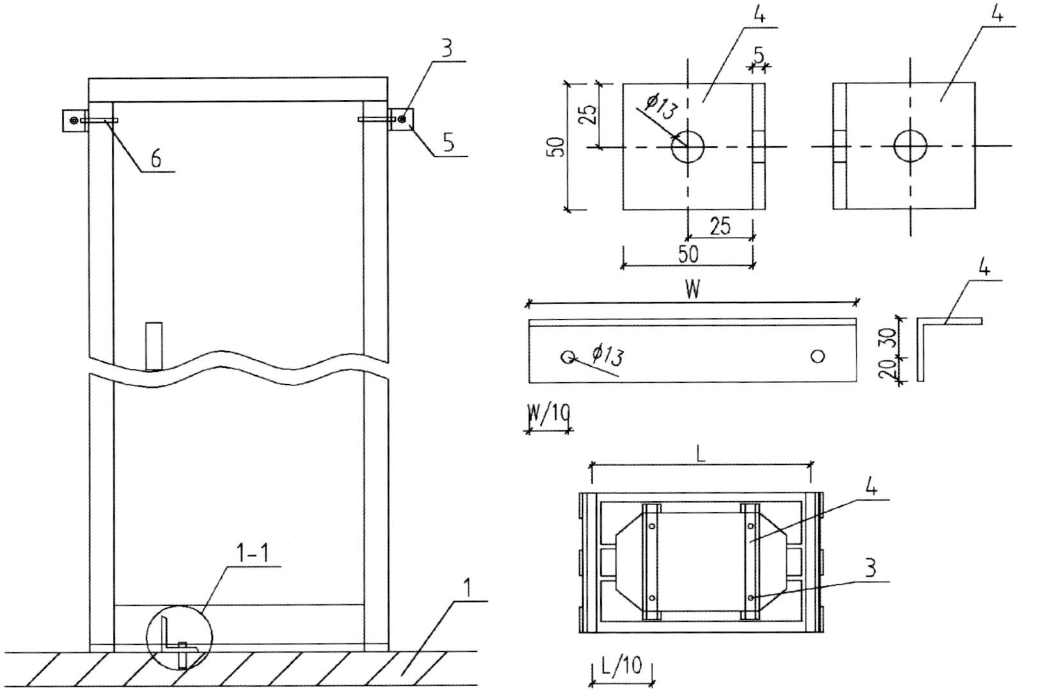

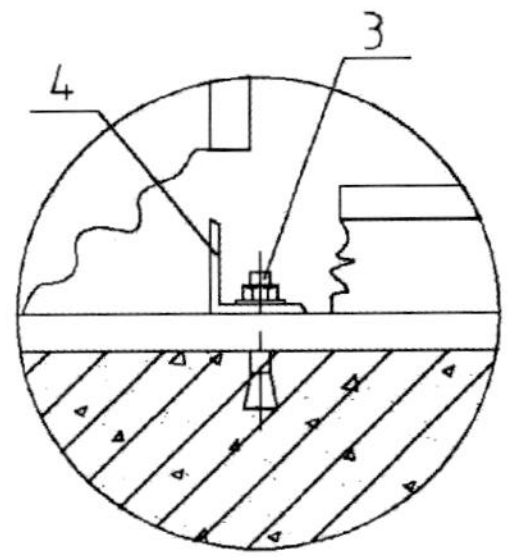

1-1

序号	名称	备注
1	原地面	
2	非标立式机柜	
3	膨胀螺栓	Φ12
4	底座固定件	50×5mm角钢
5	墙壁固定件	
6	固定螺栓	Φ8

图注：

（1）本图例为立式设备固定设计图。

（2）适用范围：无法在设备机柜内安装的非标准立式设备。

（3）材料材质：M12×160mm 膨胀螺栓；L 形 50×5mm 角钢，角钢长度由立式设备内部尺寸确定。

（4）安装要求：非标立式设备底部应与地面进行加固，加固点位以四点为最低限度，如设备高度超过 1.8m，需在顶端加装固定装置。

（5）其他要求：所使用加固材料应符合本图例材料材质要求的最低限度。

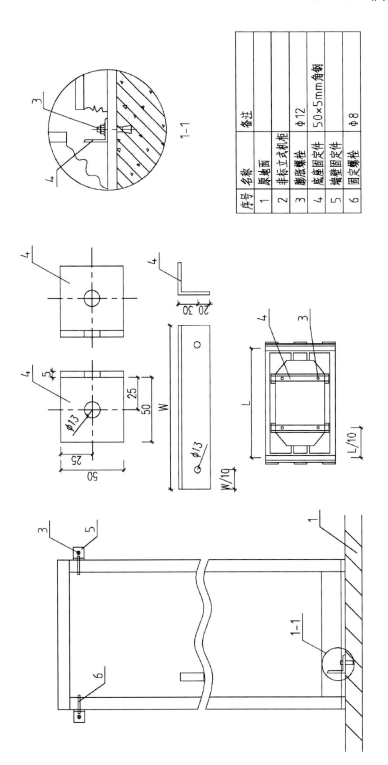

2.2-10 蓄电池架固定设计图

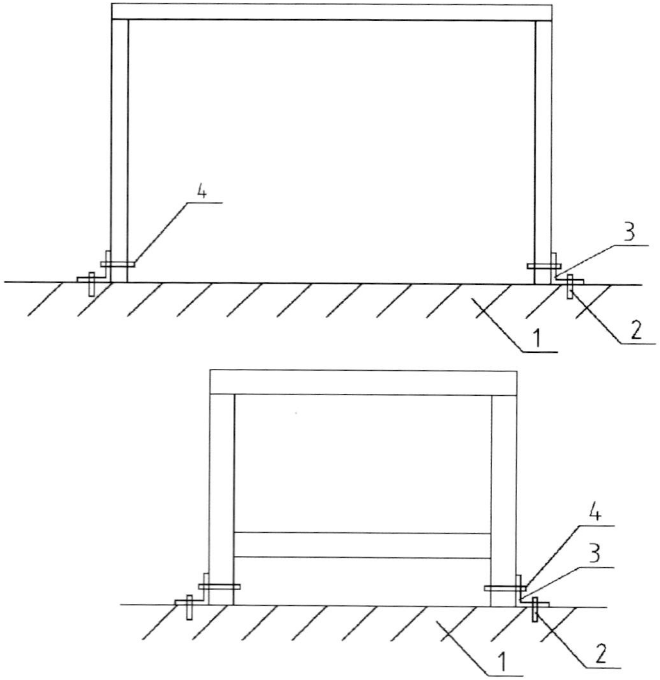

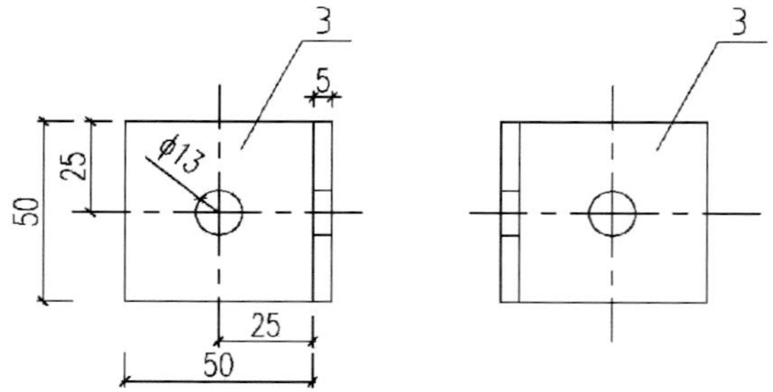

序号	名称	备注
1	原地面	
2	膨胀螺栓	Φ12
3	角钢	50×5mm角钢
4	固定螺栓	Φ8

图注：

（1）本图例为蓄电池组固定设计图。

（2）适用范围：适用于专用蓄电池柜（支架）。

（3）材料材质：M12×160mm 膨胀螺栓，L 形 50×5mm 角钢。

（4）安装要求：蓄电池柜（支架）底部应与原始地面进行加固。

（5）其他要求：

无专用蓄电池柜（支架）的蓄电池组应先装入蓄电池柜（支架）后进行抗震加固。所使用加固材料应符合本图例材料材质要求的最低限度。

2.3-1 观测仪器机房综合布线平面图

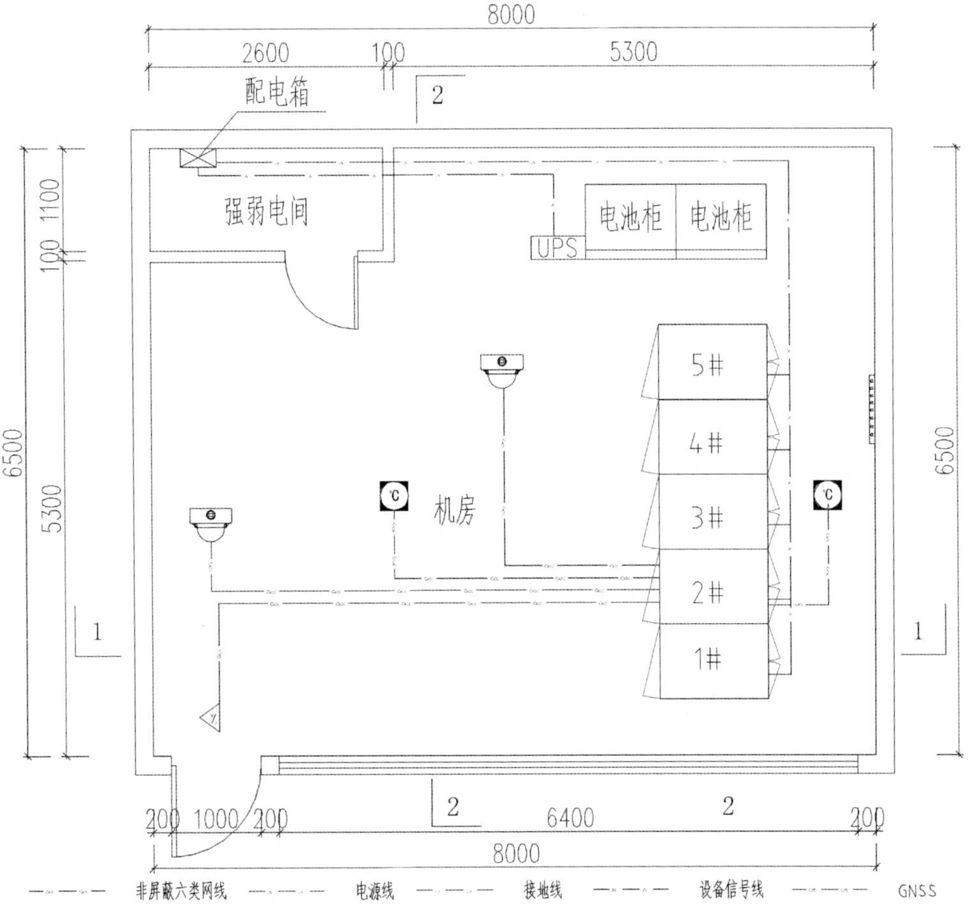

图注：

（1）布线基本要求：

①线路布设应遵循安全、可靠、适用和经济原则，敷设应横平竖直、杜绝缠绕。

②进出观测仪器机房的各种线缆宜套入金属管埋地铺设，进出设备机柜线缆通过桥架或穿管布设，桥架、线管、线槽的规格和利用率应符合相关标准要求，桥架距离地面不低于 2.3m，各种线缆贴有区别标识。

③强电弱电线缆分开布设，或者采取屏蔽措施，各种线缆应固定，其固定间距不应超过 1m，固定材料应有防锈功能。

（2）市电按照 DB/T 68—2017 的要求配接电源防雷器，进入配电箱后电源线沿强电桥架从配电箱敷设到稳压电源或 UPS 处。

（3）弱电线缆从观测仪器机房左侧墙进“强弱电间”，沿弱电桥架敷设至设备机柜，冗余线缆放入机柜线缆收纳箱内。

（4）设备机柜、信号防雷器等设备使用 6mm^2 多芯铜质接地线连到等电位箱中的接地母排；电源防雷器使用 10mm^2 接地线连接到接地母排；接地母排与接地地网可靠连接，地网接地电阻不大于 4Ω。

2.3-2 观测仪器机房桥架平面图

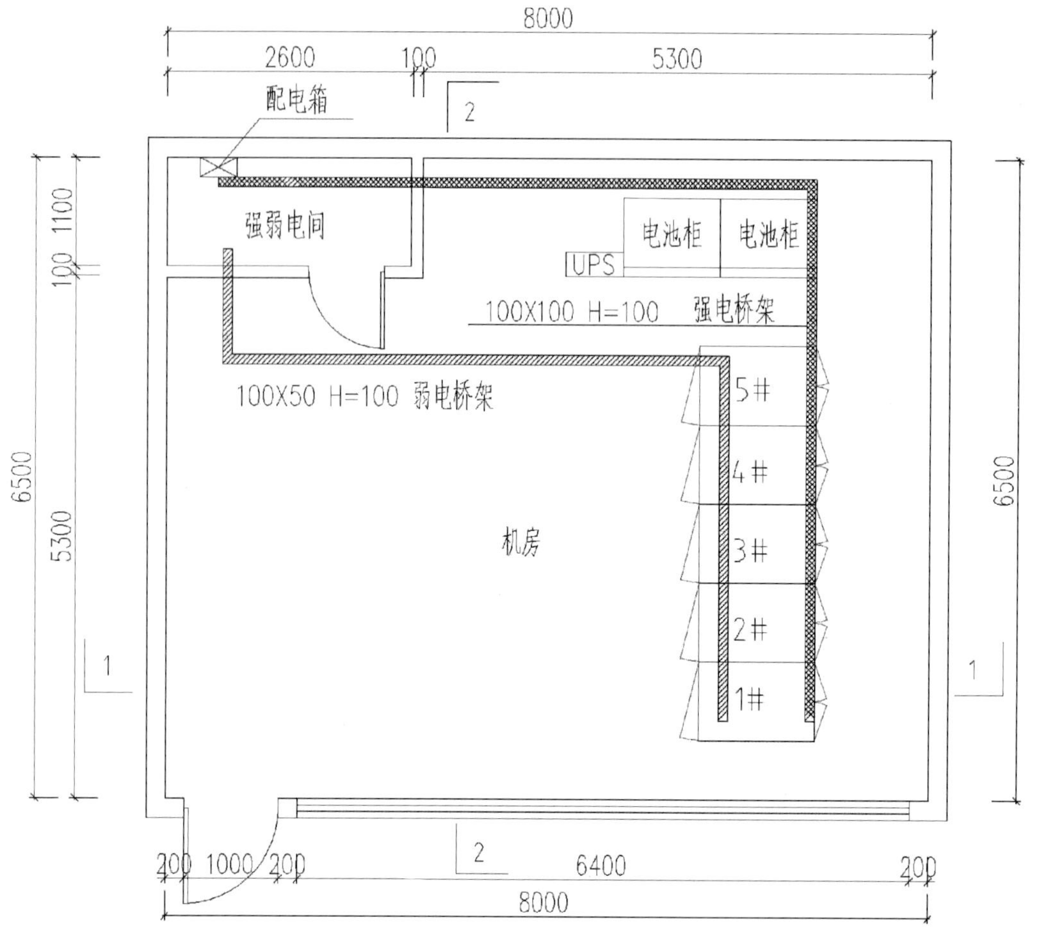

图注：

（1）观测仪器机房内的强电线缆从台站配电室引出后，埋地敷设至观测仪器机房中“强弱电间”内的配电箱，观测仪器机房内所有供电线缆均从配电箱下口引出沿强电桥架敷设至墙上插座、照明、安防和环境监控设备以及UPS电源处，再从UPS电源敷设到设备机柜中。

（2）强电桥架用100mm×100mm的不锈钢或镀锌线槽沿架空地板下从“强弱电间”敷设至设备机柜下方。

（3）弱电线缆从观测仪器机房左侧墙进“强弱电间”，沿弱电桥架从“强弱电间”敷设至设备机柜。

（4）弱电桥架用100mm×50mm的不锈钢或镀锌线槽沿架空地板下从“强弱电间”敷设至设备机柜下方。

（5）设备机柜使用$6mm^2$多芯铜质接地线连接到等电位箱中的接地母排；UPS等电源设备使用$10mm^2$多芯铜质接地线连接到接地母排；接地母排与接地地网应可靠连接，地网接地电阻不大于4Ω。

2.3－3 观测仪器机房抗静电地板布设图

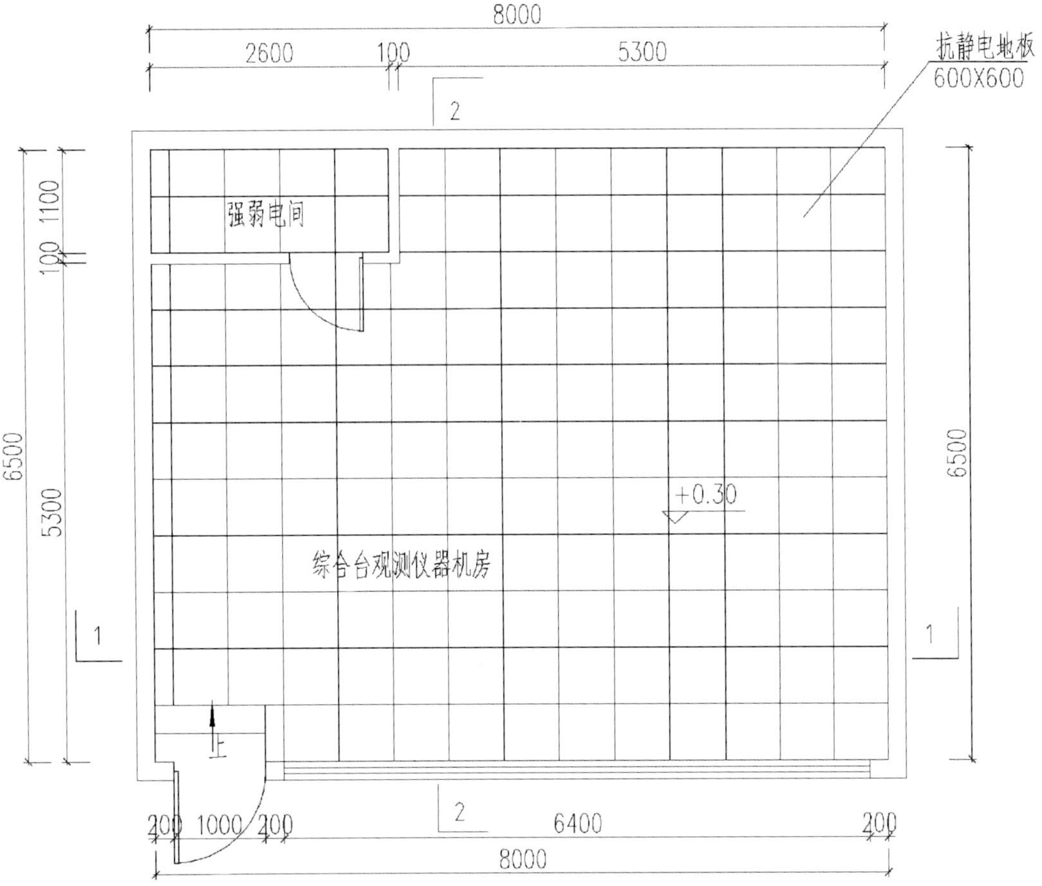

图注：

（1）综合观测台观测仪器机房地面应选用表面电阻或体积电阻值约为 $2.5\times10^4 \sim 1.0\times10^9\Omega$ 防静电地板铺设。

（2）防静电地板应采用架空方式铺设，铺设高度距离地面不大于 300mm，地板厚度不小于 32mm，规格为 600mm×600mm。

（3）观测仪器机房的泄放静电措施和接地构造应符合下列要求：

①防静电活动地板下的空间用作电缆布线时，地板距离地面高度不大于 250mm，且防静电活动地板下的地面及四周用水泥砂浆抹灰装饰，表面平整、光滑。

②防静电活动地板下的空间既用作电缆布线，又作为空调静压箱时，防静电地板下距离地面高度不大于 400mm，且防静电活动地板下的地面及四周采用不起尘、不易积灰、易于清洁的材料装饰，保持下方地表面平整、光滑、干净。

2.3-4　观测仪器机房等电位连接平面图

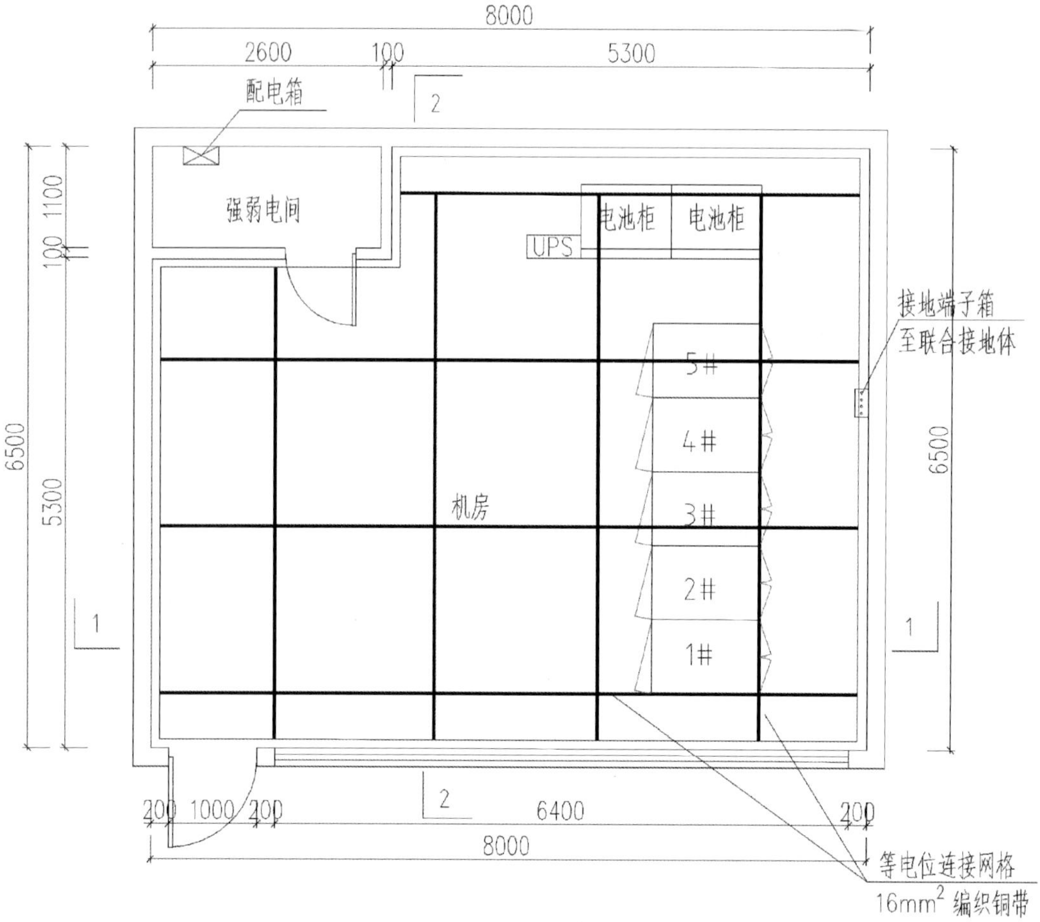

图注：

（1）在观测仪器机房内架空地板下敷设接地网，接地网连接到室内的等电位箱。

（2）等电位箱设置于室内右侧实体墙居中，距架空静电地板上沿0.3m处，暗埋管线采用ϕ25管敷设，连接线为不小于6mm^{2}的多股铜芯线，与等电位箱内的等电位联结端子连通。

（3）等电位箱体建议尺寸为400mm×200mm×150mm（宽×高×厚），材质厚度1.2mm，颜色电脑灰。壳体防护等级A级、额定电流63A、短路关合电流10kA。等电位联结范围内的金属管道等金属体与等电位箱内的端子排之间接地电阻不大于4Ω。

（4）地震台站强弱电接地采用同一个地网不同母线分开连接，即在台站原接地极相距较远位置分别焊接接地母线作为台站交流配电防雷接地母线与仪器设备弱电接地母线，接地母线引入室内的等电位箱。

（5）电源防雷箱、设备机柜接地应用不小于10mm^{2}多芯铜质专用接地线，仪器设备接地采用6mm^{2}多芯铜质专用接地线；接地母线应用不小于16mm^{2}的专用接地线，接地线采用线耳方式连接。

2.4-1 台站名称类标识（1）

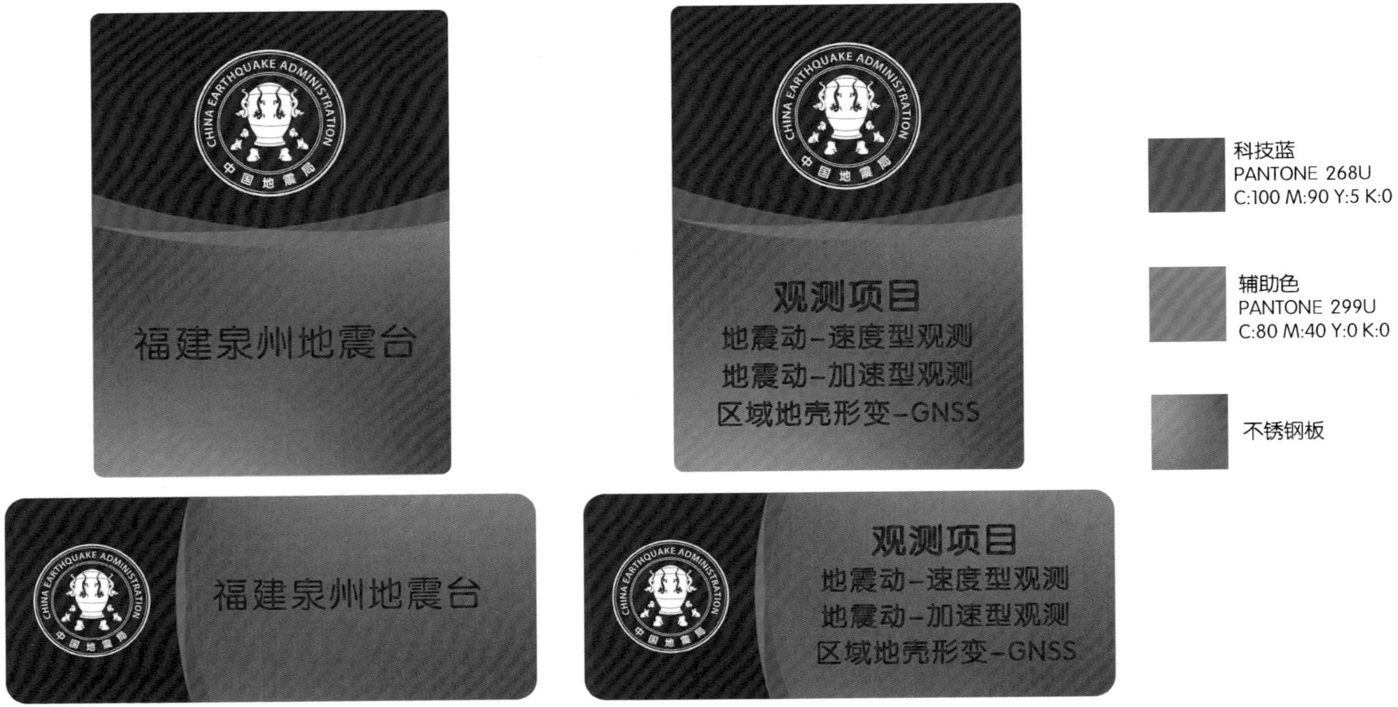

图注：

（1）本图例为台站名称类标识。

（2）标牌尺寸：600mm×450mm（200mm×500mm）。

标牌材质：拉丝不锈钢图文丝网印。

安装位置：大致为人站立时目视高度（1500~1800mm）。

（3）标识内容：

台站名称：××（省区市）××（地名）××（台站点），分行居中排版，每行下方为英文。

观测项目：观测学科—观测类型，居中排版。

（4）其他要求：中国地震局徽标标志必须依据《中国地震局视觉形象识别手册》规定制作，不得随意更改。

2.4-2 台站名称类标识（2）

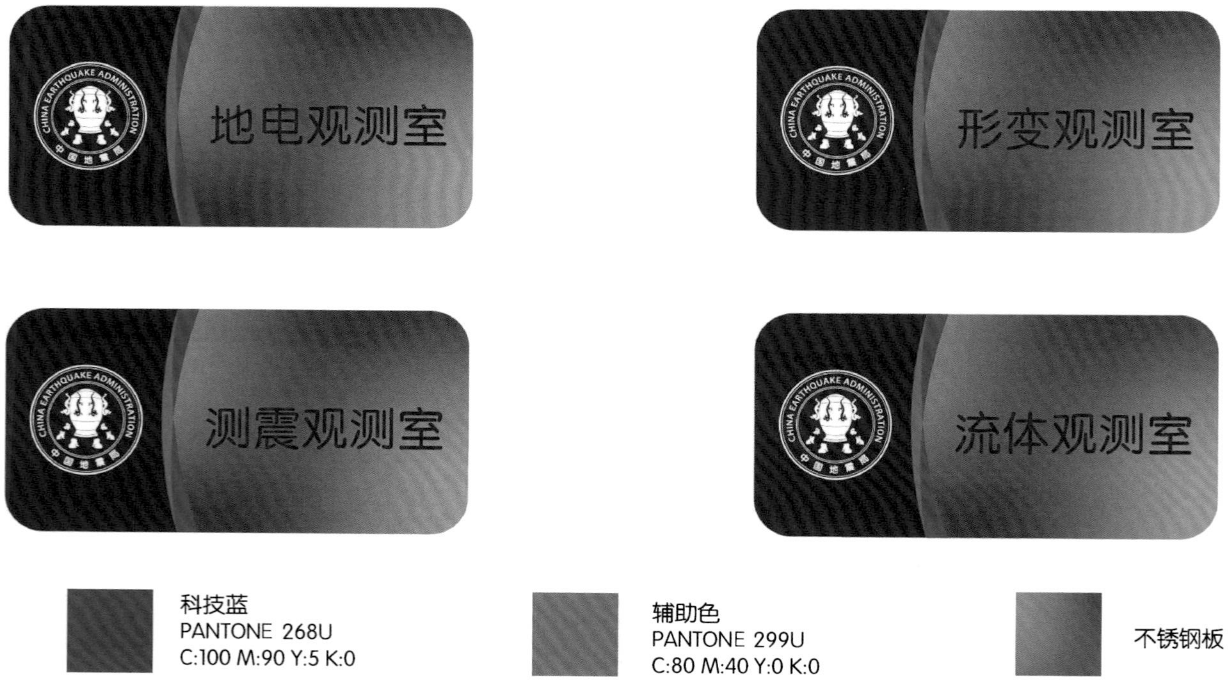

图注：

（1）本图例为台站名称类标识。

（2）适用范围：综合观测台内设的观测室。

（3）标牌尺寸：400mm×200mm。

（4）标牌材质：拉丝不锈钢图文丝网印。

（5）安装位置：综合观测台内设的测震观测室、形变观测室、地电观测室、流体观测室等门口旁。大致为人站立时目视高度（1500~1800mm）。

（6）内容要求：×××观测室，分行居中。

（7）其他要求：中国地震局徽标标志必须依据《中国地震局视觉形象识别手册》规定制作，不得随意更改。

2.4-3 仪器设备类标识

图注：

（1）本图例为仪器设备类标牌。

（2）适用范围：

地震监测专业设备。

台站公用设备。

（3）标牌尺寸：180mm×35mm。

（4）标牌材质：

①基材可选择不锈钢/铝合金材质或聚丙烯材质。

②聚丙烯材质应符合 UL969 标准，背胶采用永久性丙烯酸类乳胶，室内使用 5~10 年。

（5）安装位置：安装在设备机柜内相应仪器上方 1U 盲板的正中间。

（6）标识内容：

①设备名称、厂商型号、设备编号、启用日期，加粗黑体。

②条码标签以条码/二维码替代文字标签的设备标签。

（7）其他说明：

①每个台站应只选取同一种风格的模板制作标牌。

②地震监测专业设备指地震各学科专业仪器。

③台站公用设备指电源设备、通信设备、监控设备等。

④中国地震局徽标标志，尺寸 30mm×35mm，应符合《中国地震局视觉形象识别手册》的规定。

2.4－4　线路线缆类标识（1）

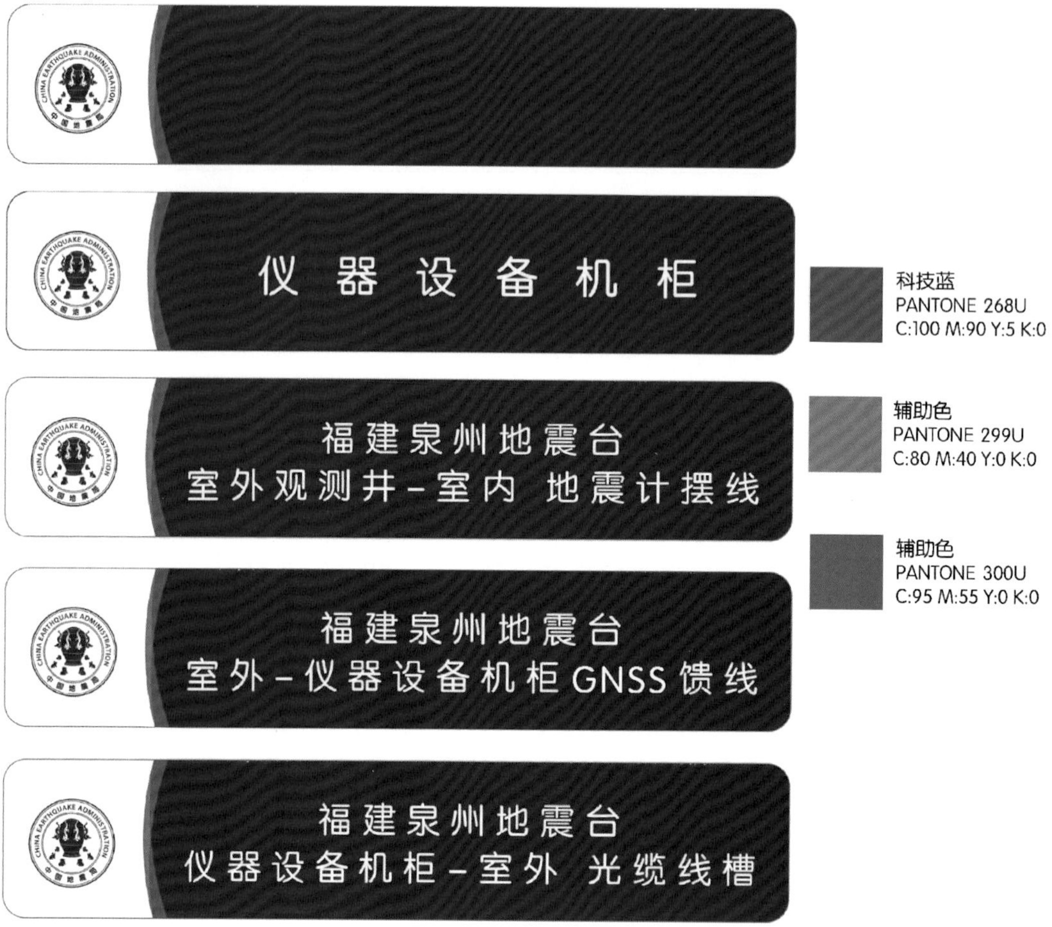

图注：

（1）本图例为线路线缆类标识。

（2）适用范围：适用于各类线管、线槽、桥架等线缆线路。

（3）标牌尺寸：180mm×35mm。

（4）标牌材质：

①线缆收纳箱标牌的基材可选择不锈钢/铝合金材质或聚丙烯材质；线管、线槽、桥架标牌为聚丙烯材质。

②聚丙烯材质，符合UL969标准，背胶采用永久性丙烯酸类乳胶，室内使用5~10年。

（5）安装位置：

①仪器设备机柜标识安装在机柜门板正方，线缆收纳箱标识安装在其左上方。

②线管、线槽、桥架等标识应粘贴在明显位置，对于较长线槽、线管、桥架，每隔5m进行1次粘贴。

（6）标识内容：标识说明线路线缆内容，线管、线缆桥架说明起止位置及其中线缆类型。

2.4-5 线路线缆类标识（2）

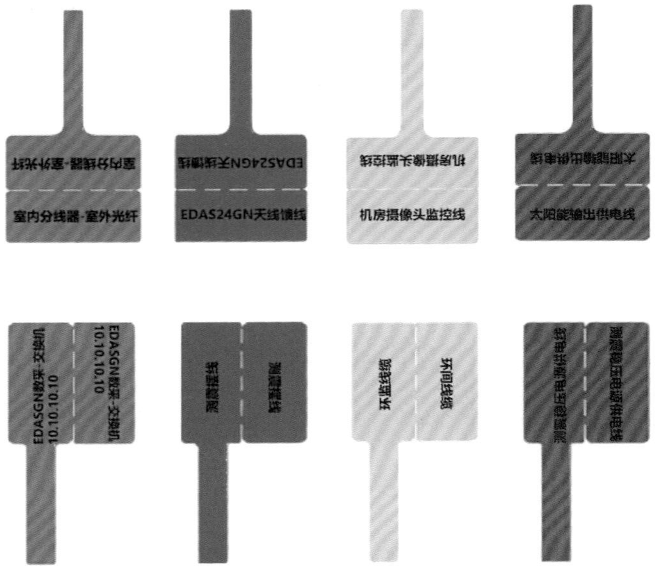

标签型号	规格	适用线缆类型	颜色
Q-01F	20mm×30mm+30mm	网络通信线	绿
Q-02F	25mm×38mm+48mm	其他线缆	黄
		接地线	白
Q-03F	30mm×45mm+60mm	供电线	红
		仪器信号线	蓝
Q-01T	20mm×30mm+25mm	网络通信线	绿
Q-02T	25mm×38mm+30mm	其他线缆	黄
Q-03T	30mm×45mm+40mm	供电线	红
		仪器信号线	蓝

图注：

（1）本图例为线路线缆类标识。T 形与 F 形，具体颜色及尺寸详见上表。

（2）适用范围：供电线、仪器信号线、网络通信线、其他线缆、接地线等线缆。

（3）粘贴要求：

T 形标签在室内明铺或线槽桥架内线缆每隔 3m 做 1 次标志，T 形标签贴标后其标签内容与标记线缆平行；

F 形标签用在距接头或仪器端 3~6cm 处线缆、接地线标志，F 形标签贴标后其标签内容与标记线缆垂直。

（4）标签材质：符合 UL969 标准，基材为聚丙烯类材料，背胶采用永久性丙烯酸类乳胶，室内使用 5~10 年。

（5）标签内容：网络通信线（本对端信息、IP 地址等信息），接地线（设备名+接地线等），信号线等（型号、名称及线缆连接类型等）。

2.4－6 通用类标识

图注：

（1）图例为通用类标识，提示类、警示类、安全类标识。

（2）安装位置：

相应设施的表面或附近的明显位置。

用电警示标牌粘贴于配电室附近；等电位接地箱表面粘贴蓝色标牌；工具柜粘贴工具提示标牌；观测房等重要房间的房门上应粘贴请随手关门标牌；所有插座面板上必须粘贴插座标牌等。

（3）标牌尺寸：标牌尺寸为 200mm×120mm，厚度宜为 1.5mm。

（4）标牌材质：标牌材质为 PVC 材料，反光膜，UV 印刷或丝网印刷，室内使用 5~10 年。

2.4－7 台站横式门牌设计图

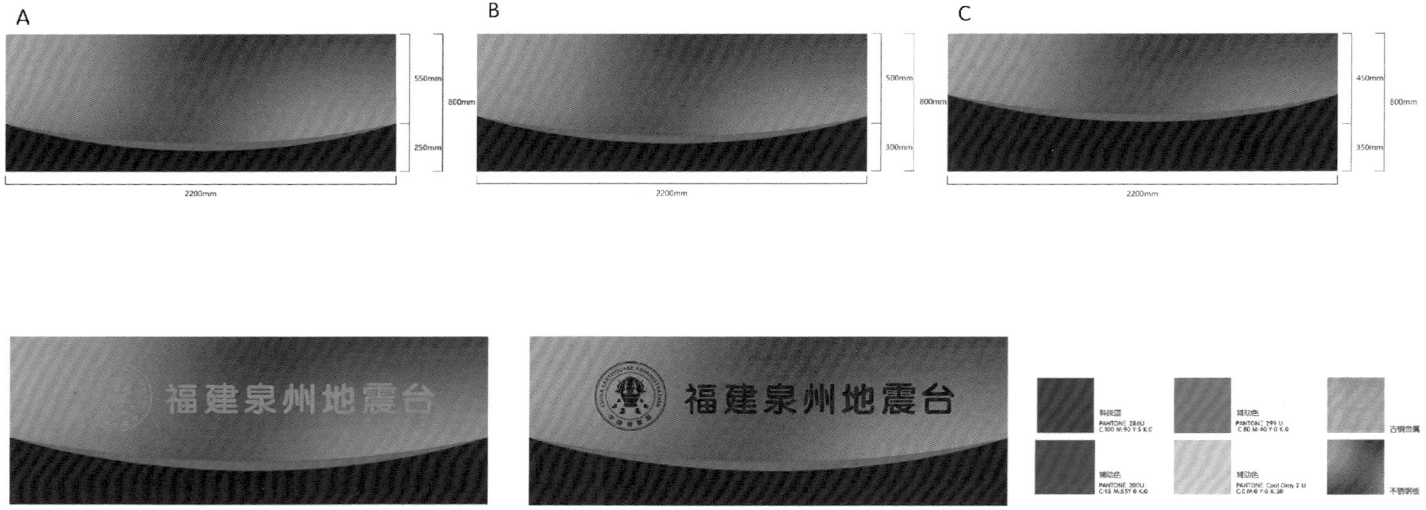

图注：

（1）本图例为台站横式门牌，为可选项。

（2）适用范围：有场地条件的综合观测台。

（3）安装位置：台站正门入口两侧最主要位置。

（4）建议材质：哑光暗拉丝不锈钢板做底，曲线图案丝网印徽标图形及字体为 20mm 立体均为雕刻，其中古铜金为做旧古铜金属，蓝色字体及图形标为亚克力。

（5）其他要求：

①根据台站实际，可适当进行个性化设计，实际设计和现场施工时以美观简洁为标准，其版式可以从以上三种中选择。

②如遇到特殊情况，除辅助图形及颜色外，台站可按照实际情况调整排版内容、尺寸等。

③台站名称命名按规范执行。

2.4－8　台站竖式门牌设计图

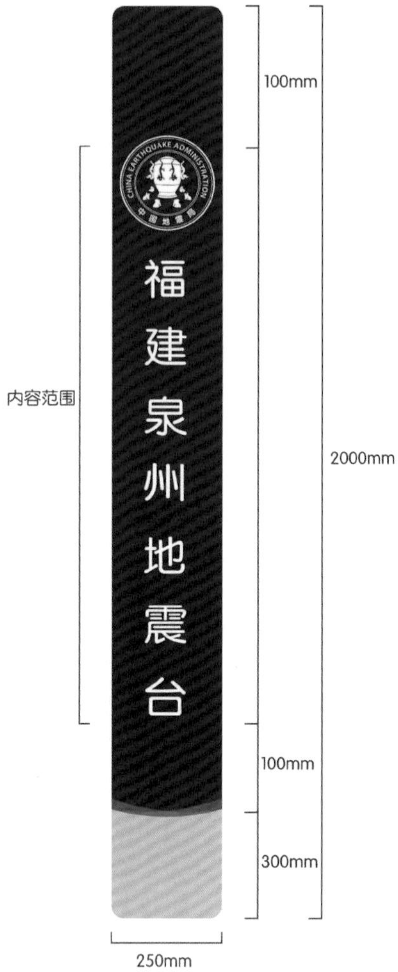

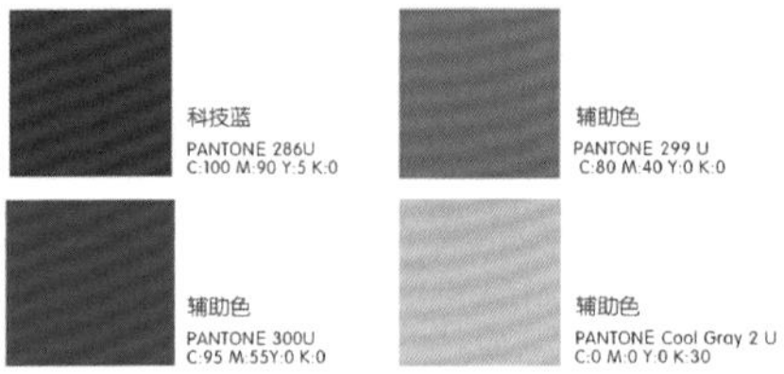

图注：

（1）本图例为台站竖式门牌，为可选项。

（2）适用范围：有场地条件的台站。

（3）安装位置：台站正门入口位置。

（4）材质工艺：图文拉丝丝网印。

（5）其他要求：

①特殊情况下，根据已有建筑物的实际情况调整，以美观简洁为标准。

②台站名称命名按规范执行。

③中国地震局徽标标志必须依据《中国地震局视觉形象识别手册》规定制作，不得随意更改。

2.4－9 户外围栏版式设计图

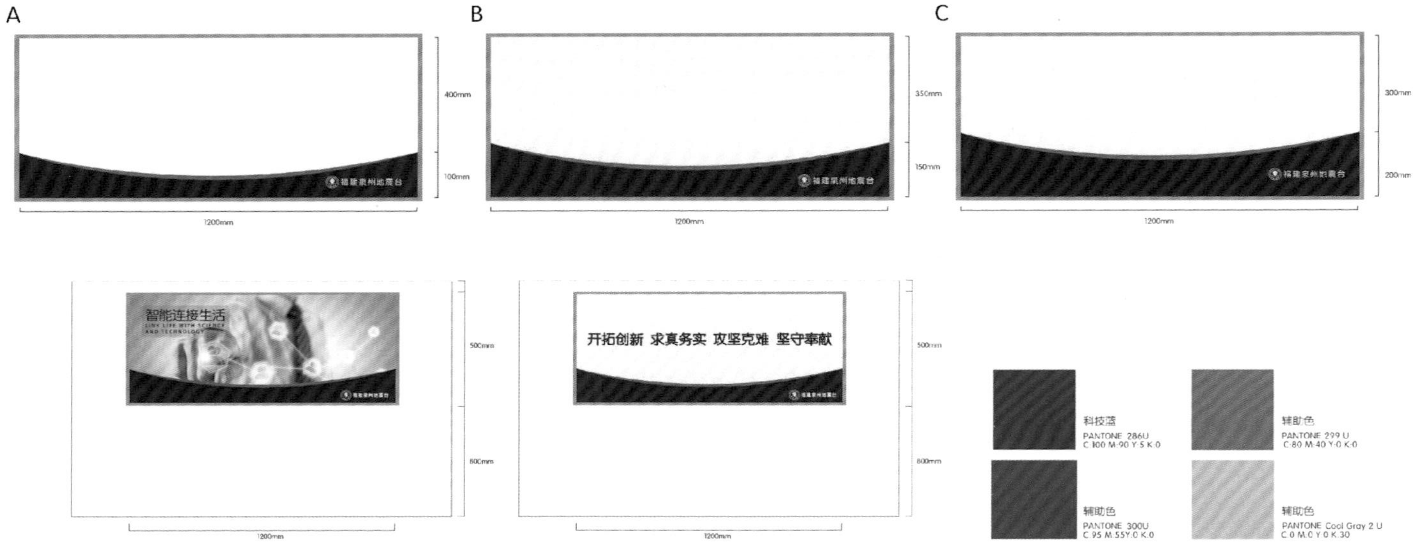

图注：

（1）本图例为户外围栏版式设计图，为可选项。

（2）适用范围：有场地条件的综合观测台外部围墙及围栏。

（3）安装位置：外部围栏适中位置，不易过密排布。

（4）建议材质：12mm 厚 PVC 展板哑光高清喷绘外包 20mm 银白色边框。

（5）其他要求：

①在实施落地的过程中，结合台站实际情况，请从以上三种版式中选择。

②如遇到特殊情况，除辅助图形及颜色外，台站可按照实际情况调整排版内容、尺寸等。

2.4－10 楼体字设计图

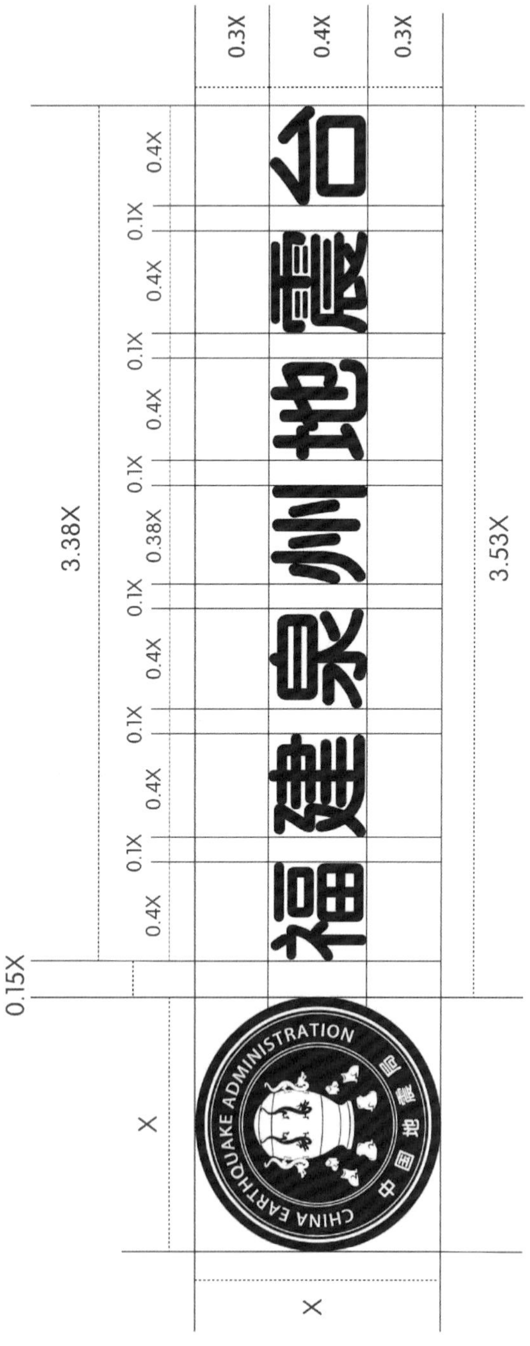

图注：

（1）本图例为楼体字设计图，为可选项。

（2）适用范围：有场地条件的台站。

（3）安装位置：台站楼体顶部位置。

（4）其他要求：

①楼体字具体尺寸应根据现场楼体长度所决定。

②实际施工标准以现场实际情况为准。

③如遇到特殊情况，除辅助图形及颜色外，台站可按照实际情况调整排版内容、尺寸等。

④台站名称命名按规范执行。

⑤设计样例中，以徽标标识的高度为X，字体大小按比例设计。

2.4－11 工作制度流程牌设计图

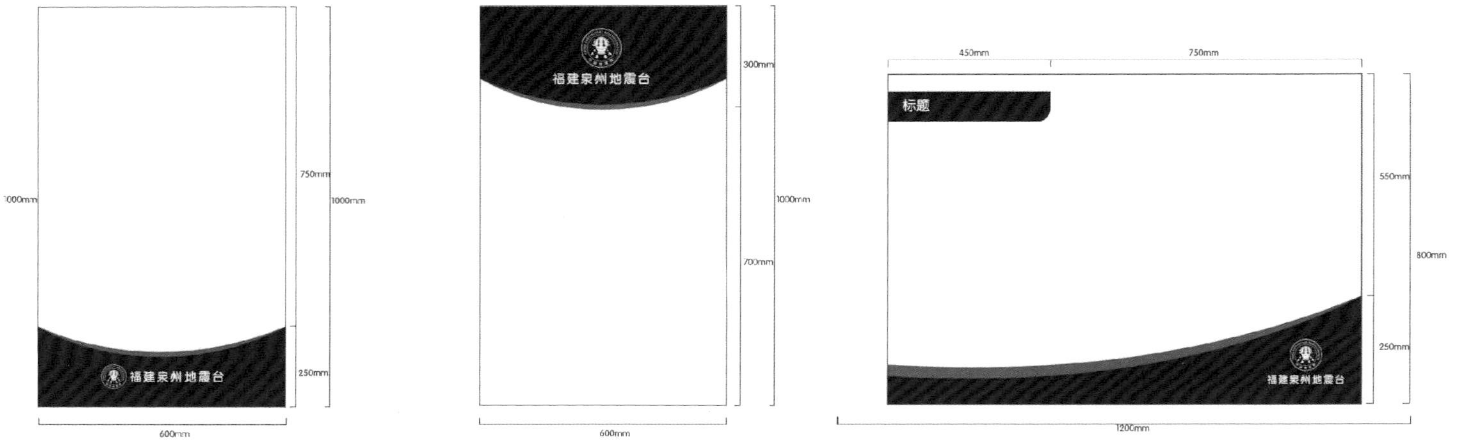

图注：

（1）本图例为台站业务管理流程牌设计图。

（2）适用范围：根据台站实际情况，可对文字内容进行编辑。

（3）材料要求：双层透明夹板，高透亚克力材料，可采用 PP 背胶、高光相纸等。

（4）其他要求：

①除字体及颜色外，台站可按照实际情况调整排版内容、尺寸等。

②中国地震局徽标标志必须依据《中国地震局视觉形象识别手册》规定制作，不得随意更改。

2.4－12　台站桌牌设计图

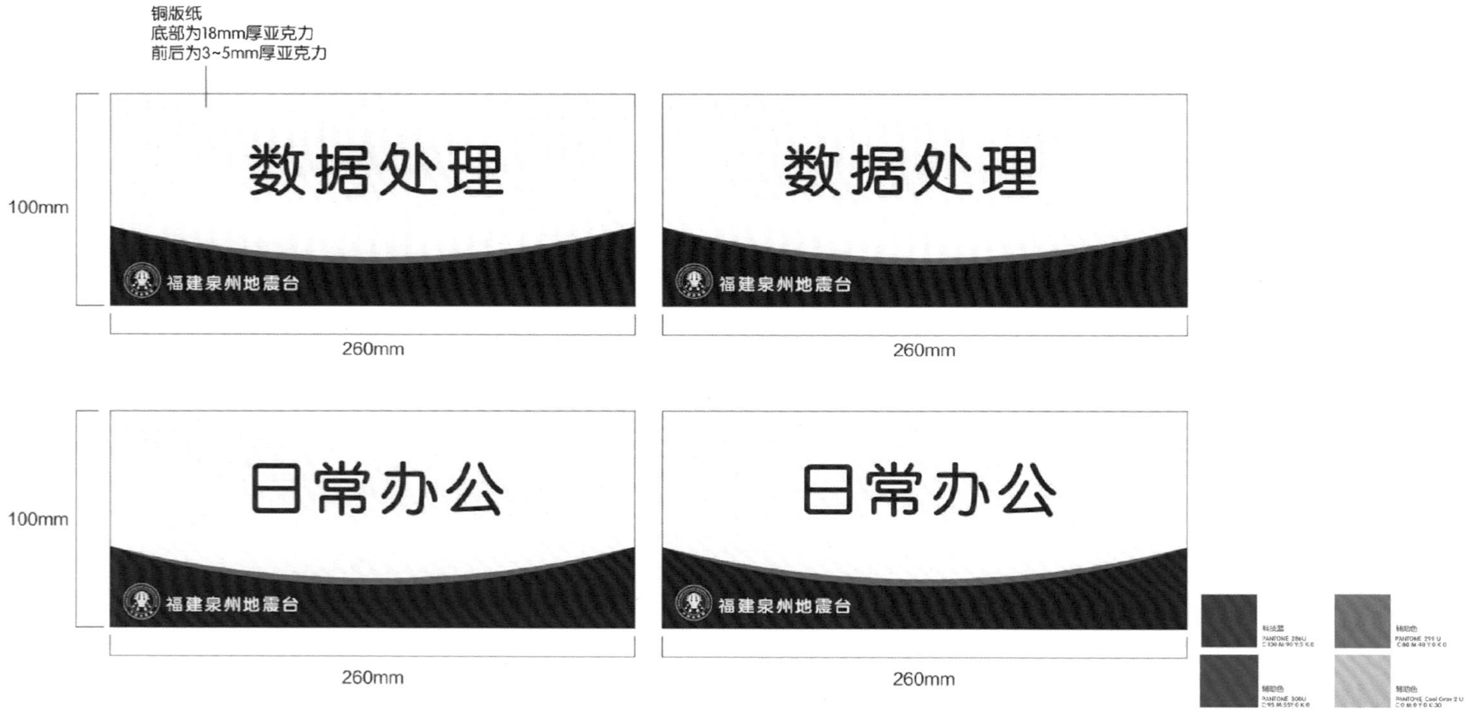

图注：

（1）本图例为台站桌牌设计图，为可选项。

（2）适用范围：根据台站实际情况，可对文字内容进行编辑。

（3）材料要求：材质色彩严格以实际样本为准，铜版纸，底部为18mm厚亚克力，前后为3~5mm厚亚克力。

（4）其他要求：

①除字体及颜色外，台站可按照实际情况调整排版内容、尺寸等。

②中国地震局徽标标志必须依据《中国地震局视觉形象识别手册》规定制作，不得随意更改。

2.4－13 台站警示牌设计图

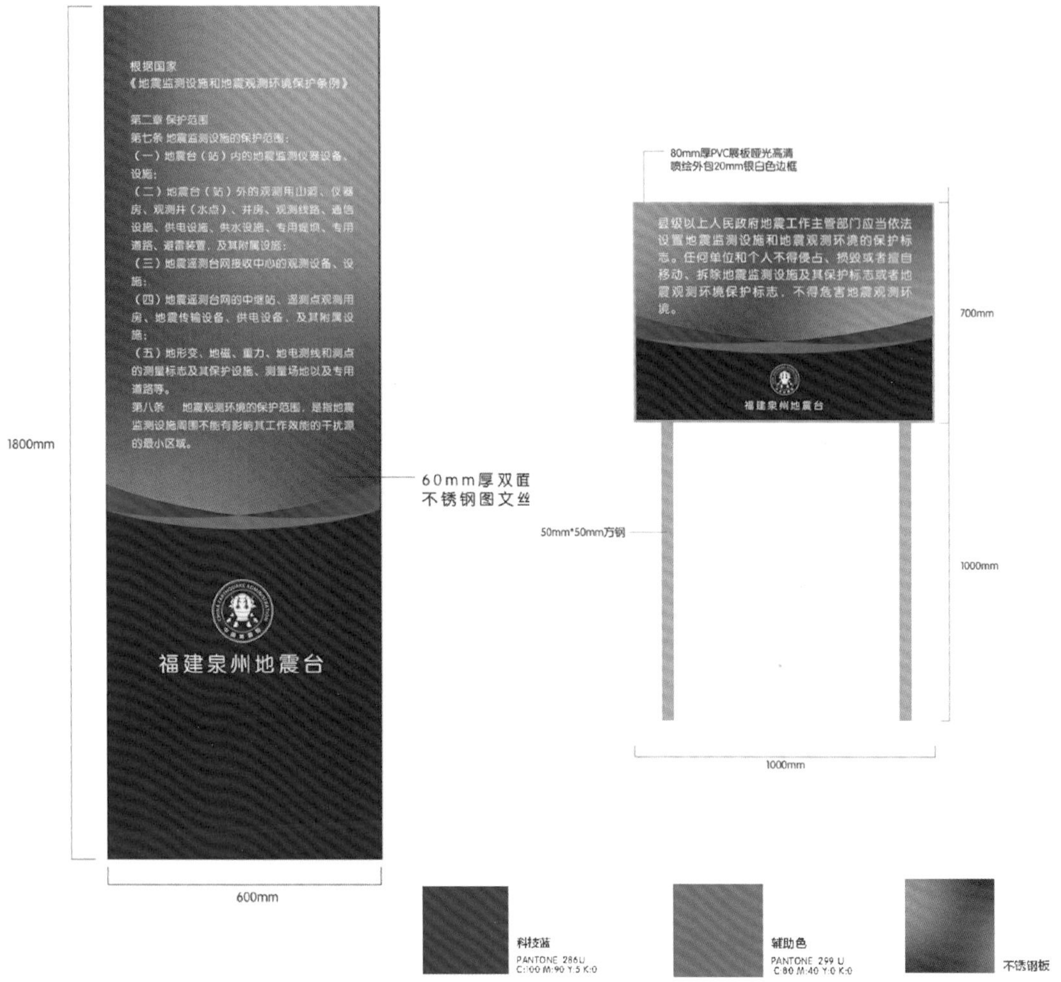

图注：

（1）本图例为台站警示牌，为可选项。

（2）适用范围：根据台站实际情况，可对文字内容进行编辑。

（3）安装位置：安装在台站显著明显位置处，起到警示作用。

（4）其他要求：

①实际施工标准以现场实际情况为准。

②台站可按照实际情况调整排版内容、尺寸等。

③中国地震局徽标标志必须依据《中国地震局视觉形象识别手册》规定制作，不得随意更改。

3　测震观测站

测震观测站是通过布设固定观测的地震仪，用于连续观测地面运动，对地震波记录解释、分析研究的地震观测站。

测震观测站场地经过勘选，其地质构造、岩性结构、地形地貌、环境噪声和干扰源等基本要素符合有关技术规范的要求。按照“防震加固科学、综合布线规范、标识标志清晰”的基本要求，依据各种类型地震仪的不同布设情况，对地表、摆坑、地下室、山洞、井下等测震观测站进行了标准化设计，提出了规范化要求。

本章包含测震观测站建设标准化设计所需的主要元素、重要部件以及配套设施设计，并配有相应图例和文字说明。同时本书附录还包括“外部典型案例、内部典型案例”等内容。

公用设备和设施的防震加固设计可参阅 2.2 节。

仪器设备类标识和通用类标识可参阅 2.4 节。

摆墩观测的地震计防震加固设计另行规定。

3.1　观测布局设计
3.2　防震加固设计
3.3　综合布线设计
3.4　标识标志设计

3.1－1 地表观测布局图

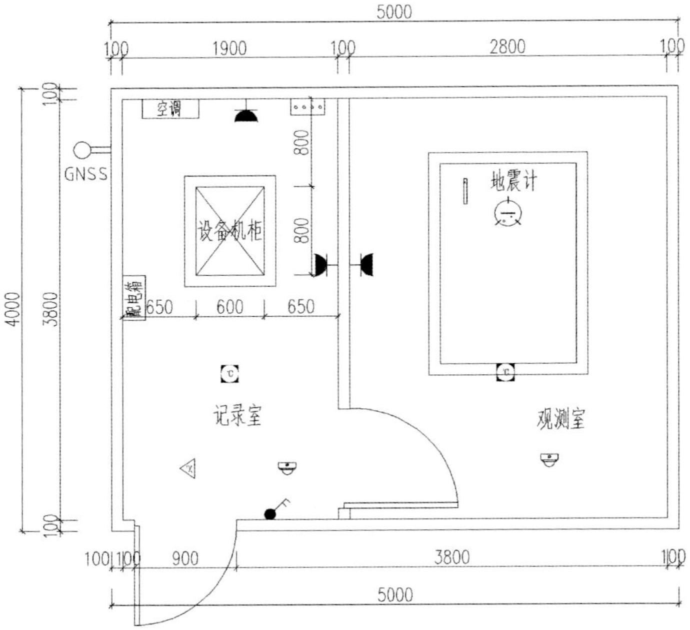

布局图

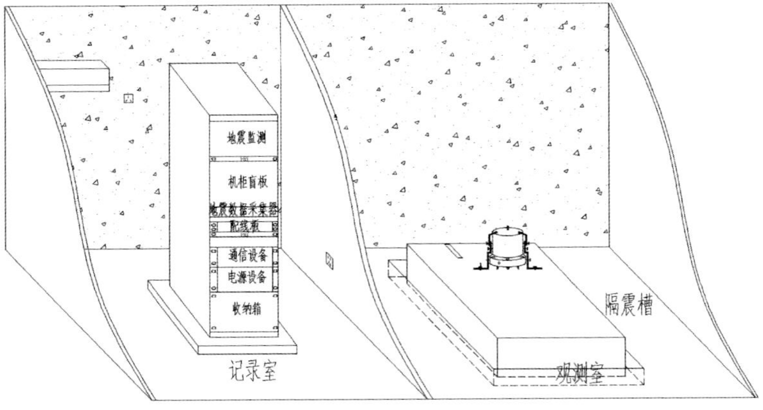

透视图

图注：

（1）观测布局：观测房不小于 $20m^2$，净高不小于 2.5m；入户门选用 C 级锁、甲级防盗防锈门；可选用带金属网百叶窗；墙体及屋顶做防潮、隔热、防变形设计；地面选用防静电涂料涂抹。

（2）配置与布设：

①室内观测墩四周距墙壁不小于 0.8m，左上角设指北标记。

②室内设备机柜、配电箱、等电位接地箱、电源插座、照明开关等。设备机柜四周距墙不小于 0.8m；配电箱设置在进门左边，距地面高度 1.5m；接地箱固定在设备机柜后侧墙面，距地面高度 0.3m；电源插座设置于距地面高度 0.3m 位置；照明开关置于进门右侧，距地面高度 1.4m；左后侧墙体上方预留线缆入户孔。

（3）配套设施：GNSS 室外支架置于距地面高度 2.8m 且低于房檐，根据实际选用安防监控设备。

3.1－2 半地下观测布局图

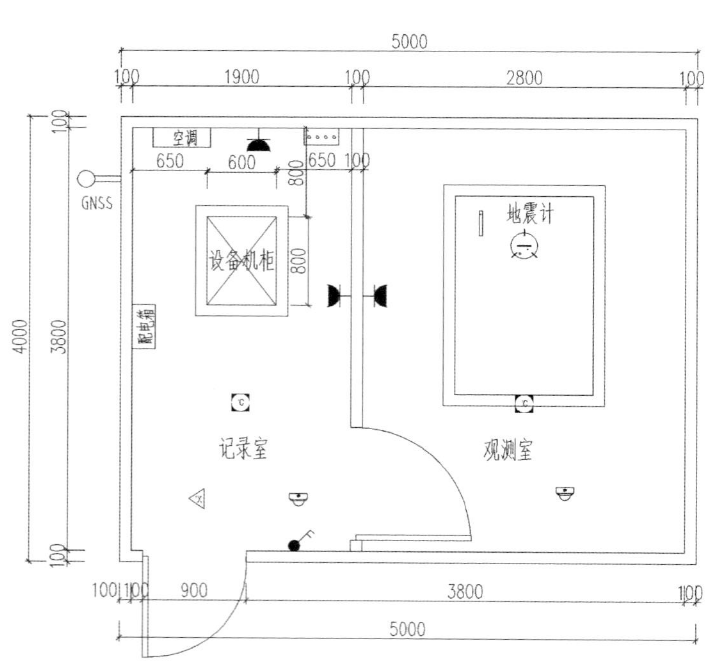

布局图

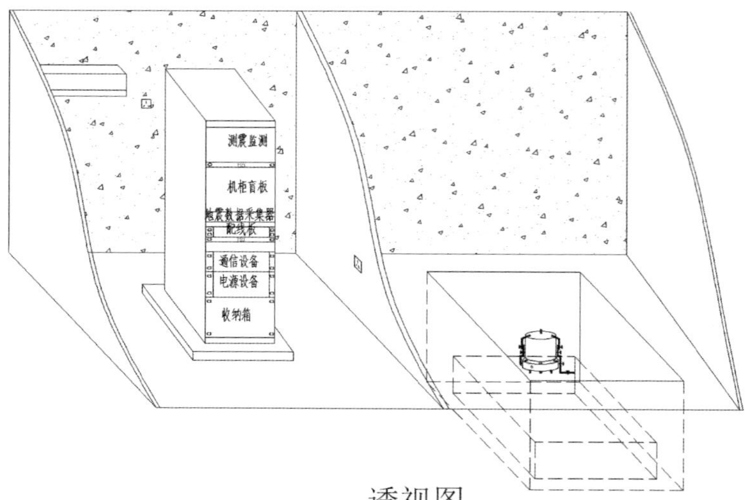

透视图

图注：

（1）观测布局：观测房不小于 20m^2，净高不小于 2.5m；入户门用 C 级锁、甲级防盗防锈门；可选用带金属网百叶窗；墙体及屋顶做防潮、隔热、防变形设计；地面选用防静电涂料涂抹。

（2）配置与布设：

①观测室内设观测墩，四周距墙壁不小于 0.8m，尺寸规格见观测墩设计，左上角设置永久指北标记。

②室内设备机柜、配电箱、等电位接地箱、电源插座、照明开关等。设备机柜四周距墙不小于 0.8m；配电箱设置在进门左边，距地面高度 1.5m；接地箱固定在设备机柜后侧墙面，距地面高度 0.3m；电源插座设置于距地面高度 0.3m 位置；照明开关置于进门右侧，距地面高度 1.4m；左后侧墙体上方预留线缆入户孔。

（3）配套设施：GNSS 室外支架置于距地面高度 2.8m 且低于房檐，根据实际选用安防监控设备。

3.1－3 地下室观测布局图

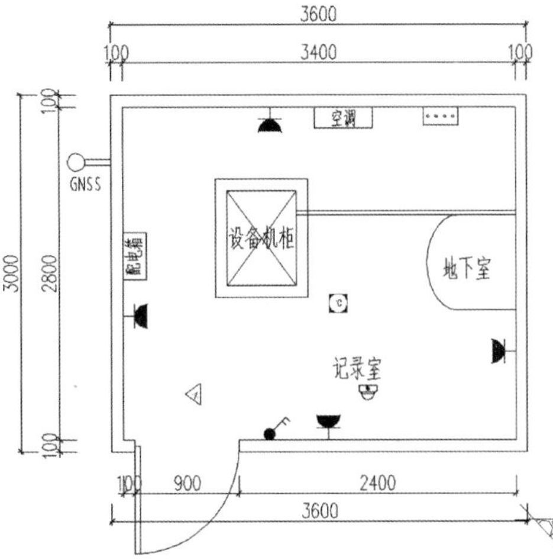

记录室布局图

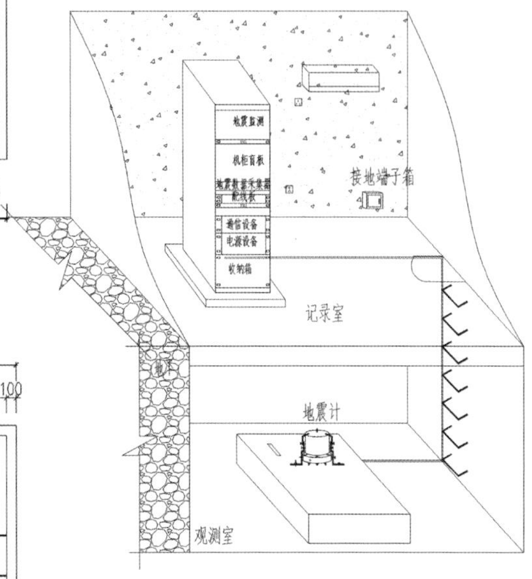

透视图

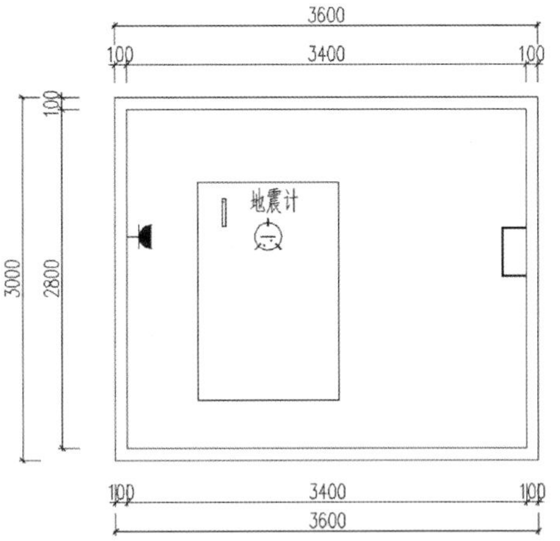

观测室布局图

图注：

（1）观测布局：观测房不小于 $20m^2$（每层均不小于 $10m^2$），净高不小于 2.5m；入户门用 C 级锁、甲级防盗防锈门；可选用带金属网百叶窗；墙体及屋顶做防潮、隔热、防变形设计；地面选用防静电涂料涂抹。

（2）配置与布设：

①室内设观测墩，四周距墙壁不小于 0.8m，左上角设置永久指北标记。

②室内设备机柜、配电箱、等电位接地箱、电源插座、照明开关等。设备机柜四周距墙不小于 0.8m；配电箱设置在进门左边，距地面高度 1.5m；接地箱固定在设备机柜后侧墙面，距地面高度 0.3m；电源插座设置于距地面高度 0.3m 位置；照明开关置于进门右侧，距地面高度 1.4m；左后侧墙体上方预留线缆入户孔。

（3）配套设施：GNSS 室外支架置于距地面高度 2.8m 且低于房檐，根据实际选用安防监控设备。

3.1－4　山洞观测区布局图

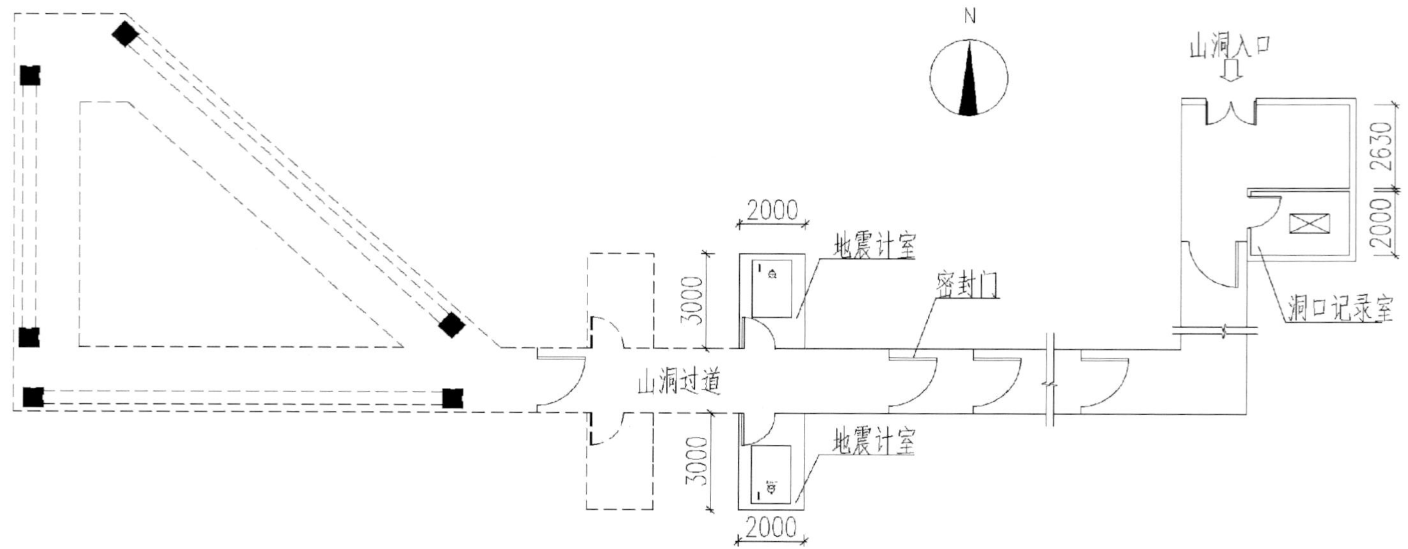

图注：

（1）地震台站的山洞通常都安排多种观测手段，形成观测区，以提高其利用率，共享优质观测环境，同时，便于多种观测手段资料的比对、验证，共同完成地震监测任务。

（2）山洞观测区的建设设计应统筹考虑各观测手段的需求。

（3）山洞采用“拱式”洞体结构，岩土覆盖厚度不小于20m，山洞洞深一般不小于20m，山洞内过道宽度一般不小于1.2m，山洞体的底面应内高外低，其坡度应在1/500~1/200，洞室岩壁应被覆。

（4）山洞两侧应设排水暗沟。

（5）山洞观测室应具有过渡间和辅助空间，地震观测设备安装在山洞内的仪器室，其他设备通常安装在山洞门口记录室。

（6）仪器室与洞口之间应设不少于三道船舱式密封门。

3.1－5 山洞观测布局图

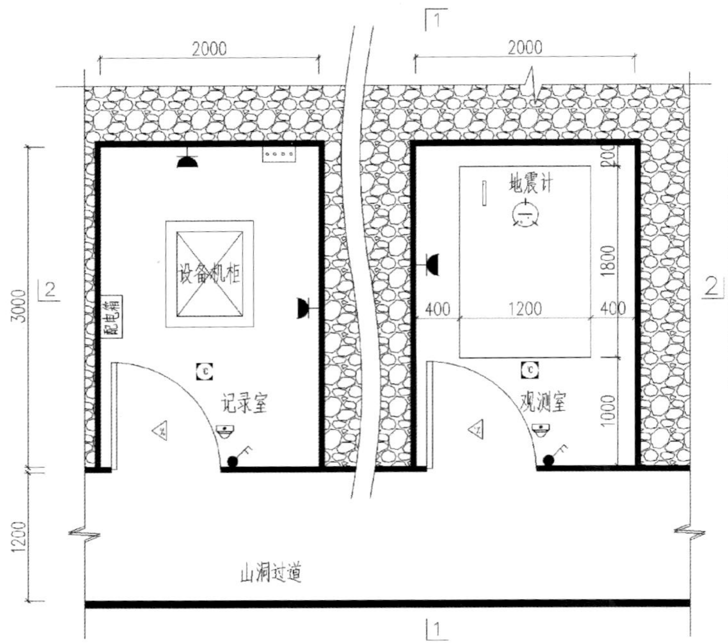

布局图

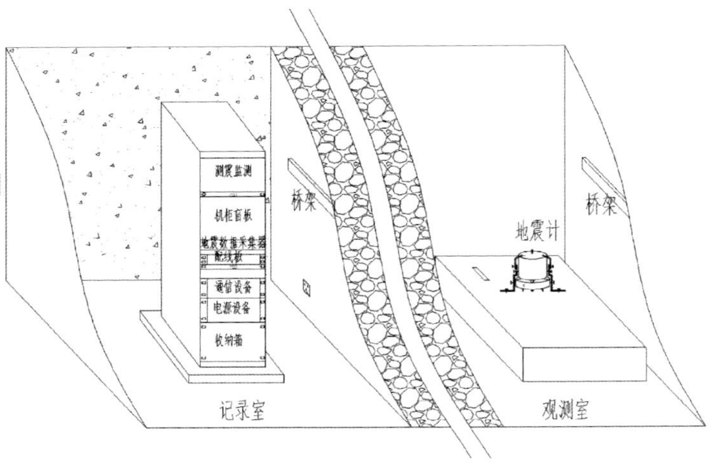

透视图

图注：

（1）观测布局：山洞地震计室、洞口记录室的面积均不小于 $6m^2$，室内净高不大于 2. 5m；室内不设窗户，墙体及屋顶做防潮、隔热、防变形设计；地面选用防静电涂料涂抹。

（2）配置与布设：

①山洞地震计室内设地震计墩，四周距墙壁不小于 0. 8m，尺寸规格应符合 DB/T 60—2015 要求，左上角设置永久指北标记。

②洞口记录室内设设备机柜、配电箱、等电位接地箱、电源插座、照明开关等。

③设备机柜四周距墙壁不小于 0. 8m；配电箱安装于进门左边，距地面高度 1. 5m；等电位接地箱安装在机柜后侧墙面，距地面高度 0. 3m。

④电源插座安装于墙上距地面高度 0. 3m；照明开关置于进门右侧，距地面高度 1. 4m；左后侧墙体上方预留线缆入户孔。

（3）配套设施：地震计室和记录室设节能照明灯具，根据实际情况安装安防和环境监控设备；GNSS 室外天线支架距地面高度 2. 8m 空旷位置，仰角原则上应大于 120°；根据地区实际需要安装低功耗、低噪音可远程监控空调。

3.1－6 室内井下观测布局图

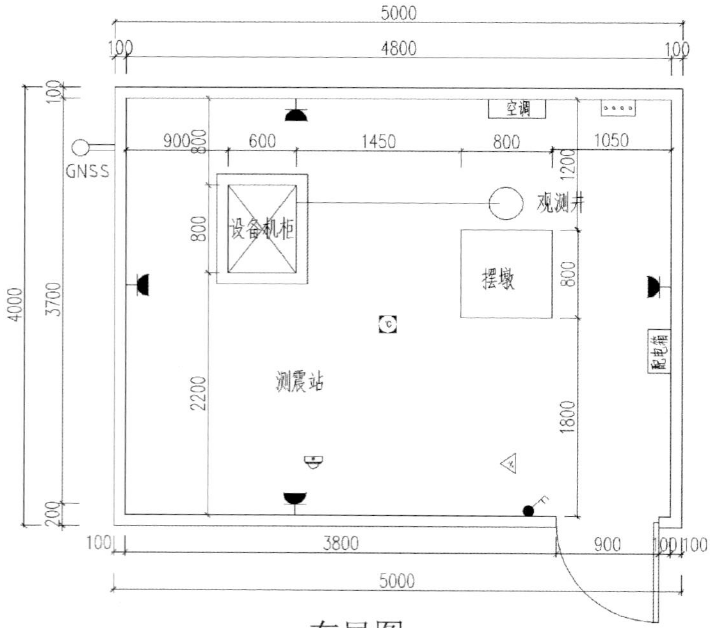

布局图

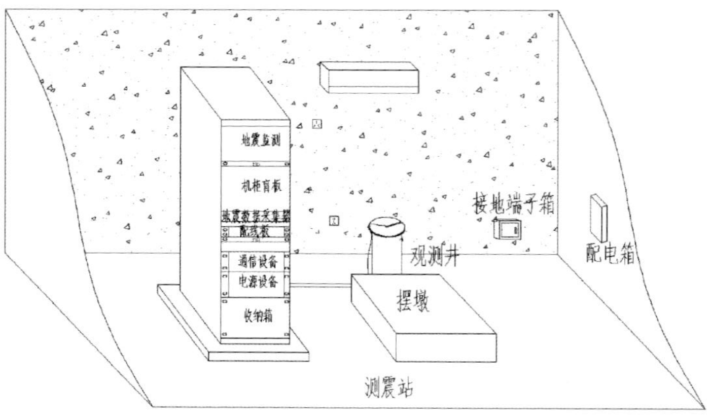

透视图

图注：

（1）观测布局：观测房面积不小于 $20m^2$，净高不小于 2.5m；入户门选用 C 级锁、甲级防盗防锈门，房门宽不小于 1.0m，房门正对井口；室内一般不设窗户，可设带金属网百叶窗通风，墙体及屋顶做防潮、隔热、防变形设计；地面选用防静电涂料涂抹。

（2）配置与布设：

①观测房内设观测井，井口四周距离墙壁不小于 1.5m，井管应露出地面 0.4~0.6m 高度，加装井口防护装置。

②观测房内设置设备机柜、配电箱、等电位接地箱、电源插座、照明开关等，内室合适位置浇筑一个仪器摆墩。

③设备机柜四周距墙壁不小于 0.8m；配电箱安装于右墙，距地面高度 1.5m；等电位接地箱安装在机柜后侧墙面，距地面高度 0.3m。

④电源插座装于墙上距地面高度 0.3m；照明开关置于进门左侧，距地面高度 1.4m，左后侧墙体上方预留线缆入户孔。

（3）配套设施：观测房设节能照明灯具，室内根据实际情况安装安防和环境监控设备；GNSS 室外天线支架应置于距地面高度 2.8m 且低于房檐一定位置，在建筑物避雷有效范围内；根据地区实际需要安装低功耗、低噪音可远程监控空调。

3.1－7 室外井下观测布局图

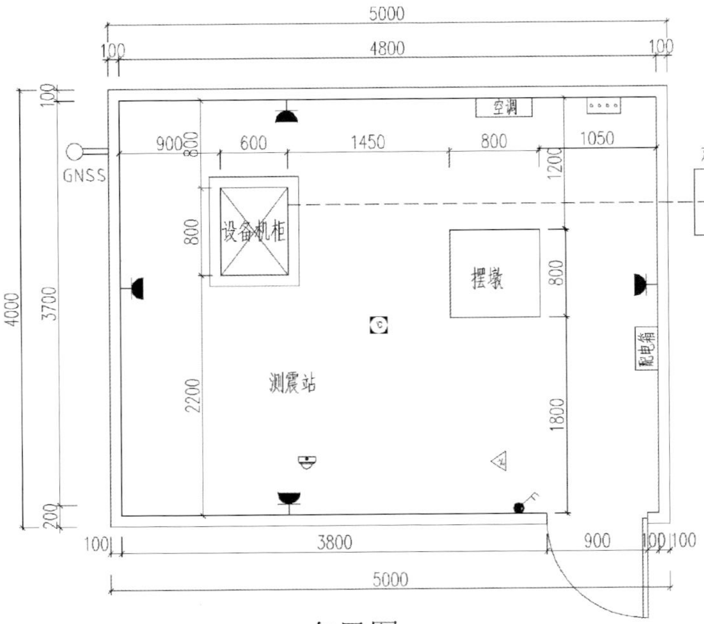

布局图

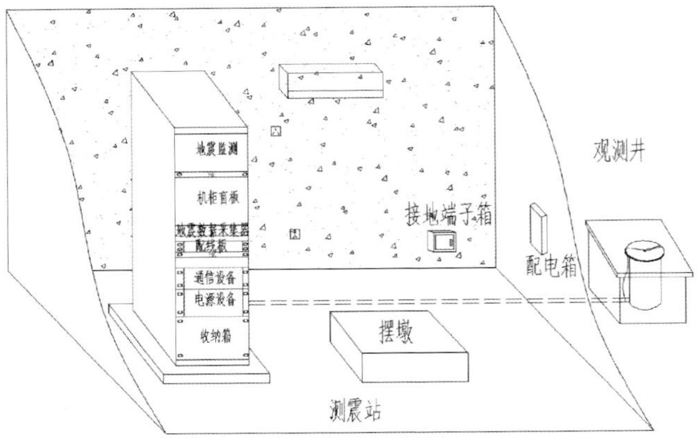

透视图

图注：

（1）观测布局：观测房面积不小于 $20m^2$，净高不小于 2.5m；入户门选用 C 级锁、甲级防盗防锈门，房门宽不小于 1.0m；室内一般不设窗户，可设带金属网百叶窗通风，墙体及屋顶做防潮、隔热、防变形设计；地面选用防静电涂料涂抹。

（2）配置与布设：

①观测井位于室外，井口距观测房距离不小于 3m，井管应露出地面 0.4~0.6m 高度，加装井口防护装置，具体见井下地震计安装图。

②观测房内设置设备机柜、配电箱、等电位接地箱、电源插座、照明开关等，内室合适位置浇筑一个仪器摆墩。

③设备机柜四周距墙壁不小于 0.8m；配电箱安装于右墙，距地面高度 1.5m；等电位接地箱安装在机柜后侧墙面，距地面高度 0.3m。

④电源插座装于墙上距地面高度 0.3m；照明开关置于进门左侧，距地面高度 1.4m，左后侧墙体上方预留线缆入户孔。

（3）配套设施：观测房设节能照明灯具，室内根据实际情况安装安防和环境监控设备；GNSS 室外天线支架应置于距地面高度 2.8m 且低于房檐一定位置，在建筑物避雷有效范围内；根据地区实际需要安装低功耗、低噪音可远程监控空调。

3.2-1 井口固定设计图

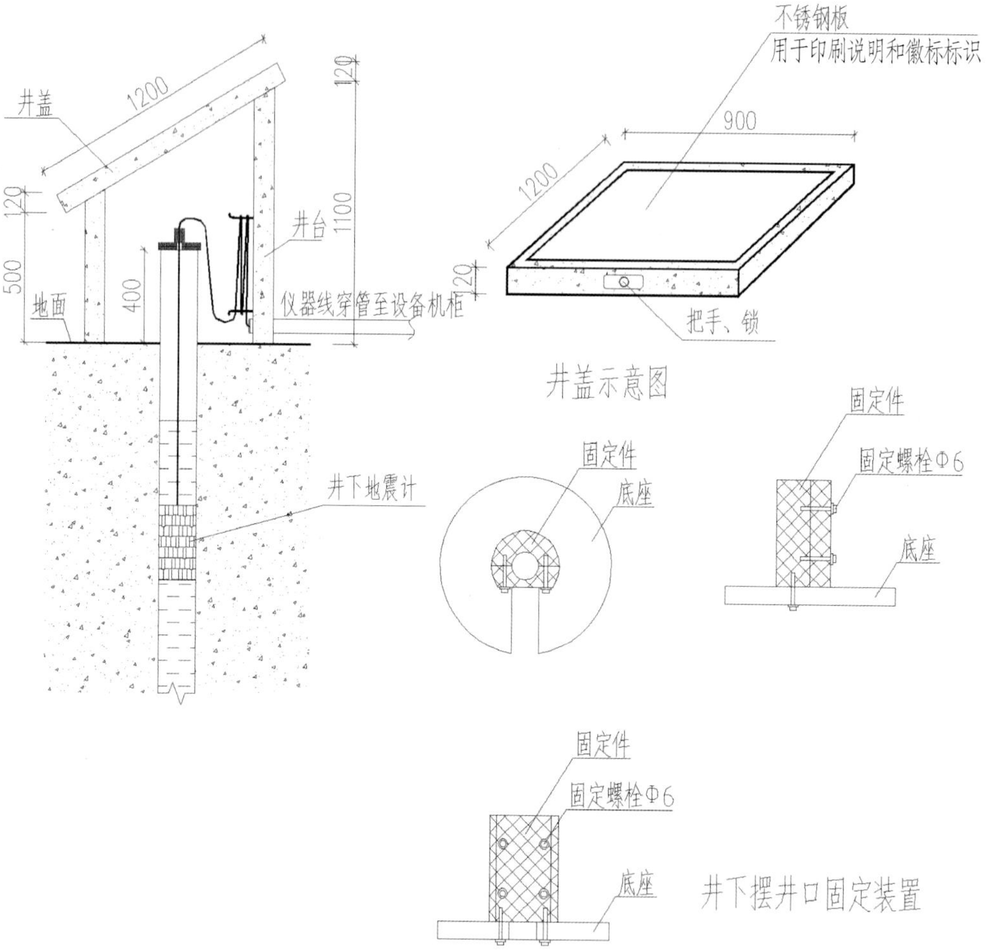

图注：

（1）井下地震计布设：

①地震计通过自带专用卡紧装置与井内侧牢固卡紧。

②地震计的井下部分信号线缆应释放一部分长度，以去除线缆应力对地震计工作状态的影响。

（2）井口固定装置：

①井管四周应浇注混凝土井台，浇注的底座应与井管隔离（间隔 10mm），井管高出浇注混凝土地面不小于 0.4m，便于固定升降装置。

②井口设防护罩，材料选用不锈钢，防护罩与井台使用膨胀螺栓固定（防护罩可拆卸，便于井下地震计维护），并加带锁井盖，防护罩正面喷涂永久标志，观测井台站徽标标志和观测井信息及相关说明。

③混凝土井台内设线缆收纳设施，用于固定整理冗余的传感器信号电缆。

3.2－2 摆墩地震计防护罩加固图

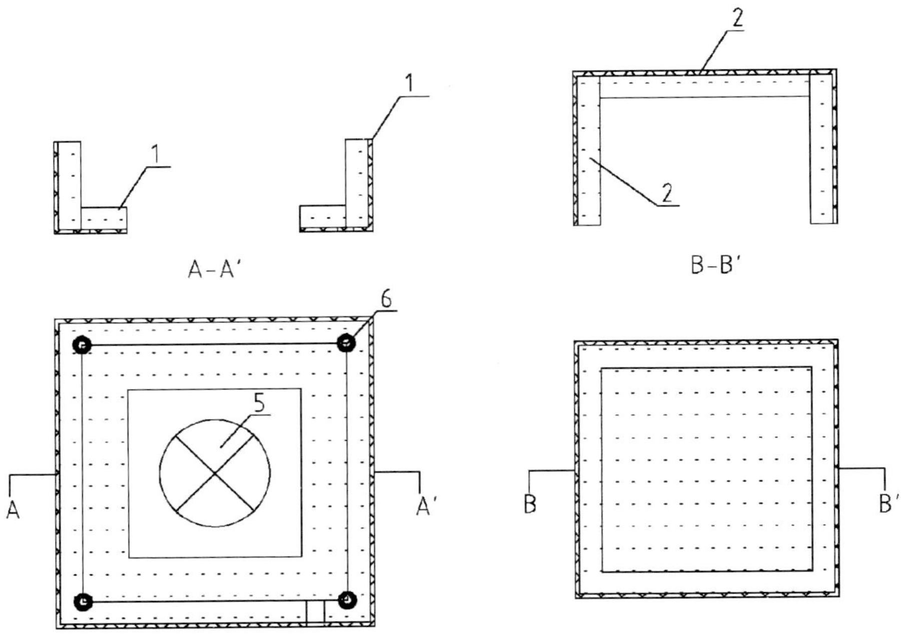

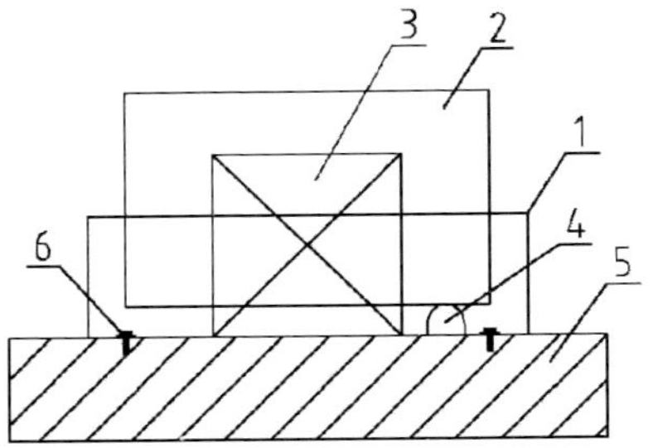

序号	名称	备注
1	底座	不锈钢+高密度海绵
2	上盖	不锈钢+高密度海绵
3	地震计	
4	预留孔	
5	观测墩	
6	膨胀螺栓	Φ6

图注：

（1）本图例为摆墩地震计防护罩固定示意图，为可选项。

（2）摆墩地震计的防震加固设计另行规定。

（3）适用范围：适用于摆墩地震计的保护。

（4）材料材质：外壳推荐为 304 不锈钢；内衬推荐为高密度海绵；M6 膨胀螺栓。

（5）安装要求：以摆墩地震计为中心用膨胀螺栓将底座固定在观测墩上，上盖贴附在底座上。

（6）其他要求：本图例为摆墩地震计防护罩的推荐样式。

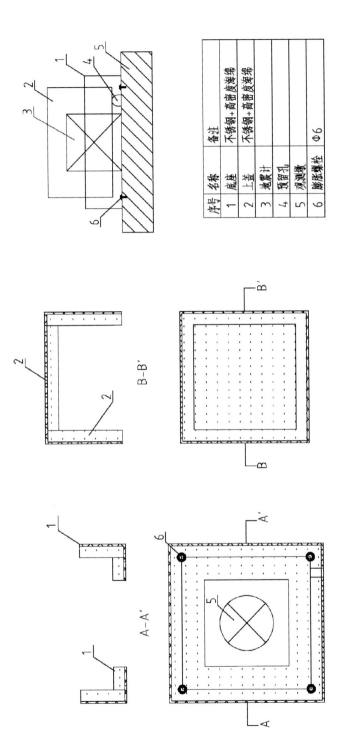

3.2-3 设备机柜固定示意图

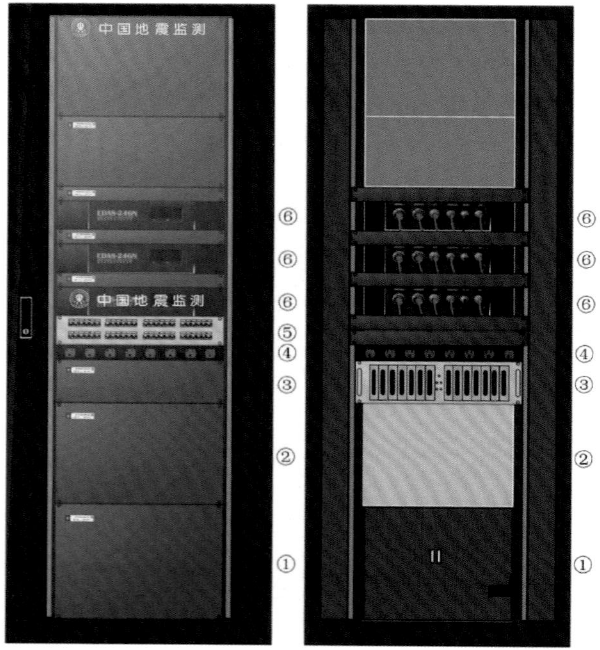

①线缆收纳箱
②电源设备
③通信设备
④防雷集成箱
⑤电源分配单元
⑥数据采集器

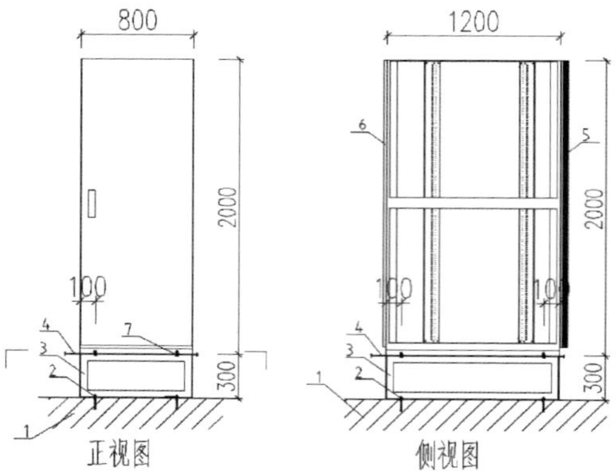

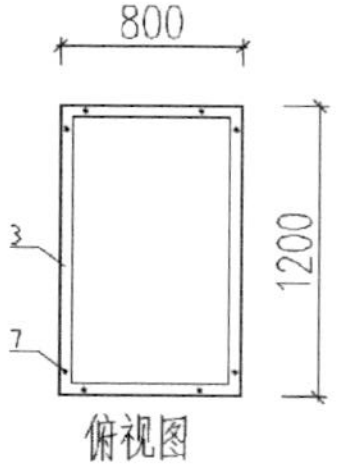

序号	名称	备注
1	原地面	
2	膨胀螺栓	φ8
3	底座	角钢50X5mm
4	室内地板	
5	机柜前门	
6	机柜后门	
7	固定螺栓	φ8

图注：

（1）设备机柜采用 42U 标准机柜，其中 01U—30U 为公共设备区，依次放置线缆收纳箱、电源设备、通信设备、防雷集成箱、电源分配单元等，30U 以上区域为专用设备区，可放置地震专业设备。根据线缆进入的位置，可调整线缆收纳箱位置。

（2）设备机柜建议尺寸 800mm×1200mm×2000mm，颜色黑色；设备机柜板材采用优质冷轧钢板制作。

（3）标准设备嵌入采用螺丝前固定，非标设备放置采用托盘固定，托盘数量不少于 6 个，加固支撑安装应平稳牢固。

（4）设备机柜配置承重固定装置，设备机柜内前后左右设 4 个竖向全封闭金属理线槽，设备线路应在竖向和横向理线器内布设。

（5）机柜内所有设备均应固定，不得随意叠放。

（6）若有架空地板时，设备机柜采用专用抗震底座固定，详见设备机柜固定图示。

（7）机柜正面有“中国地震监测”标识。

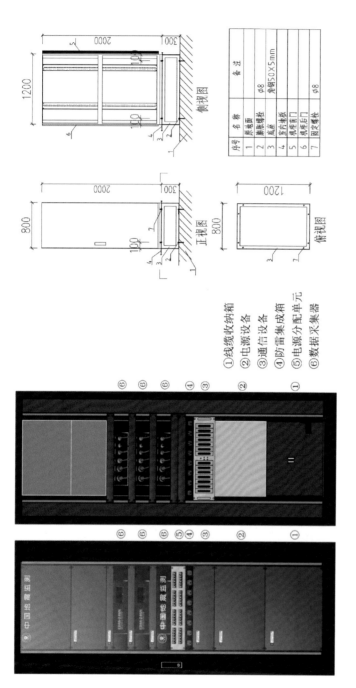

3.2-4 设备主机及非标仪器固定示意图

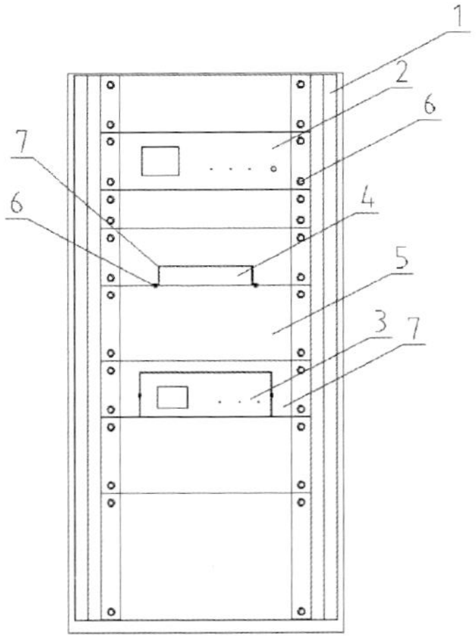

正视图

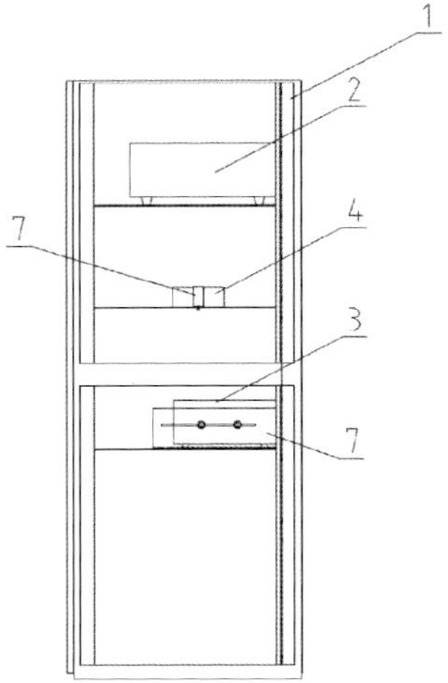

侧视图

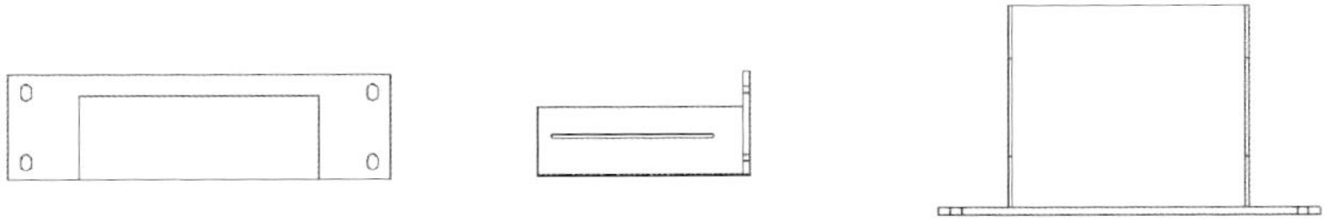

非标准专用仪器固定件

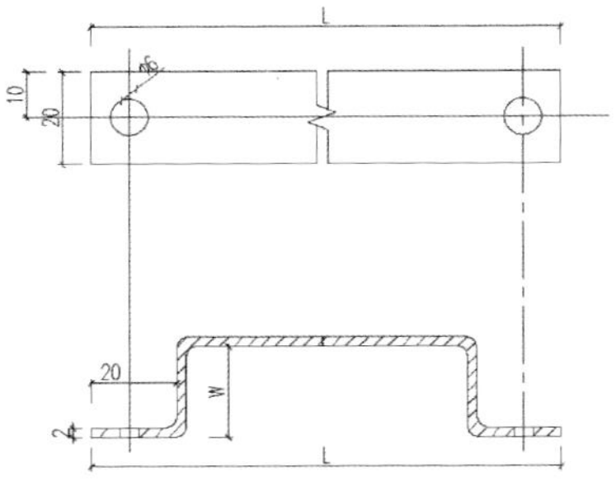

非标准通讯设备固定件

序号	名称	备注
1	机柜	
2	标准专用仪器	
3	非标准专用仪器	
4	非标准通讯设备	
5	盲板	2U、3U、4U
6	固定螺栓	Φ6
7	非标准设备固定件	

图注：

（1）所有仪器均应放置在设备机柜内的隔板上，不得随意叠放。

（2）标准专用仪器（指其外形为 19 英寸宽机箱）的防震固定，采用螺栓前固定方式固定在机柜内。

（3）专用仪器的机箱为非 19 英寸宽的非标准箱，可通过以下方式进行固定：

①专用仪器带有配套挂耳，安装挂耳后仪器宽度满足 19 英寸标准宽度，采用螺栓前固定方式固定在机柜内。

②对于无配套配件的非标准转用设备，应根据其尺寸大小加工专用固定件，并将制作的专用固定件与仪器固定连接后，采用螺栓前固定方式固定在机柜内。

（4）非标准通信设备等公用设备的防震固定，通过制作固定件，采用螺栓固定于隔板上，放置该设备同层的空余位置可安装相应尺寸盲板，保持设备机柜前面板的整洁。

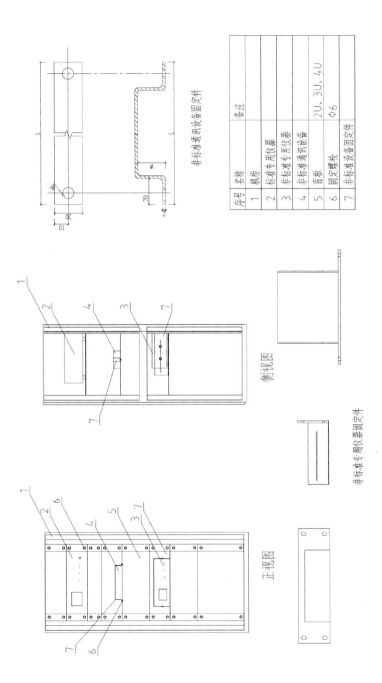

3.2–5 室外 GNSS 蘑菇头固定示意图

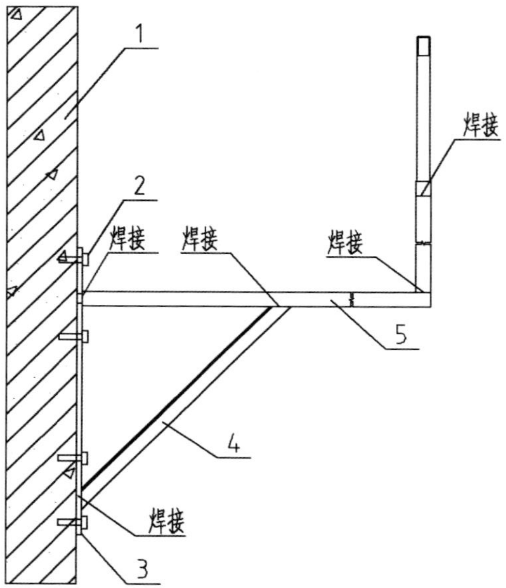

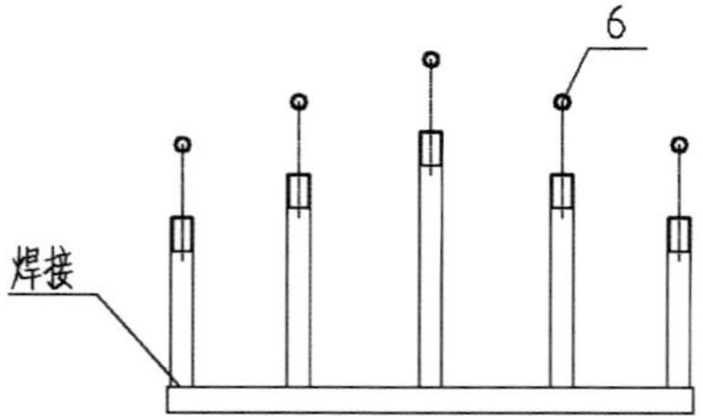

序号	名称	备注
1	外墙	
2	膨胀螺栓	Φ12
3	扁钢	50×5mm
4	角钢	50×5mm
5	方钢	50×5mm
6	钢管	Φ25

图注：

（1）本图例为室外 GNSS 蘑菇头固定示意图，为必选项。

（2）适用范围：适用于室外 GNSS 蘑菇头的固定安装。

（3）材料材质：M12×160mm 膨胀螺栓；L 形 50×5mm 角钢；50×50mm 方钢；50×5mm 扁钢。

（4）安装要求：支架安装于观测室外墙，顶端安装 GNSS 天线部分应高于观测室最高点。

（5）其他要求：所使用加固材料应符合本图例材料材质要求的最低限度。

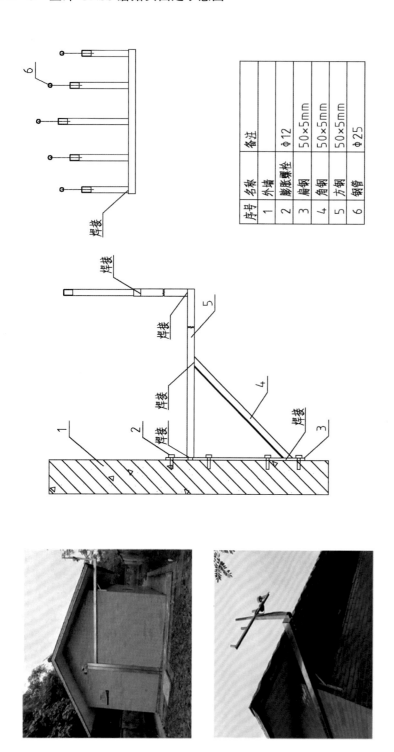

3.2-6 太阳能组件固定示意图

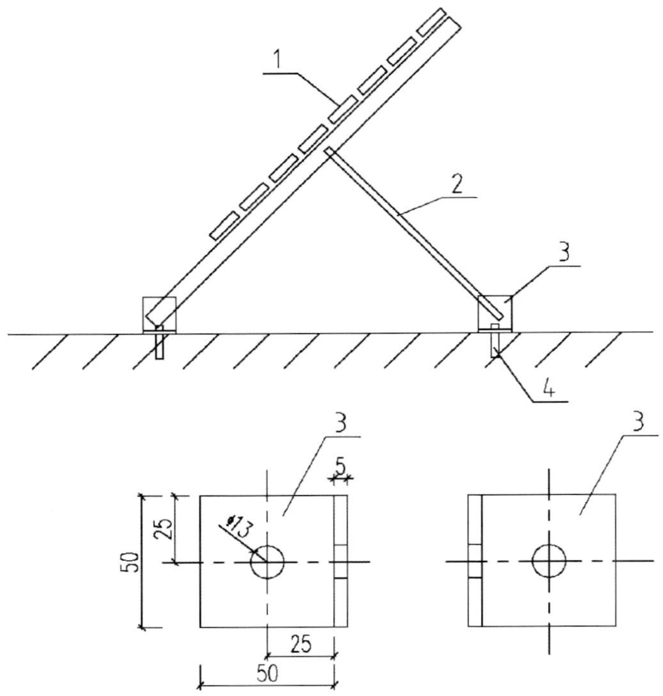

1-1

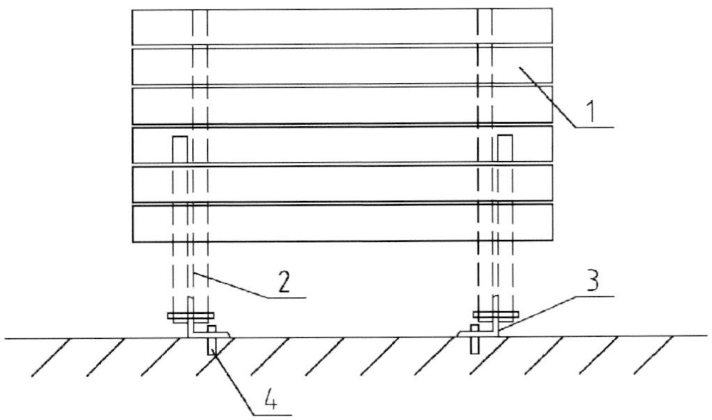

序号	名称	备注
1	太阳能板	
2	太阳能板支架	
3	固定件	50×5mm角钢
4	膨胀螺栓	Φ12

图注：

（1）本图例为太阳能组件固定示意图。

（2）适用范围：适用于太阳能组件的防震加固。

（3）材料材质：M12×160mm 膨胀螺栓；L 形 50×5mm 角钢。

（4）安装要求：立式机柜底部应与地面进行加固。

（5）其他要求：所使用加固材料应符合本图例材料材质要求的最低限度。

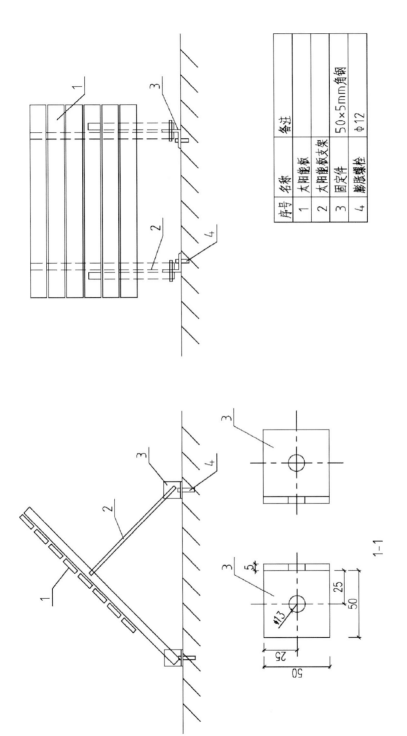

3.3-1 地表观测综合布线图

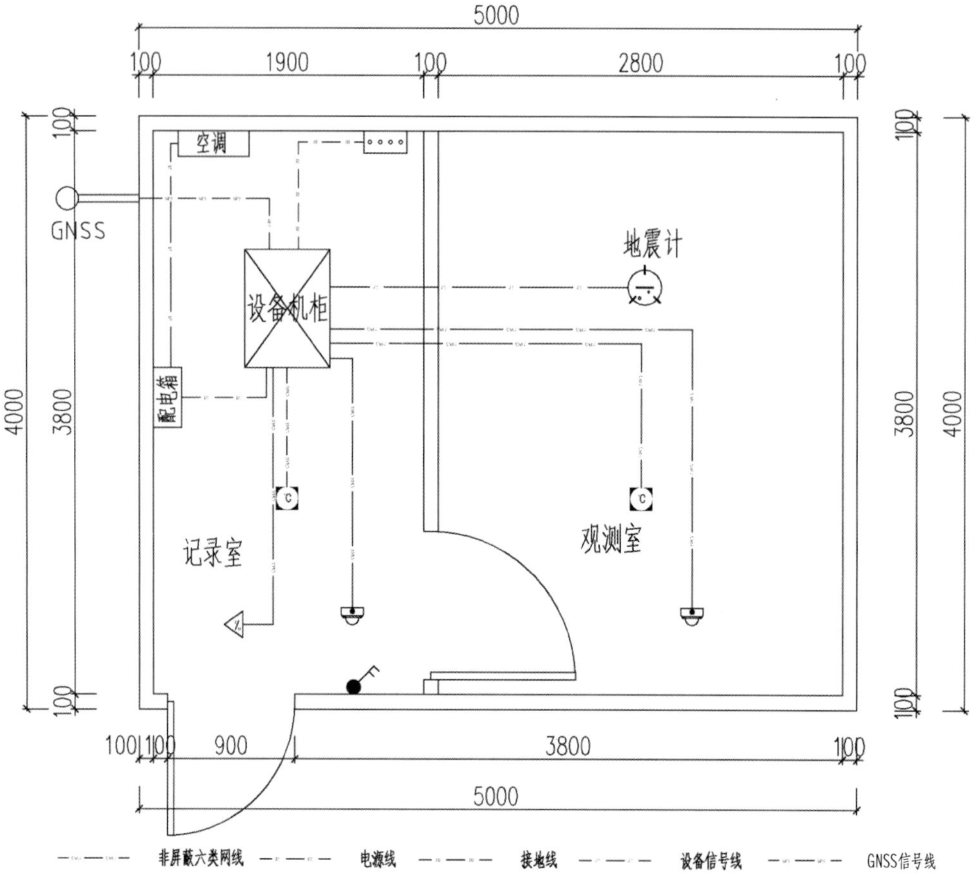

图注：

（1）布线基本要求：

①线路布设应遵循安全、可靠、适用和经济原则，敷设应横平竖直、杜绝缠绕。

②进出观测房的各种线缆宜套入金属管埋地铺设，进出设备机柜线缆通过桥架或穿管布设，桥架、线管、线槽的规格和利用率应符合相关标准要求，桥架距离地面不低于 2.3m，各种线缆贴有区别标识。

③强电弱电线缆分开布设，或者采取屏蔽措施；线缆应固定，固定间距不应超过 1m，固定材料应有防锈功能。

（2）市电按照 DB/T 68—2017 要求配接电源防雷器，进入配电箱。电源线从配电箱敷设到稳压电源或 UPS 处。

（3）地震计传感器线应远离干扰源，并穿管从地震计墩敷设至设备机柜，冗余线缆放入线缆收纳箱内。GNSS 天线穿管进入室内，沿弱电桥架敷设至设备机柜。

（4）设备机柜、信号防雷器等设备应使用 $6mm^2$ 接地线连接到等电位接地箱中的接地母排；电源防雷器应使用 $10mm^2$ 接地线连接到接地母排；接地母排应与接地地网可靠连接，地网的接地电阻不大于 4Ω。

3.3-2 半地下观测综合布线图

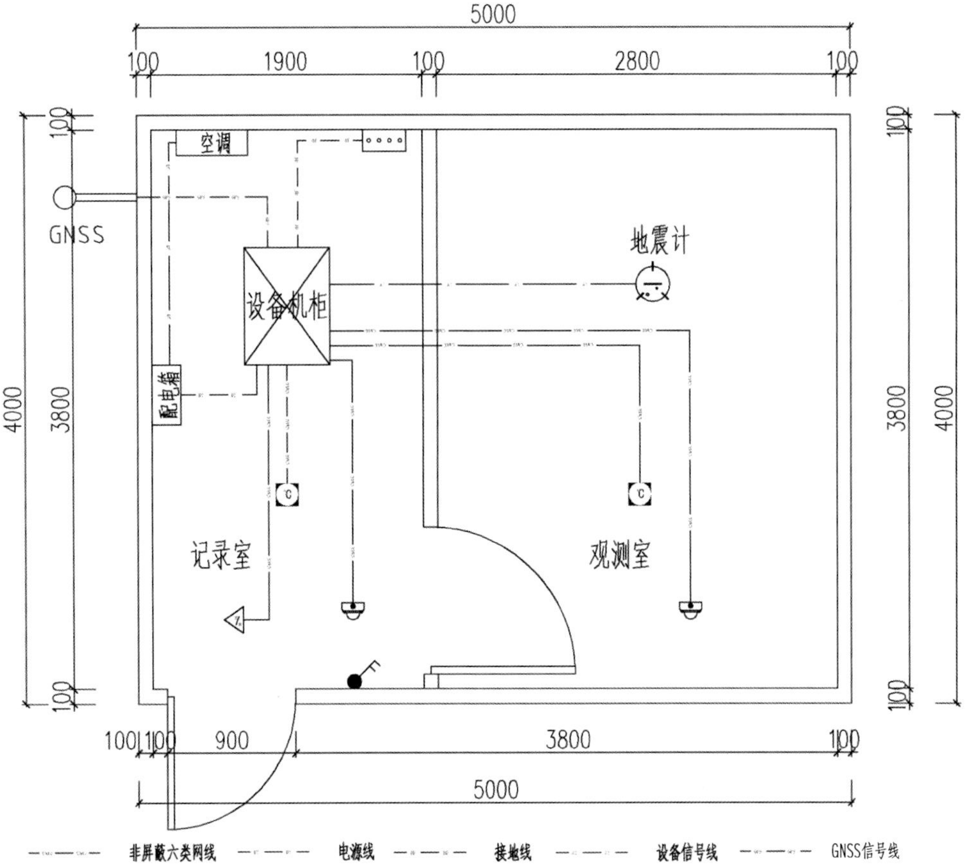

图注：

（1）布线基本要求：

①线路布设应遵循安全、可靠、适用和经济原则，敷设应横平竖直、杜绝缠绕。

②进出观测房的各种线缆宜套入金属管埋地铺设，进出设备机柜线缆通过桥架或穿管布设，桥架、线管、线槽的规格和利用率应符合相关标准要求，桥架距离地面不低于 2.3m，各种线缆贴有区别标识。

③强电弱电线缆分开布设，或者采取屏蔽措施；线缆应固定，固定间距不应超过 1m，固定材料应有防锈功能。

（2）市电按照 DB/T 68—2017 要求配接电源防雷器，进入配电箱。电源线从配电箱敷设到稳压电源或 UPS 处。

（3）地震计传感器线应远离干扰源，并穿管从地震计墩敷设至设备机柜，冗余线缆放入线缆收纳箱内。GNSS 天线穿管进入室内，沿弱电桥架敷设至设备机柜。

（4）设备机柜、信号防雷器等设备应使用 $6mm^2$ 接地线连接到等电位接地箱中的接地母排；电源防雷器应使用 $10mm^2$ 接地线连接到接地母排；接地母排应与接地地网可靠连接，地网的接地电阻不大于 4Ω。

3.3-3 地下室观测综合布线图

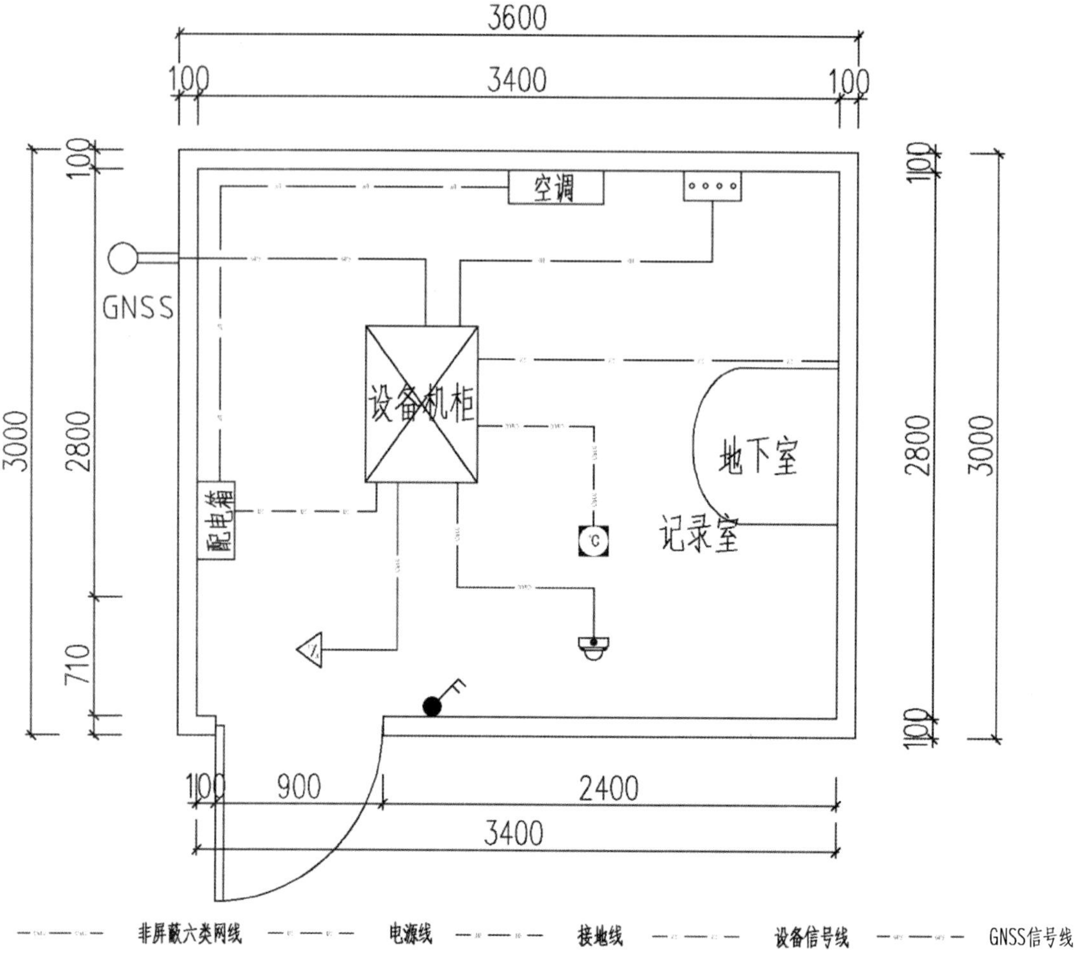

图注：

（1）布线基本要求：

①布线应充分考虑实际情况，通过桥架连接记录室及观测室的设备，桥架距离地面 2.3m，线缆敷设美观整齐，避免交叉、杜绝缠绕，冗余的传感器线缆放置到设备机柜的线缆收纳箱内。

②进出仪器设备机柜线缆均通过桥架或穿管布设，两端贴标签标识，桥架、线管、线槽的规格和利用率应符合相关标准要求。

③强电弱电线缆分开布设，或者采取屏蔽措施；线缆应固定，固定间距不应超过 1m，固定材料应有防锈功能。

（2）市电按照 DB/T 68—2017 要求配接电源防雷器，进入配电箱。电源线从配电箱敷设到稳压电源或 UPS 处。

（3）地震计传感器线穿管从地震计墩敷设沿弱电桥架连接至设备机柜；GNSS 天线从室外穿管进入室内，沿弱电桥架敷设至设备机柜。

（4）设备机柜、信号防雷器等设备应使用 $6mm^2$ 接地线连接到等电位接地箱中的接地母排；电源防雷器应使用 $10mm^2$ 接地线连接到接地母排；接地母排应与接地地网可靠连接，地网的接地电阻不大于 4Ω。

3.3-4 山洞观测综合布线图

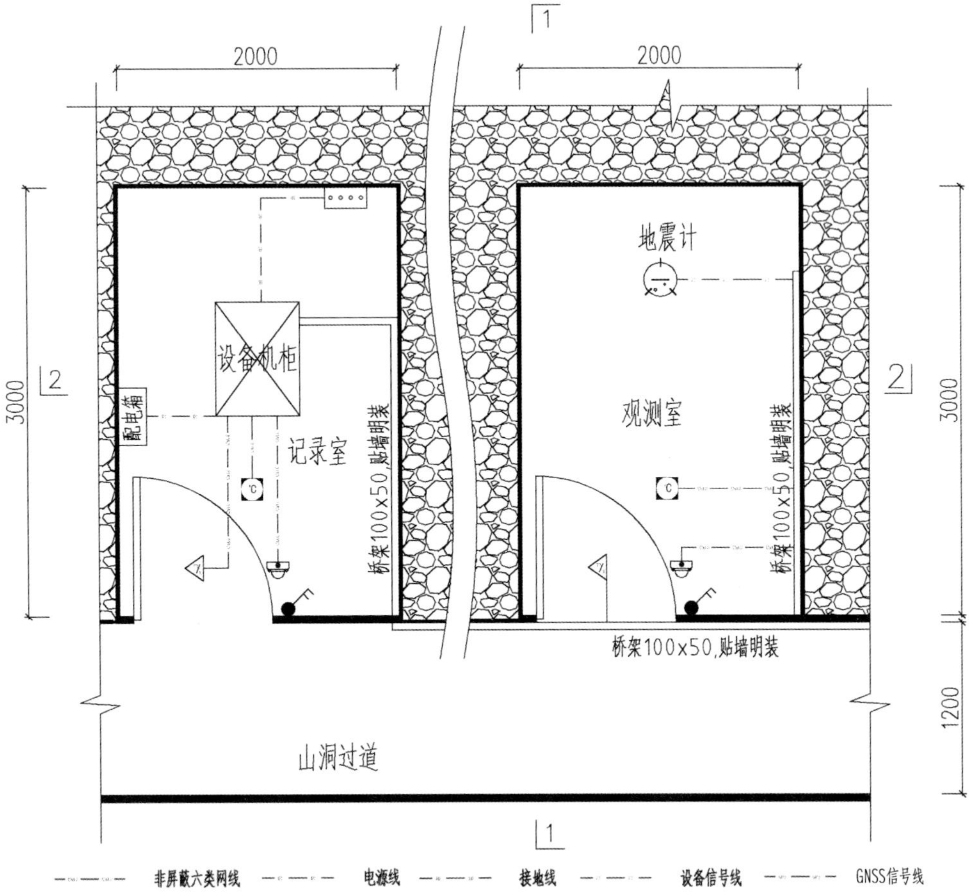

图注：

（1）布线基本要求：

①布线应充分考虑山洞内的过道、仪器子洞布局实际情况，沿山洞过道安装桥架连接记录室及观测室的设备，桥架距离地面2.3m，强弱电线缆分开布设，左侧为强电，右侧为弱电，线缆敷设美观整齐，避免交叉、杜绝缠绕，冗余的线缆放置到设备机柜的收纳箱内。

②进出设备机柜的线缆均通过桥架或穿管布设，两端贴标签标识，桥架、线管、线槽的规格和利用率应符合相关标准要求。

（2）市电按照DB/T 68—2017要求配接电源防雷器，进入配电箱。电源线架从配电箱敷设到稳压电源或UPS处。

（3）地震计传感器线穿管从地震计墩敷设沿弱电桥架连接至设备机柜；GNSS天线从室外穿管进入室内，沿弱电桥架敷设至设备机柜。

（4）设备机柜、信号防雷器等设备应使用6mm^{2}接地线连接到等电位接地箱中的接地母排；电源防雷器应用10mm^{2}接地线连接到接地母排；接地母排应与接地地网可靠连接，地网的接地电阻不大于4Ω。

3.3–5 室内井下观测综合布线图

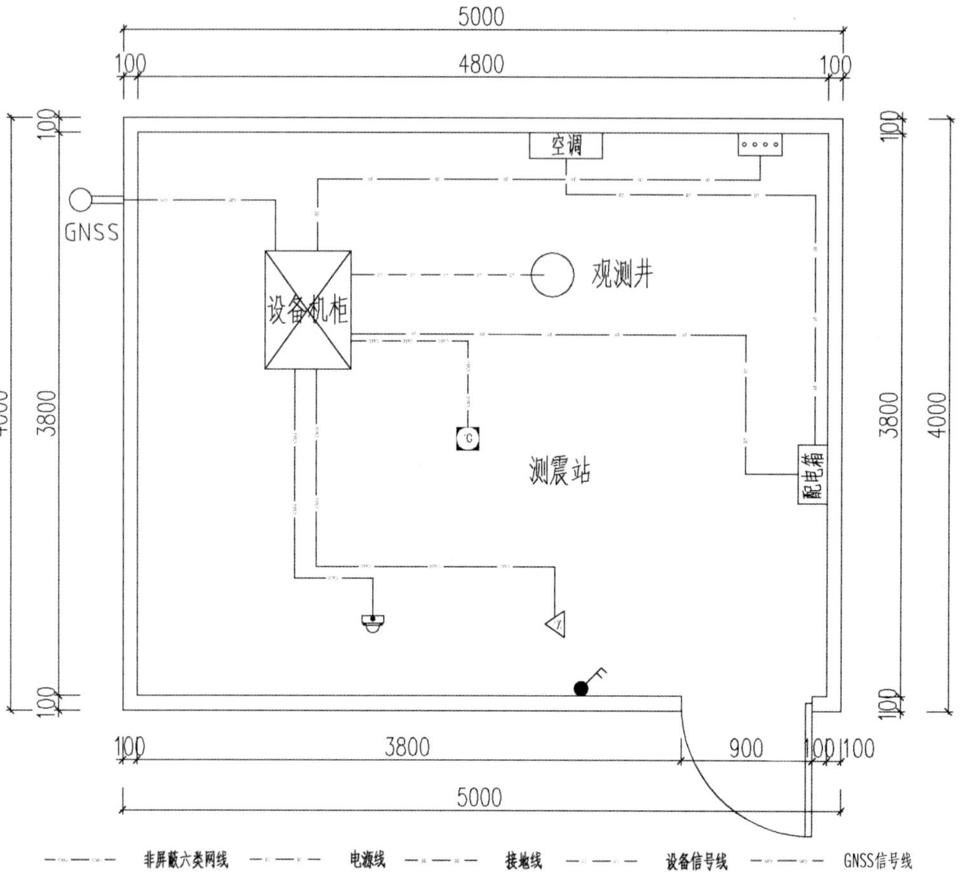

图注：

（1）布线基本要求

①线路布设应遵循安全、可靠、适用和经济原则，敷设应横平竖直、杜绝缠绕。

②进出观测房的各种线缆宜套入金属管埋地铺设，进出设备机柜线缆通过桥架或穿管布设，桥架、线管、线槽的规格和利用率应符合相关标准要求，桥架距离地面不低于 2.3m，各种线缆贴有区别标识。

③强电弱电线缆分开布设，或者采取屏蔽措施，线缆应固定，固定间距不应超过 1m，固定材料应有防锈功能。

（2）市电按照 DB/T 68—2017 要求配接电源防雷器，进入配电箱。电源线从配电箱敷设到稳压电源或 UPS 处。

（3）井下地震计传感器线应远离干扰源，并穿管从地震计墩敷设至设备机柜，冗余线缆放入线缆收纳箱内。GNSS 天线穿管进入室内，沿弱电桥架敷设至设备机柜。

（4）设备机柜、信号防雷器等设备应使用 $6mm^2$ 接地线连接到等电位接地箱中的接地母排；电源防雷器应使用 $10mm^2$ 接地线连接到接地母排；接地母排应与接地地网可靠连接，地网的接地电阻不大于 4Ω。

3.3–6 室外井下观测综合布线图

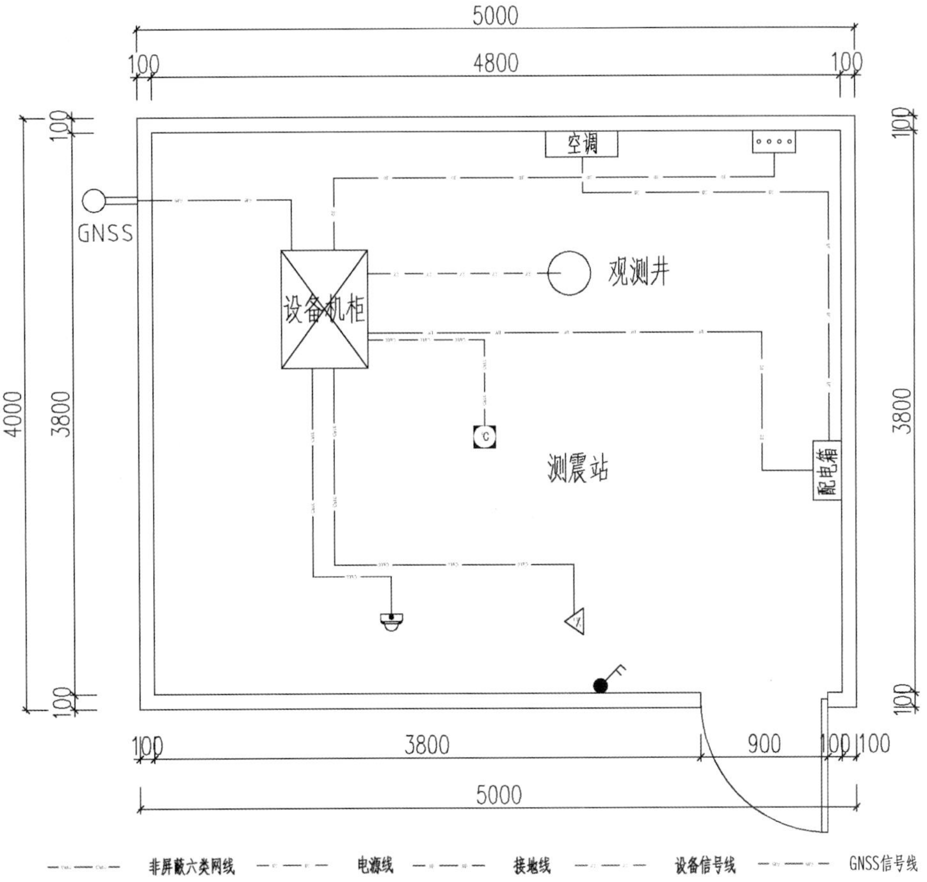

图注：

（1）布线基本要求

①线路布设应遵循安全、可靠、适用和经济原则，敷设应横平竖直、杜绝缠绕。

②进出观测房的各种线缆宜套入金属管埋地铺设，进出设备机柜线缆通过桥架或穿管布设，桥架、线管、线槽的规格和利用率应符合相关标准要求，桥架距离地面不低于 2.3m，各种线缆贴有区别标识。

③强电弱电线缆分开布设，或者采取屏蔽措施，线缆应固定，固定间距不应超过 1m，固定材料应有防锈功能。

（2）市电按照 DB/T 68—2017 要求配接电源防雷器，进入配电箱。电源线从配电箱敷设到稳压电源或 UPS 处。

（3）井下地震计传感器线应远离干扰源，并穿管从地震计墩敷设至设备机柜，冗余线缆放入线缆收纳箱内。GNSS 天线穿管进入室内，沿弱电桥架敷设至设备机柜。

（4）设备机柜、信号防雷器等设备应使用 $6mm^2$ 接地线连接到等电位接地箱中的接地母排；电源防雷器应使用 $10mm^2$ 接地线连接到接地母排；接地母排应与接地地网可靠连接，地网的接地电阻不大于 4Ω。

3.4－1 观测场地类

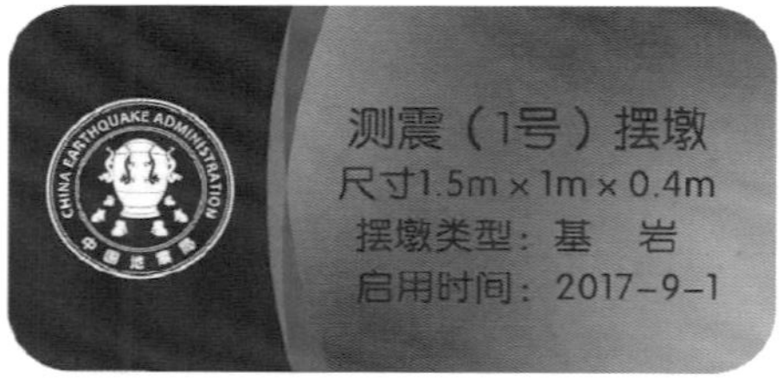

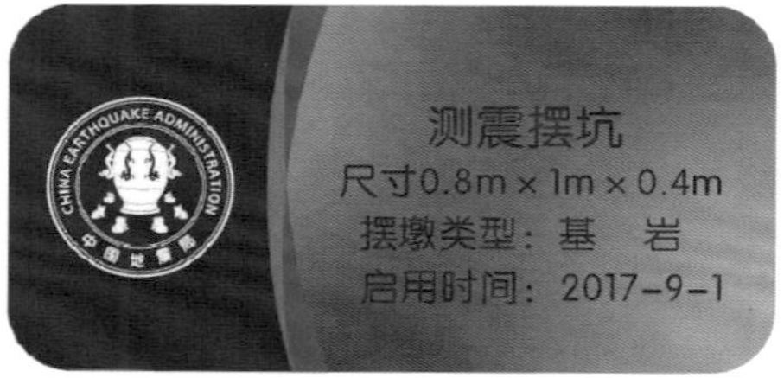

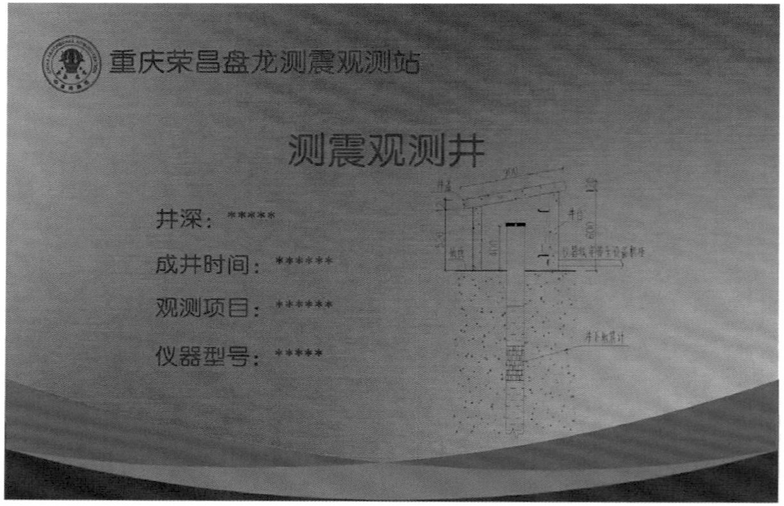

科技蓝
PANTONE 268U
C:100 M:90 Y:5 K:0

辅助色
PANTONE 299U
C:80 M:40 Y:0 K:0

不锈钢板

图注：

（1）标识标牌包括台站名称类、观测场地类、仪器设备类、线路线缆类、通用类等5类，仪器设备类和通用类见2.4节设计。本页图例为测震钻孔、地震计墩及摆坑等观测场地类的标识标牌。

（2）标牌尺寸：测震钻孔600mm×400mm；地震计墩、摆坑200mm×100mm。

（3）标牌材质：拉丝不锈钢图文丝网印。

（4）安装位置：安装于地震计墩、摆坑、钻孔附近。

（5）内容要求：地震计墩、摆坑标牌应包括地震计墩、摆坑的编号、尺寸、类型、启用时间等信息；室内外钻孔标牌应包括井深，成井时间等信息。

（6）其他要求：中国地震局徽标标志必须依据《中国地震局视觉形象识别手册》规定制作，不得随意更改。

3.4–2 线路线缆类

图注：

（1）本图例为线路线缆类标牌。

（2）适用范围：铺设线缆的线管、线槽、桥架，进出室内的管线口。

（3）收纳箱、线管、线槽、桥架标牌尺寸：180mm×35mm，管线口标牌尺寸：200mm×100mm。

（4）标牌材质：基材可选择不锈钢/铝合金材质或聚丙烯材质，聚丙烯材质应符合 UL969 标准，背胶采用永久性丙烯酸类乳胶；基材应选择不锈钢材质，室内使用 5~10 年。

（5）安装位置：线缆收纳箱标识安装在其左上方；线管、线槽、桥架等标识应粘贴在明显位置（两端必须粘贴），对于较长的线槽、线管、桥架，每隔 5m 进行 1 次粘贴；墙面管线口标牌粘贴在墙面管线口穿墙附近的空白位置。

（6）标识内容：线缆类标牌应说明线缆起止位置及其中线缆的类型；墙面管线口标牌应说明线管、线槽、桥架的起始位置及内铺线缆的类型。

（7）其他说明：

①每个台站应只选取同一种风格的模板制作标牌。

②中国地震局徽标标志必须依据《中国地震局视觉形象识别手册》规定制作，不得随意更改。

3.4－3 台站名称门牌设计图

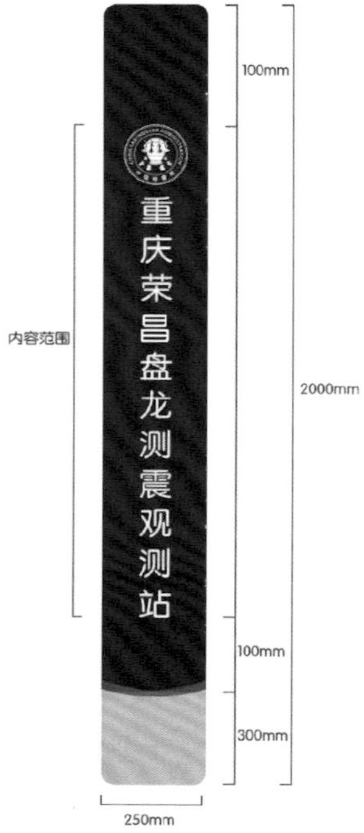

图注：

（1）本图例为台站名称门牌设计。

（2）适用范围：无人站。

（3）安装位置：无人站正门入口位置。

（4）建议工艺：图文拉丝丝网印/拉丝不锈钢图文丝网印。

（5）标牌尺寸：600mm×450mm。

（6）其他要求：

①特殊情况下，根据建筑的实际情况调整高度。

②台站名称命名按规范执行。

③中国地震局徽标标志必须依据《中国地震局视觉形象识别手册》规定制作，不得随意更改。

4 强震动观测站

强震动观测站是通过布设固定观测的强震仪，用于连续观测地面加速度运动，对记录地震波进行分析处理、测定 PGA、PGV 等参数的观测站。

强震动观测站场地经过勘选，其台址地质构造、场地类型、地形地貌、环境噪声和干扰源等基本要素符合有关技术规范的要求。按照“防震加固科学、综合布线规范、标识标志清晰”的基本要求，依据各种类型强震仪的不同布设情况，对基岩场与土层场基本站、一般站以及室外站等强震动观测站进行了标准化设计，提出了规范化要求。

本章包含强震动观测站建设标准化设计所需的主要元素、重要部件以及配套设施设计，并配有相应图例和文字说明。同时本书附录还包括“外部典型案例、内部典型案例”等内容。

公用设备和设施的防震加固设计可参阅 2. 2 节。

仪器设备类标识和通用类标识可参阅 2. 4 节。

无人观测站场地类标识可参阅 3. 4 节。

半地下室、井下强震动观测站类同部分可参照本章。

4.1－1 基本站分离式观测布局图

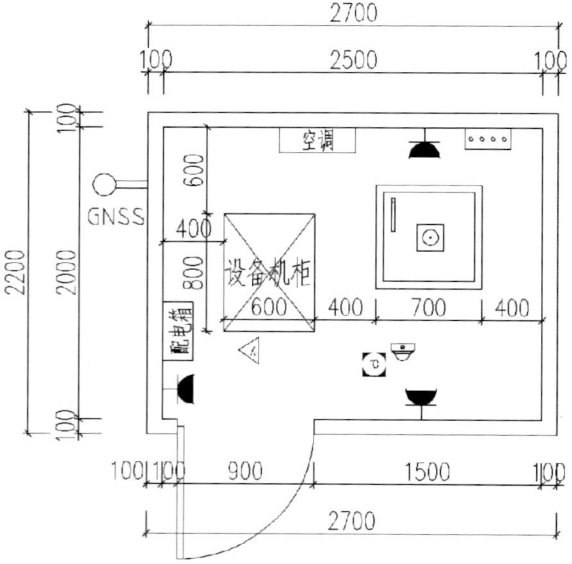

布局图

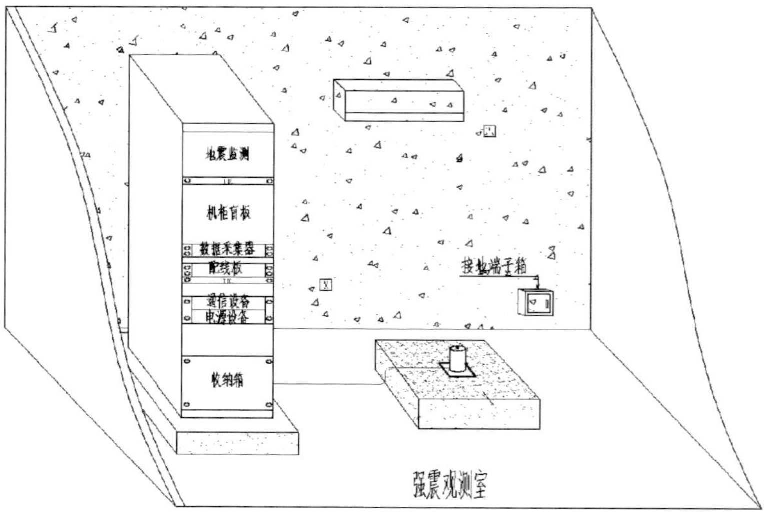

透视图

图注：

（1）观测布局：观测房按 2.7m×2.2m 设计，可根据实际情况调整，房内净高不小于 2.5m；入户门选用 C 级锁、甲级防盗防锈门；室内不设窗户，设带金属网百叶窗通风；墙体及屋顶做防潮、隔热、防变形设计；地面选用防静电涂料涂抹。

（2）配置与布设：

①观测墩四周距墙壁不小于 0.8m，墩面左上方设置非磁性永久指北标志，观测墩详见观测墩布设图。

②室内设设备机柜、配电箱、等电位接地箱、电源插座、照明开关等。

③设备机柜四周距墙不小于 0.8m；配电箱安装于进门左边，距地面高度 1.5m；等电位接地箱安装于设备机柜后侧墙面，距地面高度 0.3m。

④电源插座装于墙上距地面高度 0.3m；照明开关置于进门右侧，距地面高度 1.4m；左后侧墙体上方预留线缆入户孔。

（3）配套设施：观测房内设节能照明灯具，室外天线支架置于距地面高度 2.8m；根据实际需要安装低功耗、低噪音可远程监控空调。

4.1－2 基本站集成式观测布局图

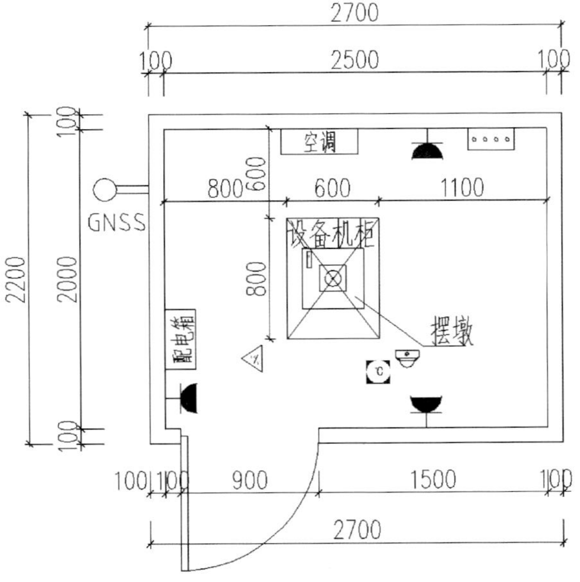

布局图

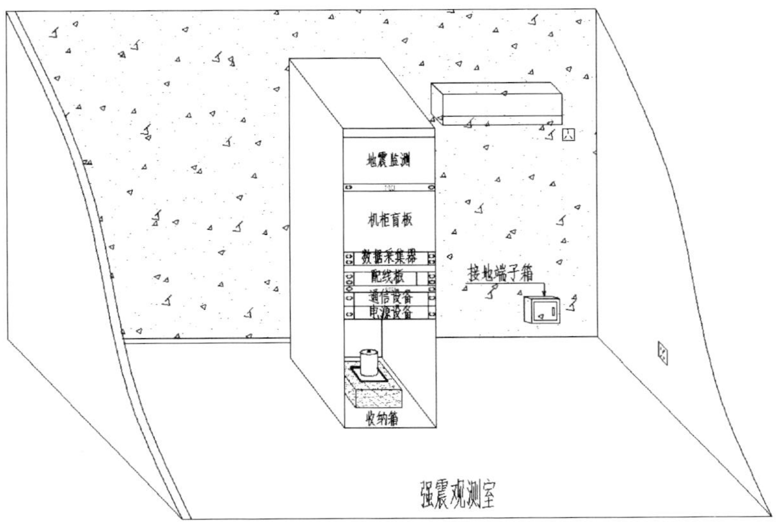

透视图

图注：

（1）观测布局：观测房按 2.7m×2.2m 设计，可根据实际情况调整，房内净高不小于 2.5m；入户门选用 C 级锁、甲级防盗防锈门；室内不设窗户，设带金属网百叶窗通风；墙体及屋顶做防潮、隔热、防变形设计；地面选用防静电涂料涂抹。

（2）配置与布设：

①观测墩四周距墙壁不小于 0.8m，墩面左上方设置非磁性永久指北标志，观测墩详见观测墩布设图。

②室内设设备机柜、配电箱、等电位接地箱、电源插座、照明开关等。

③设备机柜四周距墙不小于 0.8m；配电箱安装于进门左边，距地面高度 1.5m；等电位接地箱安装于设备机柜后侧墙面，距地面高度 0.3m。

④电源插座装于墙上距地面高度 0.3m；照明开关置于进门右侧，距地面高度 1.4m；左后侧墙体上方预留线缆入户孔。

（3）配套设施：观测房内设节能照明灯具，室外天线支架置于距地面高度 2.8m；根据实际需要安装低功耗、低噪音可远程监控空调。

4.1-3 基本站室外密封罩观测布局图

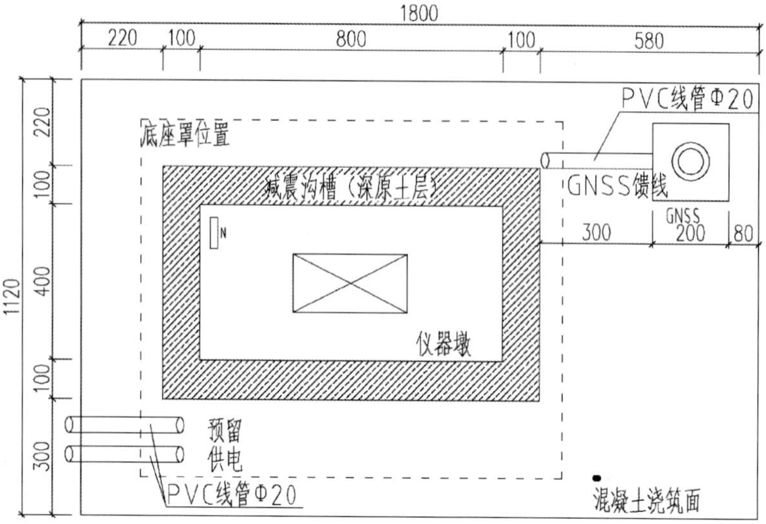

尺寸单位：mm

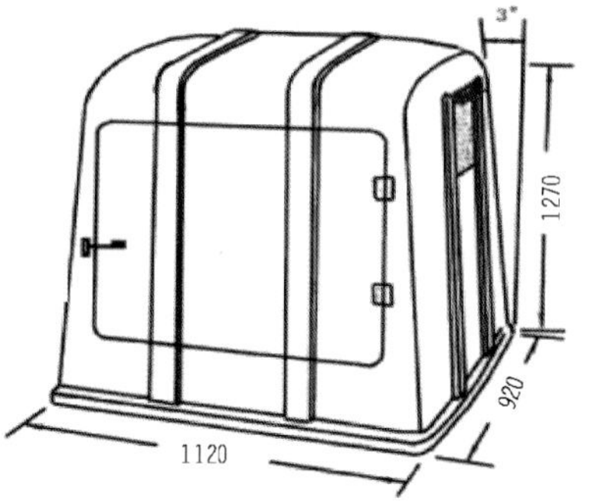

图注：

（1）观测布局：

①站址可以是基岩或土层场，场地混凝土浇筑面积应不小于 $2m^2$，厚度大于 150mm，中间位置为仪器墩。

②仪器罩材质为 ABS 工程塑料或玻璃钢，一侧设防雨通风百叶窗。

③观测墩上应安装非磁性指北标志。

（2）配置与布设：

①电源线套金属管地埋接入罩内，通信线、GNSS 各类馈线套管后地埋接入罩内，地埋深度不小于 150mm。

②罩外侧距离大于 1.5m 处，应混凝土底座固定一金属镀锌管支杆不小于 Φ30mm，用于安装 GNSS 头。

③仪器墩固定安装一体式强震仪，密封罩底加垫密封圈，使用 Φ8mm 膨胀螺丝固定在混凝土地面。

（3）配套设施：

①摄像头，其下沿距地面高度 2.4m。

②户外 GNSS 天线支架距地面高度 2.8m。

③可据情在四周设置安全围栏，用不锈钢或角钢（圆钢）或砖混围墙，围墙周长不少于 15m，围墙高度应大于 1.5m。

4.1－4 基本站室外机柜观测布局图

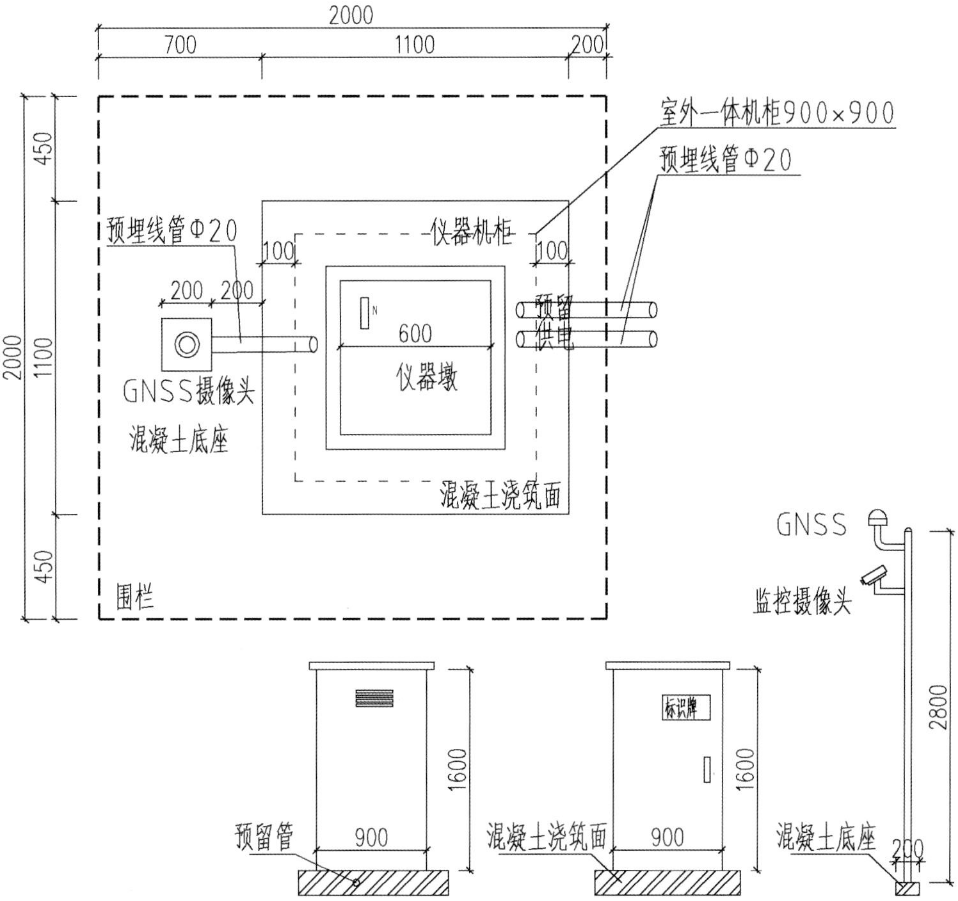

图注：

（1）观测布局：

①站址可以是基岩或土层场，场地混凝土浇筑面积应不小于 $2m^2$，厚度不小于150mm，中间为观测墩，四周为减振槽。

②设备机柜不锈钢材质，两侧上部可置通风设施。

③观测墩上应安装非磁性指北标志。

（2）配置与布设：

①电源线套金属管地埋接入罩内，通信线、GNSS 各类馈线套管后地埋接入设备机柜内，地埋深度不小于150mm。

②设备机柜外侧距离不小于 1.5m，设混凝土底座固定的金属镀锌管支杆，其直径不小于 Φ30mm。

③观测墩固定安装强震仪，设备机柜用 Φ8mm 膨胀螺丝固定在混凝土地面。

（3）配套设施：

①摄像头，其下沿距地面高度 2.4m。

②户外 GNSS 天线支架距地面高度 2.8m。

③可据情在四周设置安全围栏，用不锈钢或角钢（圆钢）或砖混围墙，围墙周长不少于15m，围墙高度应大于 1.5m。

4.1–5　一般站仪器布局图

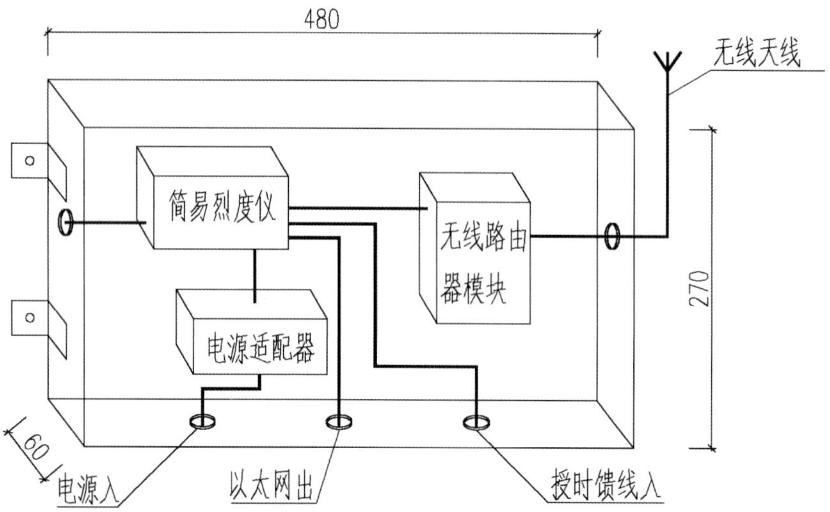

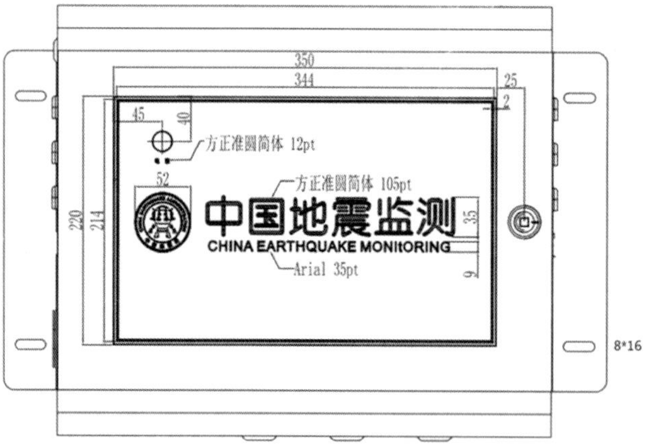

图注：

（1）基本要求：一般站不需建专门观测房，可利用公共设施（通信基准站、建筑楼墙体）建站，无需专门基建设计。

（2）一般站仪器的供电电源、通信网络、避雷组件集成在一般站仪器箱内。

（3）机箱要求：

①机箱尺寸：550mm×280mm，机箱内衬板 420mm×350mm。

②材质工艺：机箱主体采用优质冷轧钢板，阴极电泳底漆工艺防腐处理，静电喷塑，美观耐用。

③结构要求：机箱左右两侧上部有三层百叶窗，左侧下方一卡槽。

④右边侧中间关门锁为内锁，三角形或四边形结构锁，通用型。

⑤机箱两侧各有两个壁挂或摆墩地面水平安装的耳 Φ10mm，机箱左侧上部有一孔 Φ8mm 接入 GNSS 馈线，下侧有 3 个孔 Φ12mm，用于接地线、电源线、通信网络线接入使用。

（4）机箱正面标注有“中国地震监测”标识。

4.2-1 基本站分离式固定示意图

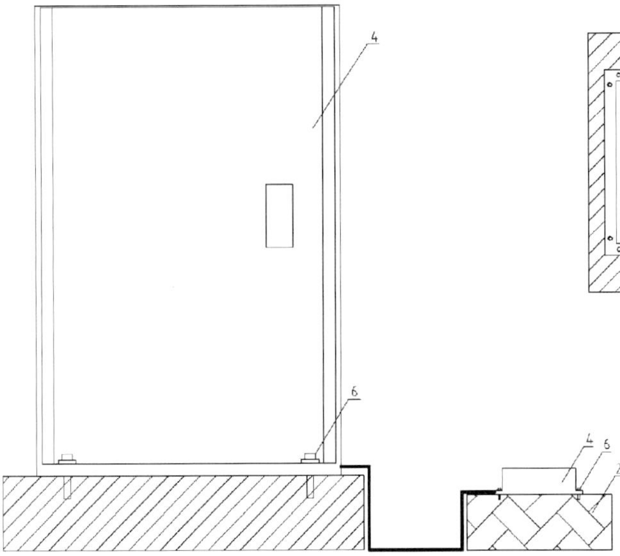

正视图

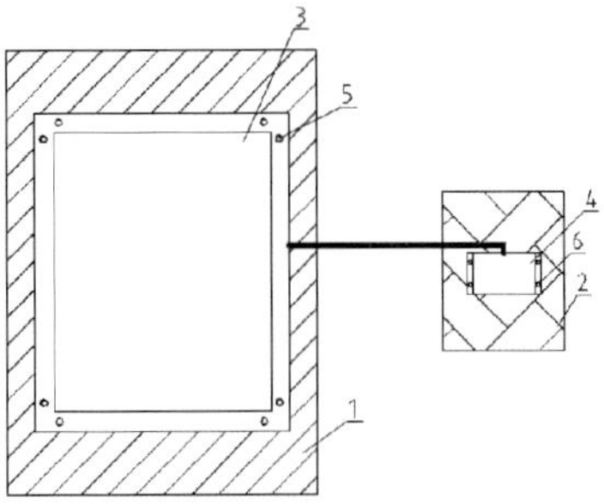

俯视图

序号	名称	备注
1	机柜墩	
2	观测墩	混凝土浇筑
3	机柜	
4	强震仪	
5	膨胀螺栓	Φ12
6	膨胀螺栓	Φ6

4.2-2 基本站集成式固定示意图

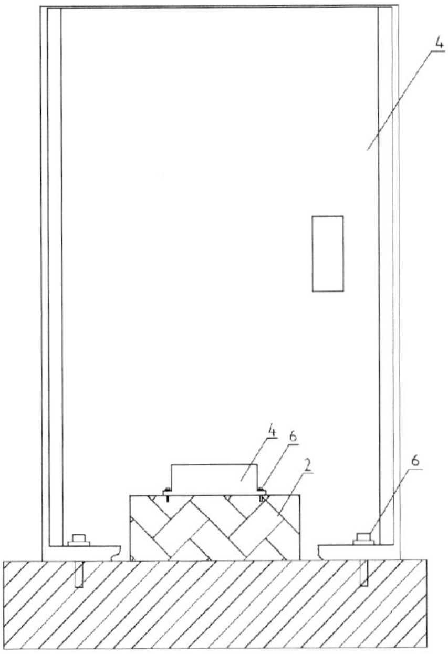

正视图

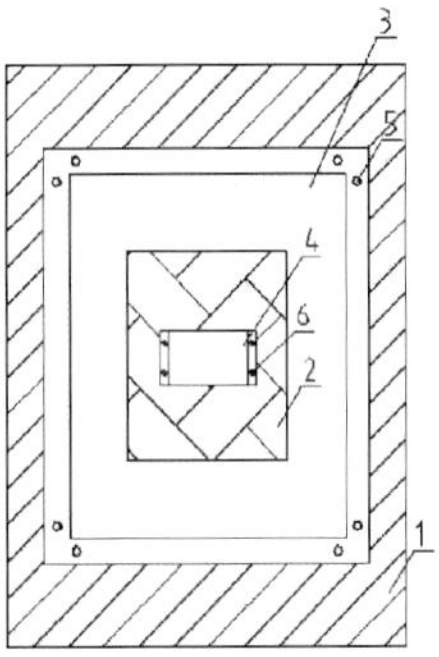

俯视图

序号	名称	备注
1	原地面	
2	观测墩	混凝土浇筑
3	机柜	
4	强震仪	
5	膨胀螺栓	Φ12
6	膨胀螺栓	Φ6

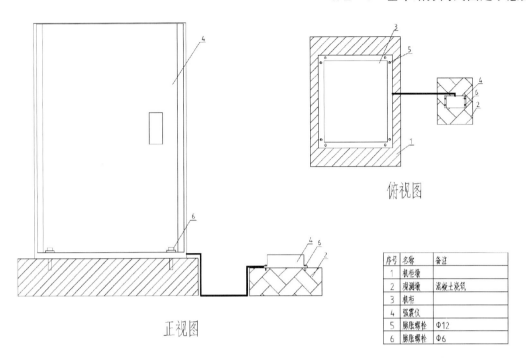

4.2-3 基本站室外密封罩固定示意图

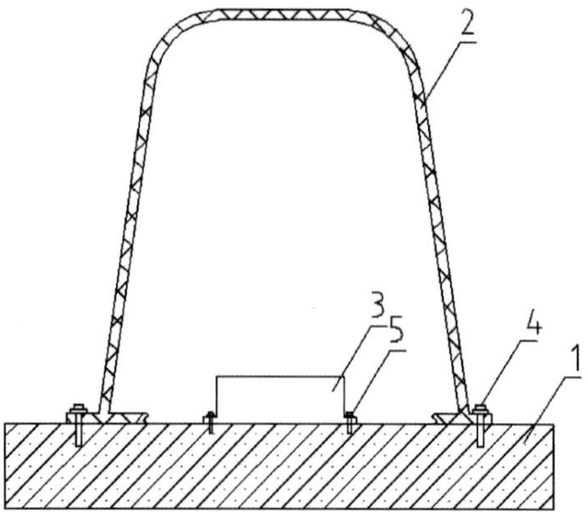

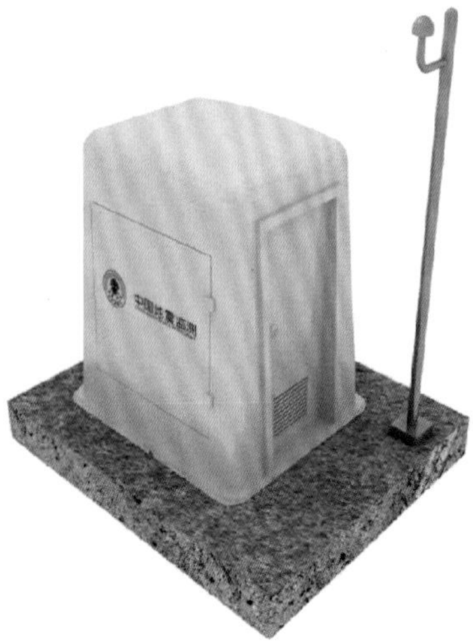

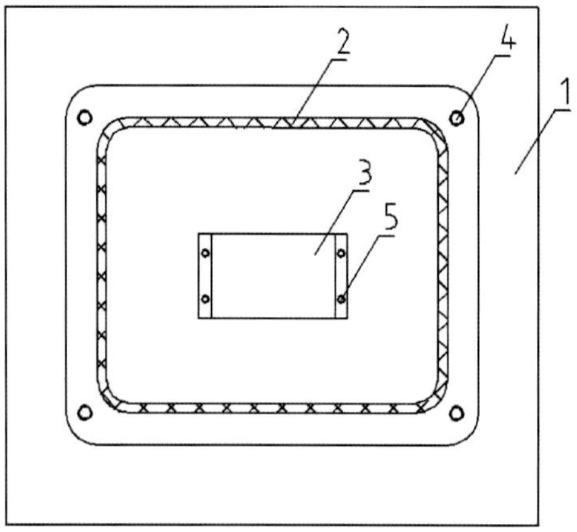

序号	名称	备注
1	观测墩	
2	密封罩	
3	强震仪	
4	膨胀螺栓	Φ12
5	膨胀螺栓	Φ6

图注：

(1) 基本站室外密封罩外观的正视图、侧视图、俯视图。

(2) 强震仪固定安装在密封罩内的观测仪器墩上。

(3) 密封罩两侧上方设置有百叶窗，间缝 0.05m，具体尺寸 0.15m×0.1m×0.01m。

(4) 密封罩正面下方设置外开门，具体尺寸 0.6m×0.4m。

(5) 密封罩的材质应用玻璃钢或 ABS，底部带密封垫圈。

4.2－4 基本站室外机柜固定示意图

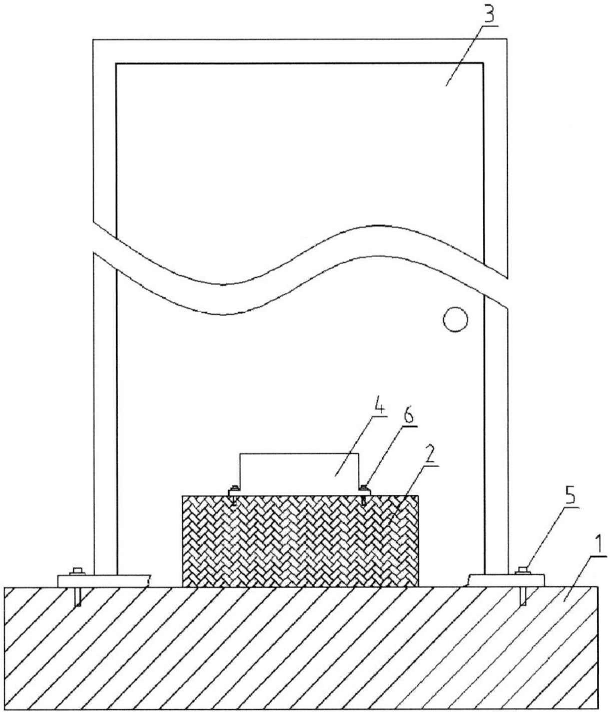

正视图

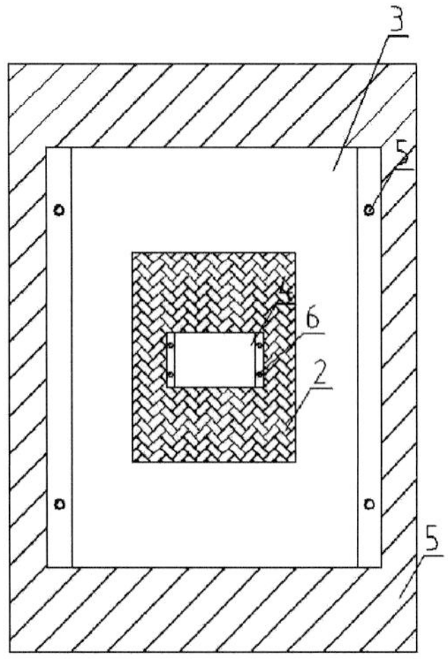

俯视图

序号	名称	备注
1	原地面	
2	观测墩	混凝土浇筑
3	机柜	
4	强震仪	
5	膨胀螺栓	Φ12
6	膨胀螺栓	Φ6

4.2-5 一般站仪器固定示意图

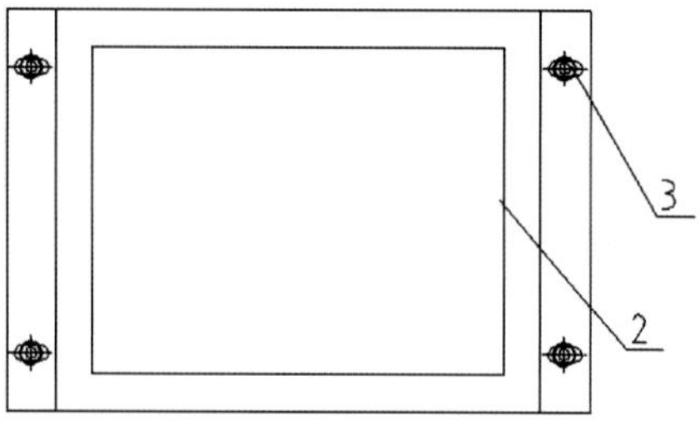

正视图

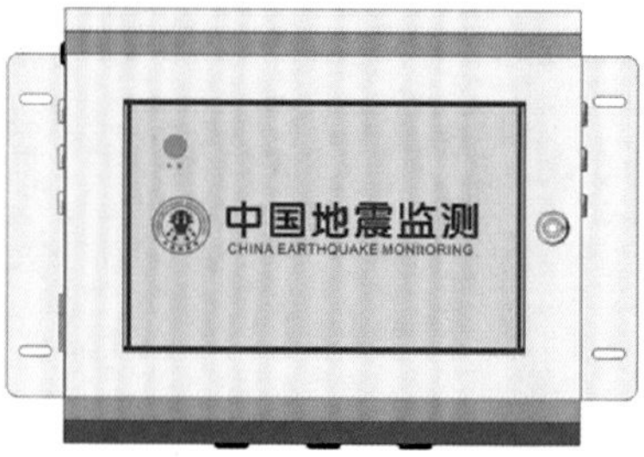

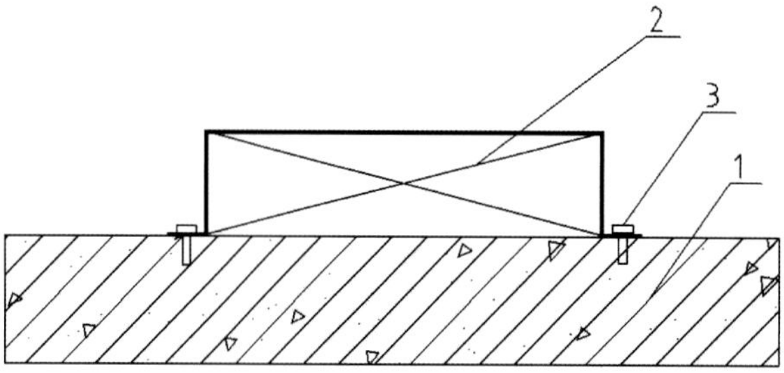

俯视图

序号	名称	备注
1	墙面/观测墩	
2	设备	
3	膨胀螺栓	Φ8

图注：

（1）一般站设备分成壁挂式与水平式安装固定。

（2）壁挂式固定安装：

①挂壁式设备固定安装在墙体上，距离地面高度不小于 300mm 的位置。

②通过 4 个 Φ8mm 安装孔，用螺丝固定在侧墙体上。

③设备距离交流供电插座应小于 30cm，网络线垂直沿墙穿管敷设至固定接口位置。

（3）水平式固定安装：

①水平式设备安装在混凝土（C30）设备测墩上。

②测墩上应安装永久水平标记，网络线路垂直沿墙穿管敷设至固定接口位置。

（4）内部分区及布设：

①机箱内部设置专用设备区、无线通信区、电源模块区、其他区。

②机箱内衬板厚度不小于 4mm，材质为铝合金；衬板上中间有固定多孔走线槽，线槽宽（15mm，深 20mm）。

③机箱内衬板左上方用于固定安装烈度仪，0°~5°垂直度调节装置；接地连线螺柱 Φ8mm。

④统一机箱内各种线的颜色、标识、捆扎。

4.2－6 基本站设备机柜固定示意图

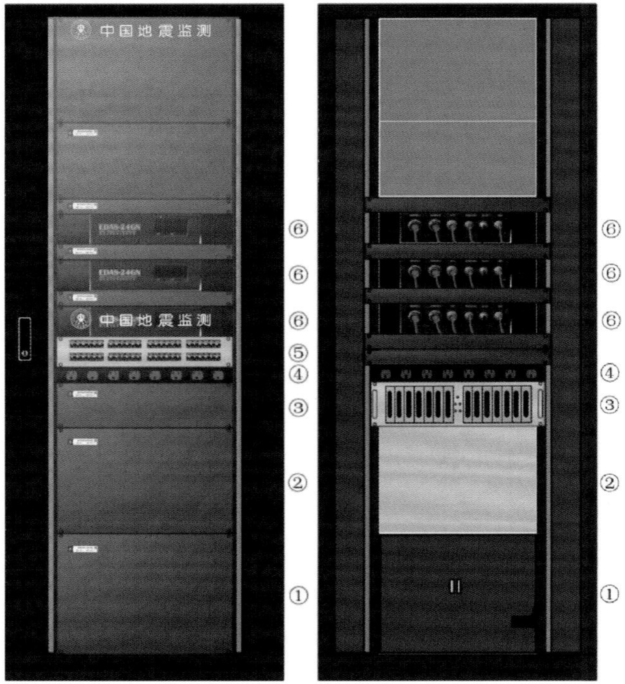

①线缆收纳箱
②电源设备
③通信设备
④电源分配单元
⑤配线架
⑥数据采集器

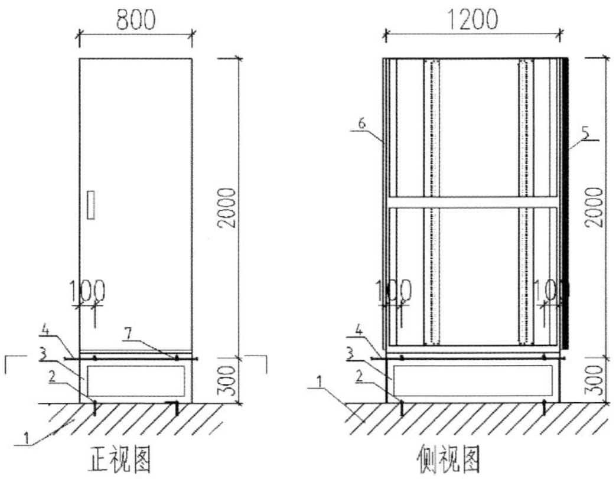

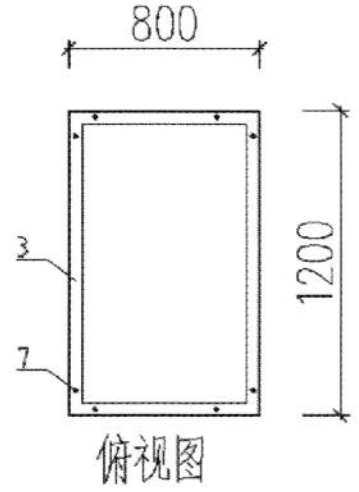

序号	名称	备注
1	原地面	
2	膨胀螺栓	φ8
3	底座	角钢50X5mm
4	室内地板	
5	机柜前门	
6	机柜后门	
7	固定螺栓	φ8

图注：

（1）设备机柜，采用 42U 标准机柜，其中 01U—30U 为公共设备区，依次放置线缆收纳箱、电源设备、通信设备、防雷集成箱、电源分配单元和配线架，30U 以上区域为专用设备区，可放置地震专业设备。根据线缆进入的位置，可调整线缆收纳箱位置。

（2）设备机柜建议尺寸 800mm×1200mm×2000mm，颜色黑色；设备机柜板材采用优质冷轧钢板制作。

（3）标准设备嵌入采用螺丝前固定，非标设备放置采用托盘固定，托盘数量不少于 6 个，加固支撑安装应平稳牢固。

（4）设备机柜配置承重固定装置，设备机柜内前后左右设 4 个竖向全封闭金属理线槽，设备线路应在竖向和横向理线器内布设。

（5）设备机柜内所有设备均应固定，不得随意叠放。

（6）若有架空地板时，设备机柜采用专用抗震底座固定，详见设备机柜固定图示。

（7）设备机柜正面有“中国地震监测”标识。

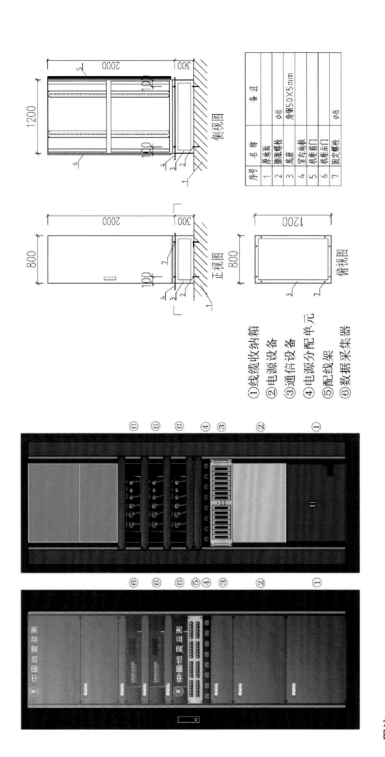

4.2-7 仪器主机及非标仪器固定示意图

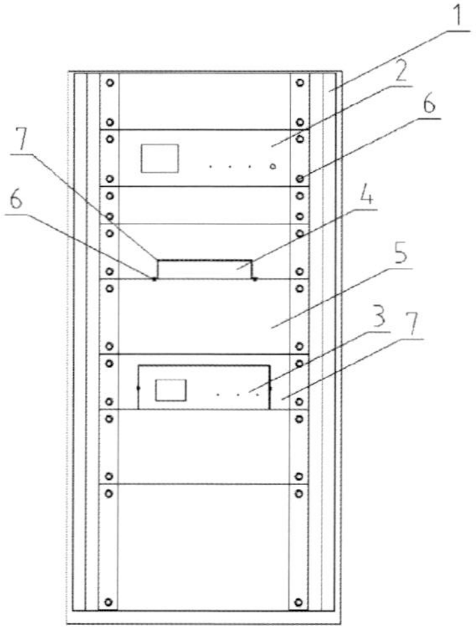

正视图

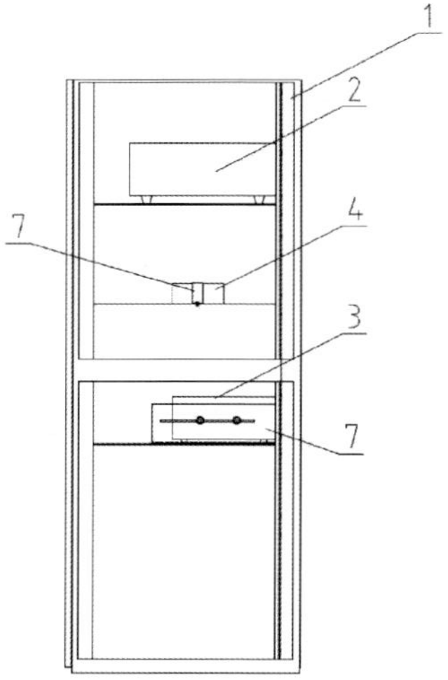

侧视图

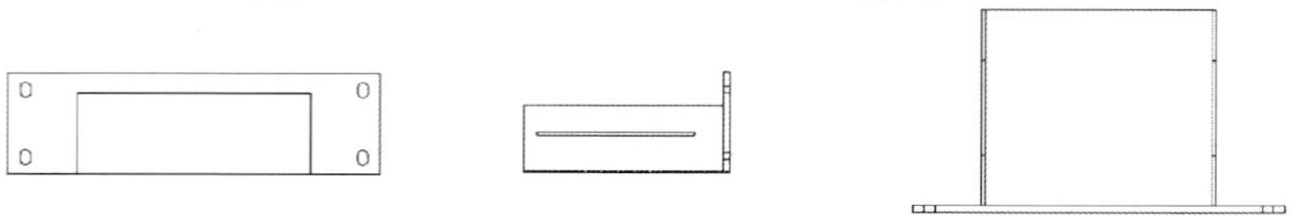

非标准专用仪器固定件

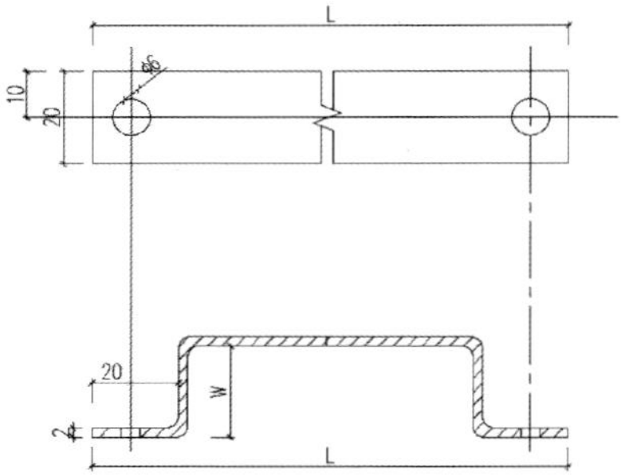

非标准通信设备固定件

序号	名称	备注
1	机柜	
2	标准专用仪器	
3	非标准专用仪器	
4	非标准通信设备	
5	盲板	2U、3U、4U
6	固定螺栓	Φ6
7	非标准设备固定件	

图注：

（1）所有仪器均应放置在设备机柜内的隔板上，不得随意叠放。

（2）标准专用仪器（指其外形为 19 英寸宽机箱）的防震固定，采用螺栓前固定方式固定在机柜内。

（3）专用仪器的机箱为非 19 英寸宽的非标准箱，可通过以下方式进行固定：

①专用仪器带有配套挂耳，安装挂耳后仪器宽度满足 19 英寸标准宽度，采用螺栓前固定方式固定在机柜内。

②对于无配套配件的非标准转用设备，应根据其尺寸大小加工专用固定件，并将制作的专用固定件与仪器固定连接后，采用螺栓前固定方式固定在机柜内。

（4）非标准通信设备等公用设备的防震固定，通过制作固定件，采用螺栓固定于隔板上，放置该设备同层的空余位置可安装相应尺寸盲板，保持设备机柜前面板的整洁。

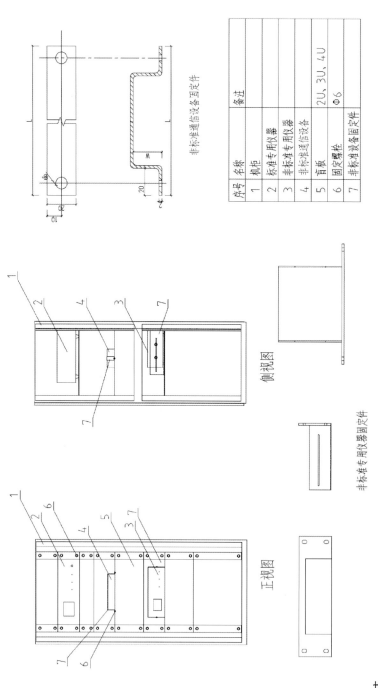

4.2－8 室外 GNSS 蘑菇头固定示意图

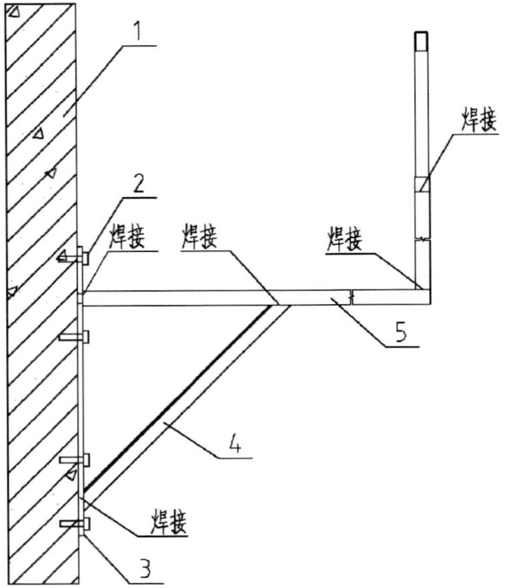

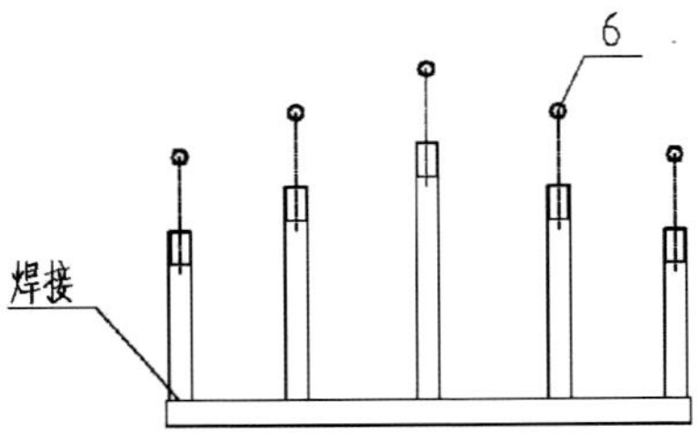

序号	名称	备注
1	外墙	
2	膨胀螺栓	Φ12
3	扁钢	50×5mm
4	角钢	50×5mm
5	方钢	50×5mm
6	钢管	Φ25

图注：

（1）本图例为室外 GNSS 蘑菇头固定示意图，为必选项。

（2）适用范围：适用于 GNSS 蘑菇头天线安装固定。

（3）材料材质：M12×160mm 膨胀螺栓；L 形 50×5mm 角钢；50×50mm 方钢；50×5mm 扁钢。

（4）安装要求：支架安装于观测室外墙，顶端安装 GNSS 天线部分应高于观测室最高点。

（5）其他要求：所使用加固材料应符合本图例材料材质要求的最低限度。

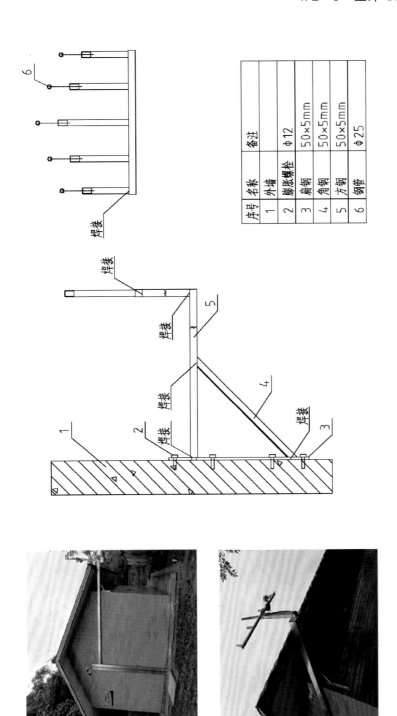

4.2－9 太阳能组件固定示意图

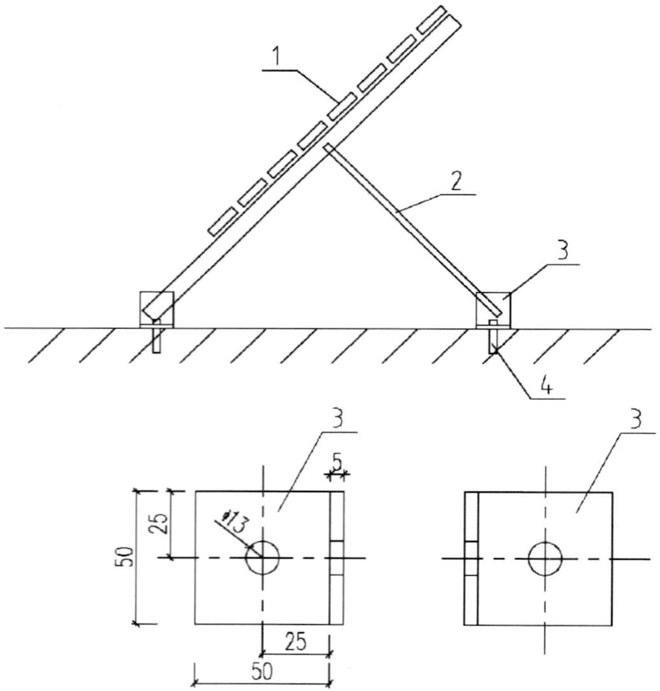

1-1

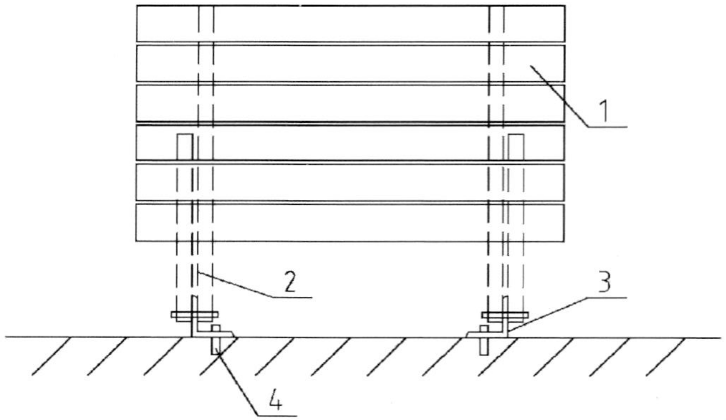

序号	名称	备注
1	太阳能板	
2	太阳能板支架	
3	固定件	50×5mm角钢
4	膨胀螺栓	φ12

图注：

（1）本图例为太阳能组件固定示意图。

（2）适用范围：适用于太阳能组件。

（3）材料材质：M12×160mm 膨胀螺栓；L 形 50×5mm 角钢。

（4）安装要求：底部应与地面进行加固。

（5）其他要求：所使用加固材料应符合本图例材料材质要求的最低限度。

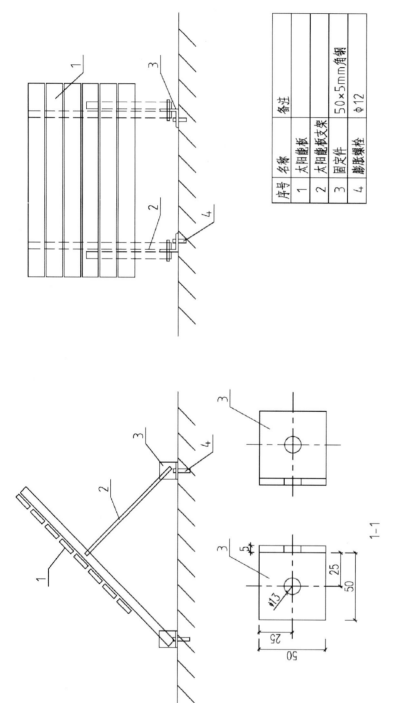

4.3-1 基本站分离式观测室综合布线图

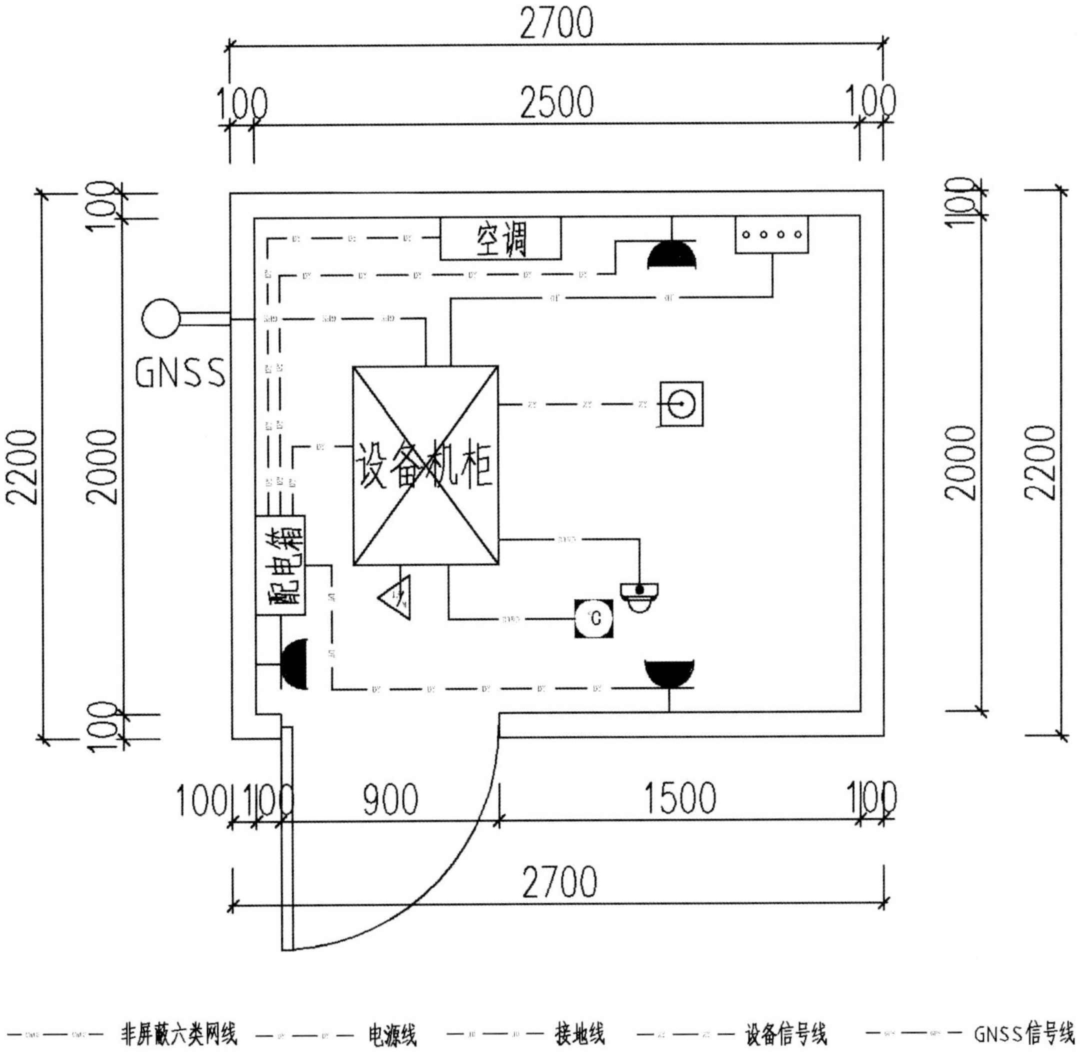

图注：

（1）布线基本要求：

①室内强弱电线缆应分开布设，线缆敷设美观整齐，避免交叉、杜绝缠绕。

②摆线应远离干扰源。

③线缆整齐扎束在走线上，两端贴标签标识。

（2）市电按照 DB/T 68—2017 要求配接电源防雷器。采用护套线沿强电桥架从配电箱敷设到 UPS 电源，再从 UPS 电源敷设到设备机柜底部接入。

（3）传感器电线使用护套线穿管从摆墩敷设至设备机柜底部接入。

（4）GNSS 天线从室外护套线穿管进入台站室内，沿弱电线桥架敷设至设备机柜上方接入。

（5）设备机柜等接地使用 BV6 铜线连接到接地端子排；接地端子排通过埋设于室外的专用地线（地网）可靠接地，接地电阻不大于 4Ω。

4.3-2　基本站集成式观测室综合布线图

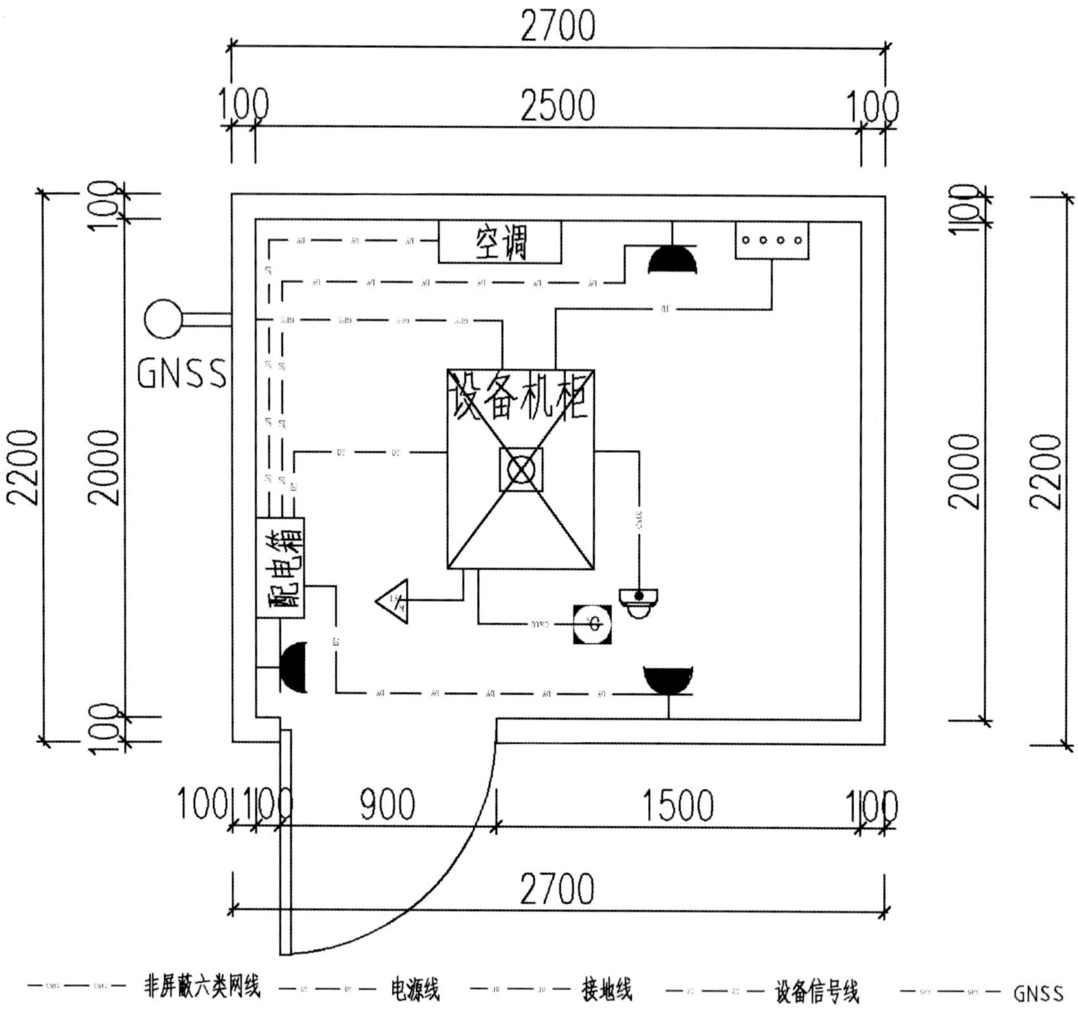

图注：

（1）布线基本要求：

①室内强弱电线缆应分开布设；线缆敷设美观整齐，避免交叉、杜绝缠绕。

②摆线应远离干扰源。

③线缆整齐扎束在走线上，两端贴标签标识。

（2）市电按照 DB/T 68—2017 要求配接电源防雷器。采用护套线沿强电桥架从配电箱敷设到 UPS 电源，再从 UPS 电源敷设到设备机柜内。

（3）传感器电线使用护套线穿管从摆墩敷设至设备机柜底部接入。

（4）GNSS 信号线从室外采用护套线穿管进入台站室内，沿弱电桥架敷设至设备机柜。

（5）设备机柜、电源设备接地等使用 BV6 铜线连接到接地端子排；接地端子排通过埋设于室外的专用地线（地网）可靠接地，接地电阻不大于 4Ω。

（6）室外密封罩、机柜式基本站，可据情做好站点供电、设备接地。

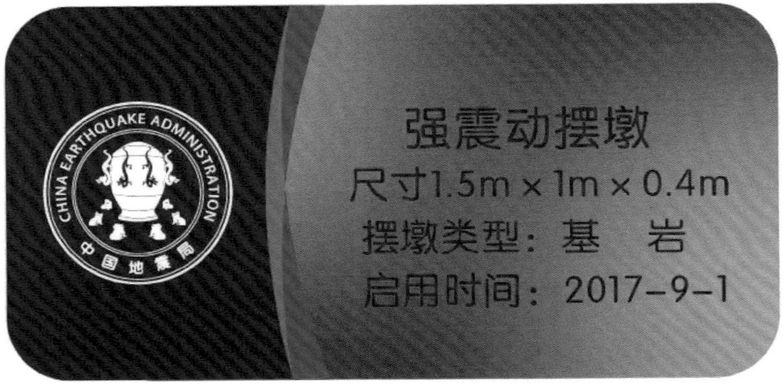

科技蓝
PANTONE 268U
C:100 M:90 Y:5 K:0

辅助色
PANTONE 299U
C:80 M:40 Y:0 K:0

不锈钢板

图注：

（1）标识标牌包括台站名称类、观测场地类、仪器设备类、线路线缆类、通用类等，台站名称类、仪器设备类和通用类见 2.4 节。

（2）本页图例为强震动摆墩标牌图。

（3）标牌尺寸：200mm×100mm。

（4）材质工艺：拉丝不锈钢图文丝网印。

（5）安装位置：安装于强震动摆墩侧面。

（6）内容要求：摆墩（坑）标牌应包括摆墩（坑）编号、尺寸，摆墩（坑）类型、启用时间。

（7）其他要求：中国地震局徽标标志必须依据《中国地震局视觉形象识别手册》规定制作，不得随意更改。

4.4－2　线路线缆类

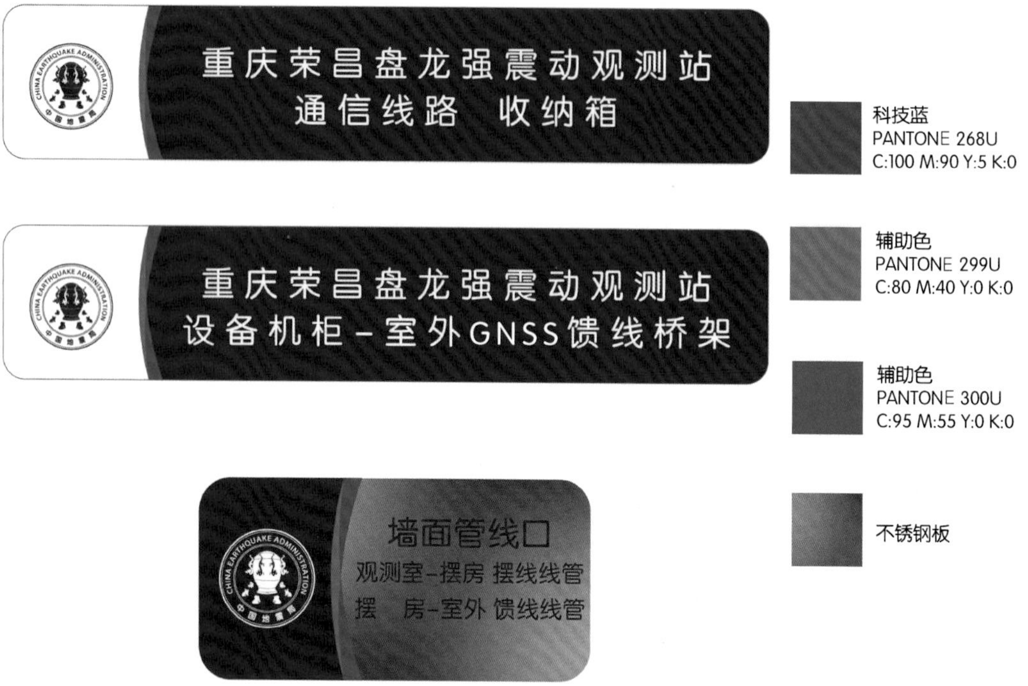

图注：

（1）本图例为线路线缆类标牌。

（2）适用范围：铺设线缆的线管、线槽、桥架，进出室内的管线口。

（3）收纳箱、线管等标牌尺寸180mm×35mm，管线口标牌200mm×100mm。

（4）标牌材质：基材可选择不锈钢/铝合金材质或聚丙烯材质，聚丙烯材质应符合UL969标准，背胶采用永久性丙烯酸类乳胶；基材应选择不锈钢材质，室内使用5~10年。

（5）安装位置：线缆收纳箱标识安装在其左上方；线管、线槽、桥架等标识应粘贴在明显位置（两端必须粘贴），对于较长的线槽、线管、桥架，每隔5m进行1次粘贴；墙面管线口标牌粘贴在墙面管线口穿墙附近的空白位置。

（6）标识内容：线缆类标牌应说明线缆起止位置及其中线缆的类型；墙面管线口标牌应说明线管、线槽、桥架的起始位置及内铺线缆的类型。

（7）其他说明：

①每个台站应只选取同一种风格的模板制作标牌。

②中国地震局徽标标志必须依据《中国地震局视觉形象识别手册》规定制作，不得随意更改。

5 重力观测站

重力观测站是通过现代高精度重力仪，监测一定时空尺度的重力场随时间变化的观测站。

重力观测站观测场地经过勘选，其地质构造、岩性结构、地形地貌、环境噪声和干扰源等基本要素符合有关技术规范的要求。按照“防震加固科学、综合布线规范、标识标志清晰”的基本要求，依据不同地形，对山洞型和地下室型等重力观测站进行了标准化设计，提出了规范化要求。

本章包含重力观测站建设标准化设计所需的主要元素、重要部件以及配套设施设计，并配有相应图例和文字说明。同时本书附录还包括“外部典型案例、内部典型案例”等内容。

公用设备和设施的防震加固设计可参阅 2.2 节。

仪器设备类标识和通用类标识可参阅 2.4 节。

无人观测站场地类标识可参阅 3.4 节。

摆墩观测重力传感器的防震加固设计另行规定。

5.1－1 山洞型重力观测布局图

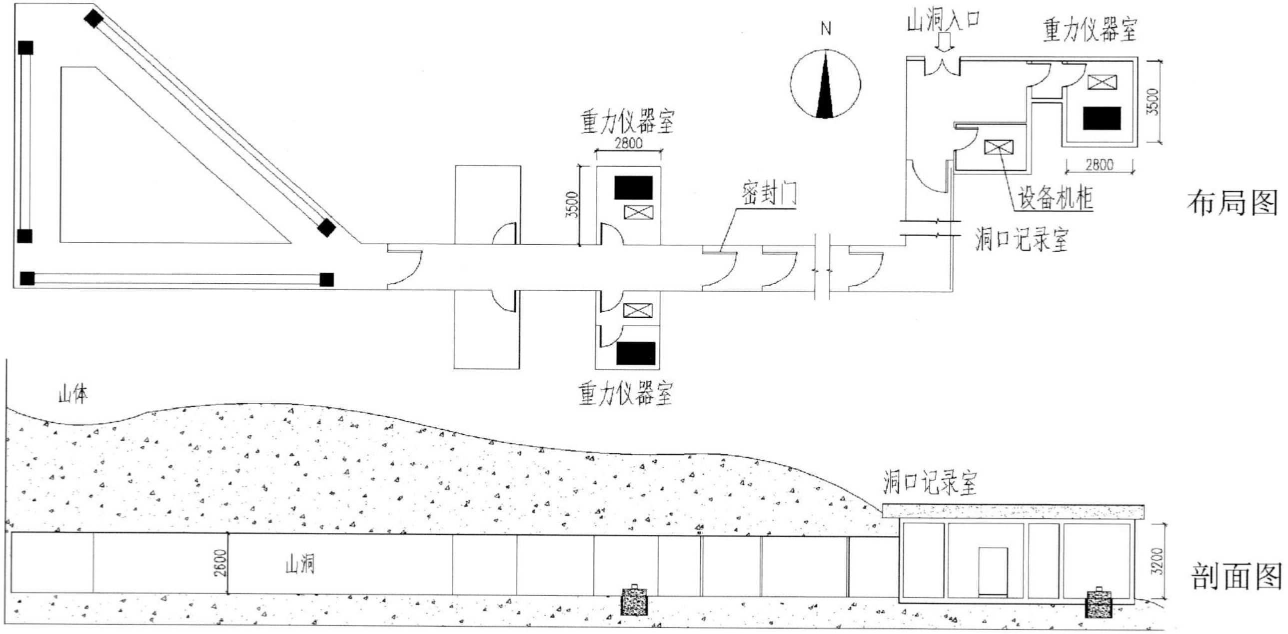

图注：

（1）山洞型重力观测站室较为普遍。山洞型重力观测站为进深不小于 20m、岩土覆盖厚度不小于 20m 的山洞。

（2）观测布局：

①记录室宜建造高 2. 6m、宽 2. 8m，上部为半圆形、下部为平整地面的拱形洞室；设备机柜和摆墩面积不小于 $9m^2$、不大于 $15m^2$。

②墙体以及屋顶应做防潮、隔热设计。地面选用防静电涂料涂抹。

（3）配置与布设：

①洞室应是开凿的专用山洞，包括洞口记录室、引洞和仪器室三部分。

②洞体的坑道宜建成 L 形，仪器室与洞口之间的引洞应均匀设置 3 道及以上船舱密封门或冰箱门，引洞中两道门之间的间距不小于 5m。

③洞体地面内高外低，坡度可在 1∶500~1∶200 选择；洞壁两侧地面下应设排水暗沟。

④洞口设记录室，配设备机柜、UPS、监控设备、通信设备等，其面积不宜小于 $6m^2$；摆墩上安装指北标记、水准标记和重力标记。

5.1－2 地下室型重力观测布局图

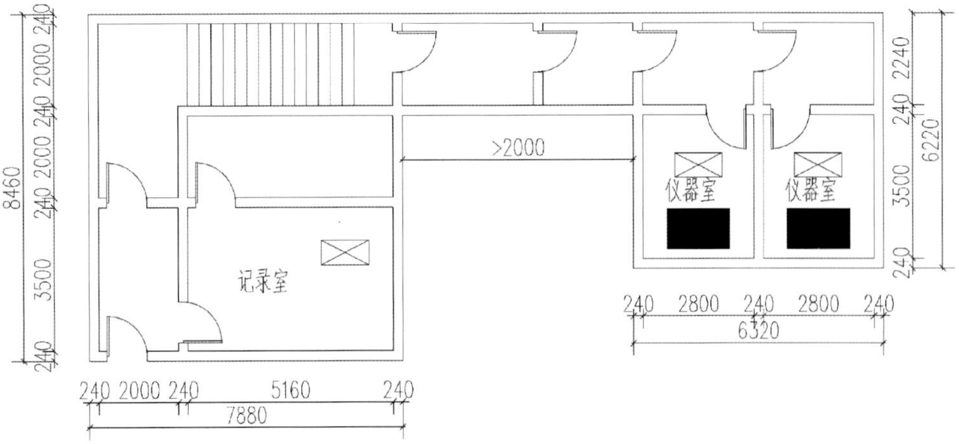

布局图

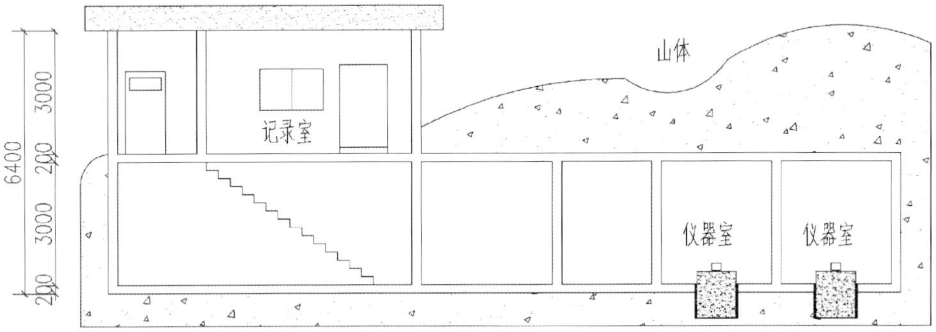

剖面图

图注：

（1）观测布局：

①仪器室面积需满足地下室型的进深和覆盖。

②室内、廊道不设窗户。

③墙体以及屋顶应做防潮、隔热设计；地面选用防静电涂料涂抹。

④摆墩上安装指北标记、水准标记和重力标记。

（2）配置与布设：

①通过记录室向下楼梯进入地下室的廊道中。向下楼梯层高应不小于 3m。

②廊道宜成 L 形，仪器室与洞口之间引洞应均匀设置 3 道及以上船舱密封门或冰箱门，引洞中两道门之间的间距不宜小于 5m。

③地下室地面应内高外低，坡度可在 1：500~1：200 选择；洞壁两侧地面下应设排水暗沟。

④记录室宜建在地面上，并不宜建在仪器室上部。记录室可设置设备机柜、设备机柜中放置 UPS、通信设备。面积不宜小于 $6m^2$。

（3）地下室型重力观测的观测室顶部岩土厚度应不小于 3m。

5.1－3 重力记录室布局图

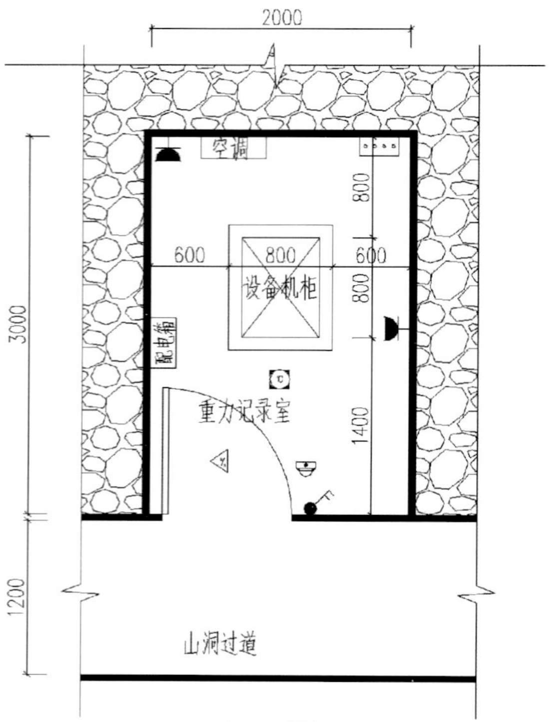

布局图

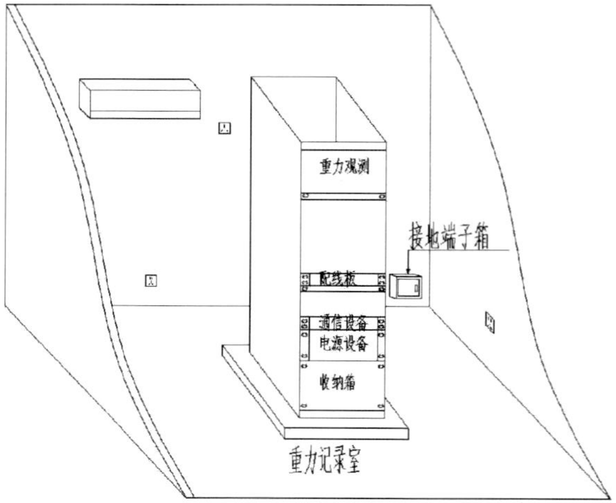

透视图

图注：

（1）观测布局：记录室面积不小于 $6m^2$，室温应保持在 10~30℃，相对湿度应小于 80%。墙体及屋顶应做防潮、隔热设计。

（2）布设与配置：

①记录室内设置设备机柜、配电箱、等电位接地箱、电源插座、照明开关。

②设备机柜四周距墙不小于 0.8m；配电箱安装于进门左边，距地面高度 1.5m；等电位接地箱安装在机柜后侧墙面，距地面高度 0.3m。

③电源插座装于后墙和隔墙上距地面高度 0.3m；照明开关安装于进门右侧，距地面高度 1.4m。

（3）配套设施：记录室内设节能照明灯具，并根据实际情况安装安防设备、环境监控设备和空调等。

5.1－4 单洞型仪器室布局图

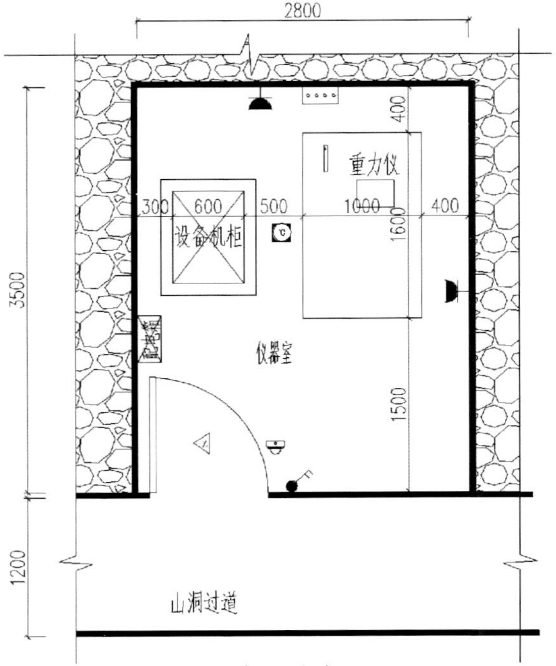

布局图

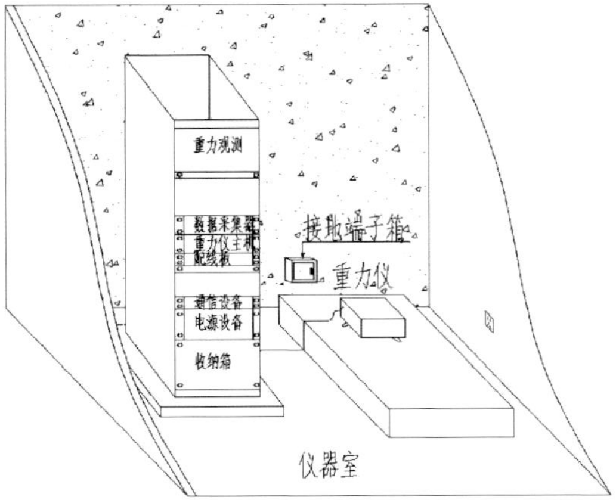

透视图

图注：

单洞体仪器室布局是观测摆墩和设备机柜同处于仪器室内。

（1）观测布局：

①仪器室长度不小于 3. 5m，宽度不小于 2. 8m，室温应保持在 10～30℃，相对湿度应小于 80%；避免直接对外开门。

②墙体及屋顶应做防潮、隔热设计；可不设窗户，但需设船舱门或冰箱门。

（2）布设与配置：

①仪器室内设摆墩，其上安装指北标记、水准标记和重力标记。

②仪器室配置机柜，安装网络设备、重力仪主机、数据采集器等辅助设施。

③摆墩的仪器摆和设备机柜连接通过水泥地面打孔地面走线。

④摆距离设备机柜不小于 0. 5m。

5.1－5　双洞型仪器室布局图

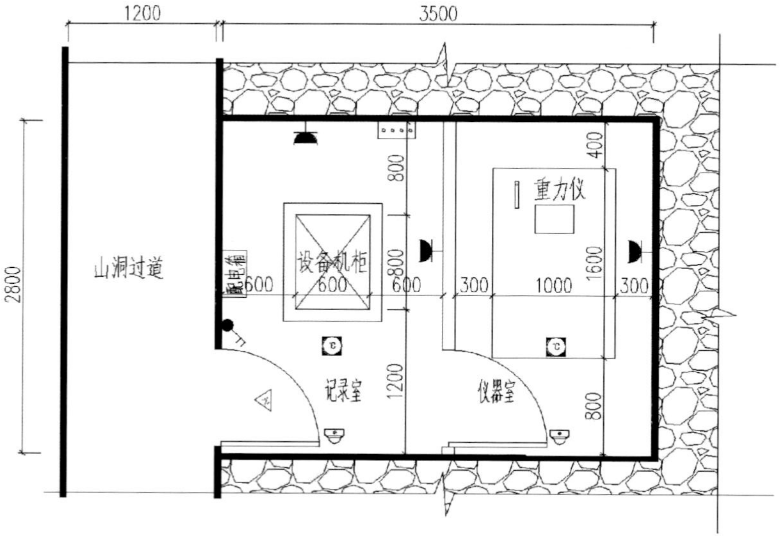

布局图

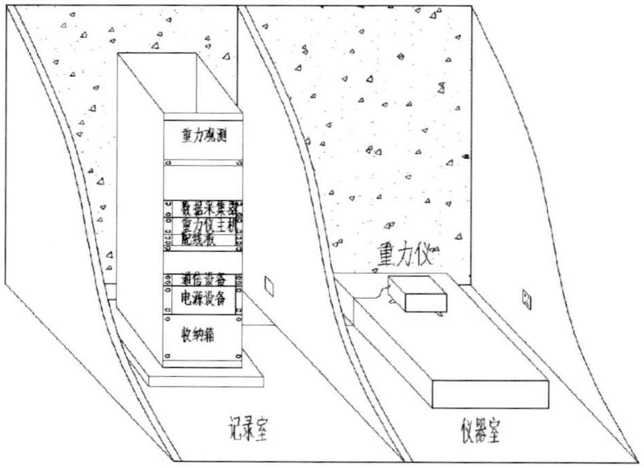

透视图

图注：

双洞体仪器室是观测摆墩和设备机柜处于不同仪器室的。

（1）观测布局：仪器室长度不小于 3.5m，宽度不小于 2.8m，室温应保持在 10~30℃，相对湿度应小于 80%；墙体及屋顶应做防潮、隔热设计；可不设窗户，但需设船舱门或冰箱门。

（2）布设与配置：

①仪器室内设摆墩，其上安装指北标记、水准标记和重力标记。

②记录室配置机柜，安装网络控制器、网络设备、重力仪主机、数据采集器等辅助设施。摆距离设备机柜不小于 0.5m。

③摆墩的仪器摆和设备机柜连接通过水泥地面打孔地面走线。穿过机柜区进入摆房区连接重力仪摆。线路从走廊进入仪器室，可以通过外墙钻孔的方式强弱电分开的形式通过套管进入仪器室内，并用玻璃胶密封套管。

（3）配套设施：可根据实际情况安装安防设备、环境监控设备和空调等。

5.2-1 设备机柜固定示意图

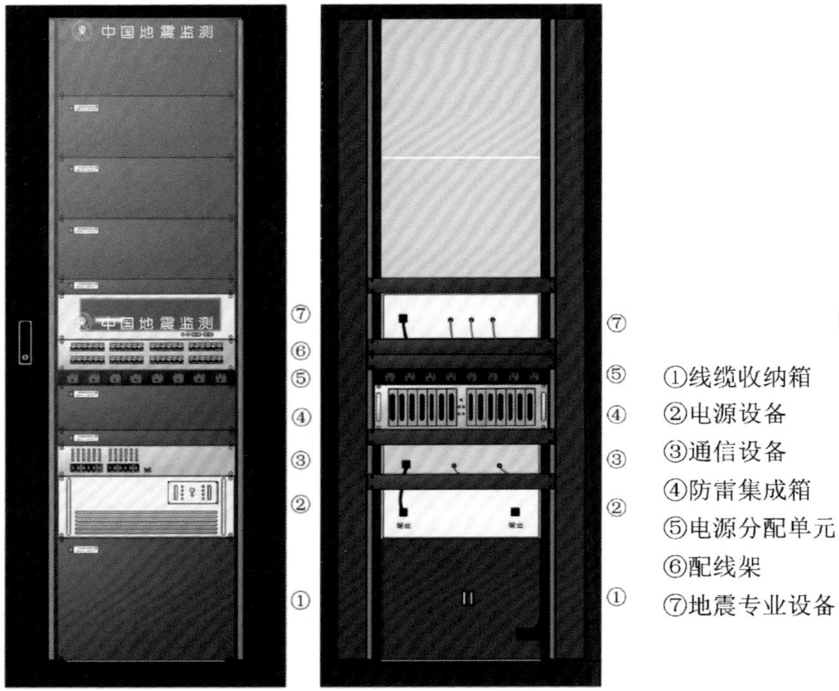

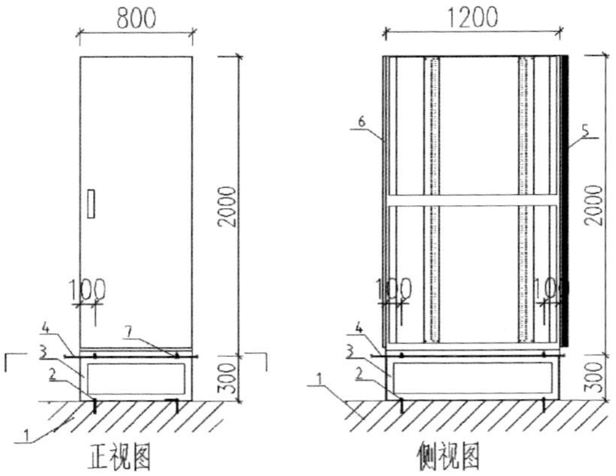

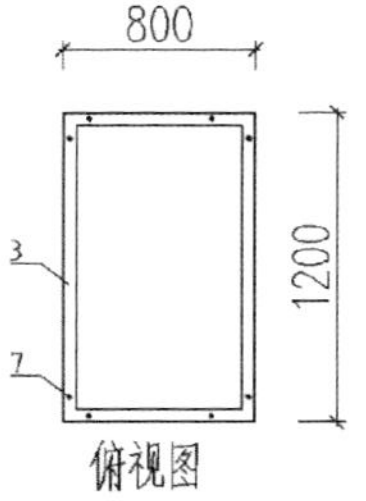

序号	名称	备注
1	原地面	
2	膨胀螺栓	φ8
3	底座	角钢50X5mm
4	室内地板	
5	机柜前门	
6	机柜后门	
7	固定螺栓	φ8

图注：

（1）设备机柜采用 42U 标准机柜，其中 01U—30U 为公共设备区，30U 以上区域为专用设备区，可放置地震专业设备。根据线缆进入的位置，可调整线缆收纳箱位置。

（2）设备机柜建议尺寸 800mm×1200mm×2000mm，颜色黑色；设备机柜板材采用优质冷轧钢板制作。

（3）标准设备嵌入采用螺丝前固定，非标设备放置采用托盘固定，托盘数量不少于 6 个，加固支撑安装应平稳牢固。

（4）设备机柜配置承重固定装置，设备机柜内前后左右设 4 个竖向全封闭金属理线槽，设备线路应在竖向和横向理线器内布设。

（5）设备机柜内所有设备均应固定，不得随意叠放。

（6）若有架空地板时，设备机柜采用专用抗震底座固定，详见设备机柜固定图示。

（7）设备机柜正面有“中国地震监测”标识。

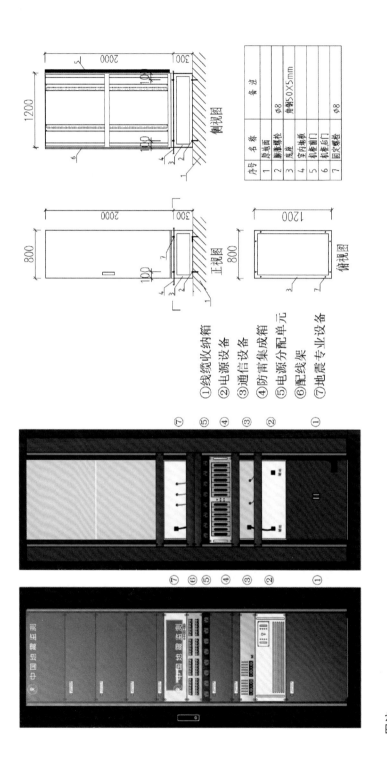

5.2－2 仪器主机及非标仪器固定示意图

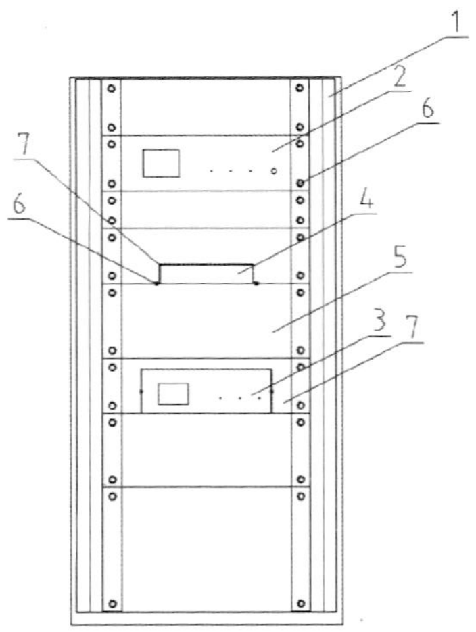

正视图

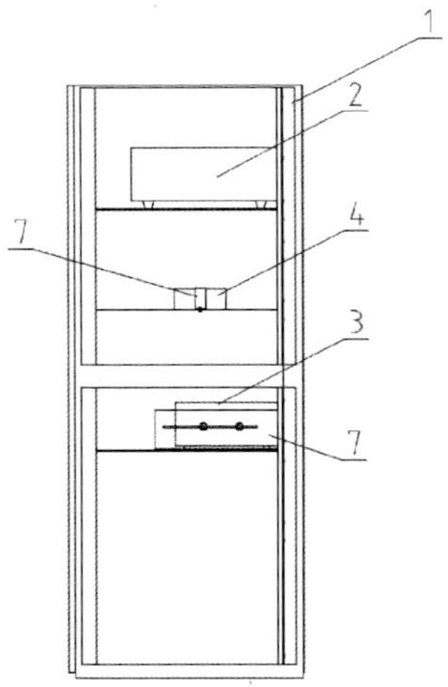

侧视图

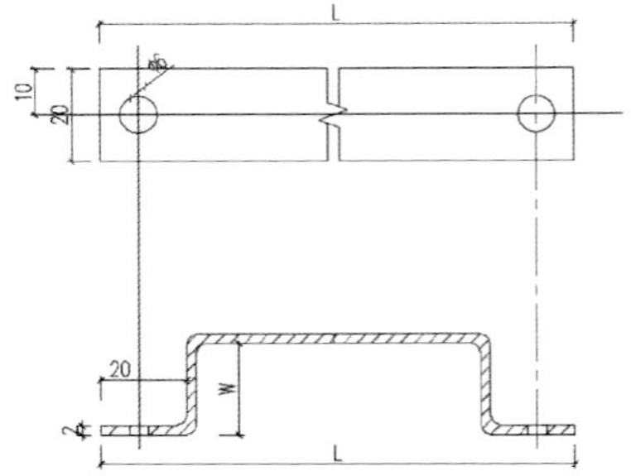

非标准通信设备固定件

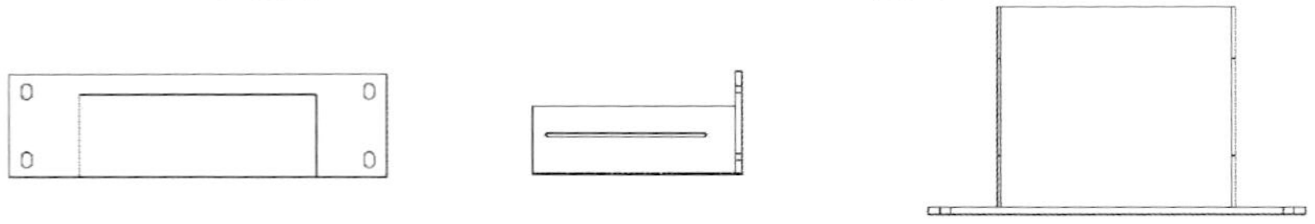

非标准专用仪器固定件

序号	名称	备注
1	机柜	
2	标准专用仪器	
3	非标准专用仪器	
4	非标准通信设备	
5	盲板	2U、3U、4U
6	固定螺栓	Φ6
7	非标准设备固定件	

图注：

（1）所有仪器均应放置在设备机柜内的隔板上，不得随意叠放。

（2）标准专用仪器（指其外形为 19 英寸宽机箱）的防震固定，采用螺栓前固定方式固定在机柜内。

（3）专用仪器的机箱为非 19 英寸宽的非标准箱，可通过以下方式进行固定：

①专用仪器带有配套挂耳，安装挂耳后仪器宽度满足 19 英寸标准宽度，采用螺栓前固定方式固定在机柜内。

②对于无配套配件的非标准专用设备，应根据其尺寸大小加工专用固定件，并将制作的专用固定件与仪器固定连接后，采用螺栓前固定方式固定在机柜内。

（4）非标准通信设备等公用设备的防震固定，通过制作固定件，采用螺栓固定于隔板上，放置该设备同层的空余位置可安装相应尺寸盲板，保持设备机柜前面板的整洁。

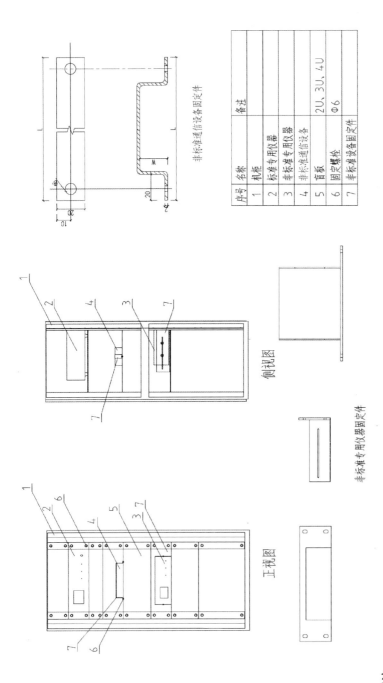

5.3-1 山洞型重力观测综合布线图

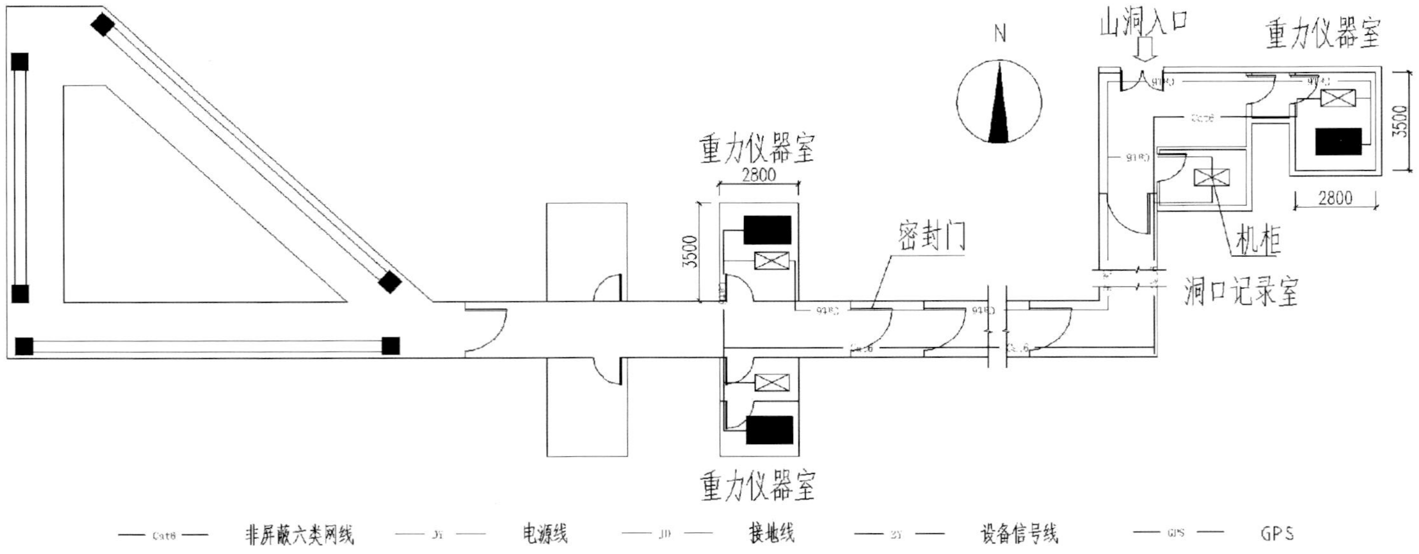

图注：

（1）布线基本要求：

①线路布设应遵循安全、可靠、适用和经济原则，敷设应横平竖直、杜绝缠绕。

②强电弱电线缆分开布设，或者采取屏蔽措施；线缆应固定，固定间距不应超过 1m，固定的材料应有防锈功能。

（2）市电按照 DB/T 68—2017 要求配接电源防雷器，进入配电箱。电源线沿强电桥架从配电箱敷设到稳压电源或 UPS 处。

（3）重力仪摆的传感器线从地面连接到设备机柜中传感器线宜套金属管埋地铺设进入室内，沿弱电桥架或者穿管敷设至设备机柜，冗余线缆放入线缆收纳箱内。

（4）设备机柜、信号防雷器等设备应使用 $6mm^2$ 接地线连接到等电位接地箱中的接地母排；电源防雷器应使用 $10mm^2$ 接地线连接到接地母排；接地母排应与接地地网可靠连接，地网的接地电阻不大于 4Ω。

5.3-2 地下室型重力观测综合布线图

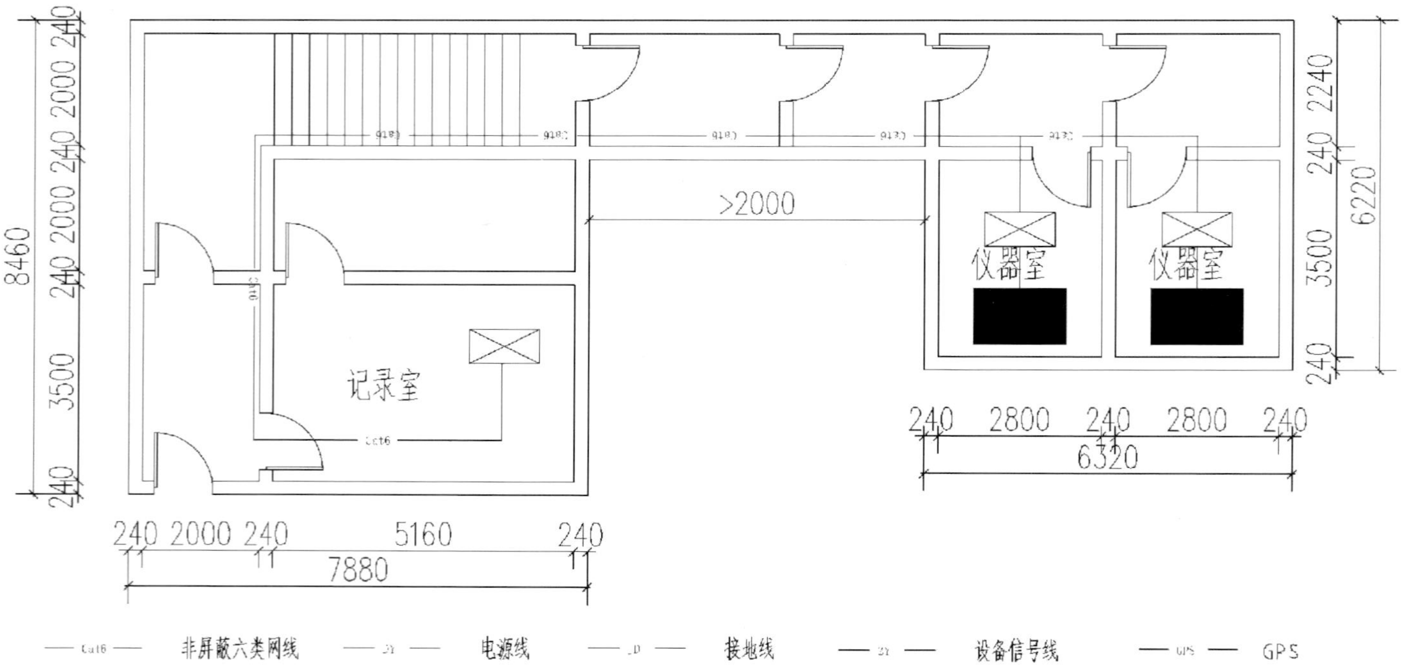

图注：

（1）布线基本要求：

①线路布设应遵循安全、可靠、适用和经济原则，敷设应横平竖直、杜绝缠绕。

②强电弱电线缆分开布设，或者采取屏蔽措施；线缆应固定，固定间距不应超过 1m，固定材料应有防锈功能。

（2）市电按照 DB/T 68—2017 要求配接电源防雷器，进入配电箱。电源线沿强电桥架从配电箱敷设到稳压电源或 UPS 处。

（3）重力仪摆的传感器线宜穿管从地面敷设至设备机柜，冗余线缆放入线缆收纳箱内。

（4）设备机柜等设备应使用 $6mm^2$ 接地线连接到等电位接地箱中的接地母排；电源防雷器应使用 $10mm^2$ 接地线连接到接地母排；接地母排应与接地地网可靠连接，地网的接地电阻不大于 4Ω。

5.3－3 山洞（地下室）型廊道综合布线图

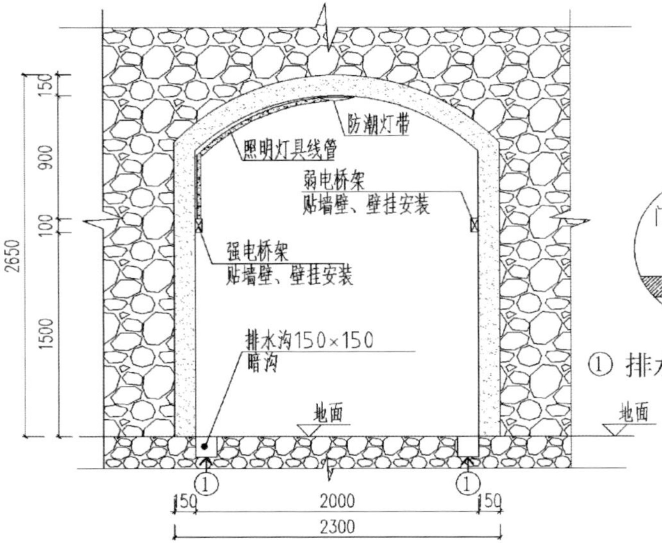

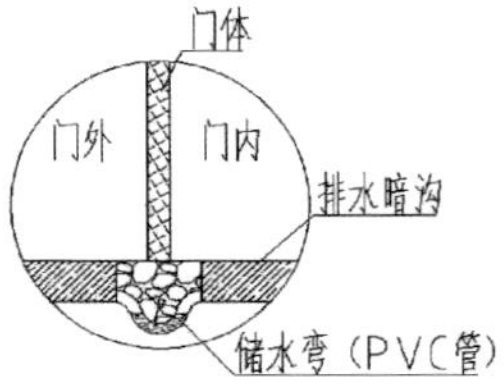

① 排水沟过门处大样图

图注：

（1）山洞走廊洞壁两侧地面下应设排水暗沟，山洞走廊内外的排水沟采用 $\Phi50$ 的 PVC 储水弯，通常情况下存部分水进行密封。储水弯廊道侧连接廊道的水沟，储水弯仪器室侧用地漏出露。

（2）山洞走廊洞壁中上部两侧分设强电和弱电电桥。在通过廊道门时，通过钻孔套管方式穿过。并利用玻璃胶密封墙体和套管间的缝隙。

（3）廊道顶部每隔 3m 设置防潮灯带。

（4）线路布设应遵循安全、可靠、适用和经济原则，敷设应横平竖直、杜绝缠绕。

5.3-4　重力记录室综合布线图

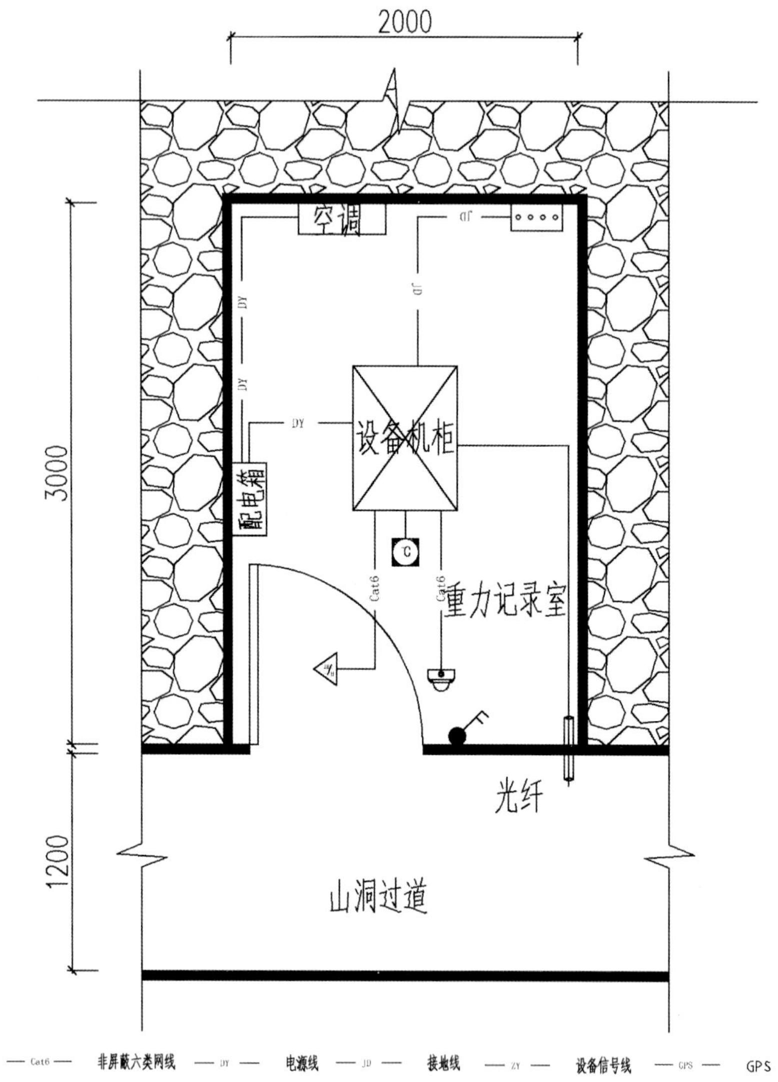

图注：

（1）布线基本要求：

①线路布设应遵循安全、可靠、适用和经济原则，敷设应横平竖直、杜绝缠绕。

②强电弱电线缆分开布设，或者采取屏蔽措施；线缆应固定，固定间距不超过 1m，固定材料应有防锈功能。

（2）市电按照 DB/T 68—2017 要求配接电源防雷器，进入配电箱。电源线沿强电桥架从配电箱敷设到稳压电源或 UPS 处。

（3）传感器线宜套金属管铺设进入室内，沿弱电桥架敷设至设备机柜，冗余线缆放入线缆收纳箱内。

（4）设备机柜、信号防雷器等设备应使用 $6mm^2$ 接地线连接到等电位接地箱中的接地母排；电源防雷器应使用 $10mm^2$ 接地线连接到接地母排；接地母排应与接地地网可靠连接，地网的接地电阻不大于 4Ω。

5.3-5 单洞型仪器室综合布线图

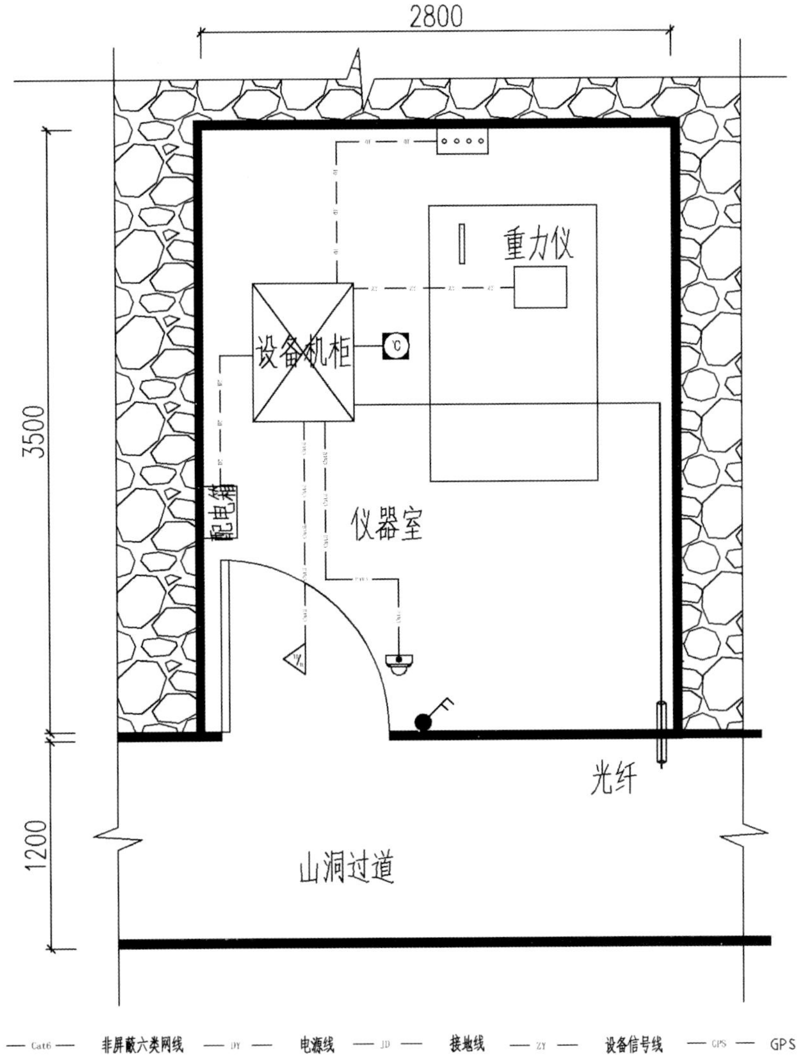

图注：

（1）布线基本要求：

①线路布设应遵循安全、可靠、适用和经济原则，敷设应横平竖直、杜绝缠绕。

②强电弱电线缆分开布设，或者采取屏蔽措施；线缆应固定，固定间距不超过 1m，固定材料应有防锈功能。

（2）市电按照 DB/T 68—2017 要求配接电源防雷器，进入配电箱。电源线沿强电桥架从配电箱敷设到稳压电源或 UPS 处。

（3）传感器线宜套金属管铺设进入室内，沿弱电桥架敷设至设备机柜，冗余线缆放入线缆收纳箱内。

（4）设备机柜、信号防雷器等设备应使用 6mm^2 接地线连接到等电位接地箱中的接地母排；电源防雷器应使用 10mm^2 接地线连接到接地母排；接地母排应与接地地网可靠连接，地网的接地电阻不大于 4Ω。

5.3-6 双洞型仪器室综合布线图

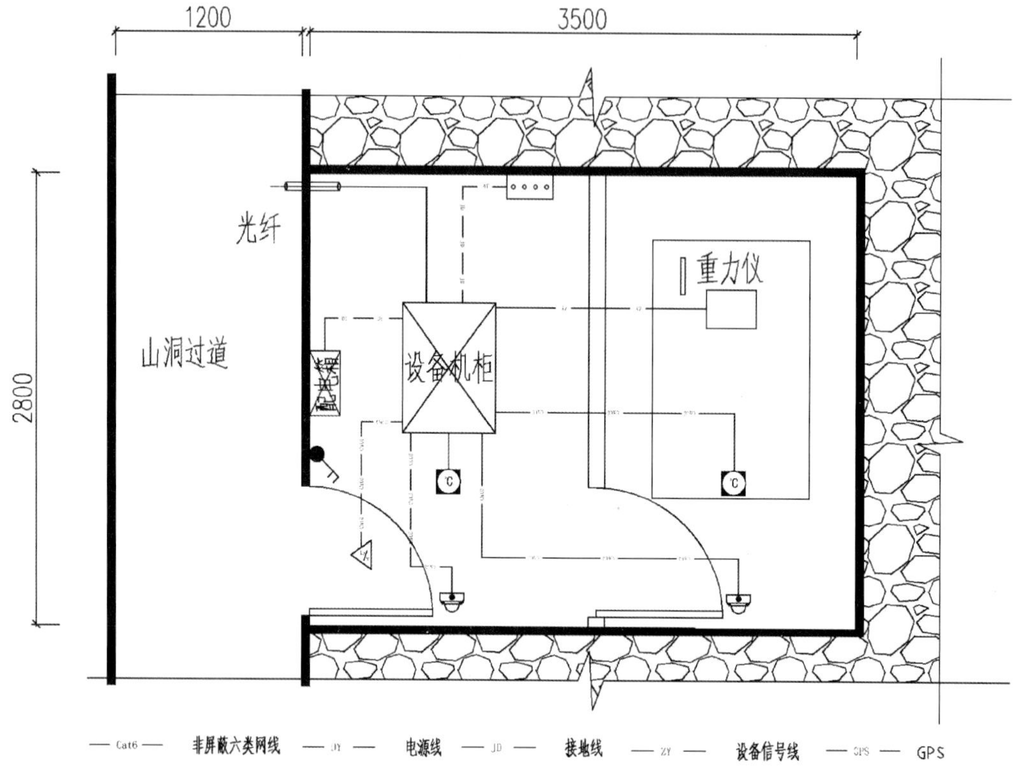

图注：

（1）布线基本要求：

①线路布设应遵循安全、可靠、适用和经济原则，敷设应横平竖直、杜绝缠绕。

②强电弱电线缆分开布设，或者采取屏蔽措施；线缆应固定，固定间距不超过 1m，固定材料应有防锈功能。

（2）市电按照 DB/T 68—2017 要求配接电源防雷器，进入配电箱。电源线沿强电桥架从配电箱敷设到稳压电源或 UPS 处。

（3）传感器线宜套金属管铺设进入室内，沿弱电桥架敷设至设备机柜，冗余线缆放入线缆收纳箱内。

（4）设备机柜、信号防雷器等设备应使用 $6mm^2$ 接地线连接到等电位接地箱中的接地母排；电源防雷器应使用 $10mm^2$ 接地线连接到接地母排；接地母排应与接地地网可靠连接，地网的接地电阻不大于 4Ω。

5.4－1 观测场地类

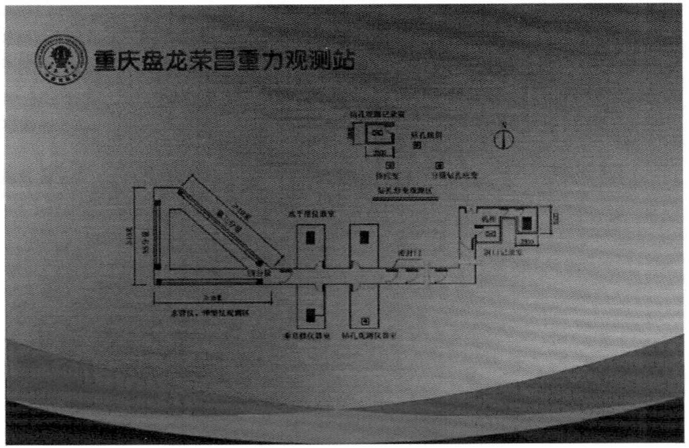

科技蓝
PANTONE 268U
C:100 M:90 Y:5 K:0

辅助色
PANTONE 299U
C:80 M:40 Y:0 K:0

不锈钢板

图注：

（1）标识标牌包括台站名称类、观测场地类、仪器设备类、线路线缆类、通用类等5类，台站名称类、仪器设备类和通用类见2.4节。本页图例为布局标牌和观测墩标牌。

（2）标牌尺寸：布局标牌600mm×400mm；观测墩标牌200mm×100mm。

（3）标牌材质：基材应选择不锈钢材质。

（4）安装位置：布局标牌安装于重力山洞口内、观测墩标牌安装于观测墩附近。

（5）内容要求：布局标牌应包括重力观测点在山洞内的布局图；内容为观测墩标牌应包括摆墩编号、尺寸，摆墩类型、启用时间。

（6）其他要求：中国地震局徽标标志必须依据《中国地震局视觉形象识别手册》规定制作，不得随意更改。

5.4－2 线路线缆类

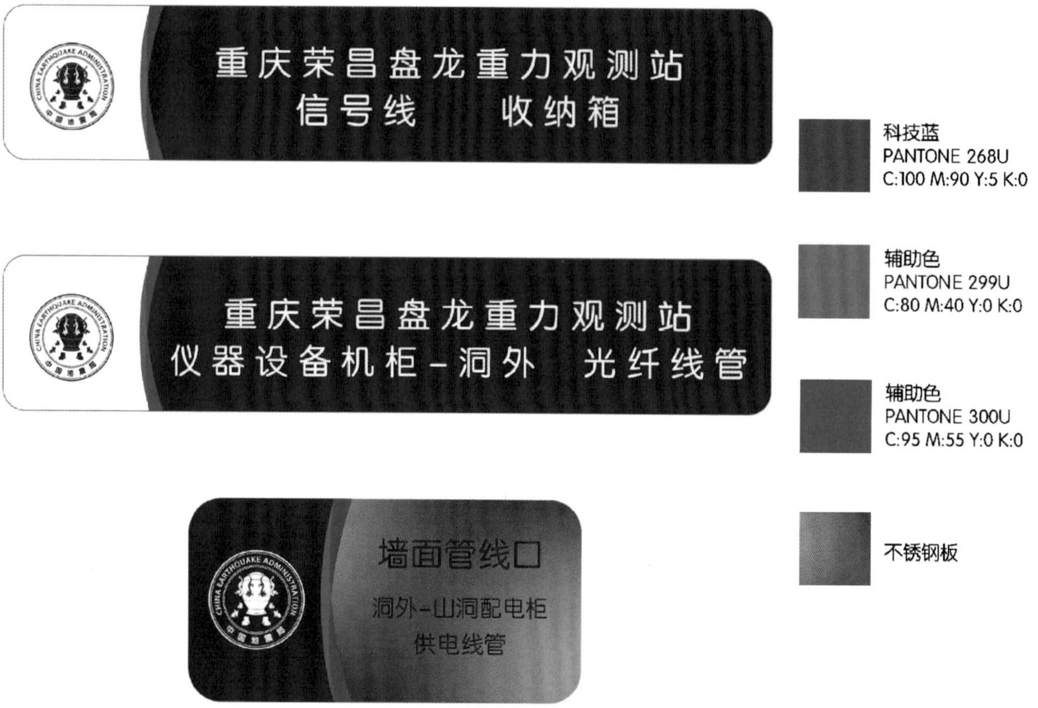

图注：

（1）图例为线路线缆类标牌。

（2）适用范围：铺设线缆的线管、线槽、桥架，进出室内的管线口。

（3）收纳箱、线管、线槽、桥架标牌尺 180mm×35mm，管线口标牌尺寸200mm×100mm。

（4）标牌材质：基材可选择不锈钢/铝合金材质或聚丙烯材质，聚丙烯材质应符合 UL969 标准，背胶采用永久性丙烯酸类乳胶；基材应选择不锈钢材质，室内使用 5～10 年。

（5）安装位置：线缆收纳箱标识安装在其左上方；线管、线槽、桥架等标识应粘贴在明显位置（两端必须粘贴），对于较长的线槽、线管、桥架，每隔 5m 进行 1 次粘贴；墙面管线口标牌粘贴在墙面管线口穿墙附近的空白位置。

（6）标识内容：线缆类标牌应说明线缆起止位置及其中线缆的类型；墙面管线口标牌应说明线管、线槽、桥架的起始位置及内铺线缆的类型。

（7）其他说明：

①每个台站应只选取同一种风格的模板制作标牌。

②中国地震局徽标标志必须依据《中国地震局视觉形象识别手册》规定制作，不得随意更改。

6 地磁观测站

地磁观测站是通过布设固定观测的地磁仪器，用于监测地球磁场的空间分布和时间变化而设立的观测站。

地磁观测站观测场地经过勘选，其区域地磁场背景、地质构造、地形地貌、地磁场梯度、人为电磁骚扰背景等基本要素符合有关行业标准的要求。按照“防震加固科学、综合布线规范、标识标志清晰”的基本要求，依据各种类型地磁仪的不同布设情况，按照绝对观测室、相对记录室、质子矢量磁力仪室、地埋仪器仓等进行了标准化设计，提出了规范化要求。

本章包含地磁观测站建设标准化设计所需的主要元素、重要部件以及配套设施设计，并配有相应图例和文字说明。同时本书附录还包括“外部典型案例、内部典型案例”等内容。

公用设备和设施的防震加固设计可参阅 2.2 节。

仪器设备类标识和通用类标识可参阅 2.4 节。

无人观测站场地类标识可参阅 3.4 节。

6.1-1 地磁基准站观测区布局平面示意图

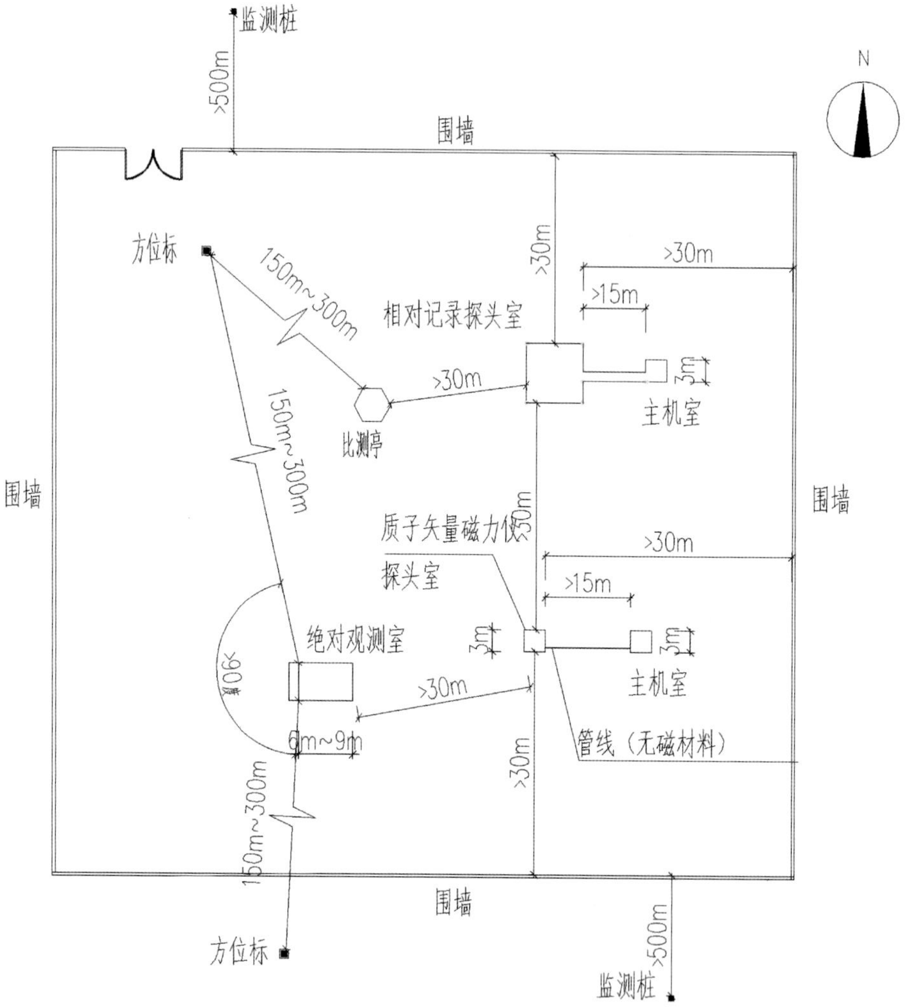

图注：

地磁基准站应建设绝对观测室、相对记录室、比测亭和方位标，配备质子矢量磁力仪室和监测桩。

场地布局基本要求：

（1）以最接近的墙体之间的距离计算，观测室之间的相互距离应满足以下要求：

①质子矢量磁力仪室距绝对观测室、相对记录室、比测亭不小于30m。

②相对记录仪和质子矢量磁力仪的主机安放位置距所有观测室不小于15m。

③围墙与各观测室、记录室之间距离宜不小于30m。监测桩与台站的距离应不小于500m。

④至少应建设两个方位标，方位标夹角宜不小于90°，与绝对观测室和比测亭的距离以150~300m为宜。

（2）台站内部生活、办公等用房及其他观测项目在建设时，应以建设过程、建设结果和使用过程对地磁观测和记录的影响量不超过0.5nT的指标进行设计和实施。

6.1－2 地磁基本站观测区布局平面示意图

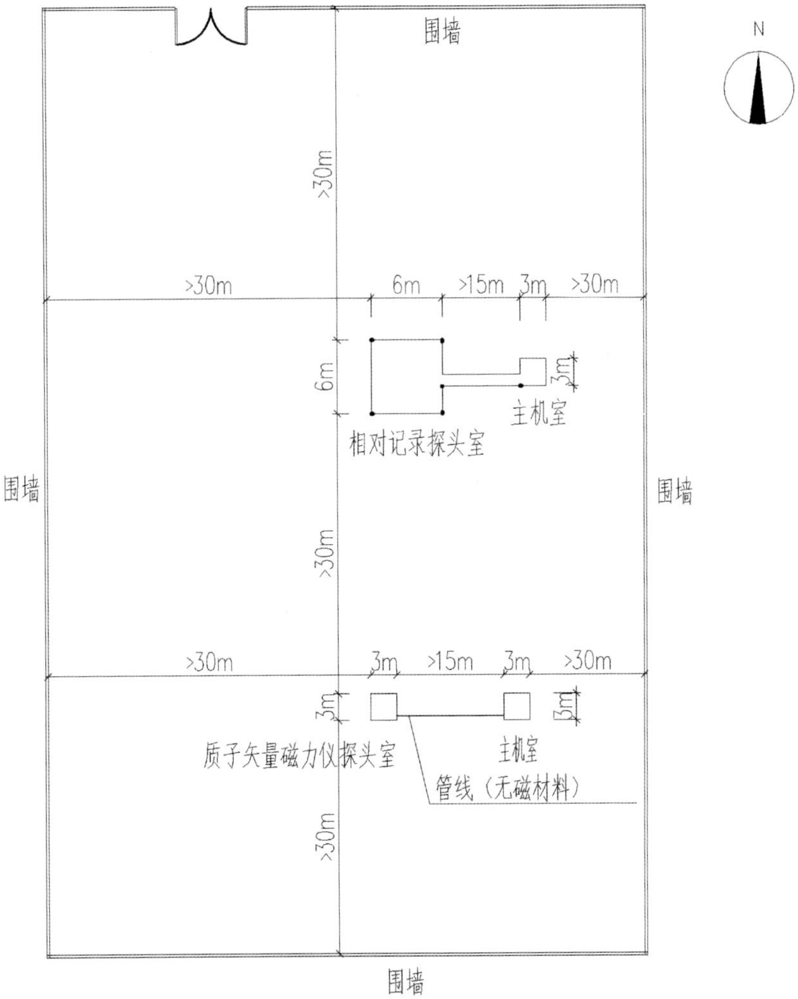

图注：

基本站可建设相对记录室和/或质子矢量磁力仪室，也可建设地埋式相对记录传感器仓和相对记录主机仓，总强度观测传感器仓和总强度观测主机仓。观测设施和观测室建设应符合 DB/T 9—2004。

基本站观测场地布局要求：

（1）以最接近的墙体之间的距离计算，观测室之间的相互距离应满足以下要求：

①质子矢量磁力仪室距相对记录室不小于 30m。

②相对记录仪和质子矢量磁力仪的主机安放位置距所有观测室不小于 15m。

③围墙与各记录室之间距离宜不小于 30m。

④应在距相对记录室或质子矢量磁力仪室 30~100m 范围内设立 1 个监测桩。

⑤地埋式仓体布局要求参见 6.1－3 节。

（2）台站内部生活、办公等用房及其他观测项目在建设时，应以建设过程、建设结果和使用过程对地磁观测和记录的影响量不超过 0.5nT 的指标进行设计和实施。

6.1－3 地磁区域站观测区布局平面示意图

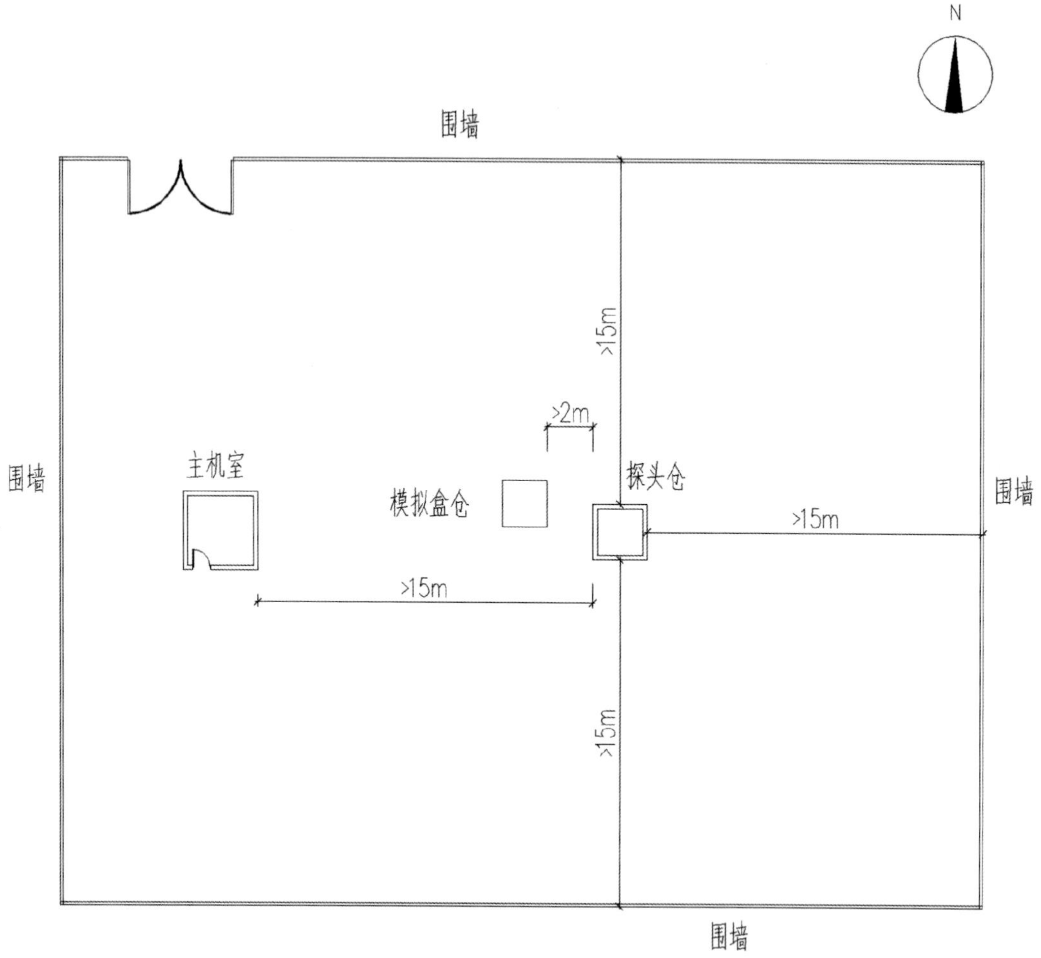

图注：

（1）地磁区域站是对基准站和基本站观测网的准均匀加密，必要时应考虑与其他学科观测网的综合布局。观测场地要求：10m×10m 范围内地磁场总强度 F 分布均匀，且水平梯度 $\Delta F_h \leqslant 5nT/m$。

（2）地磁区域站宜建设相对记录探头仓和相对记录主机仓（室），也可建设总强度观测探头仓和总强度观测主机仓（室）。地磁区域站应配备至少一组相对记录和 F 连续观测仪器设备。

（3）观测设施和观测室建设应符合 DB/T 9—2004 中的相关规定。探头仓和主机仓（室）要制作和安装标识标牌。

（4）观测场地布局要求：主机仓墙壁与探头墩主体中心距离应不小于 5m；如有模拟盒仓，则要求模拟盒仓距离探头仓大于 2m。

（5）此图是按照 1 套地磁观测仪器进行设计的。若地磁站有多套地磁观测仪器，以本图为基础，结合实际情况进行设计。

6.1－4 主机室观测布局平面示意图

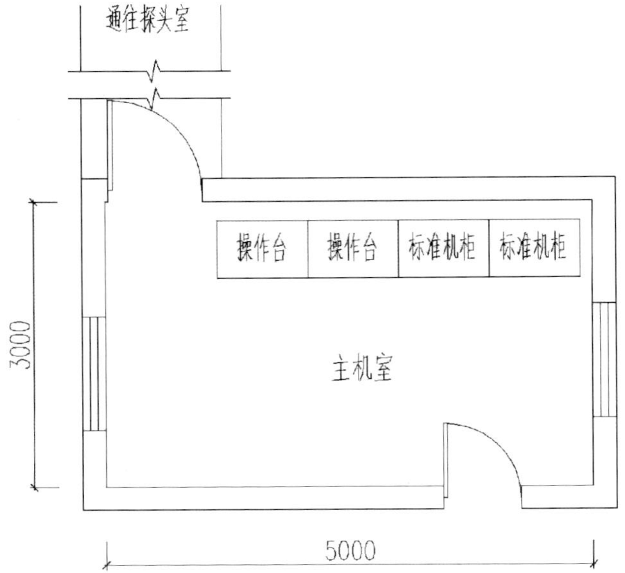

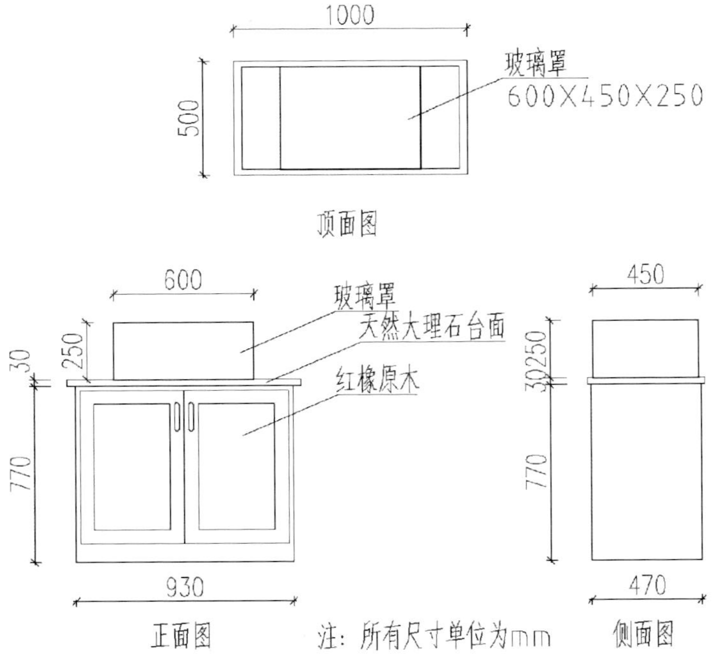

图注：

（1）在距离相对记录室记录墩 15~40m 范围内应有放置仪器主机位置的相对记录主机室，室内应配置交流供电，交流供电线路与记录墩的最小距离为 1.5m。在距离质子矢量磁力仪室记录墩 15~90m 范围内应有放置仪器主机位置的质子矢量磁力仪主机室，室内不宜有配置交流供电，如需配置交流供电线路，交流配电线路与记录墩及传感器的最小距离为 1.5m。主机室内供电和通信线路均应采取避雷措施。

（2）主机通常放在主机室的操作台上，操作台需用无磁材料制作，操作台台面可用大理石材质，台面下可用实木材料制作收纳箱柜。仪器主机放置于大理石台面上，冗余的线路和通信设备放置于收纳箱内。

（3）宜可配置无磁性标准机柜，设备机柜样式参见 6.2－4 节，用于放置仪器主机、线缆、UPS 等。

6.1－5　绝对观测室观测布局示意图

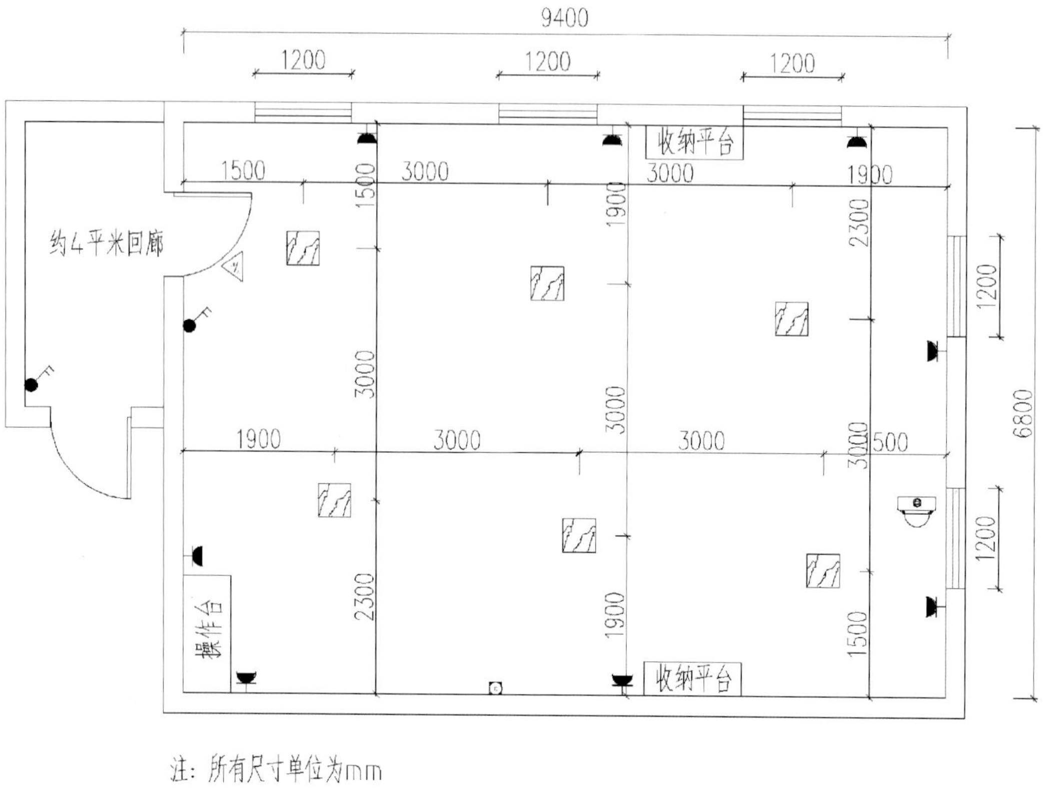

图注：

地磁站绝对观测室为地面建筑，严格采用无磁性或弱磁性材料建设。

（1）观测布局：

①观测室面积不小于 $40m^2$，至少设置 4 扇窗户，墙体及屋顶应做防潮、隔热设计。

②室内墙体粉刷白色乳胶漆，地面铺设大理石或木质地板。

（2）配置与布设：

①室内至少 4 个观测墩，各观测墩主体中心间距不小于 3m，与墙壁距离不小于 1.5m。

②室内至少有两个观测墩可通视两个方位标。

③室入门处建 $4m^2$ 左右回廊。

④距离观测墩 2m 以外的地方有放置检测器收纳平台。

⑤室内屋顶布设无磁性节能照明灯，照明开关设置在进门右侧。

⑥绝对观测仪器宜配置有机玻璃防护罩。

（3）操作台、收纳平台用无磁性材料制作，由台面和多层收纳箱组成，台面可用大理石材质，收纳箱柜可用实木材料制作。

6.1－6 相对记录室观测布局示意图

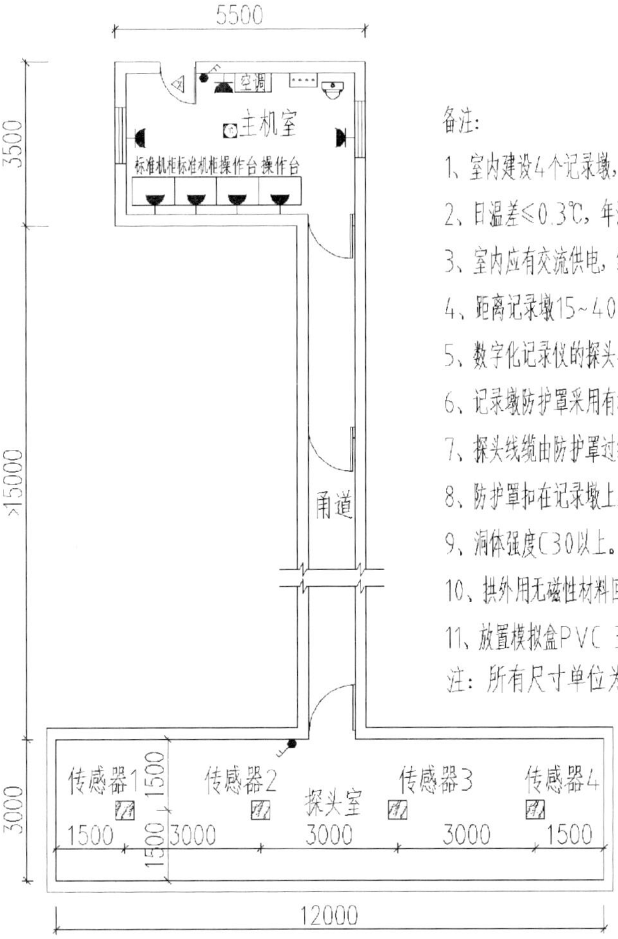

备注:

1、室内建设4个记录墩，墩主体中心间距为3m，与墙壁距离应为1.5m。

2、日温差≤0.3℃，年温差≤10℃，相对湿度≤85%。

3、室内应有交流供电，线路与记录墩的最小距离为1.5m。

4、距离记录墩15~40m范围内应有放置仪器主机的位置。

5、数字化记录仪的探头与模拟电路装置及其连接电缆安装在相同的温度环境中。

6、记录墩防护罩采用有机玻璃材质，面板厚度10mm,内部中间挡板厚度19mm。

7、探头线缆由防护罩过线孔引出，沿PVC线槽敷设至3m外的线槽内模拟盒。

8、防护罩扣在记录墩上，对记录墩上设备进行保护。

9、洞体强度C30以上。

10、拱外用无磁性材料回填。

11、放置模拟盒PVC 300X150 线槽不加顶盖。

注：所有尺寸单位为mm

图注：

相对记录室由探头室和主机室两部分组成。严格采用无磁性或弱磁性材料建设。

（1）观测布局：

①探头室使用面积不小于20m²，室内不设窗户，墙体及屋顶应做防潮、保温设计。

②主机室面积不小于8m²，室内设1扇窗户，墙体及屋顶做防潮设计。

③室内墙体白色乳胶漆粉刷，地面铺设大理石。

（2）配置与布设：

①室内至少设置2个观测墩，各观测墩主体中心间距不小于3m，与墙壁距不小于1.5m。

②探头安放在观测墩上，加装有机玻璃防护罩保护，距观测墩3m外放置模拟盒。

③室内屋顶布设无磁性节能照明灯，照明开关设置在进门右侧。

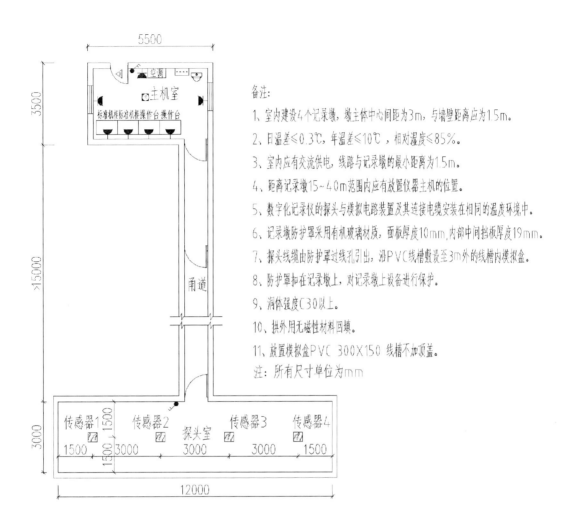

6.1－7 质子矢量磁力仪室观测布局示意图

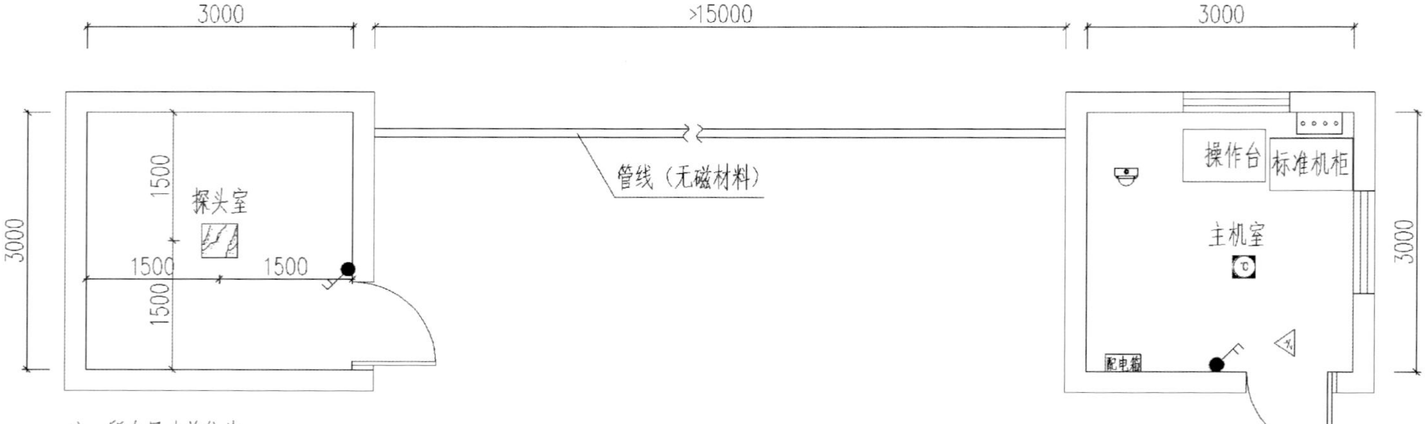

注：所有尺寸单位为mm

图注：

质子矢量磁力仪室由探头室和主机室两部分组成。严格采用无磁性或弱磁性材料建设。

（1）观测布局：

探头室使用面积不小于 $10m^2$，室内不设窗户，墙体及屋顶应做防潮、保温设计；主机室使用面积不小于 $5m^2$，室内设 1 扇窗户；墙体及屋顶做防潮设计；室内墙体白色乳胶漆粉刷，地面铺设大理石。

（2）配置与布设：

①室内至少 1 个观测墩，观测墩与墙壁距离不小于 1. 5m。

②分量线圈架设在观测墩上，水平和垂直线圈的补偿电流应分别绞在一起，在线圈外与信号线一起捆扎。

③室内屋顶布设无磁性节能照明灯，照明开关设置在进门右侧。

6.1－8 方位标剖面示意图

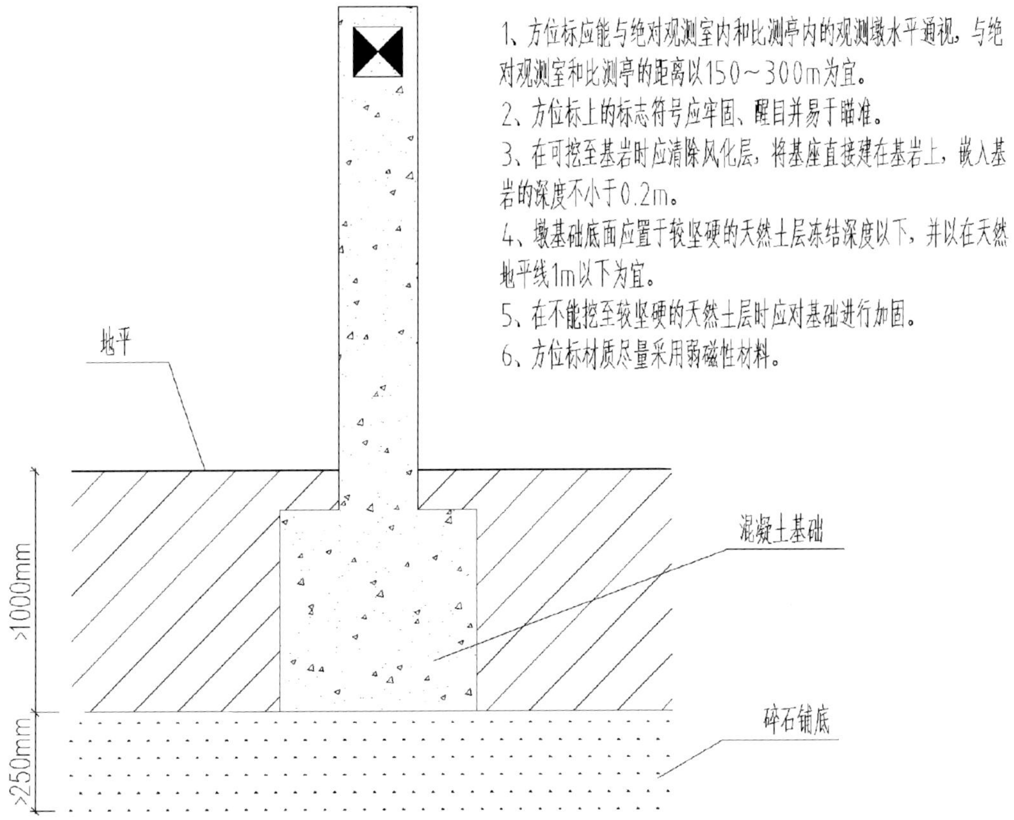
1、方位标应能与绝对观测室内和比测亭内的观测墩水平通视，与绝对观测室和比测亭的距离以150～300m为宜。
2、方位标上的标志符号应牢固、醒目并易于瞄准。
3、在可挖至基岩时应清除风化层，将基座直接建在基岩上，嵌入基岩的深度不小于0.2m。
4、墩基础底面应置于较坚硬的天然土层冻结深度以下，并以在天然地平线1m以下为宜。
5、在不能挖至较坚硬的天然土层时应对基础进行加固。
6、方位标材质尽量采用弱磁性材料。
地平
混凝土基础
碎石铺底
>1000mm
>250mm

图注：

（1）方位标是在照准点上安置的用于方位角或磁偏角测量的地面目标。

（2）地磁基准站至少应建设两个方位标，方位标夹角宜不小于90°。主要目的是为了保证在不同的日照方向至少可以清晰看到一个方位标，也可通过测量两方位标夹角及时监视到其变化。方位标应能与绝对观测室内和比测亭内的观测墩水平通视，与绝对观测室和比测亭的距离以150~300m为宜。

（3）方位标应结实稳固，在可挖至基岩时直接建在基岩上。在不能挖至基岩时，应参考观测墩的建设要求，应将方位标的墩基础底面置于较坚硬的天然土层冻结深度以下，并且在天然地平线1m以下为宜。在不能挖至较坚硬的天然土层时应打桩加固。方位标上的标志符号应牢固、醒目并易于瞄准。方位标材质尽量选择弱磁性材料。

6.1-9 监测桩平面示意图

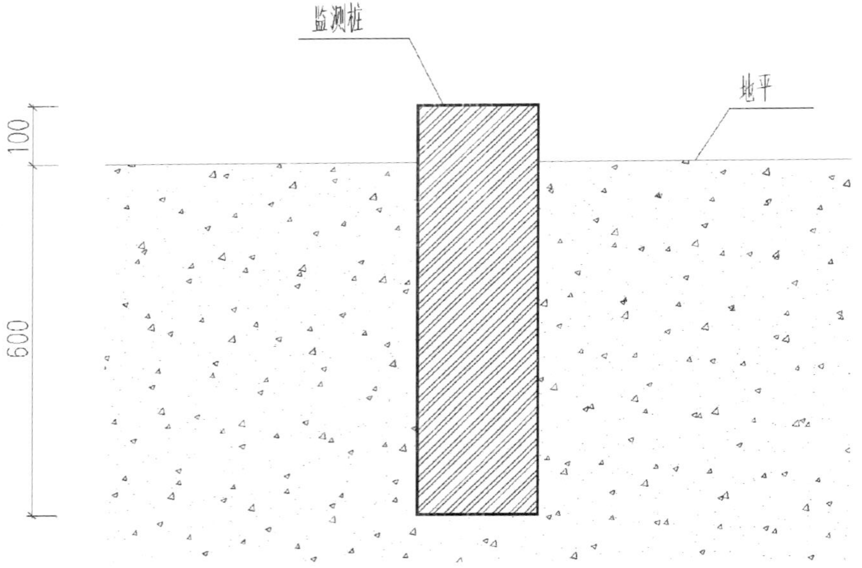

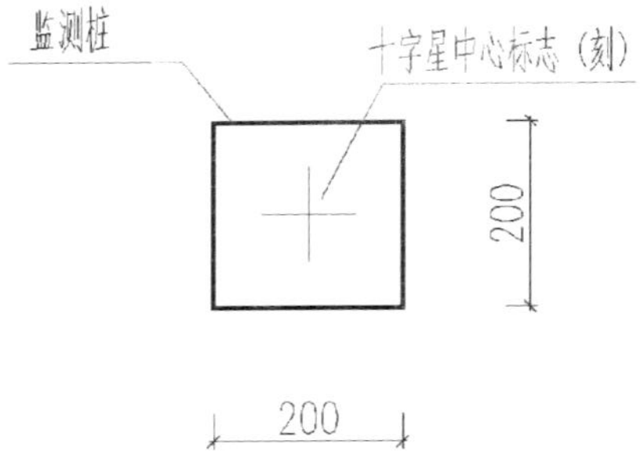

俯视图

注：所有尺寸单位为mm

图注：

（1）监测桩是在用于监测地磁观测环境变化的观测点上埋设的仪器安装位置标识。

（2）每个地磁基准站都宜设立至少1个监测桩，最好在2~3个不同方向上分别设立监测桩。监测桩与地磁站的距离应不小于500m。

（3）在未设绝对观测室的台站，还应在距离相对记录室或质子矢量磁力仪室30~100m范围内设立1个监测桩。

（4）监测桩应建在人为地磁骚扰背景条件符合GB/T 19531.2—2004规定的地点。

（5）监测桩应使用磁化率绝对值不大于$4\pi\times10^{-5}$（SI单位制）的材料。

（6）监测桩周围10m范围内F水平梯度ΔF_h应不大于1.5nT/m。监测桩上方2m范围内F垂直梯度ΔF_v应不大于1.5nT/m。

（7）监测桩的尺寸宜为0.2m×0.2m×0.7m，宜埋入地下0.6m，出露地面0.1m。

（8）监测桩上顶面应刻有用于仪器安装置中的十字形标志，标志应清晰明显。

6.1－10 观测墩建设平面示意图

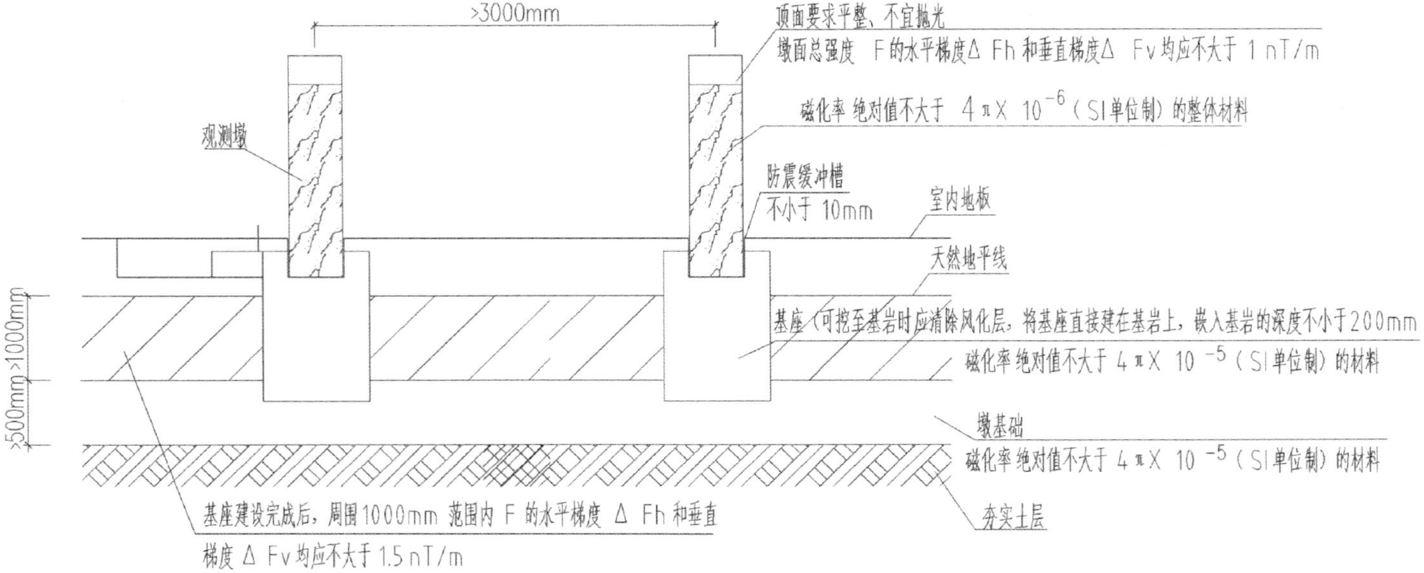

图注：

（1）观测墩是用于安装地磁绝对观测仪器传感器和地磁相对记录仪器传感器的无磁性墩。

（2）仪器墩由墩基础、墩基座、墩体三部分组成。墩基座建在墩基础上并与墩基础混为一体，墩体架在墩基座上，传感器安装在墩体上。观测墩总体技术要求是具有良好的稳定性，不沉降，不倾斜，无振动。

（3）绝对观测室的观测墩体尺寸为 0.4m×0.4m×1.5m，基准站记录墩尺寸宜为 0.4m×0.4m×1.1m，地埋式站点记录墩尺寸宜为 0.4m×0.4m×0.6m，基本站记录墩尺寸视情况参照基准站或地埋式站点墩体尺寸。

（4）墩主体建设完成后，墩面总强度 F 的水平梯度 ΔF_h 和垂直梯度 ΔF_v 均应不大于 1nT/m。基座建设完成后，周围 1m 范围内 F 的水平梯度 ΔF_h 和垂直梯度 ΔF_v 均应不大于 1.5nT/m。

（5）同一观测室内建有 2 个以上的观测墩时，各墩基础宜连为一体。

6.1－11 地埋式仓体观测布局示意图

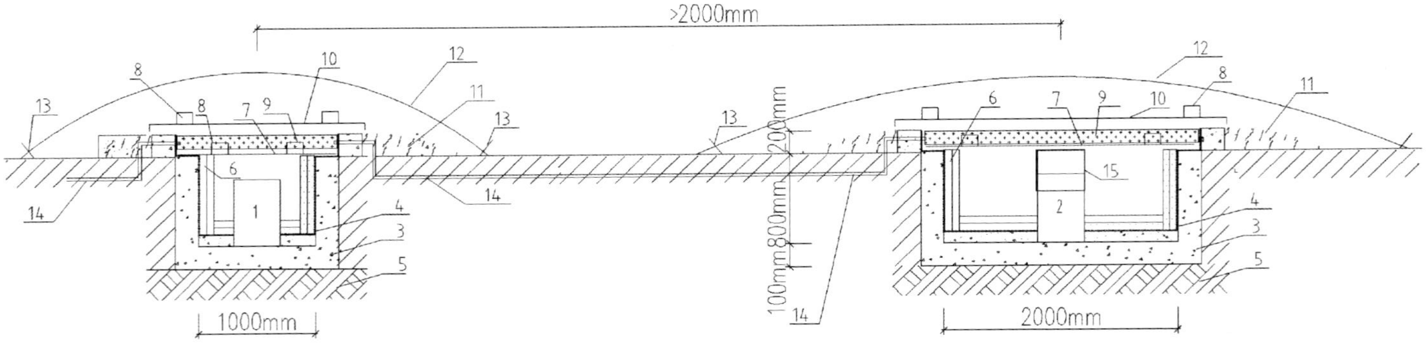

1：主机墩 400X400X600（垂直1°） 2：探头墩 400X400X600 （垂直<1°） 3:100mm 厚无磁性碎石白水泥 4 ：防水卷材5 ：深坑夯实后铺设300mm 无磁性碎石 6：绝热泡沫玻璃2张 密度:kg/m³ ≤160 抗压强度:Mpa ≤0.5 体积吸水率: %≤0.5 导热系数: W (m·k)，35℃≤0.054 厚度60mm
7: 无磁性盖板 8：盖板把手（8个） 9：XPS挤塑聚苯乙烯保温板（带表皮）3张导热系数W (m.k)≤ 0.041 10：无磁性盖板（下沿300mm，盖板内四周加密封条）
11：高出地面部分四周用泥土进行堆积 12：轻型材料挡雨罩（预留用于固定圆孔8个20mm×20mm） 13：无磁性金属用于固定挡雨罩 14：PVC穿线管（线管与水泥间作防水防潮处理）（穿线管埋设深度 >300mm ，观测坑至观测室穿线管总长度<15000mm（重要），根据仪器房调整方位接入） 15：有机玻璃防护罩

主机仓大样示意图　　　　探头仓大样示意图

图注：

地埋式仓体记录室，采用无磁性或弱磁性材料建设。

（1）仓体要求：

①探头仓使用面积不小于 2m²，主机仓使用面积不小于 1m²。仓体应为密闭结构，应做好防水、防潮、保温处理。

②无磁性碎石、白水泥、泡沫、玻璃等都是建设仓体的选择材料。

（2）配置与布设：

①探头仓和主机仓均应设 1 个观测墩。

②探头架设在探头仓的墩体上，模拟与主机装置架设在主机仓墩体上；主机仓与探头仓之间的线路通过穿管连接。

（3）仓体表面应覆盖足够厚的覆盖层以达到保温和防水的目的。

（4）在多雨地区，探头仓上表面宜高于雨水积水面，主机和探头之间的电源线、信号线穿线口宜位于雨水积水面以上。

6.2－1 仪器固定设计图

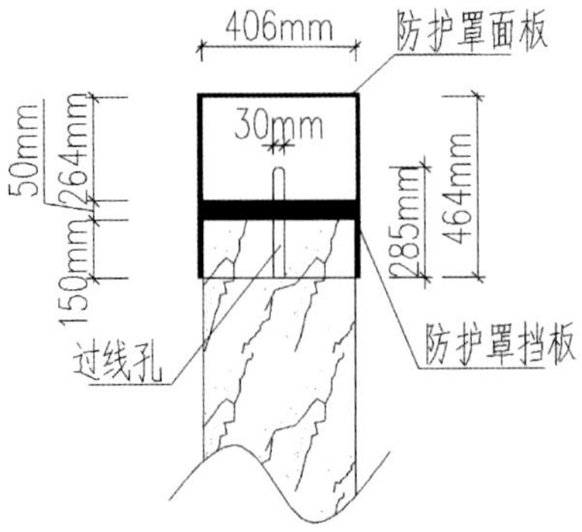

有机玻璃防护罩正视图

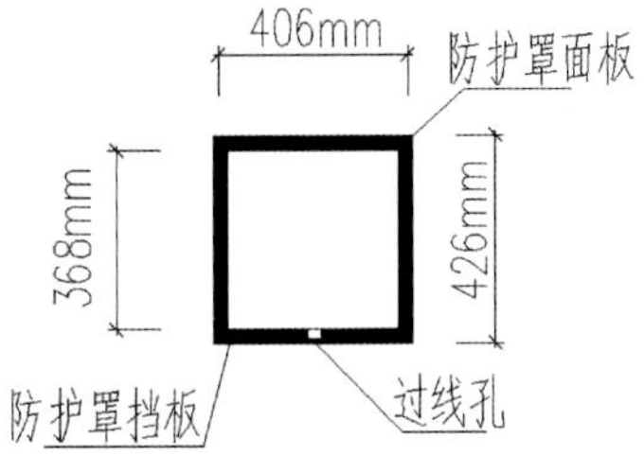

有机玻璃防护罩俯视图

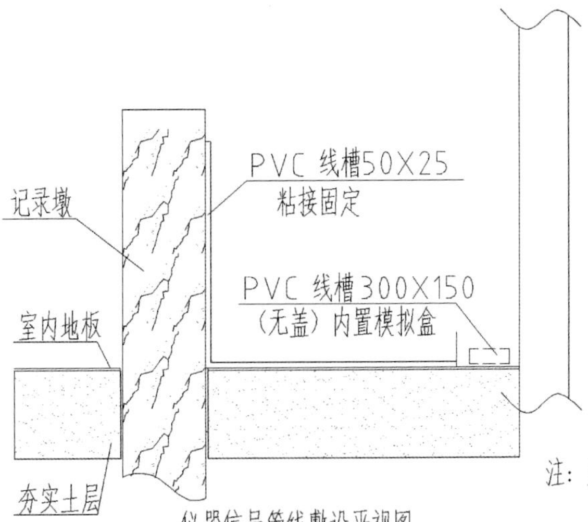

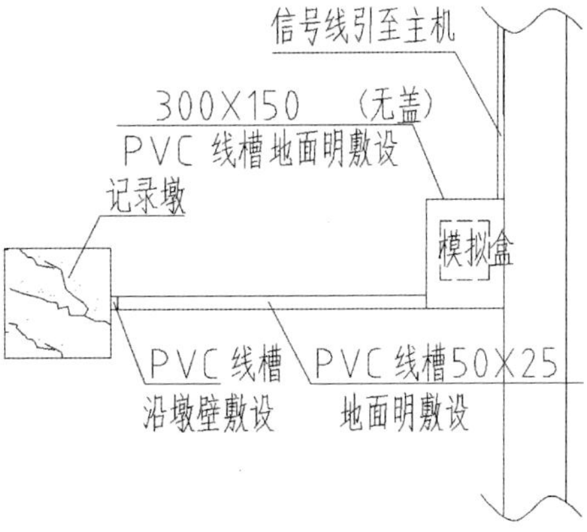

注：所有尺寸单位为mm

仪器信号管线敷设平视图　　仪器信号管线敷设俯视图

图注：

GM4 型磁通门磁力仪、FHDZ-M15 地磁总场与分量组合观测系统等相对记录仪器布设在相对记录室，其传感器、线路布设和防震设计宜满足下列要求：

（1）传感器布设：传感器放置于相对记录室观测墩上，调节传感器底脚螺栓保证水平，传感器底脚垫片用酒精与松香粘接固定。

（2）传感器防震设计：采用防护罩扣在记录墩上用于保护探头。防护罩采用有机玻璃材质，面板厚度10mm，内部中间挡板厚度 19mm。

（3）线路布设：模拟盒放置在离传感器 3m 远的线槽内，放置模拟盒的线槽不加顶盖，保证散热。模块盒与传感器连线通过线槽敷设。线槽采用粘接方式与墩壁、地面固定。信号线缆输入插头连接模拟装置的输出信号插座，信号线缆采用线槽沿墙脚线铺设引入主机。

6.2-2 地磁仪器主机固定设计图

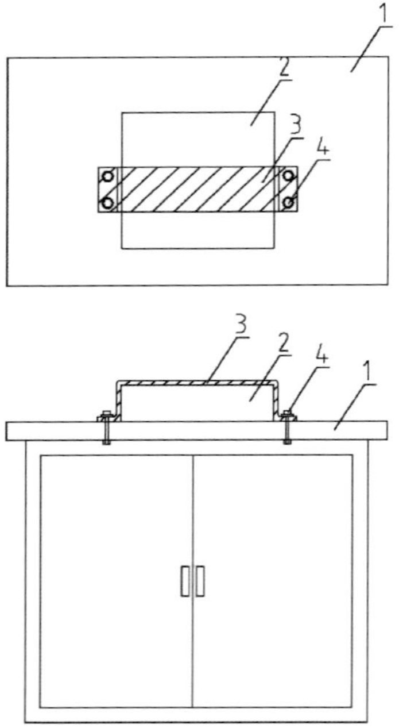

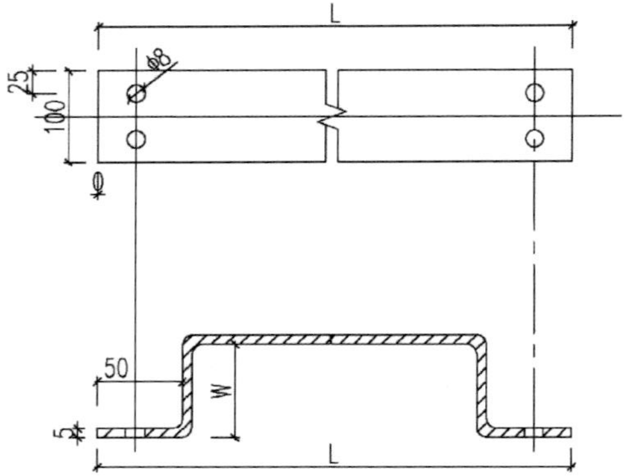

序号	名称	备注
1	观测专用桌	纯木质结构+纯铜配件
2	观测设备	
3	固定件	PVC或亚克力 厚度5mm
4	螺栓	Φ6

图注：

(1) 本图例为地磁观测仪器主机的固定设计图。

(2) 本图例为必选项。

(3) 适用范围：适用于放置在专用观测桌上的地磁观测仪器主机。

(4) 材料材质：非磁性材料。

(5) 安装要求：以四点固定的方式将桌面类设固定于桌面。

(6) 其他要求：所使用加固材料应符合本图例材料材质要求的最低限度。

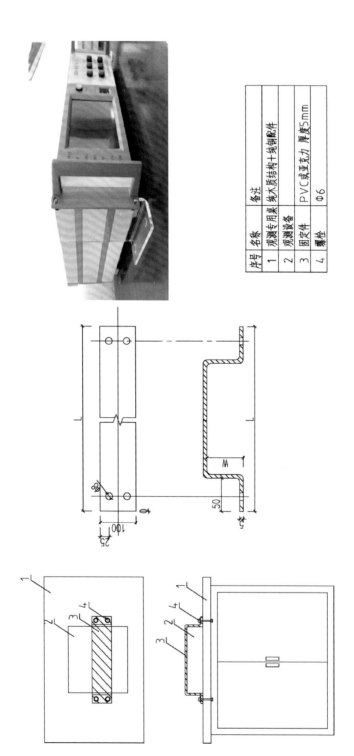

6.2－3 室外 GNSS 蘑菇头固定示意图

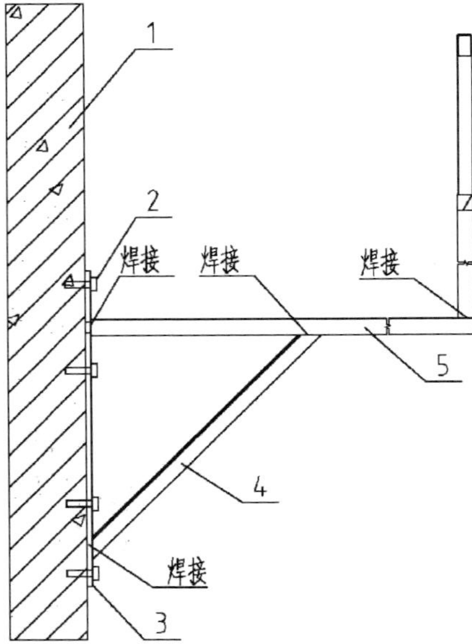

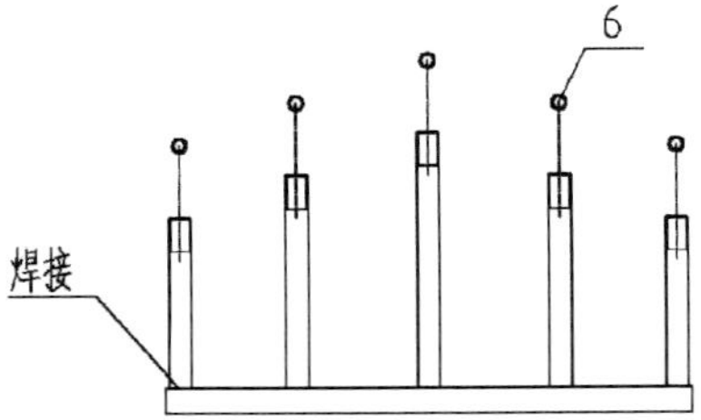

序号	名称	备注
1	外墙	
2	膨胀螺栓	Φ12
3	条形材料	50×5mm
4	L形材料	50×5mm
5	方形材料	50×5mm
6	管型材料	Φ25

图注：

（1）本图例为室外 GNSS 蘑菇头固定示意图。

（2）本图例为必选项。

（3）适用范围：适用于 GNSS 蘑菇头天线安装。

（4）材料材质：无磁性材料制作和安装。

（5）安装要求：支架安装于观测室外墙，顶端安装 GNSS 天线部分应低于观测室最高点。

（6）其他要求：所使用加固材料应符合本图例材料材质要求的最低限度。

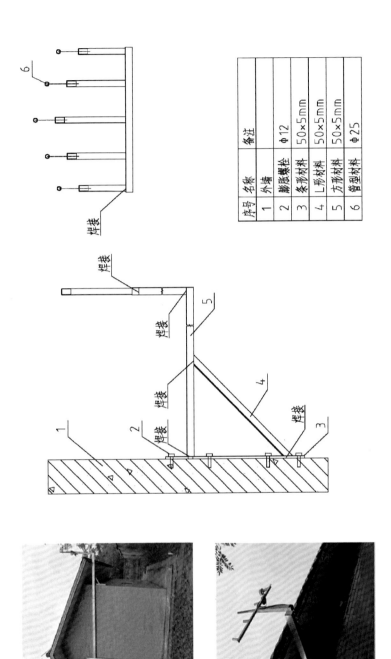

6.2-4　机房设备机柜固定示意图

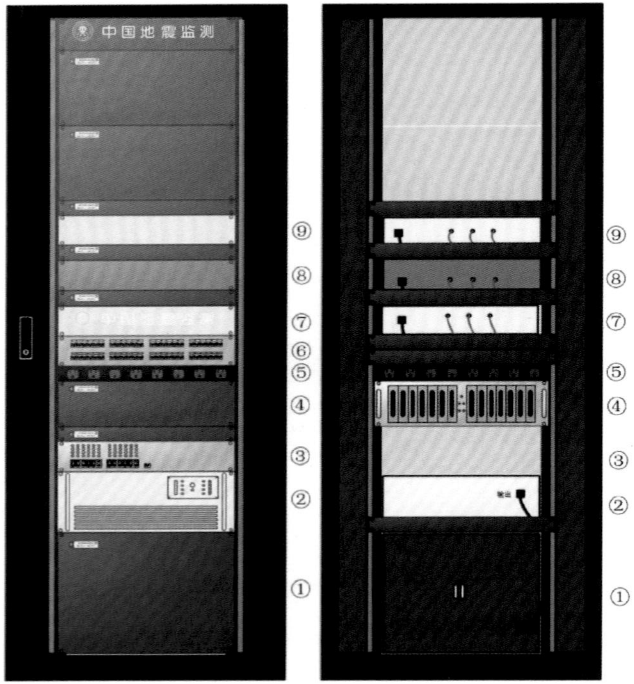

①线缆收纳箱
②电源设备
③通信设备
④防雷集成箱
⑤电源分配单元
⑥配线架

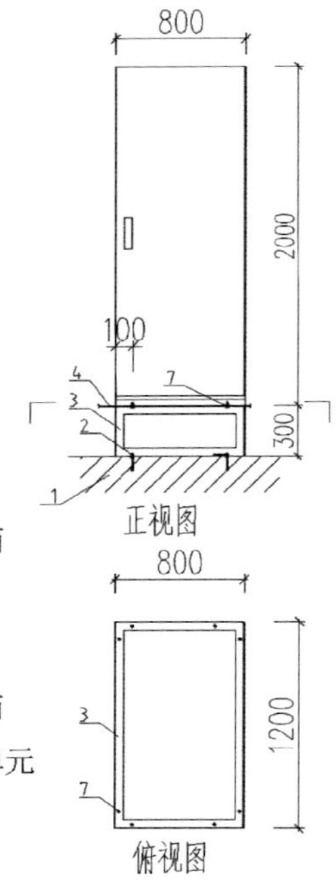

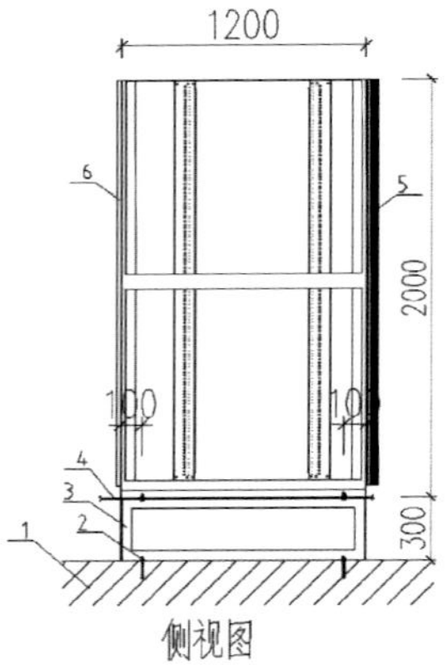

序号	名称	备注
1	原地面	
2	膨胀螺栓	φ8
3	底座	L形材料50X5mm
4	室内地板	
5	机柜前门	
6	机柜后门	
7	固定螺栓	φ8

图注：

（1）设备机柜：采用 42U 标准机柜，依次放置线缆收纳箱、电源设备、通信设备、防雷集成箱、电源分配单元、配线架、交换机、光端机、路由器、配线板、服务器、显示器等。

（2）机柜建议尺寸为 600mm×1200mm×2000mm，颜色黑色，为无磁性机柜。

（3）标准设备嵌入采用螺丝前固定，非标设备放置采用托盘固定，托盘数量不少于 6 个，加固支撑安装应平稳牢固。

（4）设备机柜配置承重固定装置，设备机柜内前后左右设 4 个竖向全封闭理线槽，设备线路应在竖向和横向理线器内布设。

（5）设备机柜内所有设备均应固定，不得随意叠放。

（6）若有架空地板时，设备机柜采用专用抗震底座固定，详见设备机柜固定图示。

（7）设备机柜正面有“中国地震监测”标识。

（8）所有固定件均应选取无磁性材料制作和安装。

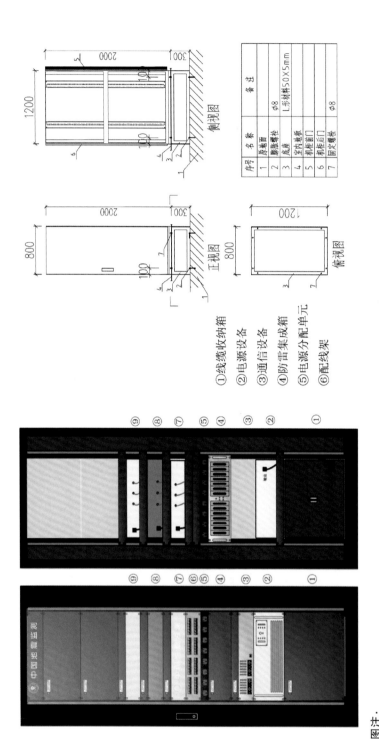

6.2–5 仪器主机及非标仪器固定示意图

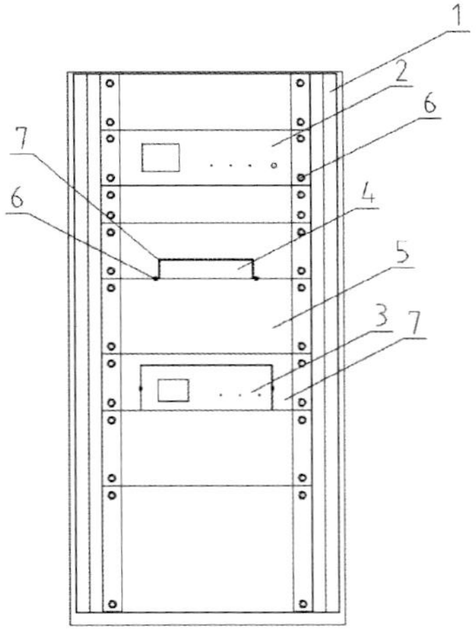

正视图

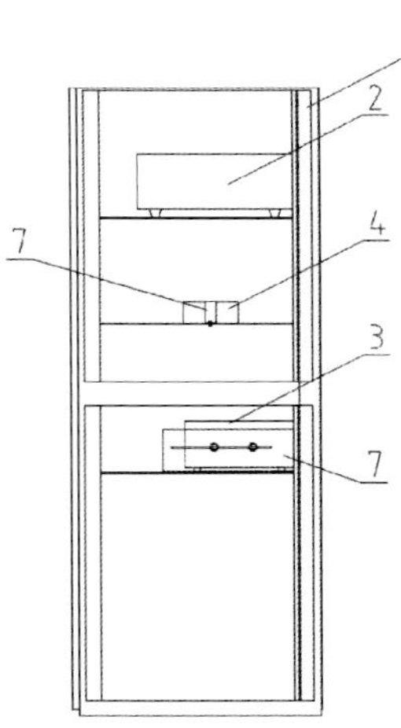

侧视图

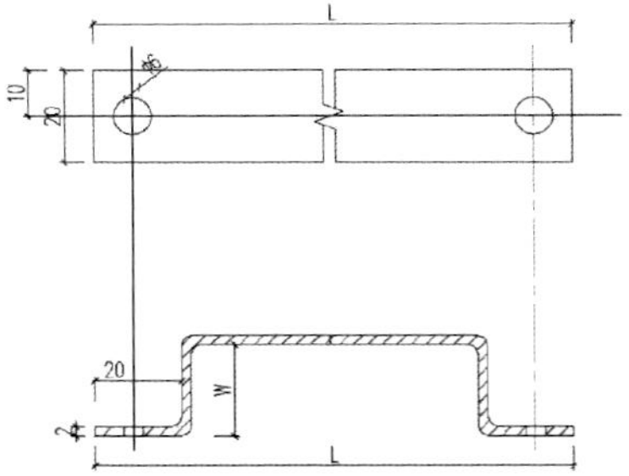

非标准通信设备固定件

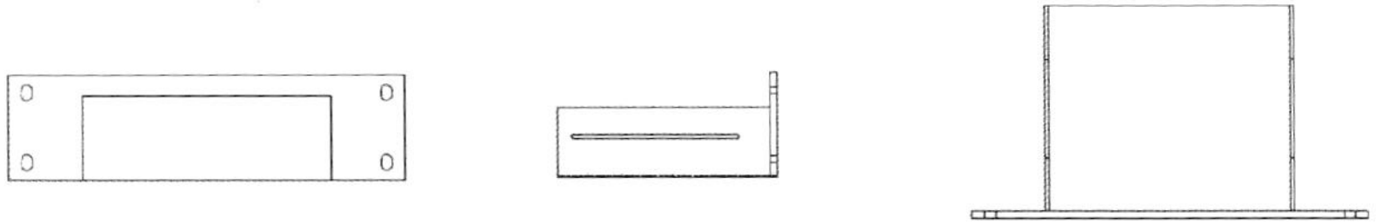

非标准专用仪器固定件

序号	名称	备注
1	机柜	
2	标准专用仪器	
3	非标准专用仪器	
4	非标准通信设备	
5	盲板	2U、3U、4U
6	固定螺栓	Φ6
7	非标准设备固定件	

图注：

（1）所有仪器均应放置在设备机柜内的隔板上，不得随意叠放。

（2）标准专用仪器（指其外形为19英寸宽机箱）的防震固定，采用螺栓前固定方式固定在机柜内。

（3）专用仪器的机箱为非19英寸宽的非标准箱，可通过以下方式进行固定：

①专用仪器带有配套挂耳，安装挂耳后仪器宽度满足19英寸标准宽度，采用螺栓前固定方式固定在机柜内。

②对于无配套配件的非标准专用设备，应根据其尺寸大小加工专用固定件，并将制作的专用固定件与仪器固定连接后，采用螺栓前固定方式固定在机柜内。

（4）非标准通信设备等公用设备的防震固定，通过制作固定件，采用螺栓固定于隔板上，放置该设备同层的空余位置可安装相应尺寸盲板，保持设备机柜前面板的整洁。

（5）所有固定件均应选取无磁性材料制作和安装。

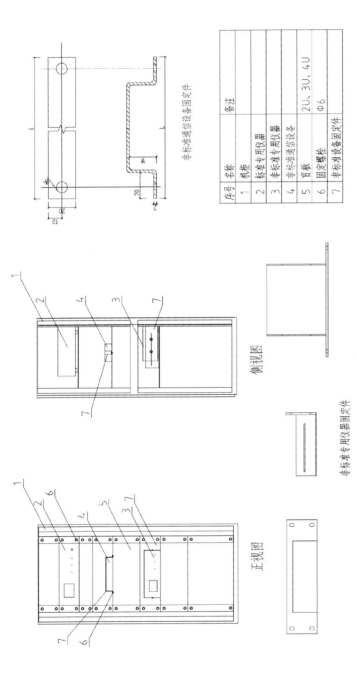

6.3-1 质子矢量磁力仪室综合布线示意图

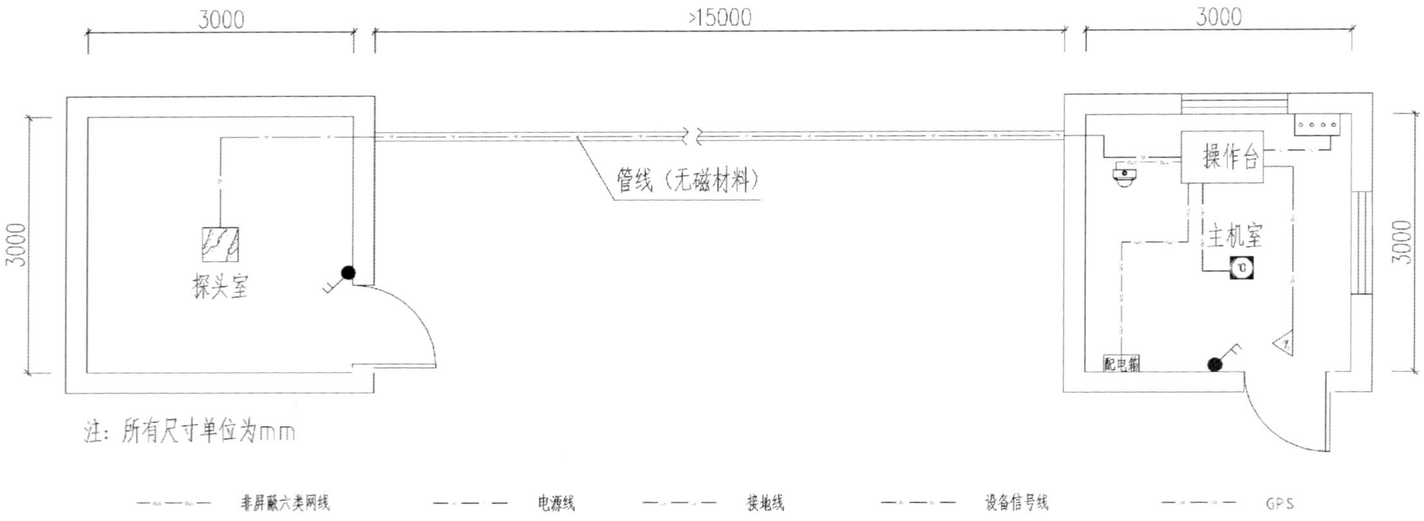

图注：

布线基本要求：

（1）用铠装电缆埋地将经过避雷净化后的交流电引入仪器室给仪器供电，供电线与仪器信号线分开布设，平行间距大于 0.5m，交叉时空间高度大于 0.5m；探头室内尽量不引入交流电，否则交流线路与仪器信号线路采取不同方向进入观测室，且在交流供电线路上安装双刀开关；信号线缆采用双层全屏蔽铜芯导线，最好使用仪器厂家提供的专用信号线；信号线的长度尽量控制在 50m 以内。

（2）质子矢量磁力仪与连接的网络设备在同一观测室时可用网线直接连接，或者使用光电转换器隔离后连接，防止雷击损坏仪器。

（3）市电按照 DB/T 68—2017 要求配接电源防雷器，进入配电箱。仪器供电采用 UPS 供电方式，供电线路通过埋地引入主机室。

6.3-2 相对记录室综合布线示意图

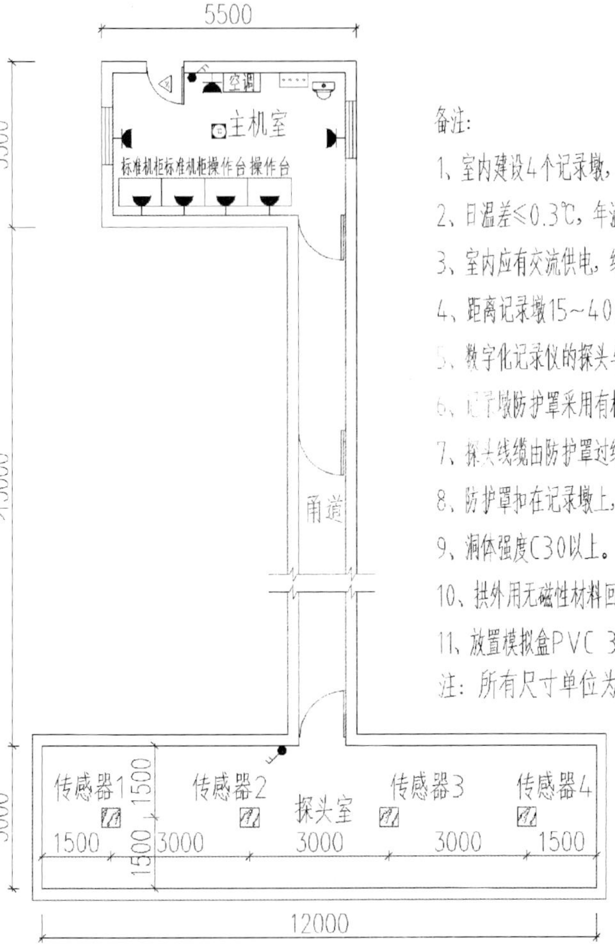

备注：

1、室内建设4个记录墩，墩主体中心间距为3m，与墙壁距离应为1.5m。

2、日温差≤0.3℃，年温差≤10℃，相对湿度≤85%。

3、室内应有交流供电，线路与记录墩的最小距离为1.5m。

4、距离记录墩15~40m范围内应有放置仪器主机的位置。

5、数字化记录仪的探头与模拟电路装置及其连接电缆安装在相同的温度环境中。

6、记录墩防护罩采用有机玻璃材质，面板厚度10mm,内部中间挡板厚度19mm。

7、探头线缆由防护罩过线孔引出，沿PVC线槽敷设至3m外的线槽内模拟盒。

8、防护罩扣在记录墩上，对记录墩上设备进行保护。

9、洞体强度C30以上。

10、拱外用无磁性材料回填。

11、放置模拟盒PVC 300X150 线槽不加顶盖。

注：所有尺寸单位为mm

图注：

布线基本要求：

（1）线路布设应遵循安全、可靠、适用和经济原则，敷设应横平竖直、杜绝缠绕。

（2）供电线与仪器传感器及连接传感器的信号传输线之间的距离宜不小于 1.5m。

（3）相对记录室内各仪器数字信号线穿管通过埋地方式或顺延甬道墙壁铺装，从探头室引入主机室。各台仪器的数字信号线路应分开布设，间距不小于 0.5m。连接主机的数据传输线和连接传感器的信号传输线应分开布设，之间距离宜不小于 0.5m。地磁站铺设光纤线路，每个观测室均有光纤与电器室相连，电器室通过光纤连到业务楼，进入设备机柜光收发器。

（4）市电按照 DB/T 68—2017 要求配接电源防雷器，进入配电箱。仪器供电采用 UPS 供电方式，供电线路通过埋地引入主机室。

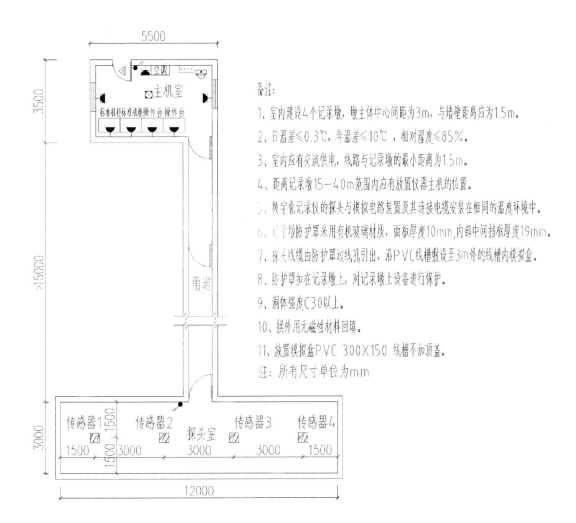

6.4－1　观测场地类

科技蓝
PANTONE 268U
C:100 M:90 Y:5 K:0

辅助色
PANTONE 299U
C:80 M:40 Y:0 K:0

不锈钢板

图注：

（1）标识标牌包括台站名称类、观测场地类、仪器设备类、线路线缆类、通用类等 5 类，台站名称类、仪器设备类和通用类见 2.4 节。

（2）图例为台站观测室标牌。

（3）标牌尺寸：400mm×200mm。

（4）标牌材质：基材应选择聚丙烯材质等非磁性材质，聚丙烯材质应符合 UL969 标准，背胶采用永久性丙烯酸类乳胶。

（5）安装位置：安装于综合台地磁观测室门口旁，大致为人站立时目视高度（1500~1800mm）。

（6）内容要求：地磁绝对/相对观测室/质子矢量磁力仪室，文字居中。

（7）其他要求：中国地震局徽标标志必须依据《中国地震局视觉形象识别手册》规定制作，不得随意更改。

科技蓝
PANTONE 268U
C:100 M:90 Y:5 K:0

辅助色
PANTONE 299U
C:80 M:40 Y:0 K:0

无磁材料

图注：

（1）本页图例为观测场地内方位标、比测亭、监测桩的标牌。

（2）标牌尺寸：方位标标牌 200mm×100mm；比测亭标牌 400mm×200mm；监测桩标牌 200mm×100mm。

（3）标牌材质：基材选择无磁性材料。

（4）安装位置：

方位标标牌安装在标注符号下方的墩体（或标注符号旁边的基岩）上；

比测亭标牌安装在比测亭顶下檐；监测桩标牌安装在监测桩墩体上。

（5）内容要求：方位标、比测亭、监测桩的中英文，分行居中，中文在上。

（6）其他要求：中国地震局徽标标志必须依据《中国地震局视觉形象识别手册》规定制作，不得随意更改。

6.4－3 线路线缆类

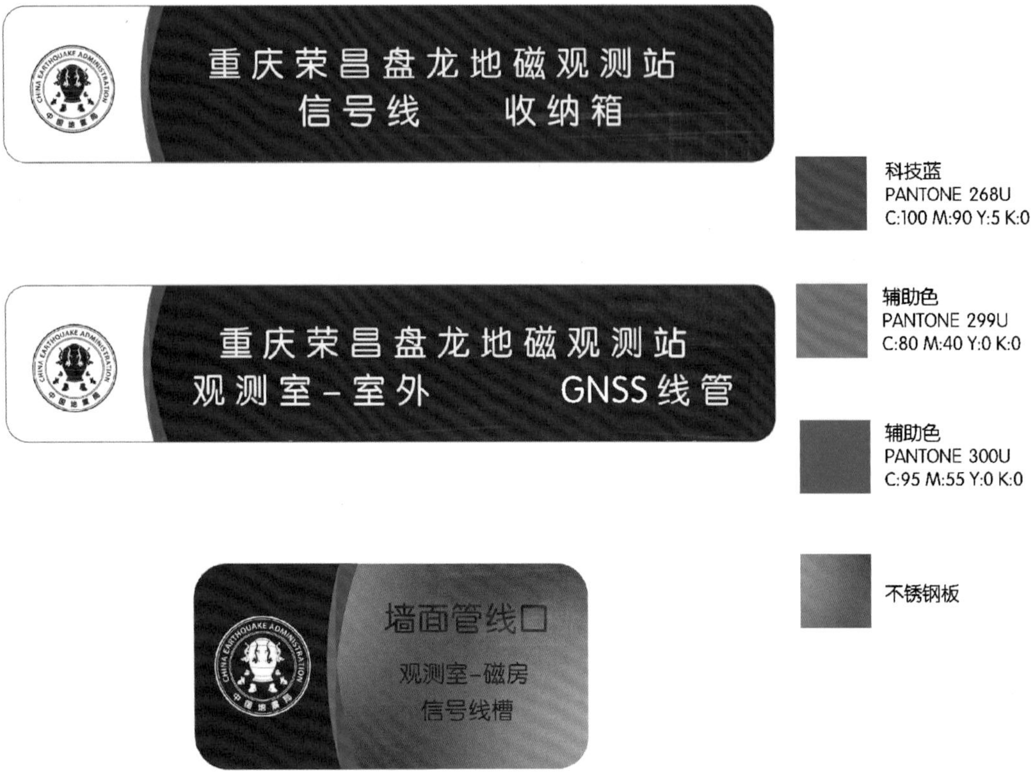

图注：

（1）图例为线路线缆类标牌。

（2）适用范围：铺设线缆的线管、线槽、桥架，进出室内的管线口。

（3）收纳箱、线管、线槽等标牌尺寸180mm×35mm，管线口标牌尺寸200mm×100mm。

（4）标牌材质：基材使用无磁性材料。

（5）安装位置：线缆收纳箱标识安装在其左上方；线管、线槽、桥架等标识应粘贴在明显位置（两端必须粘贴），对于较长的线槽、线管、桥架，每隔5m进行1次粘贴；墙面管线口标牌粘贴在墙面管线口穿墙附近的空白位置。

（6）标识内容：线缆类标牌应说明线缆起止位置及其中线缆的类型；墙面管线口标牌应说明线管、线槽、桥架的起始位置及内铺线缆的类型。

（7）其他说明：

①每个台站应只选取同一种风格的模板制作标牌。

②中国地震局徽标标志必须依据《中国地震局视觉形象识别手册》规定制作，不得随意更改。

6.5－1 非磁性材料清单

序号	材料名称	磁性	单位	参考单价（万元）	主要用途
1	汉白玉墩	0.1～0.2nT/20kg	座	0.37	观测墩
2	大理石基墩	<0.1nT	个	0.4	基墩
3	石灰	0.1～0.3nT/20kg	t	0.05	地基基础处理
4	碳纤维筋	无磁性	t	30	主体建筑代替钢筋
5	石子	0.1～0.3nT/20kg	m^3	0.01	基础及主体
6	白水泥	0.1～0.3nT/20kg	t	0.07	基础及主体
7	石英砂	0.1～0.3nT/20kg	t	0.05	主体建筑
8	条石	0.1～0.3nT/100kg	m^3	0.17	墙体砌筑
9	木材	无磁性	m^3	0.5	围栏及亭顶
10	屋顶瓦	0.2～0.4nT/20kg	m^2	0.03	屋顶
11	腻子粉	0.1～0.3nT/20kg	t	0.4	粉刷基础
12	漆	无磁性	L	0.12	外观粉刷
13	丙纶防水卷材	无磁性	m^2	0.02	防潮
14	无磁性盖板	防腐木质，无磁性	套	0.3～0.5	保温防潮
15	玻璃钢仪器罩	无磁性	套	0.22	保温防潮
16	SBS 防水卷材	0.1～0.3nT/20kg	m^2	0.01	屋顶防水层
17	挡雨罩	塑料，无磁性	套	0.5	5000×5000 轻型材料
18	屋顶油毡	无磁性	顶	0.1～0.2	ASTM 美国标准
19	保温板	无磁性	m^2	0.01	内外墙保温
20	水泥	<0.2nT/kg	t	0.04	仓体建设
21	中砂	<0.5nT/m^3	m^3	0.01	仓体建设
22	细沙	<0.5nT/m^3	m^3	0.012	仓体建设
23	门	无磁性	套	0.2	
24	铜锁	0.1～0.3nT/套	套	0.1	
25	木撑塑窗	无磁性	套	0.06	每窗双层

非磁性材料清单说明：

（1）参考价格仅为材料本身价格，不包括人工费、运输费等费用。

（2）磁性指在磁力仪探头近处放置建设材料时引起的磁场变化值。

（3）施工过程中，应严格按照 DB/T 9—2004《地震台站建设规范　地磁台站》的要求，现场及时跟踪测试建筑物的磁性。

7　地电观测站

地电观测站按照观测物理量的不同，分为地电阻率观测站和地电场观测站，分别用于连续测量地下某一特定探测范围内介质电阻率和固体地球内外的非人工电流系统与地球介质相互作用所产生的天然电场而设立的观测站。

地电观测站观测场地经过勘选，其地质构造、电性结构、地形地貌、电磁环境条件等基本要素符合有关技术规范要求。按照“防震加固科学、综合布线规范、标识标志清晰”的基本要求，对地电观测布极区的观测室、电极、外线路（分为架空或埋地）等观测设施进行了标准化设计，提出了规范化要求。

本章包含地电观测站建设标准化设计所需的主要元素、重要部件以及配套设施设计，并配有相应图例和文字说明。同时本书附录还包括“外部典型案例、内部典型案例”等内容。

公用设备和设施的防震加固设计可参阅 2.2 节。

仪器设备类标识和通用类标识可参阅 2.4 节。

无人观测站场地类标识可参阅 3.4 节。

7.1　观测布局设计

7.2　防震加固设计

7.3　综合布线设计

7.4　标识标志设计

7.1－1 地电阻率布极图

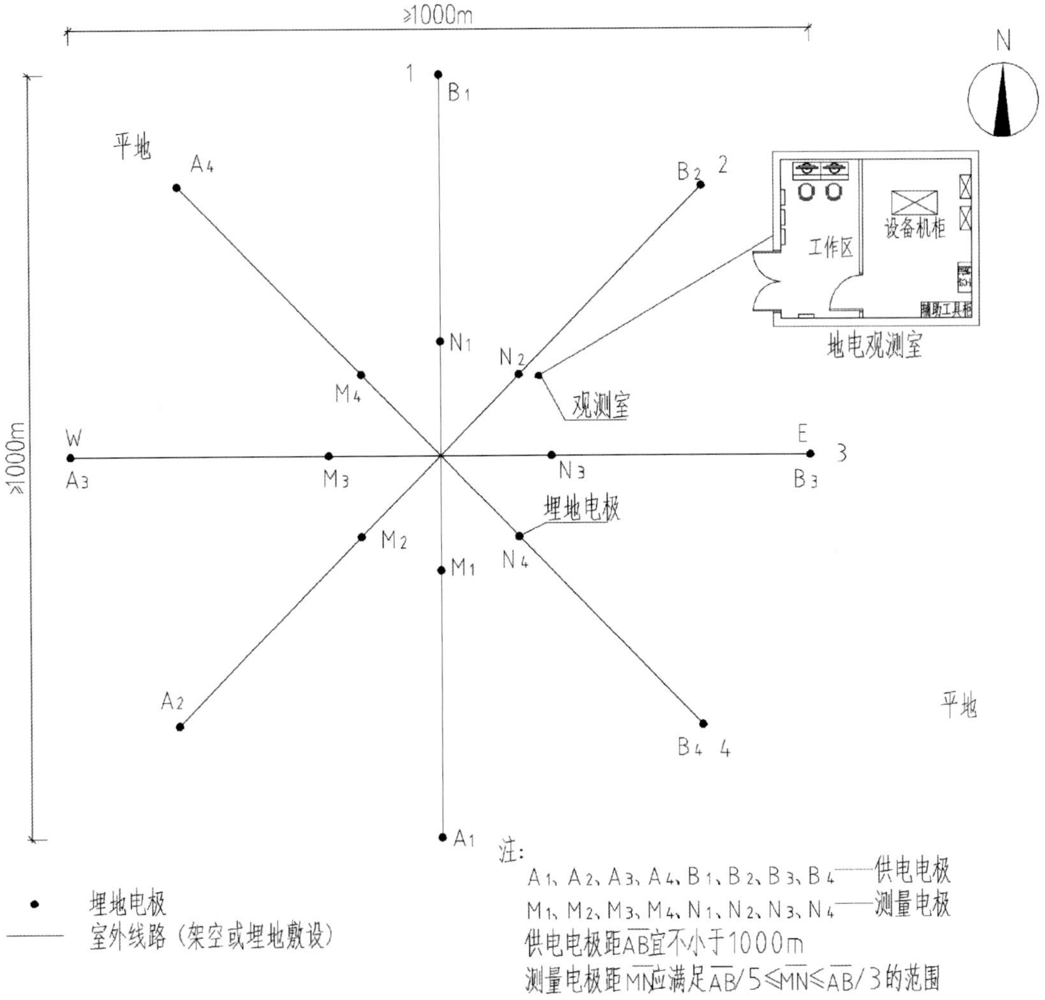

图注：

（1）地电阻率观测布极区是指以供电电极距（*AB*）的中心点为圆心、(*AB*)×3/5 为半径的各个圆区的外包络线围限的区域。布极区建有观测室、电极、外线路（分为架空或埋地）等设施。

（2）装置系统：

①应布设两个正交测道，宜布设一至两个斜测道，每测道采用对称四极观测装置。

②两个正交测道宜分别平行和垂直地理北，斜交测道宜与两个正交测道等角度相交。

③各测道中心点宜重合，定向误差不大于 3°。

（3）地电阻率测道、电极命名规则依据 DB/T 18.1—2006《地震台站建设规范》。

7.1-2 地电场米字形布极图

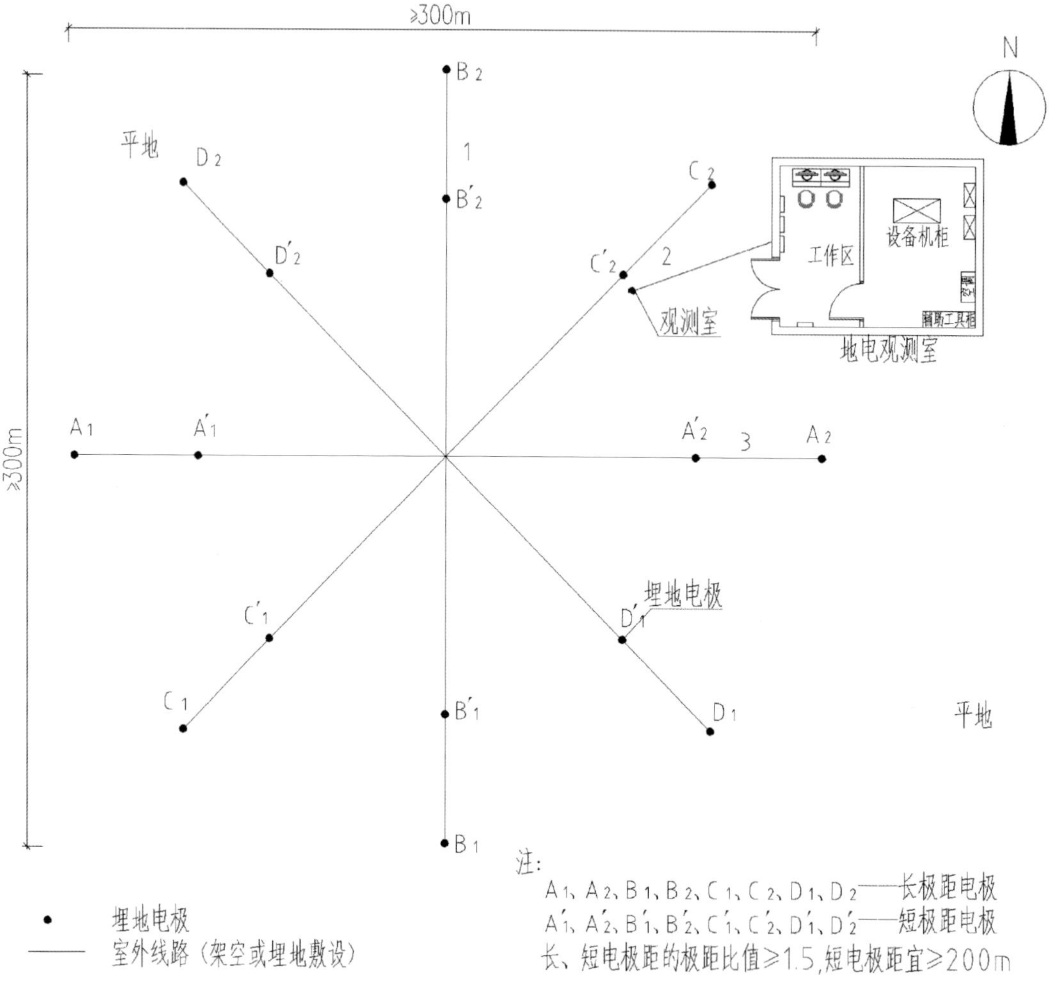

图注:

(1) 地电场观测布极区是以地电场分量测量的长电极距 L 的中点为圆心、$L\times2/3$ 为半径的各个圆域的外包络线围限的区域。布极区建有观测室、电极、外线路(分为架空或埋地)等设施。

(2) 目前我国地电场布极根据场地环境限制,一般有三种布极方式:米字形布极、双 L 形布极、多 L 形布极。

(3) 米字形布极:

宜分别平行和垂直地理北布设二个正交观测方向,并与两个正交观测方向测道等角度相交布设一个斜交测道。

每个观测方向长、短极距比值不小于 1.5,其中短电极距宜不小于 200m,各测道定向误差不大于 1°,电极距的测量误差不大于电极距的 1%。

(4) 地电场测道、电极命名规则依据 DB/T 18.2—2006《地震台站建设规范》。

7.1-3 地电场双L形布极图

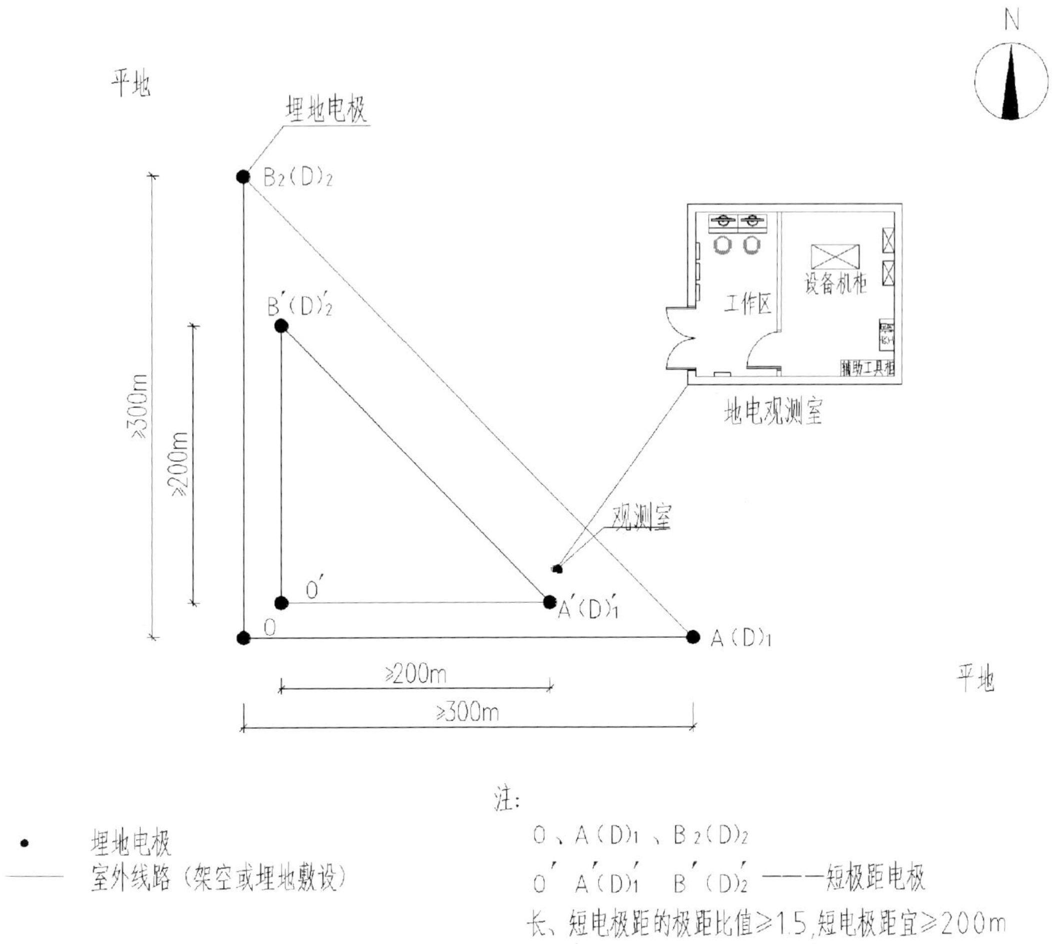

图注:

(1) 双L形布极:

宜分别平行和垂直地理北布设两个正交观测方向，并与两个正交观测方向测道等角度相交布设一个斜交测道。

每个测道按长、短测量极距布极。每个观测方向长、短电极距比值不小于1.5，其中短电极距宜不小于200m；各测道定向误差不大于1°；电极距的测量误差不大于电极距的1%。

(2) 地电场测道、电极命名规则依据DB/T 18.2—2006《地震台站建设规范》。

(3) 中心电极可在同一电极坑内，但不直接接触，间距宜大于20cm。

(4) 中心电极可共用一个电极，长短测道在一个测线上。

(5) 根据场地实际情况，双L形布极采用四个象限方式任意一种布极，图示为其中一种。

7.1－4 地电场多 L 形布极图

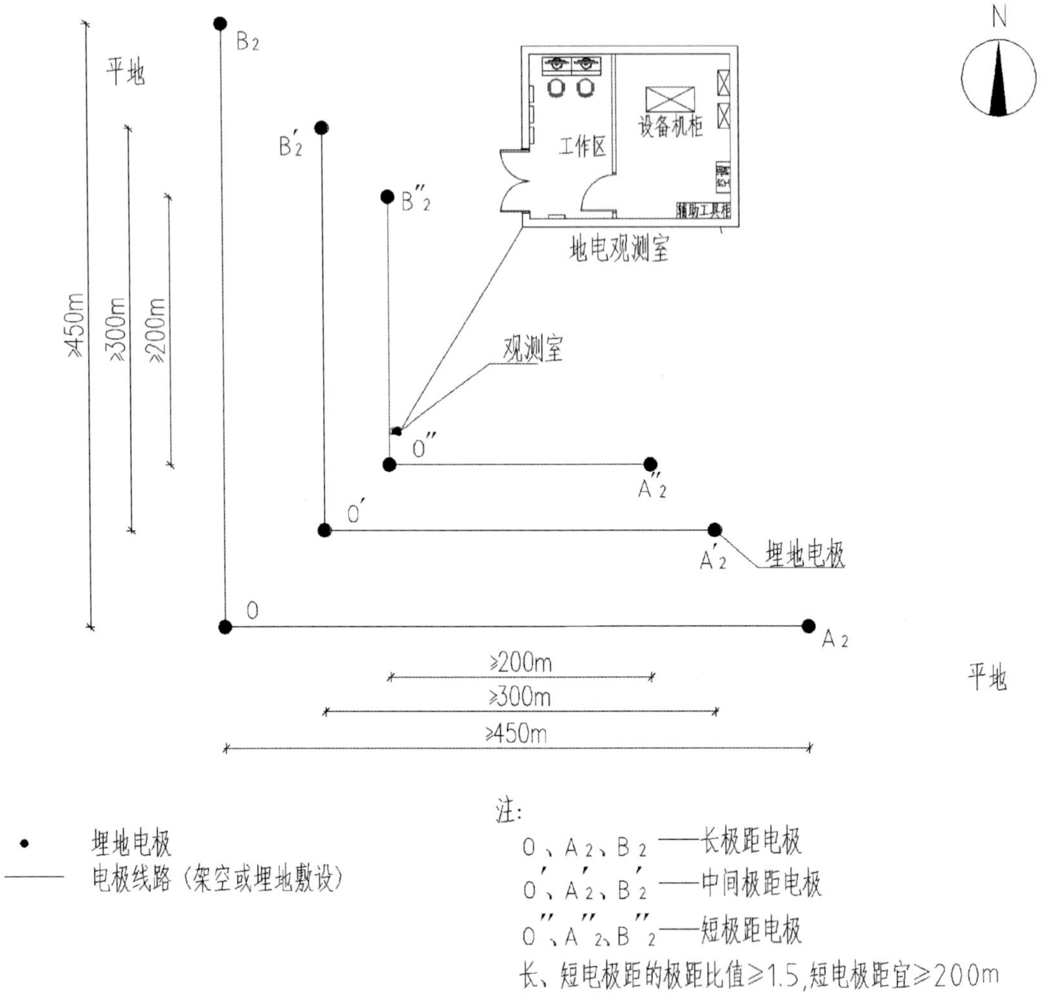

图注：

（1）多 L 形布极：宜分别平行和垂直地理北布设二个正交观测方向，在每个测道按长、中间、短测量电极距多极距布极。每个观测方向长、中间、短电极距比值不小于 1.5，其中短电极距宜不小于 200m，各测道定向误差不大于 1°，电极距的测量误差不大于电极距的 1%。

（2）地电场测道、电极命名规则依据 DB/T 18.2—2006《地震台站建设规范》。

（3）中心电极不可直接接触，间距宜大于 20cm。

（4）根据场地实际情况，某些台站没有斜向观测，同方向为多极距观测，多 L 形布极采用四个象限方式任意一种布极，图示为其中一种。

7.1－5 仪器观测室布局图

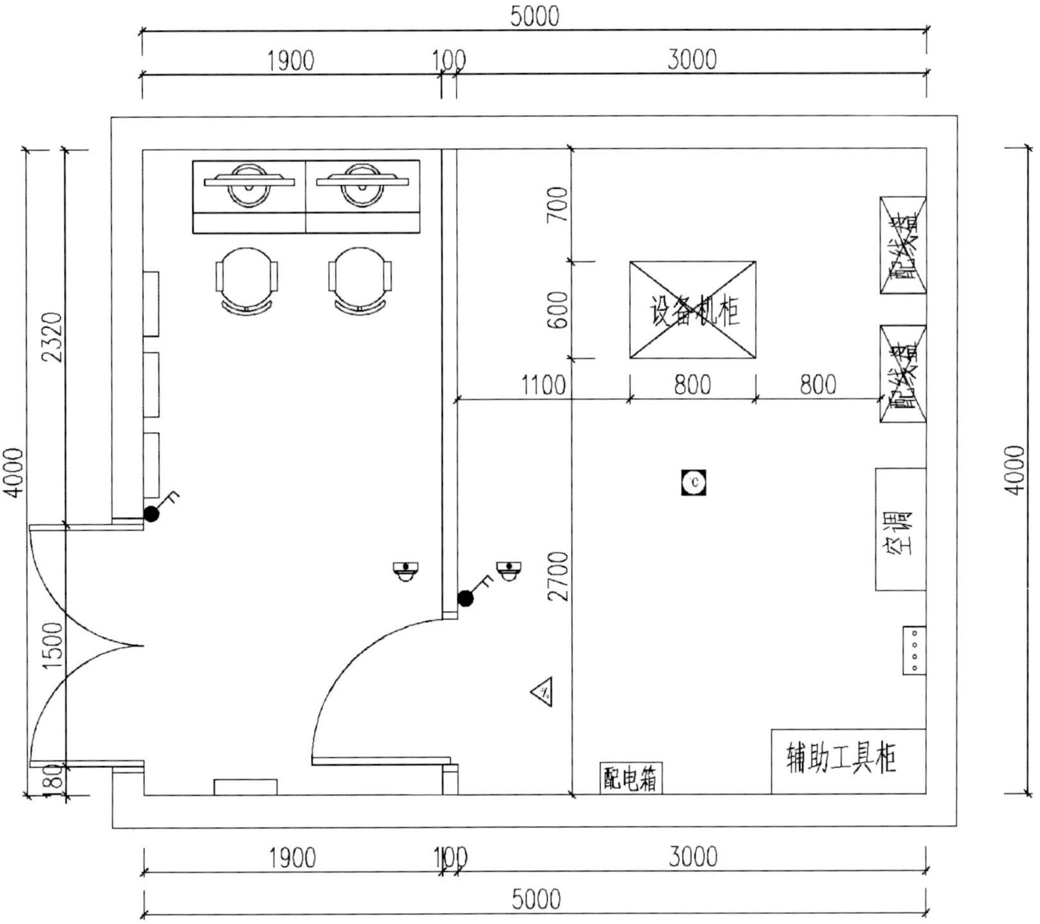

图注：

（1）观测布局：

观测房面积不小于 $20m^2$，净高不小于 2.8m；入户门选用 C 级锁、甲级防盗防锈门；墙体及屋顶做防潮、隔热、防变形设计；地面选用防静电涂料涂抹。

（2）配置与布设：

①仪器配线盘以明装或暗装方式安装在机柜后墙面上，距地面 1.4m 左右。

②记录室内设置设备机柜、配电箱、电源插座、照明开关，机柜四周距墙不小于 0.8m。

③观测室内接地端子的接地电阻应不大于 4Ω，接地导线截面积不小于 $10mm^2$，等电位接地箱安装在机柜后侧墙面，距地面高度 0.3m。

（3）配套设施：

①房顶布设节能照明灯具，室内根据实际情况安装安防和环境监控设备等。

②确保室内日温差不大于 5℃，年室温 10～30℃，相对湿度不大于 80%，辅助工具柜存放校准设备、辅助工具等。

（4）其他：地电阻率供电导线、测量导线，地电场测量导线应与电源线分开布设；仪器配线盘以明装或暗装方式安装在机柜后墙面上，距地面高度 1.4m 左右。

7.2-1 地电阻率电极埋设示意图

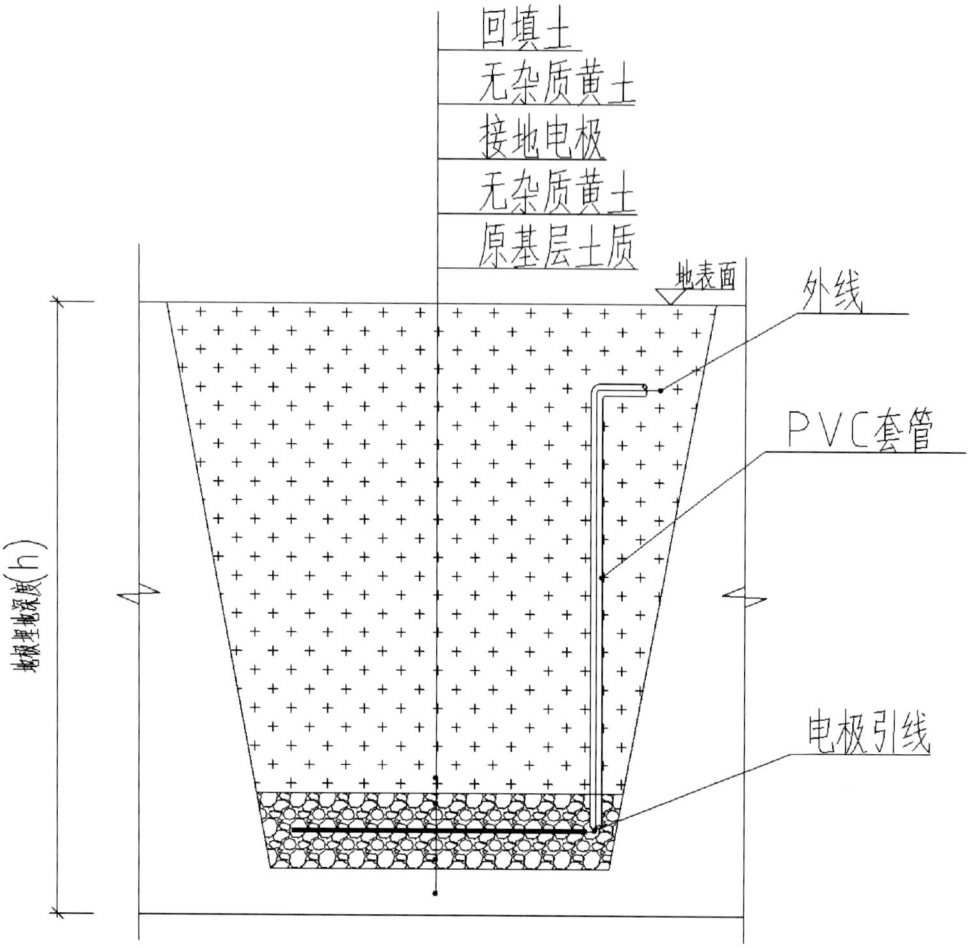

图注：

（1）电极埋设前应清除铅板表面杂质，并在坑底铺一层无杂质黄土，厚度宜为 10~15cm，电极水平放置在极坑底部，埋设部位应避开污水区、腐殖土壤、腐烂植被和杂物充填部位等，极坑回填土质应均匀。

（2）供电极单电极接地电阻小于 30Ω；测量电极单电极接地电阻小于 100Ω。

（3）电极埋深大于 3m。

（4）减小供电电极接地电阻的方法参照 DB/T 18.2—2006《地震台站建设规范》附录 D.2。

（5）电极引线与铅板的连接应采用下列方法之一：

①祛除铅板一角的表面氧化膜后焊接电极引线，密封焊接部位，折叠、包裹焊接角后用沥青或绝缘胶灌注焊接角。

②在浇铸铅板时将引线直接浇铸在铅板一角，用沥青或绝缘胶灌注浇铸角。

（6）引线应为铜芯线，外壳为抗腐蚀绝缘层。

7.2-2 地电场电极埋设示意图

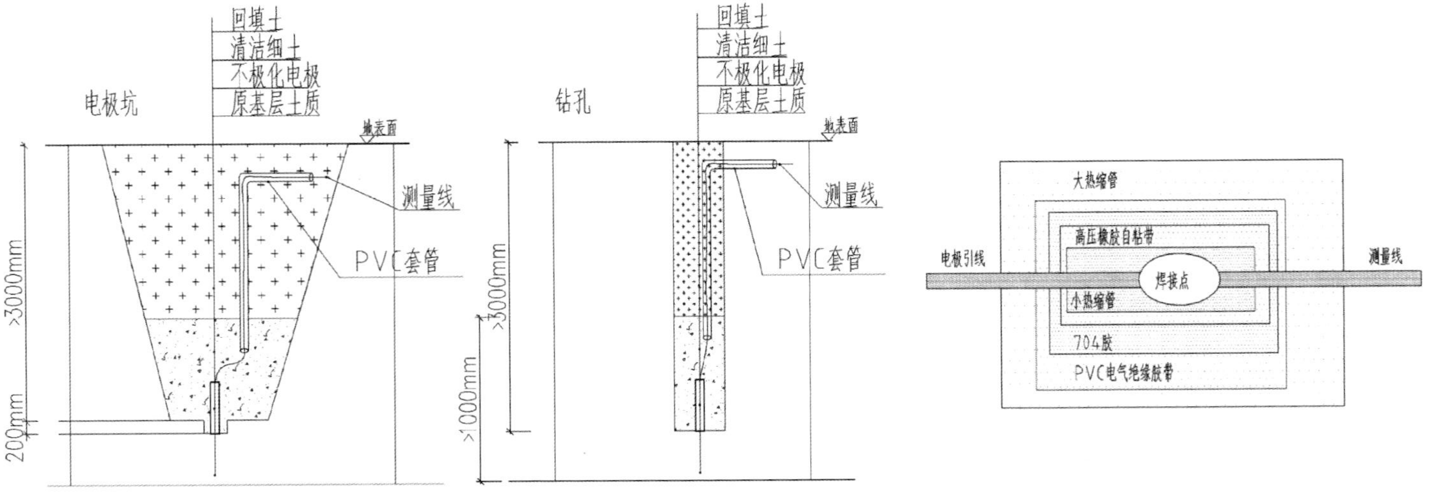

图注：

（1）电极埋设部位应避开污水区、腐殖土壤、腐烂植被和杂物充填部位。

（2）极坑回填土质应均匀，同一测道的一对电极的极坑土质宜相同，电极埋设深度宜大于3m。

（3）电极坑中电极的安装方法（左图）：

①在泥土、沙土层地区的电极坑无需处理。

②在砂石、砾石层地区电极坑深度应不小于3.0m；电极坑底部的中心圆形孔尺寸为110mm×400mm；电极垂直放入圆形孔中，填入1m以上清洁细土，保证土与电极稳定剂紧密接触，原位细土逐层回填坑中夯实后直至地表。

（4）钻孔中电极的安装方法（右图）：用尼龙绳将电极拴牢直接放入钻孔底部，填入1m以上的清洁细土压实，随后填满整个孔并夯实。

（5）用套管保护电极引线，以防止电线外皮擦挂破损或被老鼠啃咬。

（6）为解决电极自带线和电极引线连接部位可靠连接，采用的焊接方法具体参考不极化电极说明书。

7.2-3 地埋外线路检测井示意图

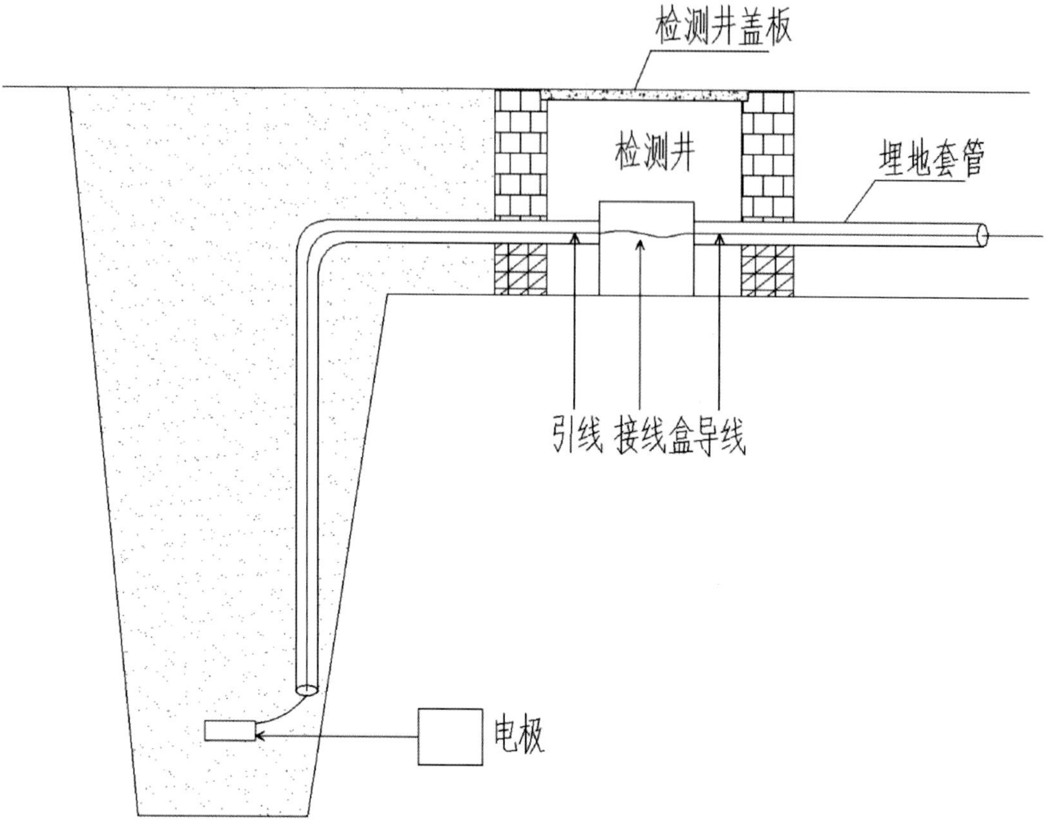

图注：

（1）每条线路宜使用整根导线，绝缘层无机械损伤，如果中间有接头，接头处应焊接、密封和加绝缘层，露出地表并妥善安放。

（2）导线外层宜分别加套硬质塑料套管，导线应埋设在冻土层以下，深度应大于1m。

（3）电极引线与外线路的连接宜采用以下措施之一：

①在引线与外线路之间安装插拔式接线器，接线器安装在接线盒内，接线盒放置在检测井内，并采取防雨措施。

②接线盒内用闸刀连接引线与外线路，连接处应防雨，接线盒放置在检测井内。

7.2－4 设备机柜固定设计图

①线缆收纳箱
②电源设备
③通信设备
④防雷集成箱
⑤电源分配单元
⑥配线架
⑦地电场仪
⑧KVM显示器
⑨地电仪

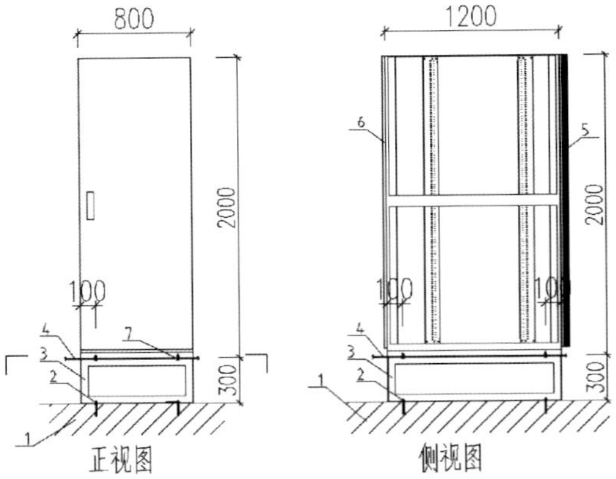

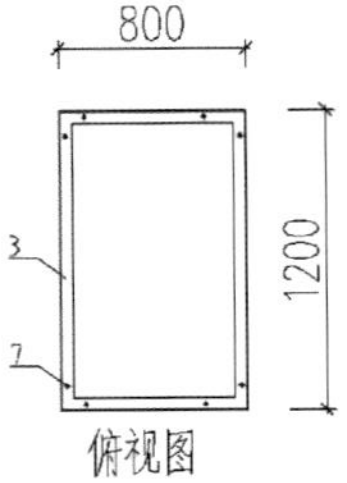

序号	名称	备注
1	原地面	
2	膨胀螺栓	φ8
3	底座	角钢50X5mm
4	室内地板	
5	机柜前门	
6	机柜后门	
7	固定螺栓	φ8

图注:

（1）设备机柜采用 42U 标准机柜，其中 01U—30U 为公共设备区，依次放置线缆收纳箱、电源设备、通信设备、防雷集成箱、电源分配单元和配线架，30U 以上区域为专用设备区，可放置地震专业设备。根据线缆进入的位置，可调整线缆收纳箱位置。

（2）设备机柜建议尺寸 800mm×1200mm×2000mm，颜色黑色；设备机柜板材采用优质冷轧钢板制作。

（3）标准设备嵌入采用螺丝前固定，非标设备放置采用托盘固定，托盘数量不少于 6 个，加固支撑安装应平稳牢固。

（4）设备机柜配置承重固定装置，设备机柜内前后左右设 4 个竖向全封闭金属理线槽，设备线路应在竖向和横向理线器内布设。

（5）设备机柜内所有设备均应固定，不得随意叠放。

（6）若有架空地板时，设备机柜采用专用抗震底座固定，详见设备机柜固定图示。

（7）设备机柜正面有“中国地震监测”标识。

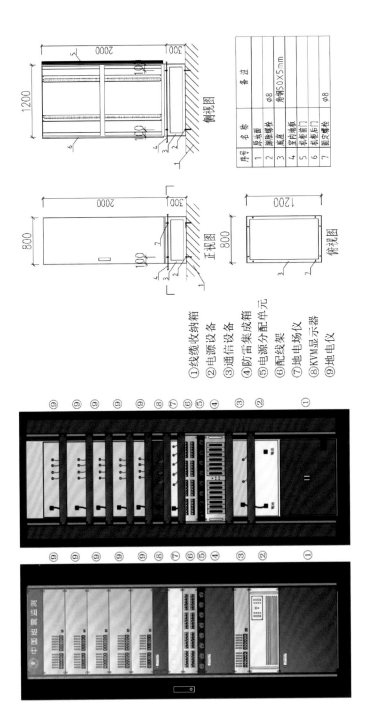

7.2－5 仪器主机及非标设备固定示意图

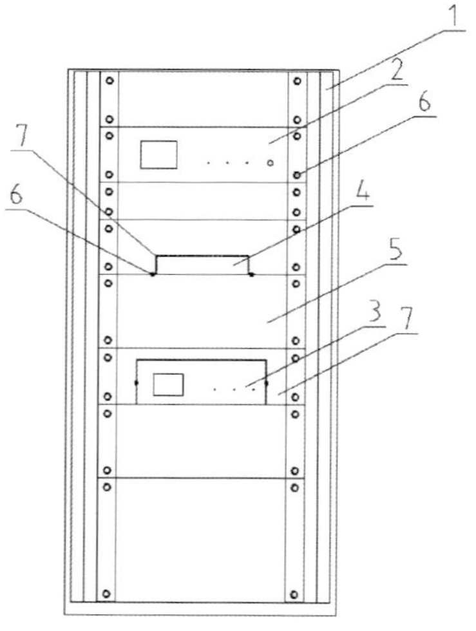

正视图

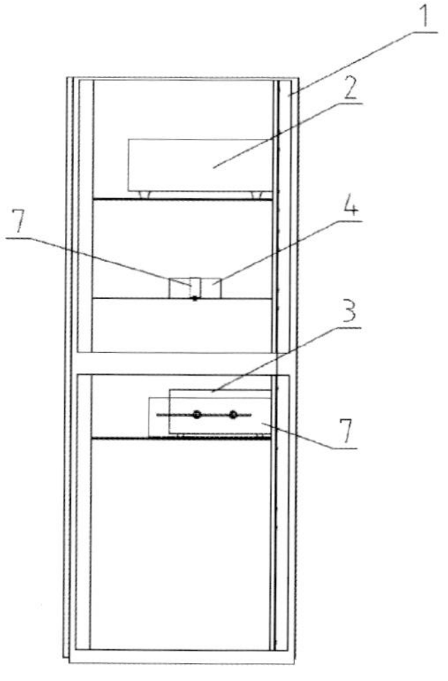

侧视图

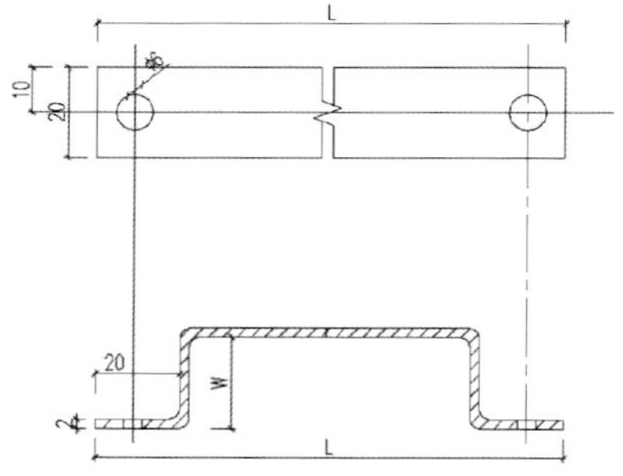

非标准通信设备固定件

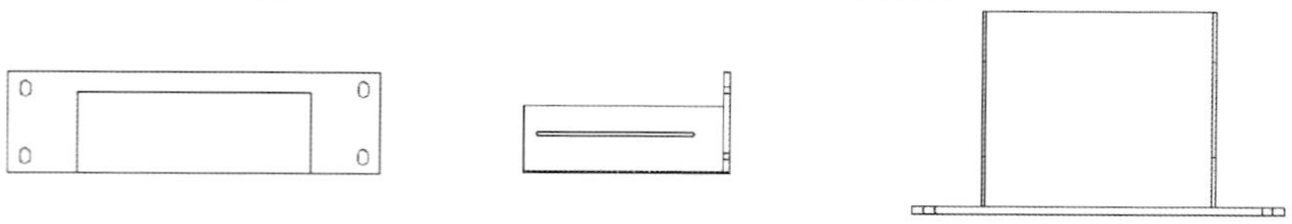

非标准专用仪器固定件

序号	名称	备注
1	机柜	
2	标准专用仪器	
3	非标准专用仪器	
4	非标准通信设备	
5	盲板	2U、3U、4U
6	固定螺栓	Φ6
7	非标准设备固定件	

图注：

（1）所有仪器均应放置在设备机柜内的隔板上面，不得随意叠放。

（2）标准专用仪器（指其外形为19英寸宽机箱）的防震固定，采用螺栓前固定方式固定在机柜内。

（3）专用仪器的机箱为非19英寸宽的非标准箱，可通过以下方式进行固定：

①专用仪器带有配套挂耳，安装挂耳后仪器宽度满足19英寸标准宽度，采用螺栓前固定方式固定在机柜内。

②对于无配套配件的非标准专用设备，应根据其尺寸大小加工专用固定件，并将制作的专用固定件与仪器固定连接后，采用螺栓前固定方式固定在机柜内。

（4）非标准通信设备等公用设备的防震固定，通过制作固定件，采用螺栓固定于隔板上，放置该设备同层的空余位置可安装相应尺寸盲板，保持设备机柜前面板的整洁。

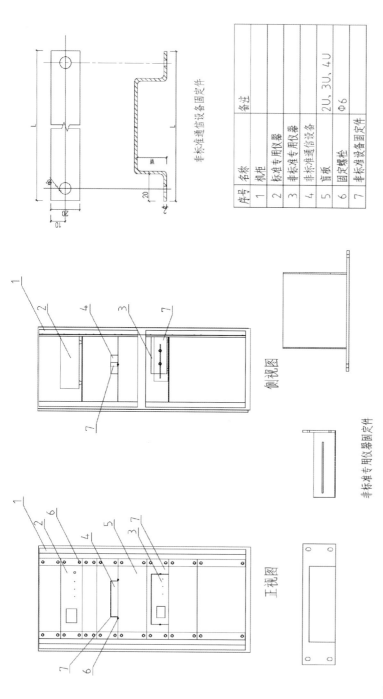

7.3－1 观测室综合布线图

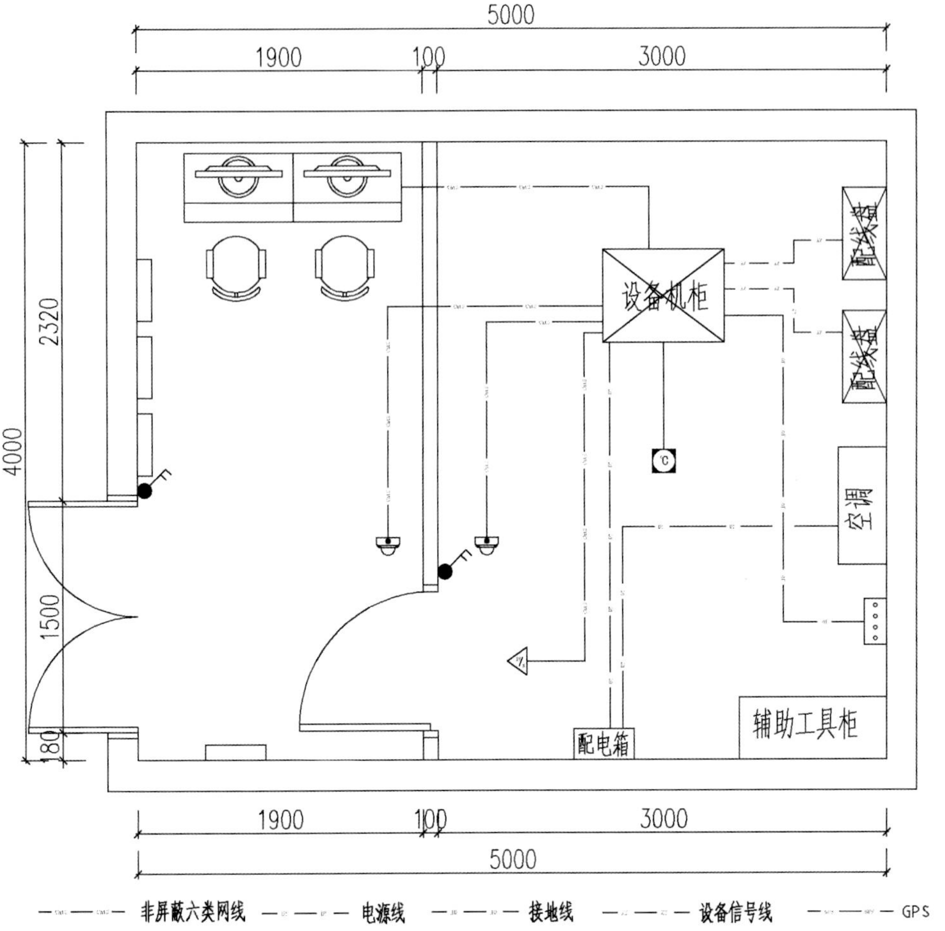

图注：

（1）布线基本要求：

①线路布设应遵循安全、可靠、适用和经济原则，敷设应横平竖直、杜绝缠绕。

②进出观测房的各种线缆宜套入金属管埋地铺设，进出设备机柜线缆通过桥架或穿管布设，桥架、线管、线槽的规格和利用率应符合相关标准要求，桥架距离地面不低于 2.3m，各种线缆贴有区别标识。

③强电弱电线缆分开布设，或者采取屏蔽措施；线缆应固定，固定间距不应超过 1m，固定材料应有防锈功能。

（2）市电按照 DB/T 68—2017 要求配接电源防雷器，进入配电箱。电源线沿强电桥架从配电箱敷设到稳压电源或 UPS 处。

（3）线缆采用穿管、线槽或桥架的方式接入配线盘，再接入仪器设备机柜。预留线缆应整齐盘放至线缆收纳箱。

（4）设备机柜、信号防雷器等设备应用 $6mm^2$ 接地线连接到等电位接地箱中的接地母排；电源防雷器应使用 $10mm^2$ 接地线连接到接地母排；接地母排应与接地地网可靠连接，地网的接地电阻不大于 4Ω。

7.3－2 电阻率配线盘布线图

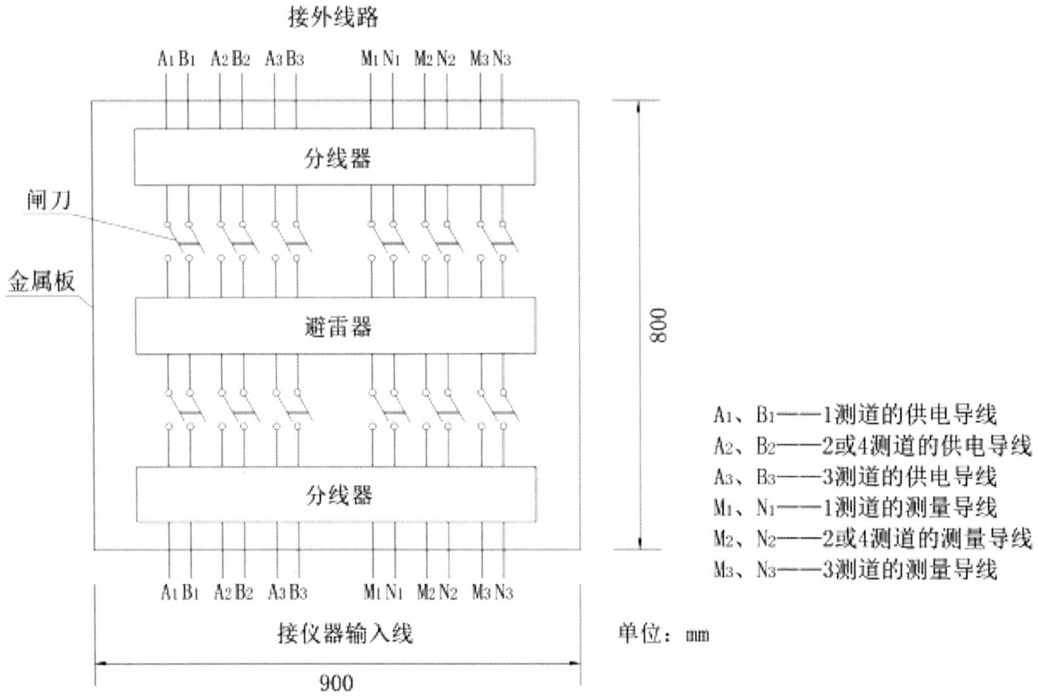

图注：

（1）应采用金属材料制作配线盘的底板，底板的平面尺寸宜为900mm×800mm，厚度不小于1.5mm。

（2）引入室内供电导线、测量导线经分线器与线路避雷器连接，再经分线器与观测仪器连接，外线路、线路避雷器和仪器输入线可以相互断开。

（3）接线排列整齐、标志明显。

（4）配线盘的金属底板应可靠接地，配线箱尺寸宜为1200mm×900mm×250mm，配线盘应以明装或暗装方式安装在机柜后墙面，距地面高度1.4m。

（5）配线盘上宜使用无间隙封闭式避雷器或有间隙放电式避雷器。

7.3-3 地电场配线盘布线图

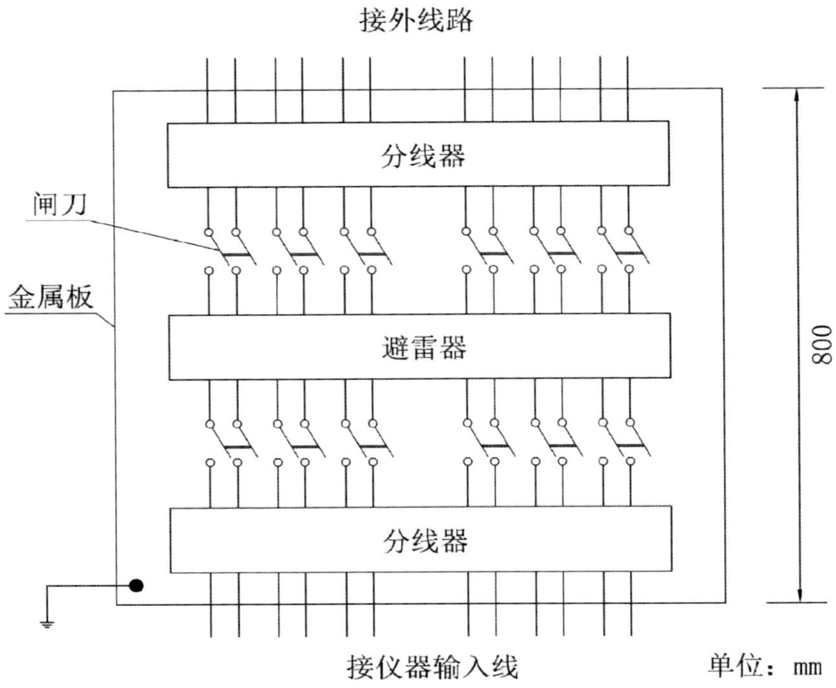

图注：

（1）应采用金属材料制作配线盘的底板，底板的平面尺寸宜为 900mm×800mm，厚度不小于 1.5mm。

（2）引入室内的测量导线经分线器与避雷器连接，再经分线器与观测仪器连接，外线路、线路避雷器和仪器输入线可以相互断开。

（3）接线排列整齐、标志明显。

（4）配线盘的金属底板应可靠接地，配线箱尺寸宜为 1200mm×900mm×250mm，配线盘应以明装或暗装方式安装在机柜后墙面，距地面高度 1.4m。

7.3-4 架空线杆布设示意图

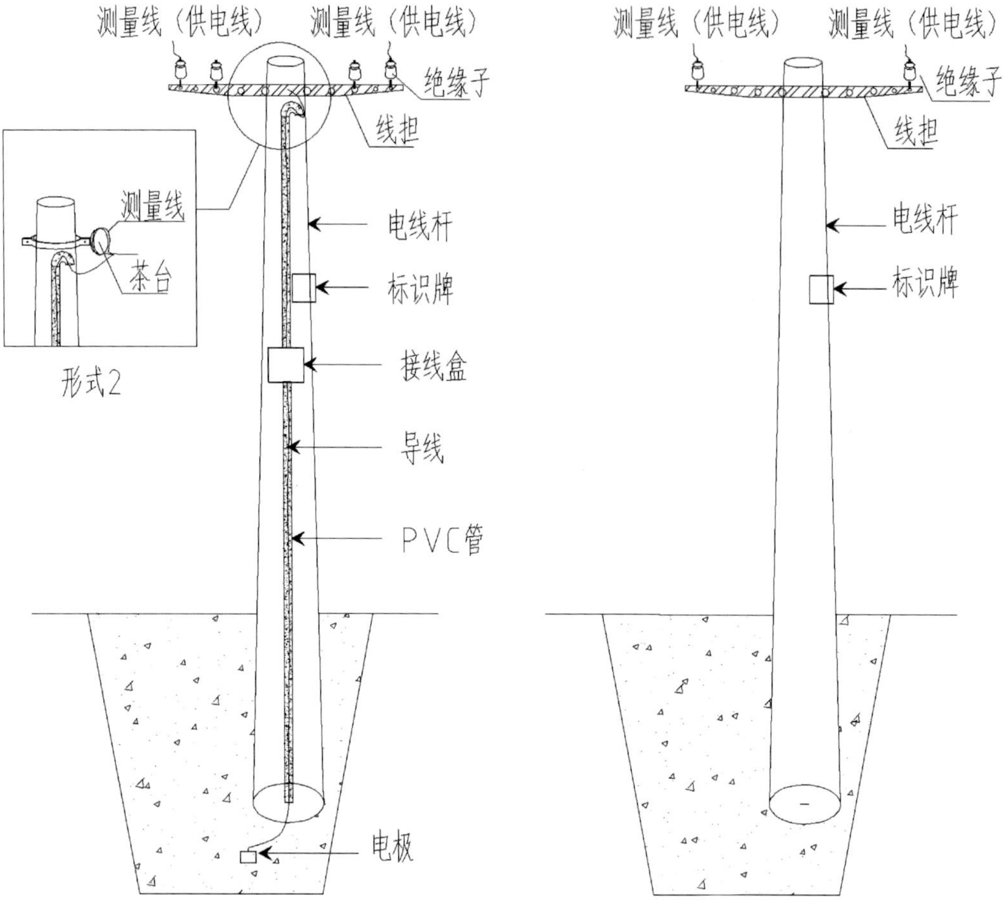

图注：

（1）每条线路宜使用整根导线，绝缘层无机械损伤，如中间有接头，接头处应焊接、密封和加绝缘层，露出地表并妥善安放（如安放在架空线杆上的接线盒内）。

（2）电线杆使用钢筋混凝土杆，长度不小于8m，电线杆之间的距离不大于50m。

（3）绝缘子在浸水实验时绝缘电阻不应小于300MΩ，线担应采用金属材料，固定线杆使用斜拉线，不能和悬挂外线的钢绞线做成整体的，悬挂外线的钢绞线应分段式使用绝缘子隔断。

（4）电极引线与外线路的连接宜采用以下措施之一：

①在引线与外线路之间安装插拔式接线器，接线器安装在接线盒内，接线盒固定在线杆上，并采取防雨措施。

②接线盒内用闸刀连接引线与外线路，连接处应防雨，接线盒固定在线杆上。

7.3-5 地埋外线路布设图

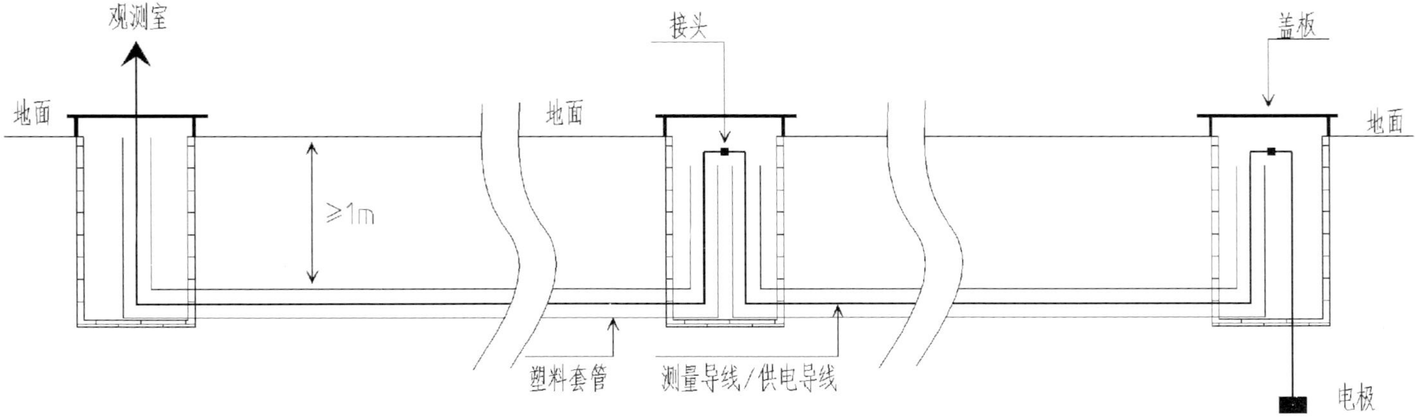

图注：

（1）每条线路宜使用整根导线，绝缘层无机械损伤，如果中间有接头，接头处应焊接、密封和加绝缘层，露出地表的部分妥善安放便于检查。

（2）绝缘导线外层宜分别加套硬质塑料套管。

（3）地电阻率观测要注意：测量导线与任一供电电极的距离、供电导线与任一测量电极的距离应不小于25m。

（4）布线路径应避免受工农业生产和日常生活等毁坏。

（5）供电导线、测量导线应埋设在冻土层以下，深度大于1m。

（6）测量（供电）电极埋设点必须距离埋有供电（测量）线的电缆沟30m以上。

7.3-6 地电阻率架空外线路布设图

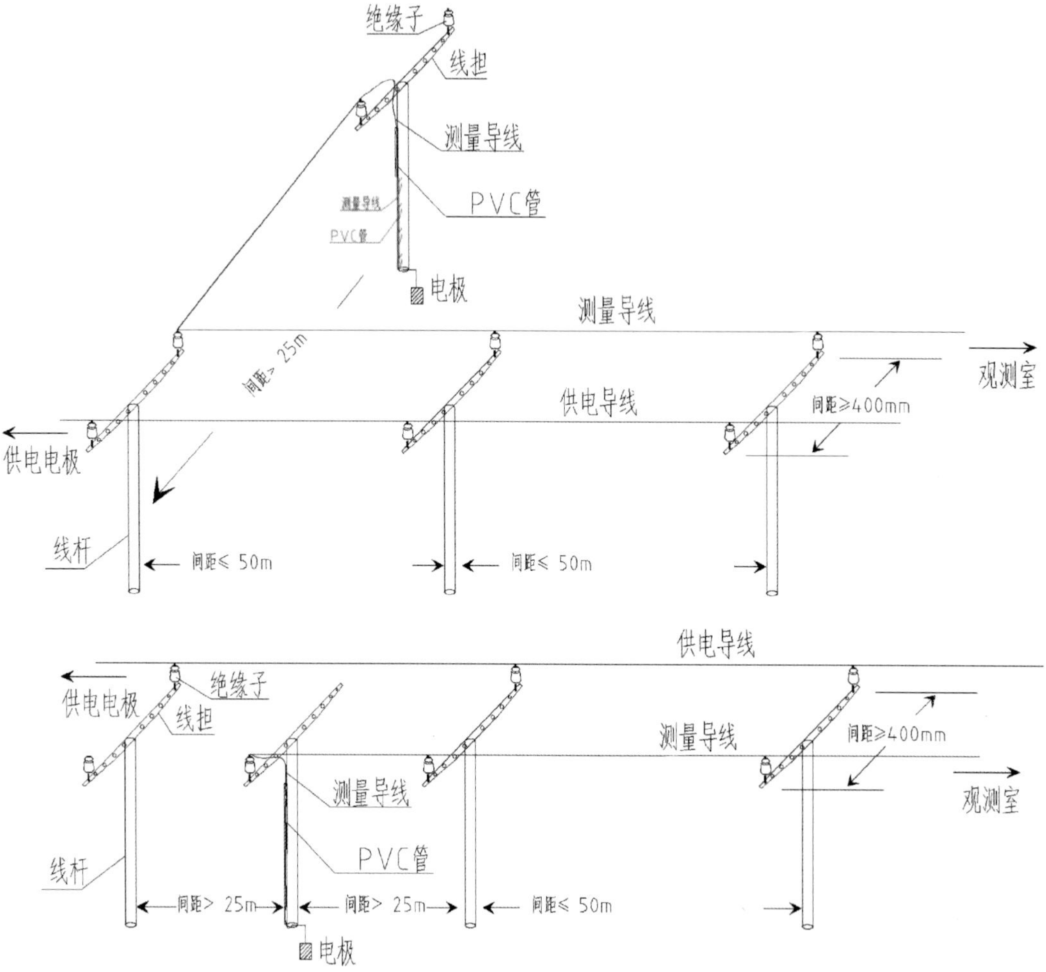

图注：

（1）外线路使用无接头的整根导线，应拉紧两电线杆之间的导线，弧垂不大于 200mm。

（2）地电阻率测量注意：测量电极引线处的电线杆上不应架设供电导线，供电电极引线处的电线杆上不应架设测量导线，两者间距不小于 400mm。

（3）两根线杆间距离 25~50m，超过 30m，采用钢缆悬挂外线方式，使用绝缘子分段式断开钢绞线。

（4）外线路应满足：电导线漏电电流与供电电流的比值不大于 0.1%，供电导线漏电电位差的绝对值与人工电位差的比值不大于 0.5%；测量导线对地绝缘电阻不小于 5MΩ，使用抗老化绝缘导线，线电阻不大于 20Ω/km，拉断力不小于 2000N。

7.3－7　地电场架空外线路布设图

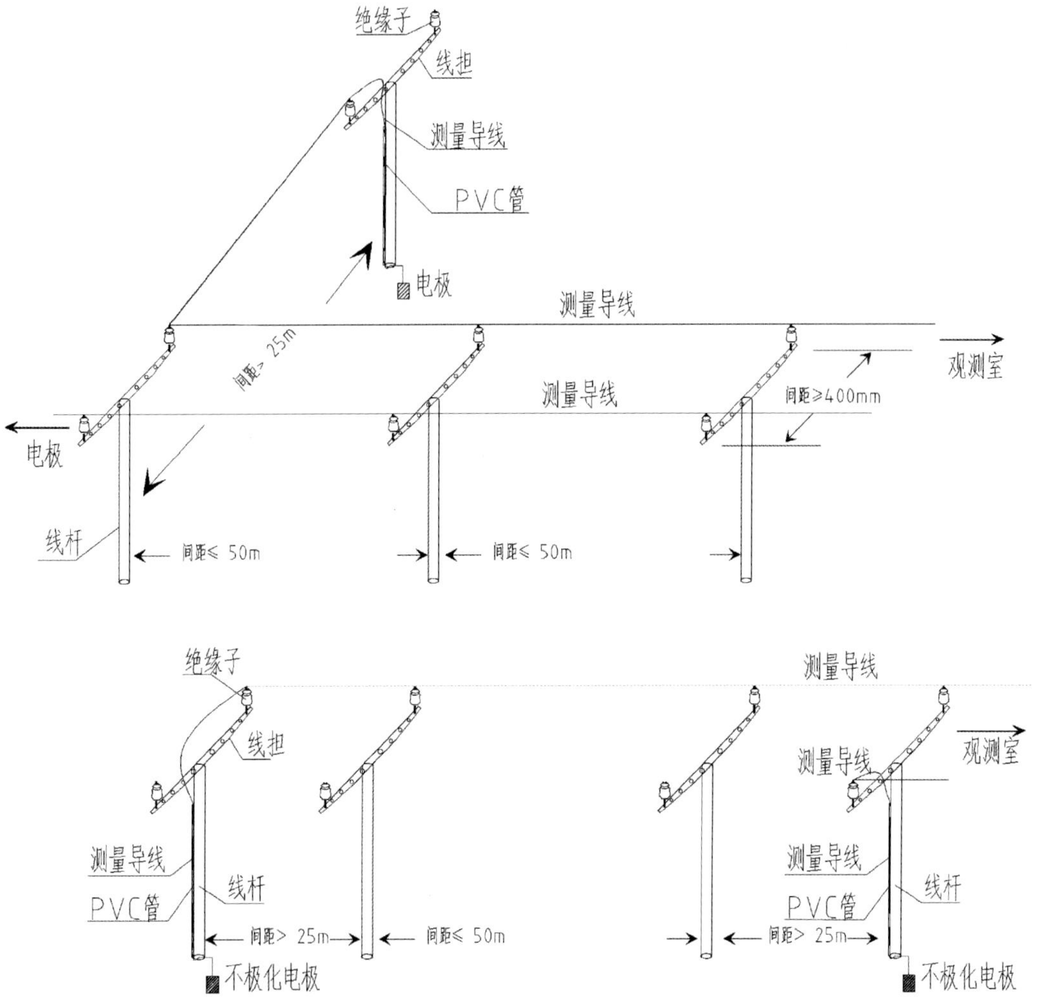

图注：

（1）外线路使用无接头的整根导线，应拉紧两电线杆之间的导线，弧垂不大于 200mm。

（2）地电场测量注意：电极引线处的线杆为电极引线的专用线杆，不应悬挂其他线路。

（3）两根线杆间距离 25～50m，超过 30m，采用钢缆悬挂外线方式，使用绝缘子分段式断开钢绞线。

（4）测量导线对地绝缘电阻不小于 5MΩ，使用抗老化绝缘导线，线电阻不大于 20Ω/km，拉断力不小于 2000N。

7.3－8　地电外线路入室布设图

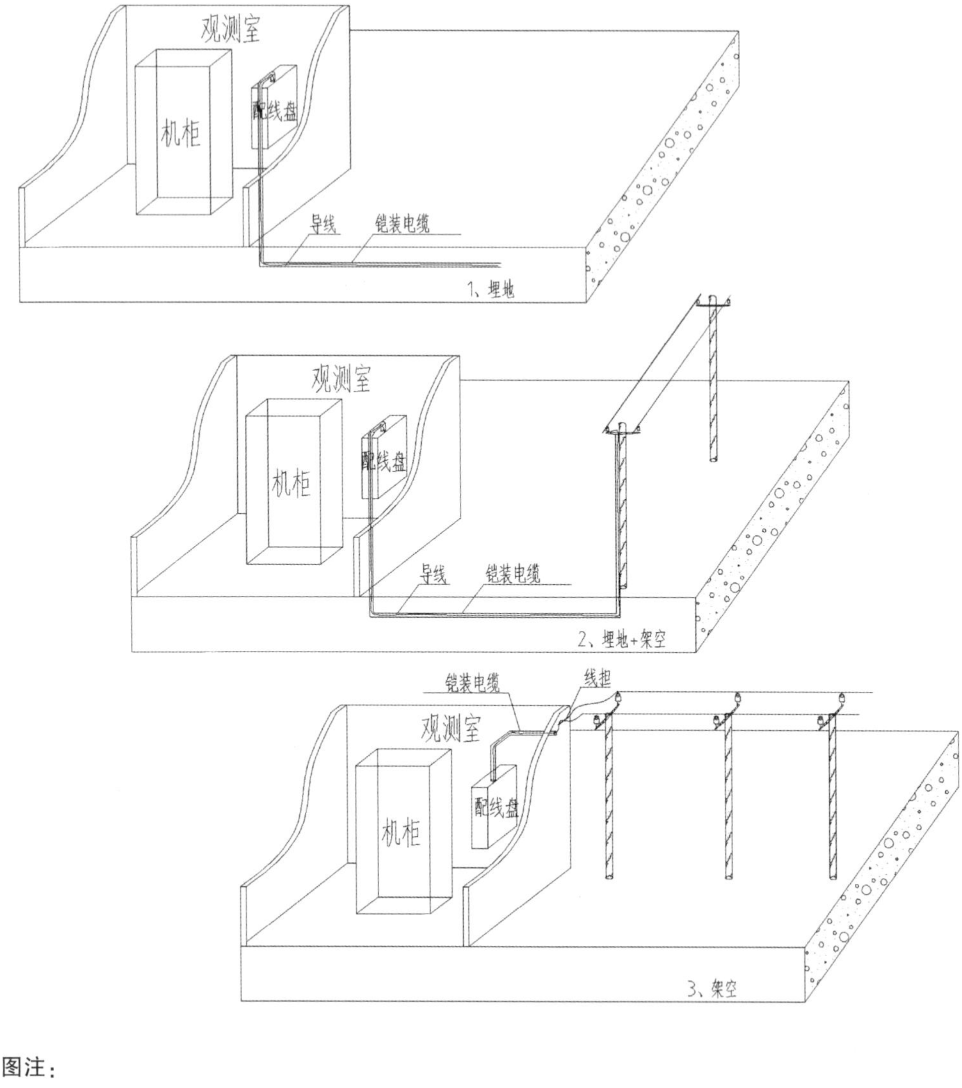

图注：

（1）外线路入室分三种情况：

①埋地外线路通过埋地方式引入观测室内，与室内配线盘连接；观测室外墙入户端预留 2 个外线路入户端口。

②架空外线路通过埋地方式引入观测室内，与室内配线盘连接；地埋埋深应不小于 1m，地埋长度不小于 20m。观测室外墙入户端预留 2 个外线路入户端口。

③架空外线路直接架空方式引入观测室内，与室内配线盘连接。在观测室外墙入户端架固定线担，线担上固定绝缘子固定外线，以便于中心杆（或线杆）至观测室间线路入户。

（2）地电阻率观测供电线与测量分开走线。

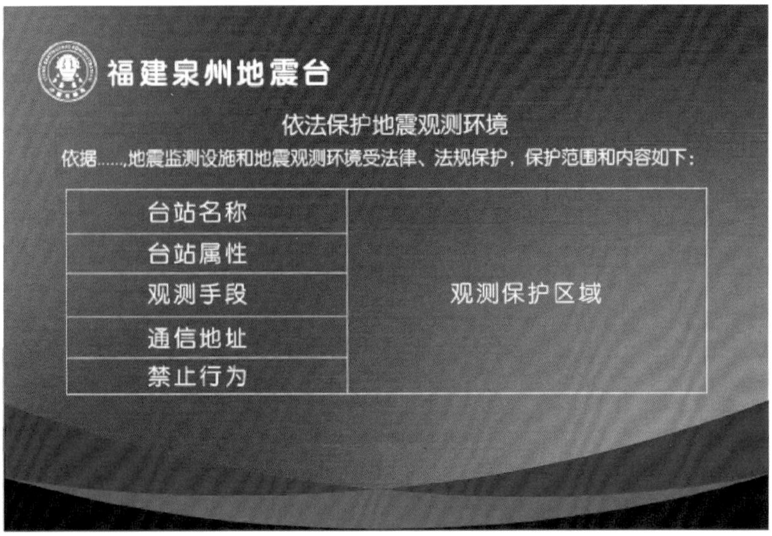

科技蓝
PANTONE 268U
C:100 M:90 Y:5 K:0

辅助色
PANTONE 299U
C:80 M:40 Y:0 K:0

不锈钢板

图注：

(1) 标识标牌包括台站名称类、观测场地类、仪器设备类、线路线缆类、通用类等5类，台站名称类、仪器设备类和通用类见2.4节。

本页图例为地电观测场地环境保护标牌。

(2) 标牌尺寸：600mm×400mm。

(3) 标牌材质：基材应选择不锈钢材质。

(4) 安装位置：安装在台站外围墙上，大致为人站立时目视高度（1500～1800mm）。

(5) 内容要求：依法保护地震观测环境、表格内容，均居中排版。

(6) 其他要求：中国地震局徽标标志必须依据《中国地震局视觉形象识别手册》规定制作，不得随意更改。

7.4-2 观测场地类

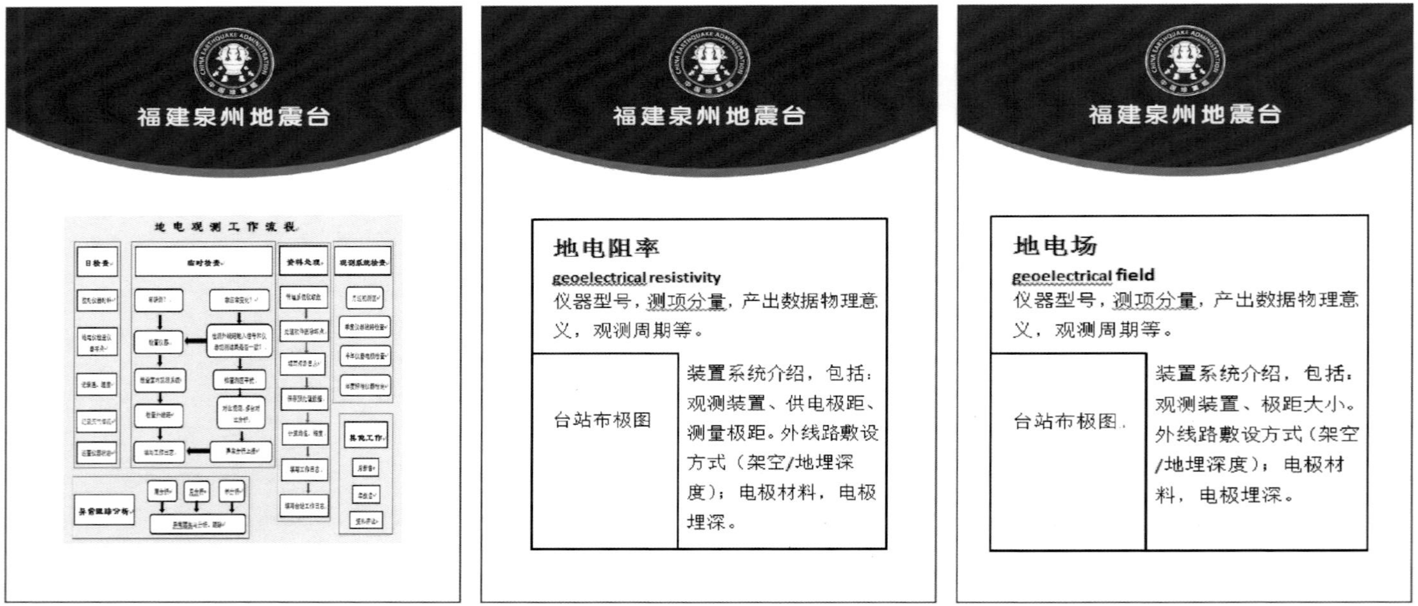

图注：
（1）本页图例为地电观测室内工作区标牌。
（2）标牌尺寸：900mm×600mm。
（3）标牌材质：双层透明夹板，高透亚克力材料，可采用 PP 背胶、高光相纸等。
（4）安装位置：安装在地电观测室内工作区墙上，大致为人站立时目视高度（1500~1800mm）。
（5）内容要求：文字、表格内容，均两端对齐排版。
（6）其他要求：中国地震局徽标标志必须依据《中国地震局视觉形象识别手册》规定制作，不得随意更改。

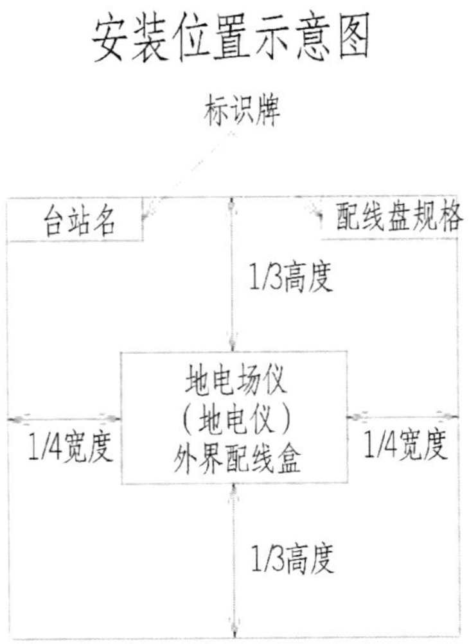

图注：

（1）本页图例为地电观测室和室内配线盒标牌。

（2）标牌尺寸：地电观测室标牌 400mm×200mm；地电配线盒标牌。

（3）标牌材质：拉丝不锈钢图文丝网印。

（4）安装位置：安装于综合台地电观测室门口旁，大致为人站立时目视高度（1500~1800mm）；配线盒标牌张贴在配线盘盖中心位置。

（5）内容要求：地电观测室、配线盒内容，居中排版。

（6）其他要求：中国地震局徽标标志必须依据《中国地震局视觉形象识别手册》规定制作，不得随意更改。

7.4-4 观测场地类

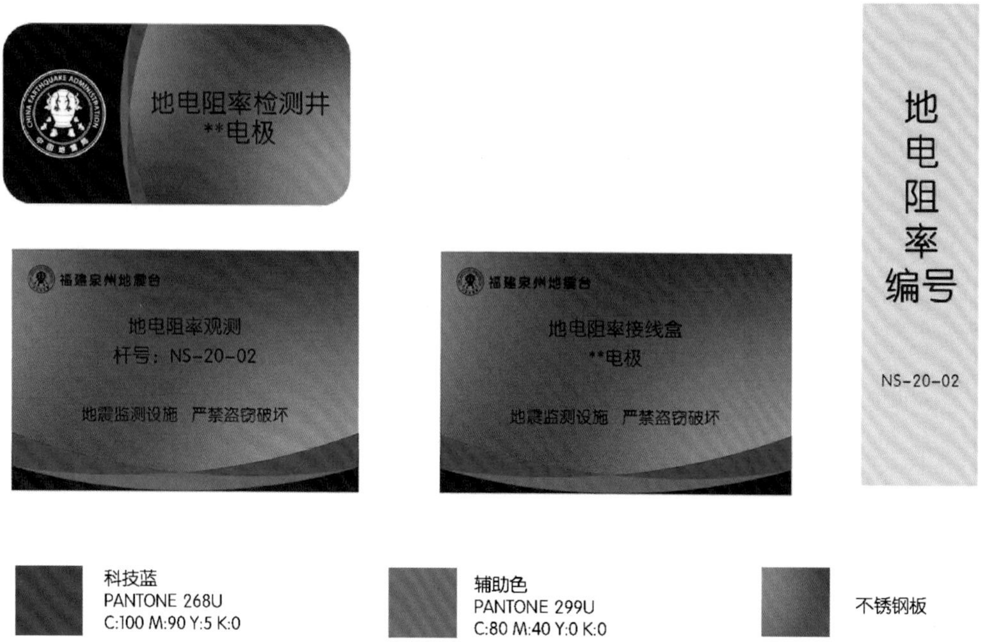

图注：

（1）图例为地电阻率观测外场地检测井盖标牌、线杆接线盒标牌、线杆标牌、地埋外线路标牌。

（2）标牌尺寸：检测井盖标牌 200mm×100mm，线杆标牌 300mm×200mm，线杆接线盒标牌 300mm×200mm，地埋外线路标牌地面以上 400mm×100mm。

（3）标牌材质：检测井盖标牌、线杆接线盒标牌、线杆标牌的基材应选择不锈钢材质，地埋外线路标牌应喷涂在水泥墩上。

（4）安装位置：检测井盖、线杆接线盒标牌均安装在面板中间，线杆标牌安装在架空线杆 2m 以上，地埋外线路标牌安装在地埋线路旁。

（5）线杆杆号和地埋线路编号内容要求：

①无电极电线杆以测道表示方向，如 NS。

②有电极电线杆直接标电极名称。

③20——表示这个测道的电线杆总数。

④02——表示这是此测道第几根电线杆，标号顺序以“由南向北、由西向东”的原则。

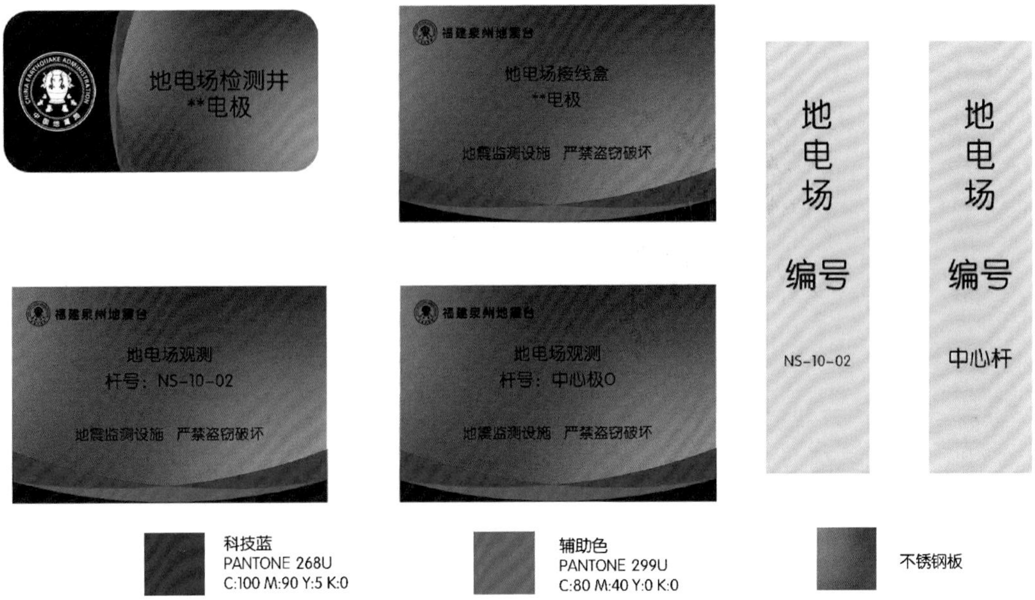

图注：

（1）图例为地电场观测外场地检测井盖标牌、线杆接线盒标牌、线杆标牌、地埋外线路标牌。

（2）标牌尺寸：检测井盖标牌 200mm×100mm，线杆标牌 300mm×200mm，线杆接线盒标牌 300mm×200mm，地埋外线路标牌地面以上 400mm×100mm。

（3）标牌材质：检测井盖标牌、线杆接线盒标牌、线杆标牌的基材应选择不锈钢材质，地埋外线路标牌应喷涂在水泥墩上。

（4）安装位置：检测井盖、线杆接线盒标牌均安装在面板中间，线杆标牌安装在架空线杆 2m 以上，地埋外线路标牌安装在地埋线路旁。

（5）线杆杆号和地埋线路编号内容要求：

①无电极电线杆以测道表示方向，如 NS。

②有电极电线杆直接标电极名称。

③10——表示这个测道的电线杆总数。

④02——表示这是此测道第几根电线杆，标号顺序以“由南向北、由西向东”的原则。

7.4－6 线路线缆类

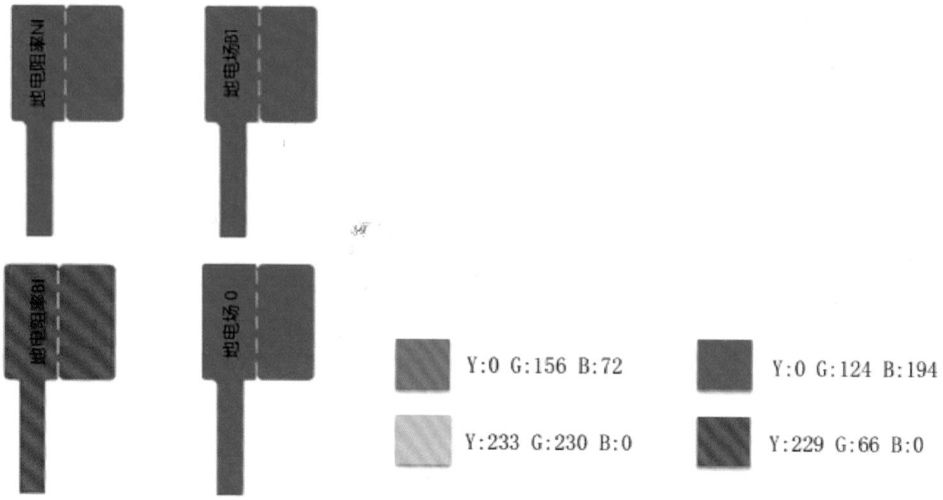

图注：

（1）图例为线路线缆类标牌。

（2）适用范围：

要求外线路接入室内接线盘处，从接线盘接出处，接入仪器主机处线路必须有标签，标签内容包含接入线路电极名称。

电场中心电极引线和外线路连接处有标签。

（3）颜色区分：供电线红色，仪器信号线用蓝色，其他线缆黄色。

（4）符合 UL969 标准，基材为聚丙烯类材料，背胶采用永久性丙烯酸类乳胶，室内使用5~10年。

（5）尺寸大小：38mm×25mm+30mm。

（6）内容：

地电阻率：如地电阻率 M1。

地电场：如地电场 B1；地电场 O。

（7）其他说明：

①每个台站应只选取同一种风格的模板制作标牌。

②中国地震局徽标标志必须依据《中国地震局视觉形象识别手册》规定制作，不得随意更改。

8 GNSS 观测站

GNSS 观测站是指采用全球导航卫星系统（简称 GNSS）观测技术，使用卫星信号接收机在地表固定点，连续进行高精度（mm 级）地壳运动观测的地震观测站。

GNSS 观测站观测场地一般地处地震监测的重要位置或地壳形变较为明显区域，其地质构造、岩性结构、地形地貌、环境噪声和干扰源等基本要素符合有关技术规范的要求。按照“防震加固科学、综合布线规范、标识标志清晰”的基本要求，对 GNSS 观测站进行了标准化设计，提出了规范化要求。

本章包含 GNSS 观测站建设标准化设计所需的主要元素、重要部件以及配套设施设计，并配有相应图例和文字说明。同时本书附录还包括“外部典型案例、内部典型案例”等内容。

公用设备和设施的防震加固设计可参阅 2. 2 节。

仪器设备类标识和通用类标识可参阅 2. 4 节。

无人观测站场地类标识可参阅 3. 4 节。

8.1－1 观测布局图

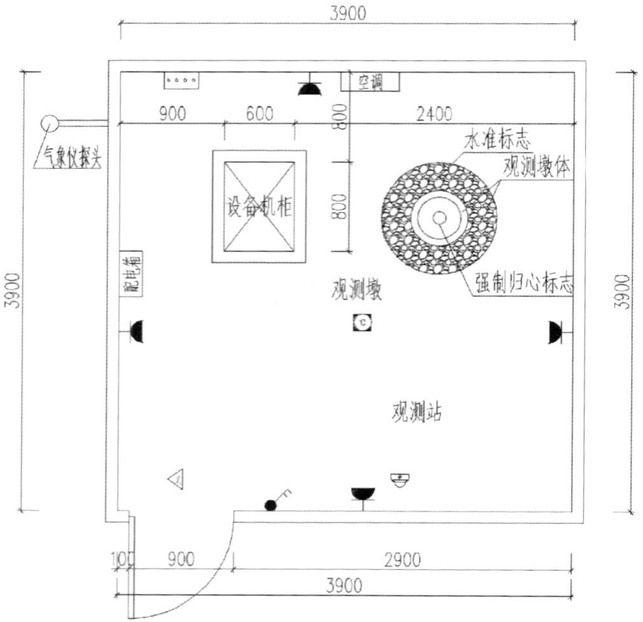

布局图

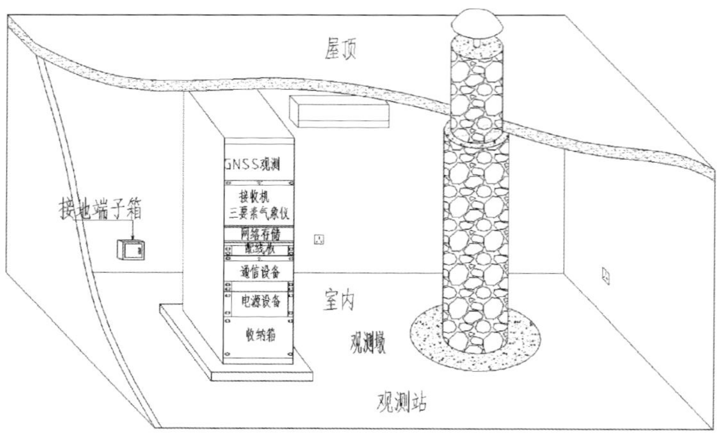

透视图

图注：

（1）观测布局：

①GNSS 站观测房面积 12~18m^2，根据当地气候环境不设窗户或可设置窗户，窗为实腹钢窗，严寒地区应做双层窗。考虑到采暖保温地区，外墙不宜小于 350mm。轴线定位应按轴线内侧为 120mm 设计。

②安装甲级防盗（100mm×960mm×2050mm）和标配 C 级锁。内墙和顶棚为白色乳胶漆喷涂，地面、踢脚、窗台板均为预制水磨石或地砖，油漆所有金属件均应先刷防腐漆，再喷涂调和漆。门窗、墙壁、地（楼）面的构造和施工缝隙，均应采取密闭措施。

（2）布设与配置：

①设设备机柜、配电箱、等电位箱、挂式空调等。后侧墙体上方预留防风、防雨水倒灌、防鼠害进出线缆装置（孔）。

②设备机柜四周距墙壁不小于 0.8m；配电箱设于进门左边，距地面高度 1.5m；等电位接地箱安装在机柜后侧墙面，距地面高度 0.3m；电源插座装于墙上距地面高度 0.3m；照明开关置于进门右侧，距地面高度 1.4m。

8.1－2 观测墩（基岩型）布局图

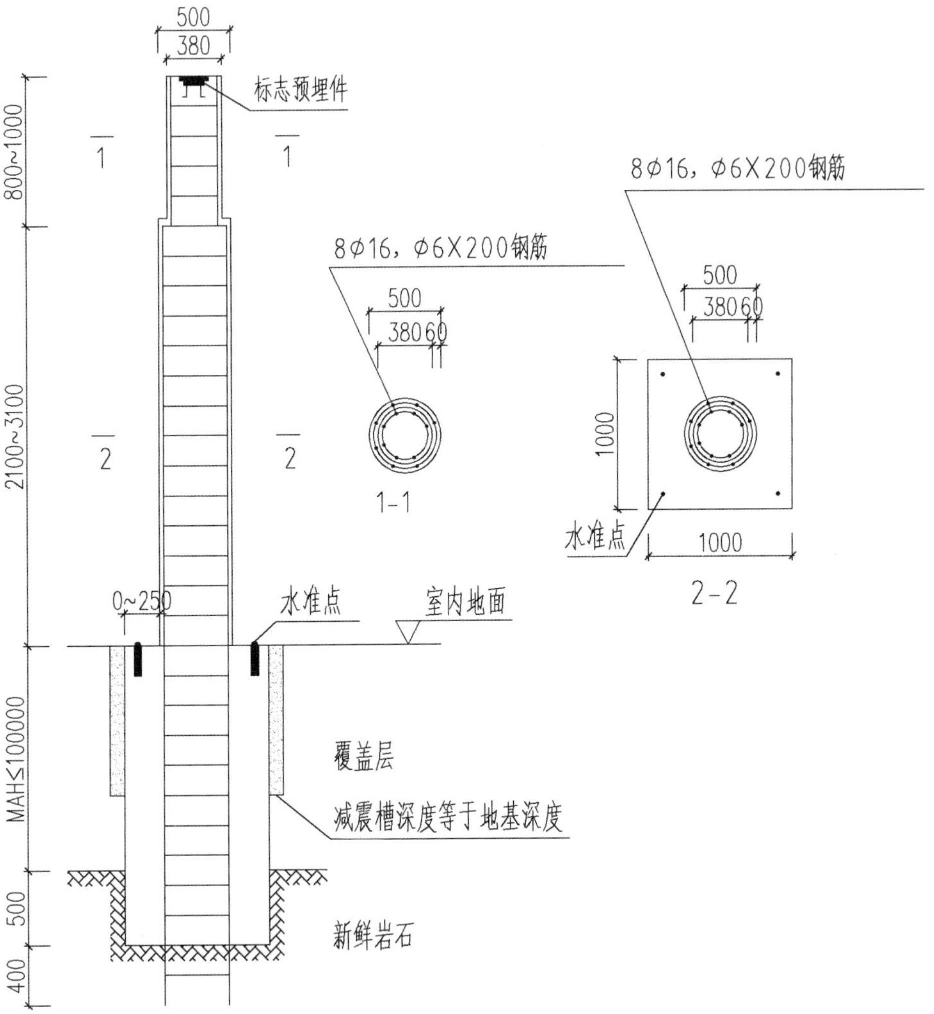

图注：

（1）观测墩距地面高度一般在 2～5m，天线应高于屋顶 350mm 以上，观测墩周围应有宽度为 40～60mm 的隔振槽，下部内应埋设联测用水准点。

（2）若采用开挖方式施工，必须清理基岩表面的风化层，然后向下开凿 0.5m，并在开凿后的基岩面上再打 0.4m 深的钻眼，让钢筋笼下部插入基岩中，使之与基岩紧密接触。墩体钢筋主筋采用直径为 16mm 的Ⅰ级螺纹钢筋，箍筋采用直径为 6mm 的Ⅱ级盘条钢，混凝土标号为 C30。

（3）若采用钻孔方式，必须钻掉基岩表面的风化层，然后再向下钻 0.5m，直接从开凿后的基岩面上浇注。混凝土必须现场浇灌并搅拌均匀，充分捣实，保证固结质量及外表光洁，外表面不用水泥等作二次粉饰，同时保证整个墩体垂直。

（4）对于室外的观测柱墩外表应加防护，避免观测柱墩因光照受热不均匀而引起形变。

8.1－3 观测墩（土层型）布局图

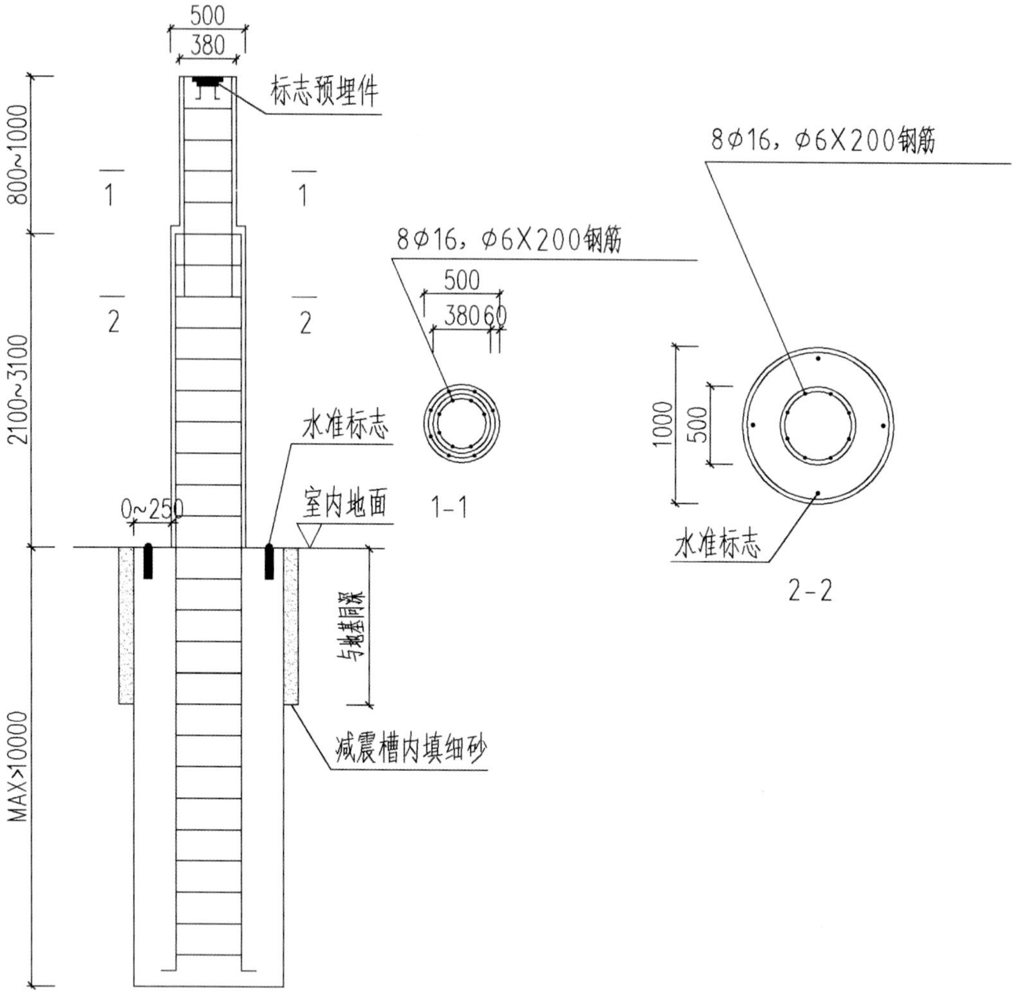

图注：

（1）观测墩距地面高度一般在 2～5m，天线高于屋顶 350mm 以上，观测墩周围应有宽度为 40～60mm 的隔振槽，下部内应埋设联测用水准点。

（2）观测墩基底深度应达 20m，如果在此深度上恰好遇到软土、流砂、涌水等不良地层时，应继续向下开挖或钻孔直至穿过该种地层进入良好受力土层不小于 0.5m，保证观测墩基底坐落在土层密实层上。必须采用混凝土整体浇注方式，为最大限度地克服标墩的侧向变形，开挖部分下钢筋笼后，必须采用整体浇注方式，让混凝土充满整个钻孔或竖井，不允许采用小于开挖直径的模板浇注，再进行回填土的方式。墩体钢筋主筋采用直径为 16mm 的Ⅰ级螺纹钢筋，箍筋采用直径为 6mm 的Ⅱ级盘条钢，混凝土标号为 C30。

8.1－4 观测站与观测墩布局图

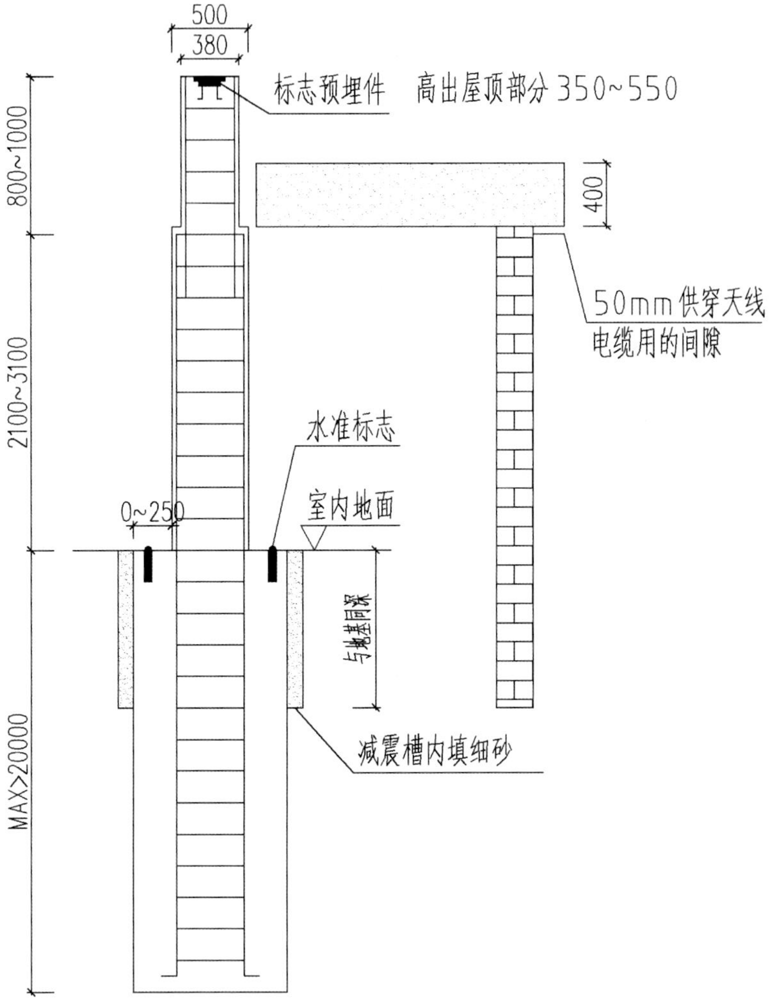

图注：

（1）出露屋顶的部分加上屋顶的厚度以及供穿 GNSS 天线线缆用的空隙之和等于最上面直径为 380mm 部分的总长度，设计为 800~1000mm。因此，如果屋顶的厚度为 400mm，供穿天线电缆用的空隙为 50mm，则高出屋顶部分厚度为 350~550mm。

（2）观测墩与观测室屋顶结合部分采用软连接方式，墩体侧面与屋顶间 60mm 的空隙，并用软材料填充，避免观测室形变使观测标墩受外力，同时为防止雨雪从此空隙进入观测室，屋顶需采取一定措施防止雨雪灌入。

（3）观测墩体地下部分周围应设隔震槽，并用粗砂填充，宽度应为 50~100mm，深度大于 800mm。

8.1－5 观测墩体水准标志图

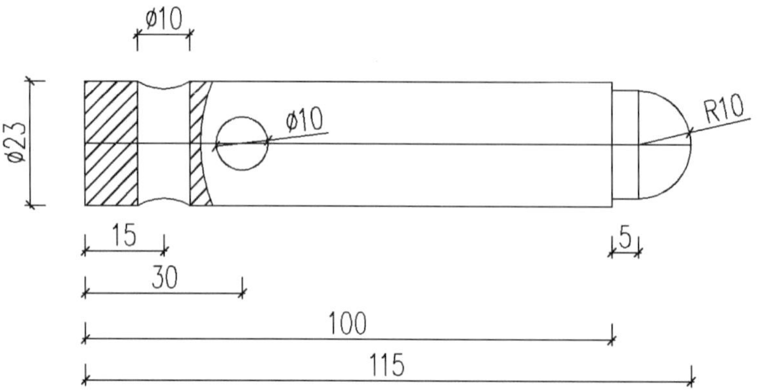

(a) 普通水准标志

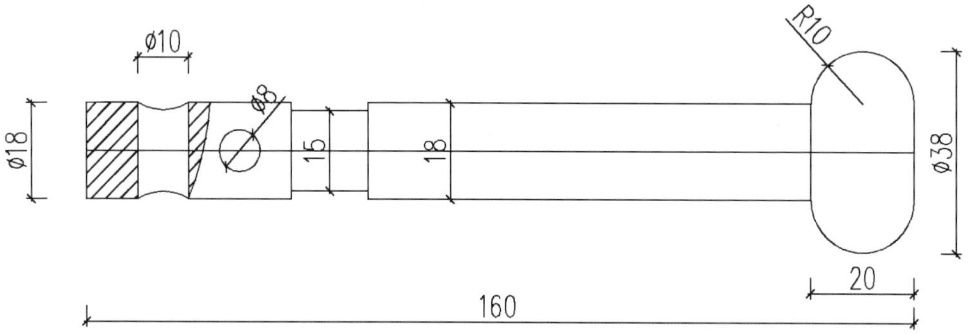

(b) 墙体水准标志

图注：

水准标志分为普通和上墙水准标志两种形式：

（1）若观测墩地下部分直径大于760mm时，以地面标志形式埋设普通水准标志（a），水准标志应高出观测室地平15mm，距标墩地上部分侧面不小于50mm，距标墩地下基础的外侧面距离大于80mm。

（2）若观测墩地下部分直径小于760mm时，以墙上（墩体）标志（b）形式埋设水准标志。墙上水准标志应高于观测室地平但不大于100mm，并突出标墩侧面不小于50mm，埋入墩体部分的长度不小于100mm。

8.2－1 接收机天线固定图

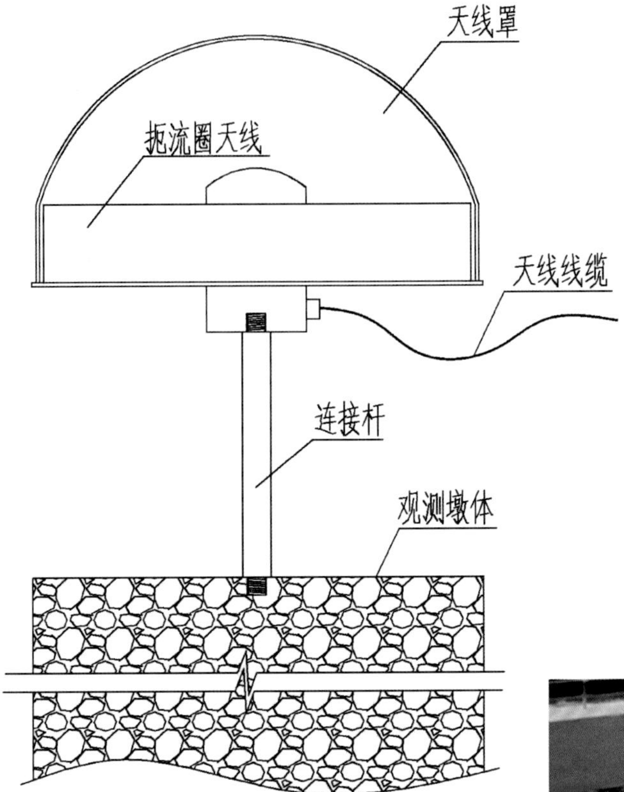

图注：

（1）将 GNSS 天线连接线从室内接至屋顶，连接线两端连接头分别为 N 形头和 TNC 头，N 形头留在室外，TNC 头留在室内，连接线室外部分需要使用护管保护。

（2）将观测墩顶部强制归心装置顶部的保护盖旋出卸下，松开连接杆上下端固定螺丝，将 GNSS 天线安装连接杆下端旋入并拧紧，GNSS 天线与连接杆上端旋紧，旋转安装支架上半部，将 GNSS 天线的连接线接口旋到指向北（与观测墩顶部指北方向标一致），用螺丝刀将安装支架的上下端的锁紧螺丝拧紧。

（3）将 GNSS 天线连接线一端的 N 形头与 GNSS 天线的接口对接拧紧。

（4）天线罩上的指北线应对准北方，与天线指北一致，用内六角扳手把螺丝拧紧，保证天线与天线罩为一整体。

8.2－2 三要素探头安装固定图

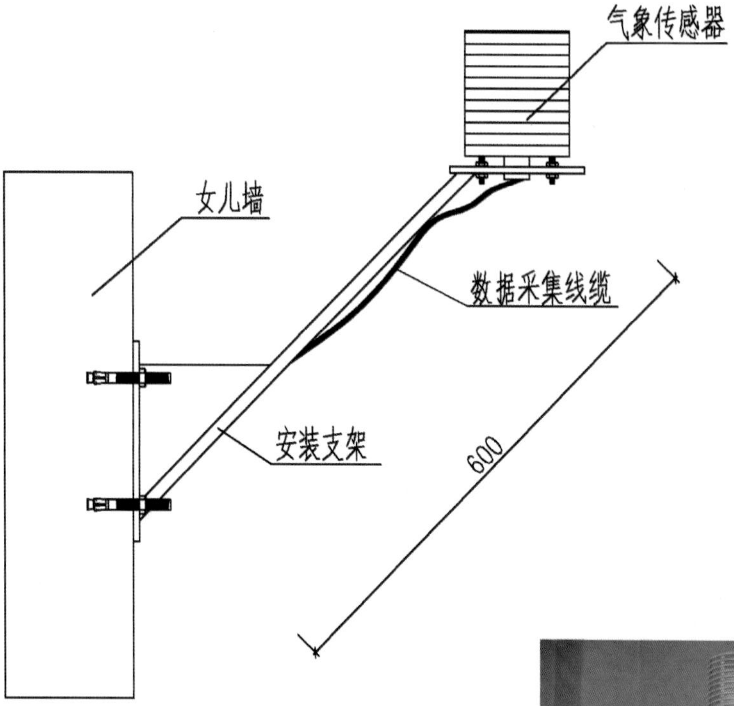

图注：

（1）将气象仪防辐射罩支撑架（斜杆长度600mm左右）固定在室外与地面垂直的墙面（最好是钢筋混凝土立柱、女儿墙等）上，也可以用其他金属结构件固定，必要时需要根据实际情况进行改造。

（2）将气象仪探头连接线从室内接至屋顶，将温湿度传感器探头从下往上穿出尼龙安装套并出露45～55mm左右，然后旋紧尼龙安装套装上的螺钉（M5一字形）。

（3）安装套和传感器从底部孔中小心装入防辐射罩，装入的深度使尼龙安装套上的黑色标志线与防辐射罩下底边平齐。

（4）旋紧防辐射罩上的十字槽盘头螺钉（M5十字形）。整体安置于支撑架顶端，从下面将3个蝶形螺母旋紧，室外部分线路需要使用护管保护。

（5）气象传感器探头的高度尽量与GNSS无线高度一致。

8.2-3 观测墩顶部强制归心装置设计图

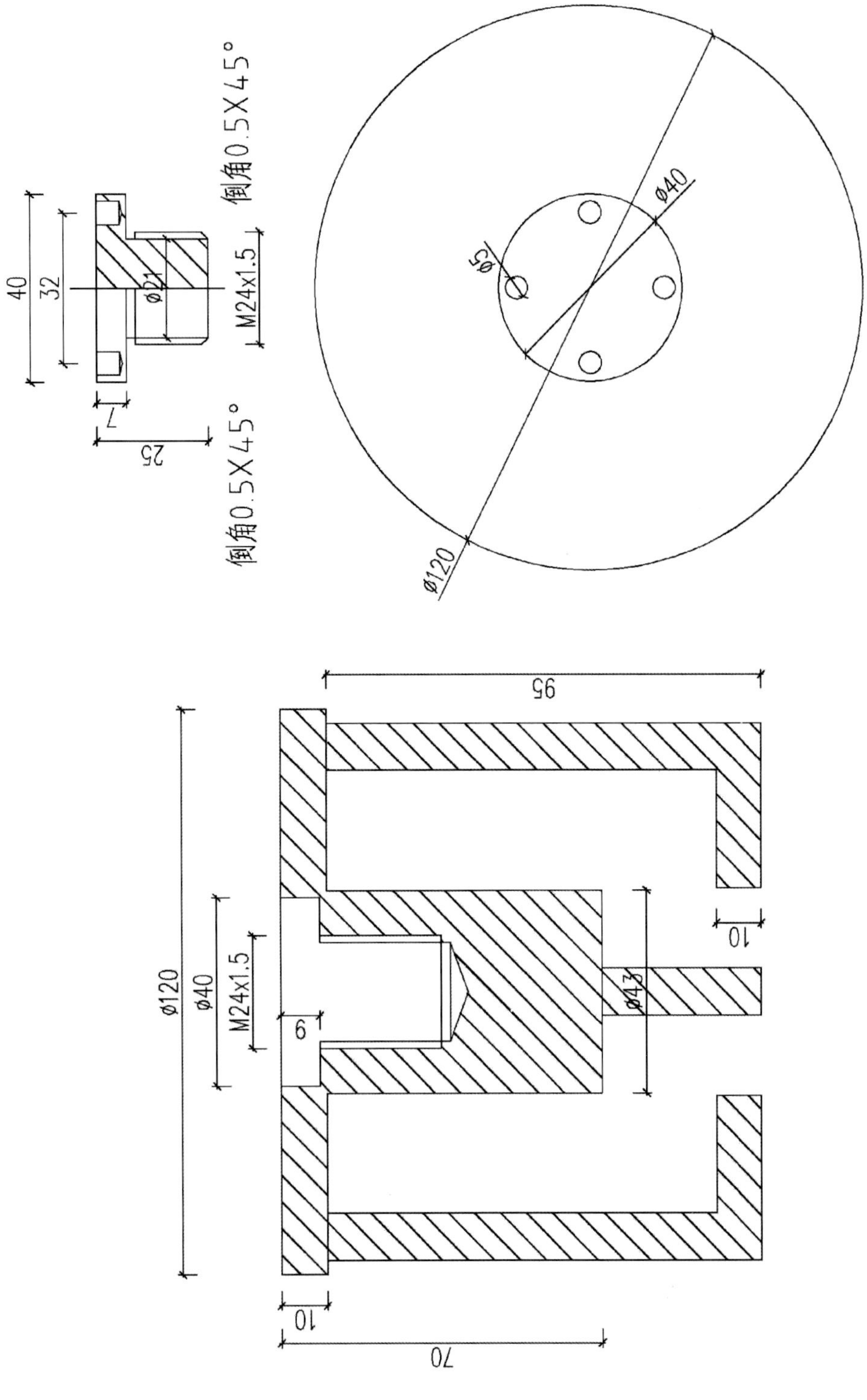

8.2-4 仪器主机及非标设备固定示意图

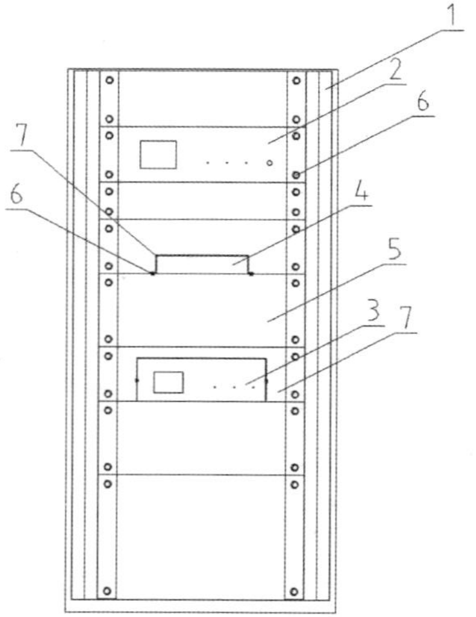

正视图

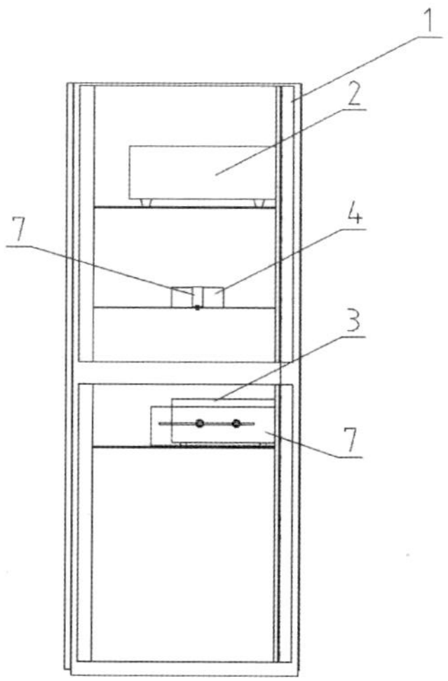

侧视图

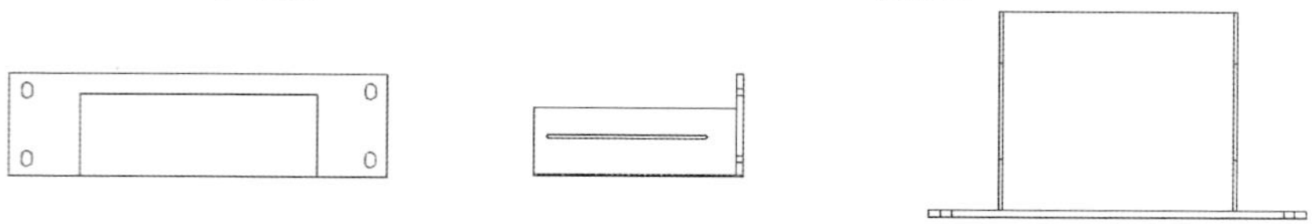

非标准专用仪器固定件

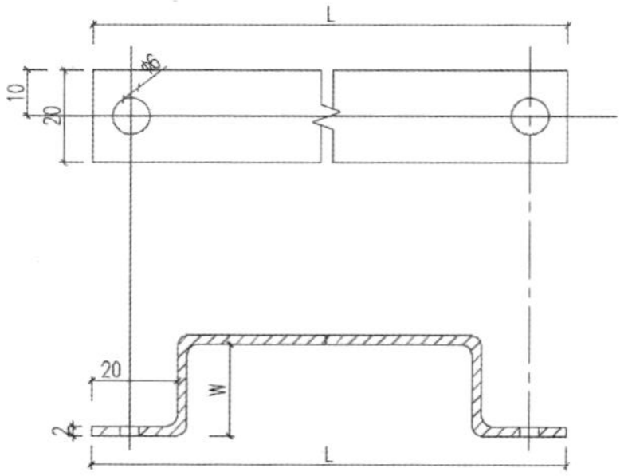

非标准通信设备固定件

序号	名称	备注
1	机柜	
2	标准专用仪器	
3	非标准专用仪器	
4	非标准通信设备	
5	盲板	2U、3U、4U
6	固定螺栓	Φ6
7	非标准设备固定件	

图注：

（1）所有仪器均应放置在设备机柜内的隔板上，不得随意叠放。

（2）标准专用仪器（指其外形为19英寸宽机箱）的防震固定，采用螺栓前固定方式固定在机柜内。

（3）专用仪器的机箱为非19英寸宽的非标准箱，可通过以下方式进行固定：

①专用仪器带有配套挂耳，安装挂耳后仪器宽度满足19英寸标准宽度，采用螺栓前固定方式固定在机柜内。

②对于无配套配件的非标准专用设备，应根据其尺寸大小加工专用固定件，并将制作的专用固定件与仪器固定连接后，采用螺栓前固定方式固定在机柜内。

（4）非标准通信设备等公用设备的防震固定，通过制作固定件，采用螺栓固定于隔板上，放置该设备同层的空余位置可安装相应尺寸盲板，保持设备机柜前面板的整洁。

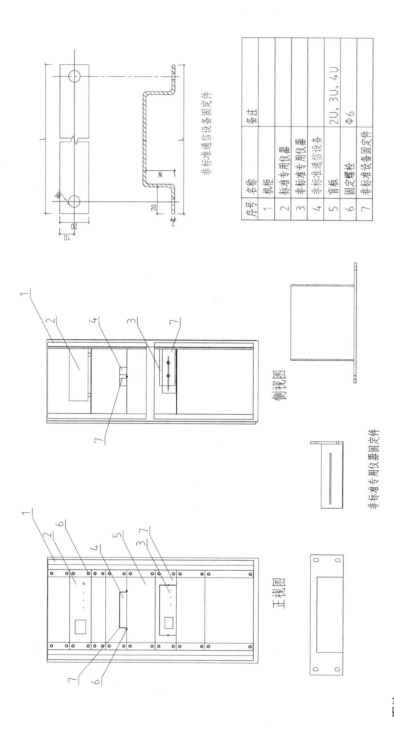

8.3-1 观测室线路布设图

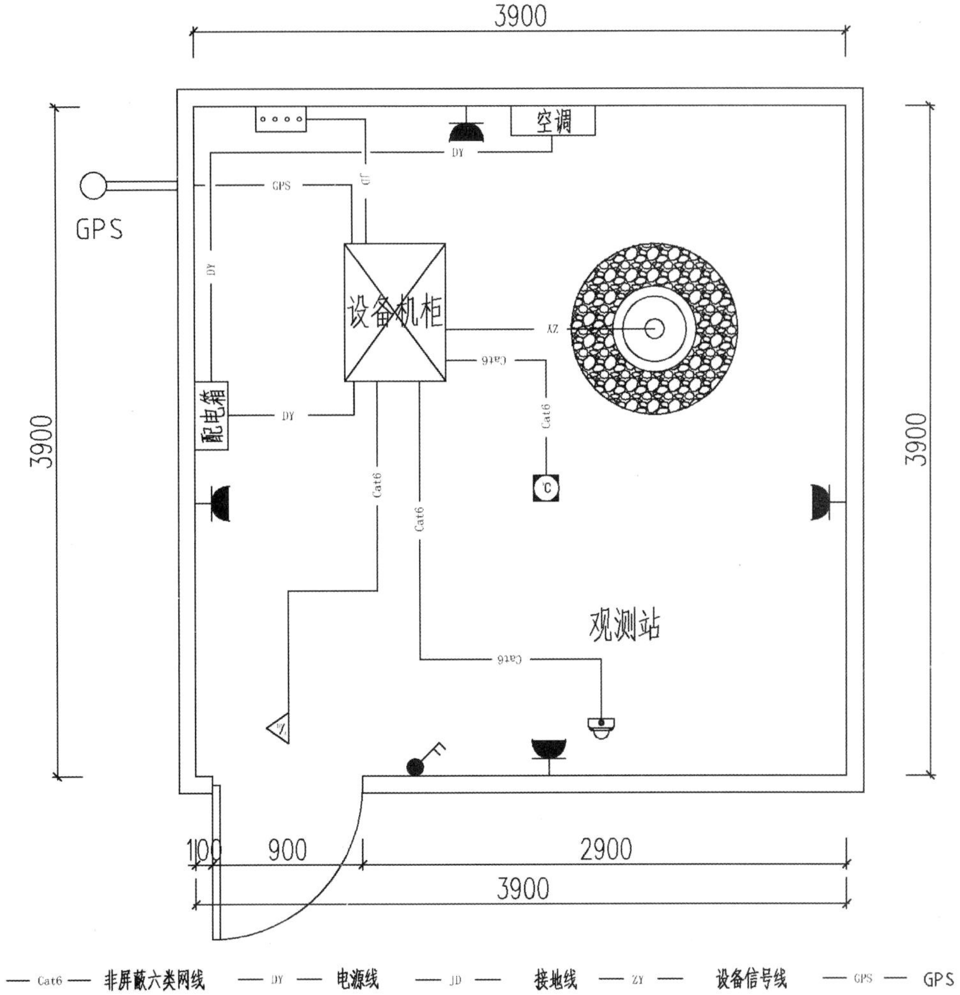

图注：

（1）布线基本要求：

①线路布设应遵循安全、可靠、适用和经济原则，敷设应横平竖直、杜绝缠绕。

②进出观测房的各种线缆宜套入金属管埋地铺设，进出设备机柜线缆通过桥架或穿管布设，桥架、线管、线槽的规格和利用率应符合相关标准要求，桥架距离地面不低于 2.3m，各种线缆贴有区别标识。

③强电弱电线缆分开布设，或者采取屏蔽措施，各种线缆应固定，其间距不应超过 1m，固定的材料应有防锈功能。

（2）市电按照 DB/T 68—2017 要求配接电源防雷器，进入配电箱。电源线沿强电桥架从配电箱敷设到稳压电源或 UPS 处。

（3）传感器线穿管进入室内，沿弱电桥架敷设至设备机柜，冗余线缆放入线缆收纳箱内。

（4）设备机柜等设备应使用 $6mm^2$ 接地线连接到等电位接地箱中的接地母排；电源防雷器应使 $10mm^2$ 接地线连接到接地母排；接地母排应与接地地网可靠连接，地网的接地电阻不大于 4Ω。

8.4－1　观测场地类

科技蓝
PANTONE 268U
C:100 M:90 Y:5 K:0

辅助色
PANTONE 299U
C:80 M:40 Y:0 K:0

不锈钢板

图注：

（1）标识标牌包括台站名称类、观测场地类、仪器设备类、线路线缆类、通用类等 5 类，台站名称类、仪器设备类和通用类见 2.4 节。本页图例为观测墩标牌。

（2）标牌尺寸：观测墩标牌 200mm×100mm。

（3）标牌材质：观测墩标牌应喷印在观测墩上。

（4）安装位置：安装于 GNSS 站观测墩旁。

（5）内容要求：观测墩标牌应包括尺寸、摆墩类型、启用时间。

（6）其他要求：中国地震局徽标标志必须依据《中国地震局视觉形象识别手册》规定制作，不得随意更改。

（7）对于建立有流动重力观测柱墩的 GNSS 台站，应制作相应的流动重力墩标识牌，喷印在墩面一角。

8.4-2 线路线缆类

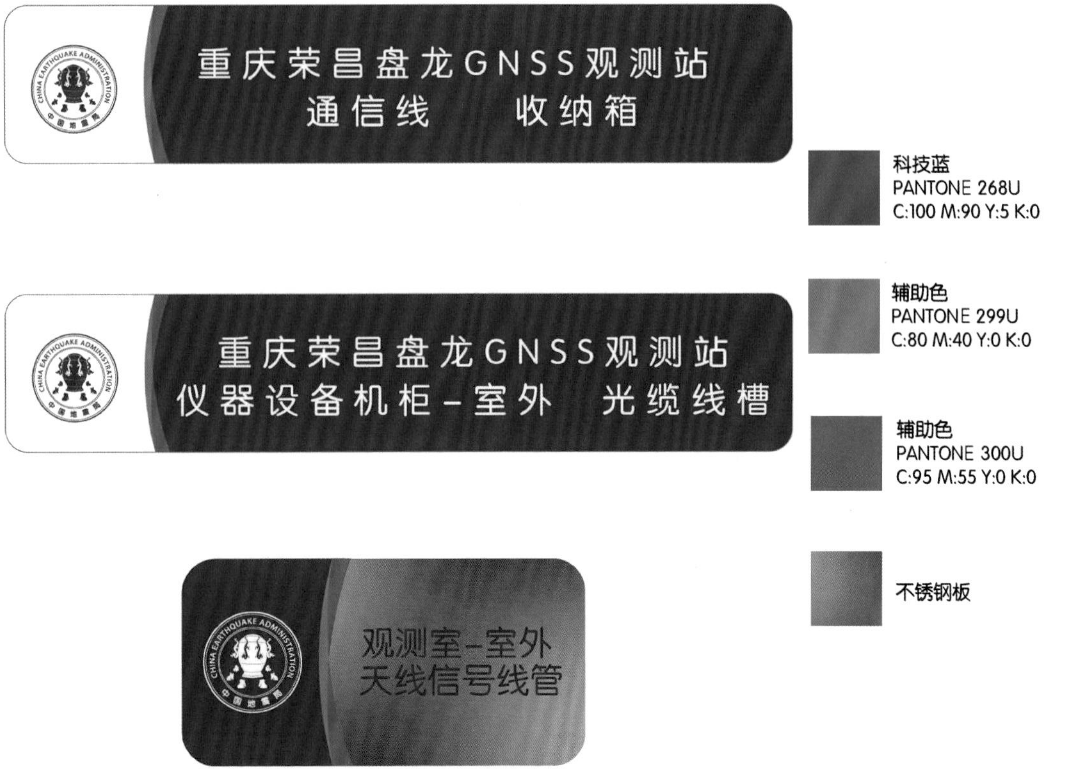

图注：

（1）图例为线路线缆类标牌。

（2）适用范围：铺设线缆的线管、线槽、桥架，进出室内的管线口。

（3）收纳箱、线管、线槽等标牌尺寸 180mm×35mm，管线口标牌尺寸 200mm×100mm。

（4）标牌材质：基材可选择不锈钢/铝合金材质或聚丙烯材质，聚丙烯材质应符合 UL969 标准，背胶采用永久性丙烯酸类乳胶；基材应选择不锈钢材质，室内使用 5~10 年。

（5）安装位置：线缆收纳箱标识安装在其左上方；线管、线槽、桥架等标识应粘贴在明显位置（两端必须粘贴），对于较长的线槽、线管、桥架，每隔 5m 进行 1 次粘贴；墙面管线口标牌粘贴在墙面管线口穿墙附近的空白位置。

（6）标识内容：线缆类标牌应说明线缆起止位置及其中线缆的类型；墙面管线口标牌应说明线管、线槽、桥架的起始位置及内铺线缆的类型。

（7）其他说明：

①每个台站应只选取同一种风格的模板制作标牌。

②中国地震局徽标标志必须依据《中国地震局视觉形象识别手册》规定制作，不得随意更改。

9 跨断层形变观测站

跨断层形变观测站是对断层两盘垂直相对位移和水平相对位移观测的地震观测站。

跨断层形变观测站观测场地经过勘选，其地震地质、地形地貌、环境条件等基本要素符合有关技术规范的要求。依据各种观测标石的不同，按照基岩综合观测标石、土层综合观测标石、基岩水准标石、端点水准标石、过渡水准标石分类，跨断层形变站分册围绕观测布局、标识标志等方面进行规范化设计。

本章包含跨断层形变观测站建设标准化设计所需的主要元素、重要部件以及配套设施设计，并配有相应图例和文字说明。同时本书附录还包括“外部典型案例、内部典型案例”等内容。

仪器设备类标识和通用类标识可参阅 2. 4 节。

无人观测站场地类标识可参阅 3. 4 节。

9. 1 观测布局设计

9. 2 标识标志设计

9.1－1 台站短水准基线场地布局图

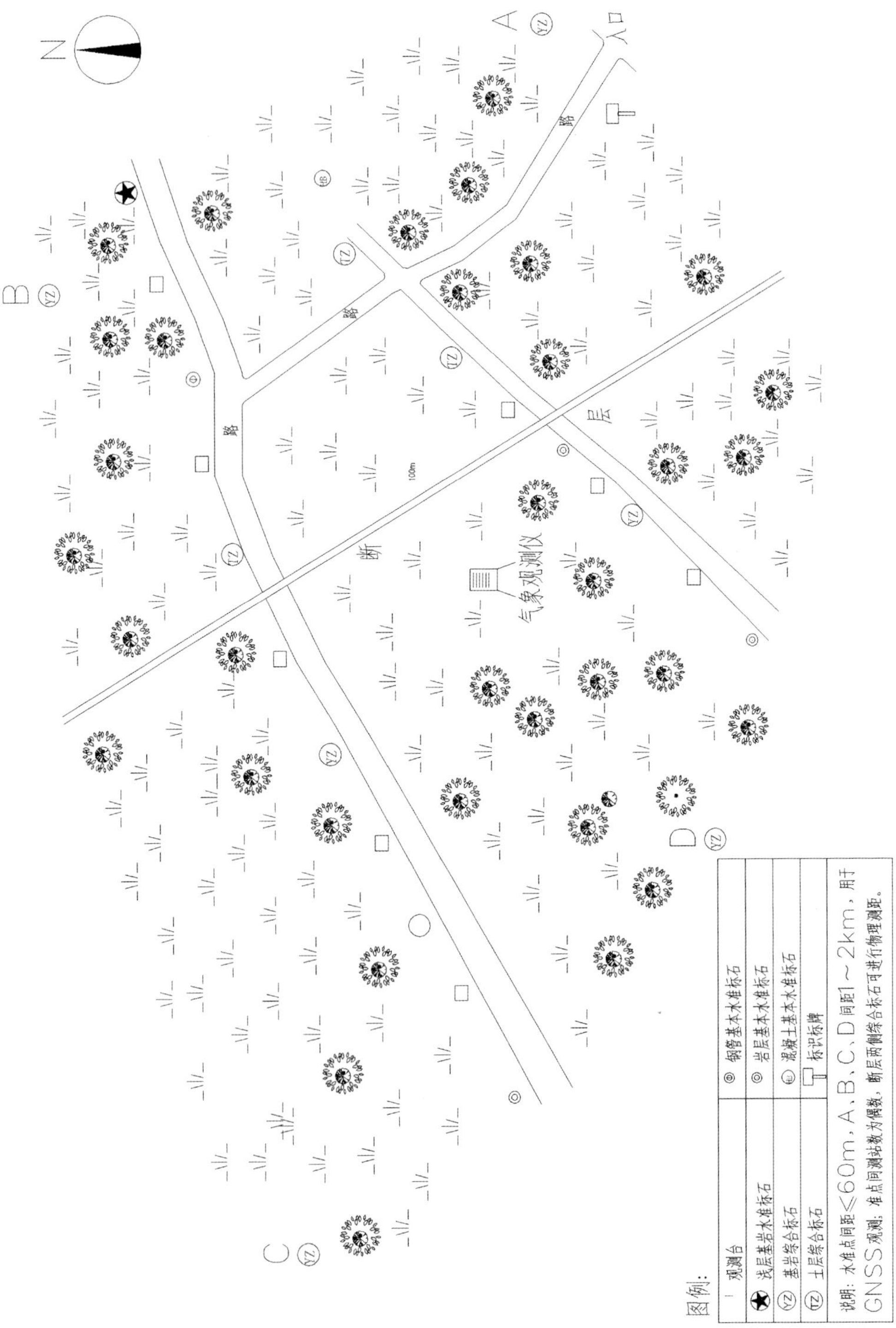

9.1-2 流动跨断层场地总布局图

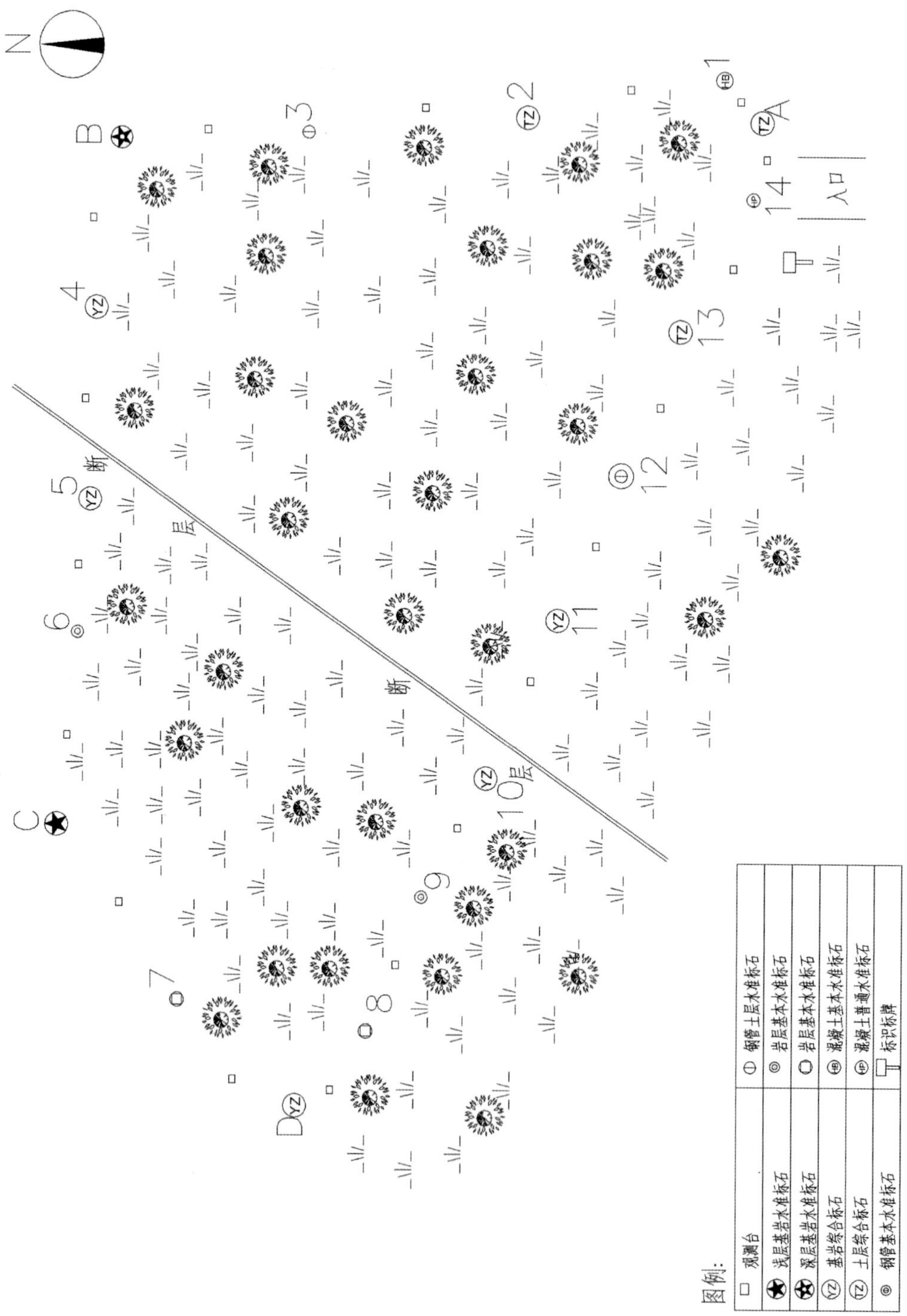

9.1－3 基岩综合观测标石断面图

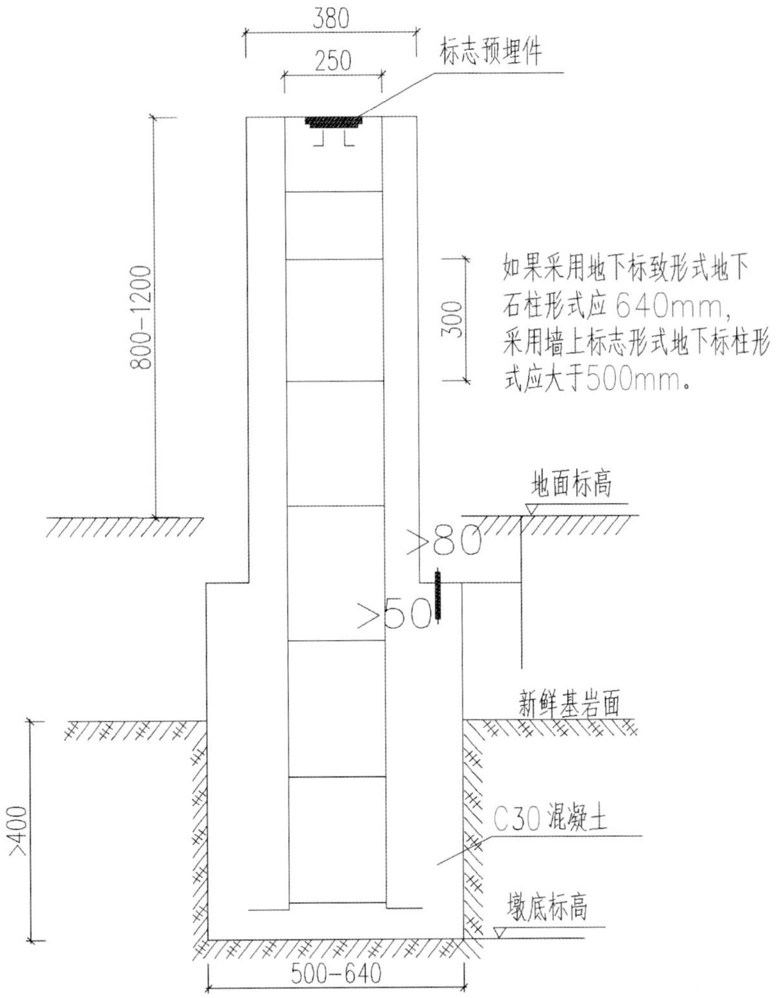

图注：

（1）基岩综合观测标石可用于水准测量、短基线测量、GNSS 测量、短程测距测量、短边三角测量，一般布设成跨断层形变场地测点的端点、测线的接点等重要测点。

（2）基岩综合观测标石地下埋深根据点位覆盖层深度和基岩开挖深度确定，地上高度根据实际确定。

（3）一座基岩综合观测标石预埋标志一般有归心标志和岩层水准标志两种，埋设归心标志时应将其顶部文字中间字字头或指北标识指北，在不影响观测的前提下岩层水准标志一般垂直安置在标石北侧地面下10cm 位置，也可与地面齐平。如果综合观测标石较高时也可在四周布设岩层水准标石，用来监测综合标石的垂直向变化。

（4）基岩综合观测标石选址、所用钢筋规格、混凝土配比以及建设流程等应符合相关技术规范要求，标石顶面压印标石点名、点号、建设年月等信息。观测墩地上部分侧面喷涂点名、点号、建设年月等信息。

（5）基岩综合观测标石建设完成后应设置保护墙或护栏，必要时可建观测台阶。

9.1－4　土层综合观测标石断面图（钻孔）

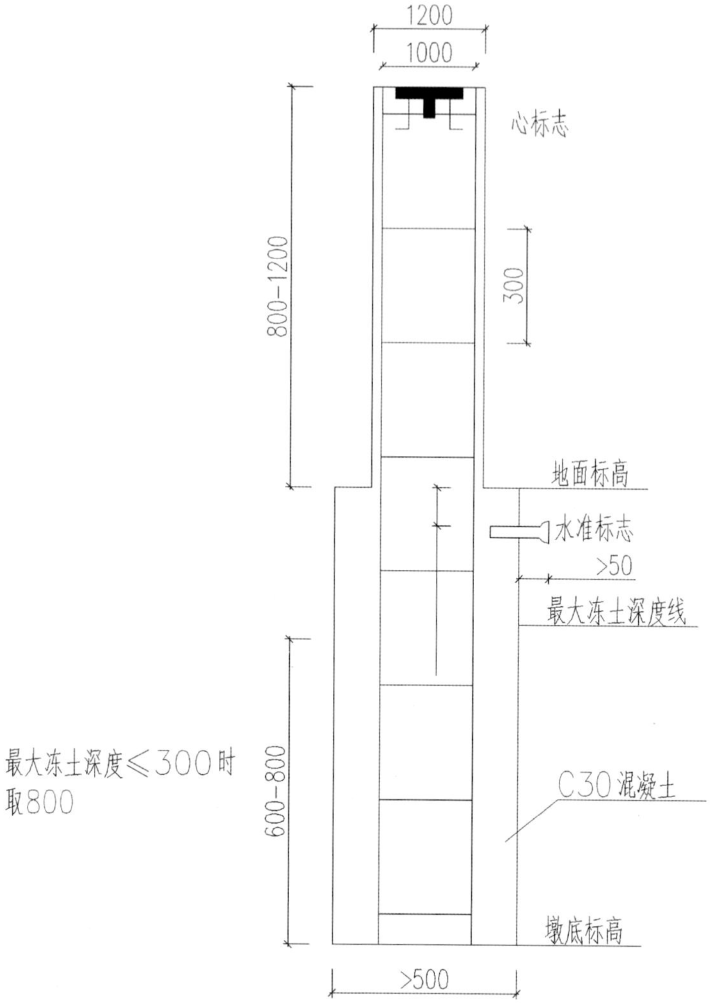

图注：

（1）土层综合观测标石用于水准测量、短基线测量、GNSS测量、短程测距测量、短边三角测量，一般布设成跨断层形变场地重要测点。

（2）土层综合观测标石地下部分埋深根据点位最大冻土深度确定，使用钻孔和直接开挖方式进行基坑施工，地上部分高度根据实际需要确定。

（3）一座土层综合观测标石预埋标志一般有归心标志和土层水准标志两种，埋设归心标志时应将其顶部文字中间字字头或指北标识指北。

（4）土层综合观测标石选址、所用钢筋规格、混凝土配比以及建设流程应符合相关技术规范要求。

（5）土层综合观测标石建设完成后应设置保护墙或护栏，养护完成后进行粉刷整饰，标石地上部分刷白色油漆同时喷涂保护文字，保护墙或护栏刷白色油漆。

9.1-5 基岩水准标石断面图

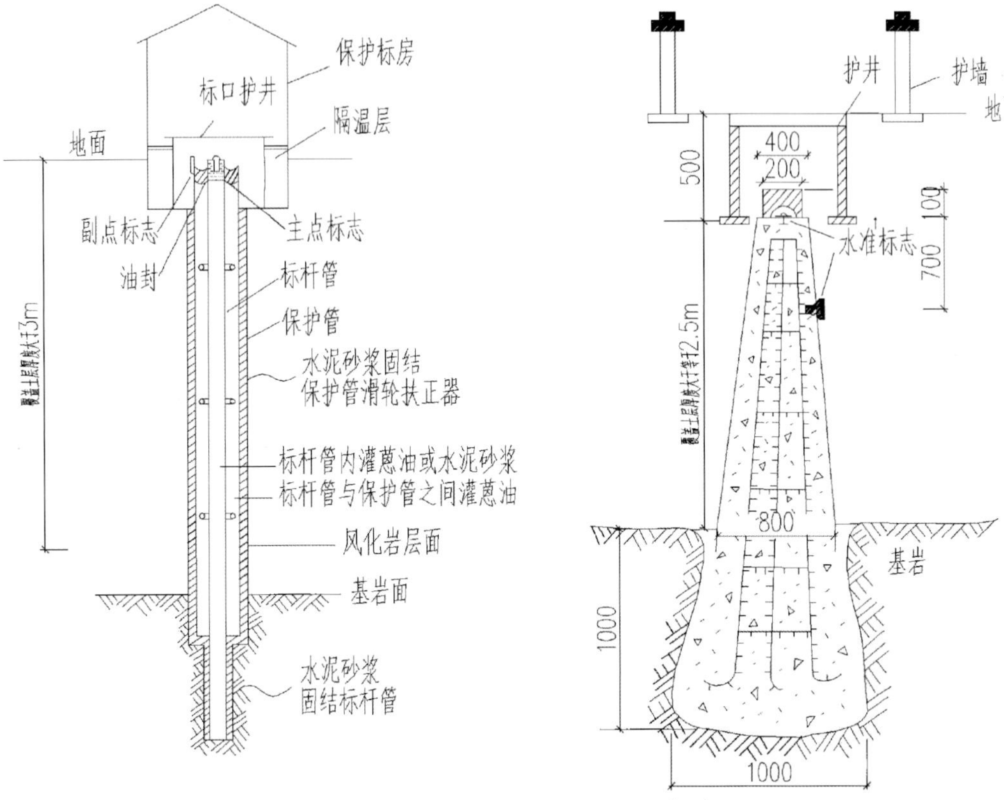

(a)深层基岩水准石　(b)浅层基岩水准石

图注：

(1) 对于覆盖层较厚的跨断层水准观测场地，有条件的可以建设基岩水准标石，根据覆盖层厚度可将该类标石分为深层基岩水准标石和浅层基岩水准标石，布设成场地重要观测点。

(2) 基岩水准标石埋深根据覆盖层深度和基岩开挖深度确定，顶部距地面一般为0.5m。

(3) 基岩水准标石的预埋标志通常有土层水准标志和一般水准标志两种，埋设一般水准标志时应将其顶部文字中间字字头指北。

(4) 基岩水准标石选址、所用钢管、套管、钢筋、混凝土配比以及建设流程应符合相关技术规范要求。

(5) 深层基岩水准标石有条件的应建设观测室（亭）用于其长期保护，基岩水准标石应设置保护井、保护墙或护栏、保护碑等附属设施，养护完成后对附属设施涂刷白色油漆，保护井上盖保护盘。

9.1-6 端点水准标石断面图

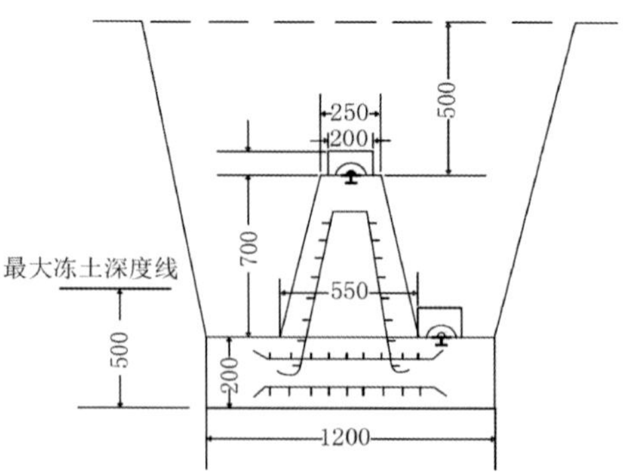

(a)混凝土端点水准标石

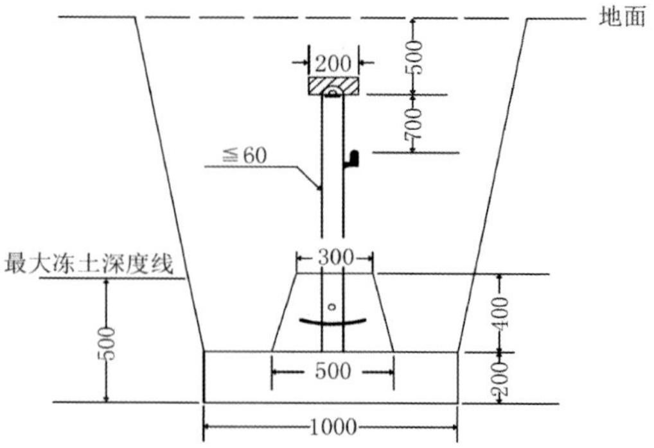

(b) 钢管端点水准标石

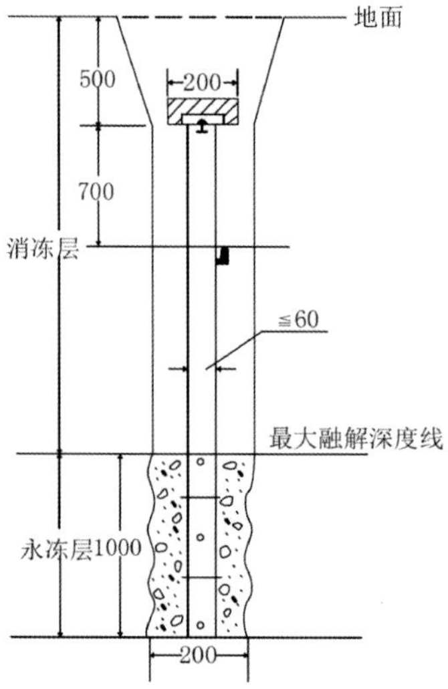

(c)永冻地区钢管端点水准标石

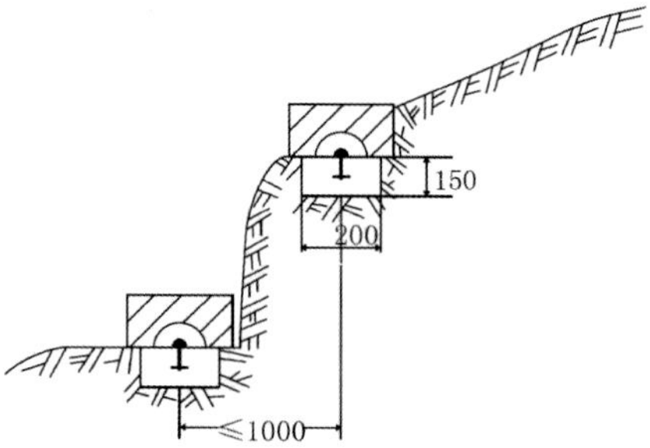

(d)岩层端点水准标石

图注：

（1）端点水准标石埋深应超过最大冻土深度以下0.5m且不小于1.4m，端点水准标石布设在跨断层水准场地的重要测点。

（2）端点水准标石的预埋标志通常有土层水准标志和一般水准标志两种，埋设一般水准标志时将其顶部文字中间字指北。

（3）b、c类端点水准标石的钢管长度由最大冻土深度或最大解冻深度确定，一般采用镀锌钢管，外径不小于60mm、管壁厚度不小于3mm，距钢管底端约100mm处预留十字交叉圆孔，内置长250mm根络，埋设时应进行防腐处理。

（4）标石选址、所用钢筋、钢管、混凝土配比以及建设流程应符合相关技术规范要求。

（5）端点水准标石应设置保护井、保护墙或护栏、保护碑等附属设施，养护完成后对附属设施涂刷白色油漆，保护井上盖保护盘。

9.1－7 过渡水准标石断面图

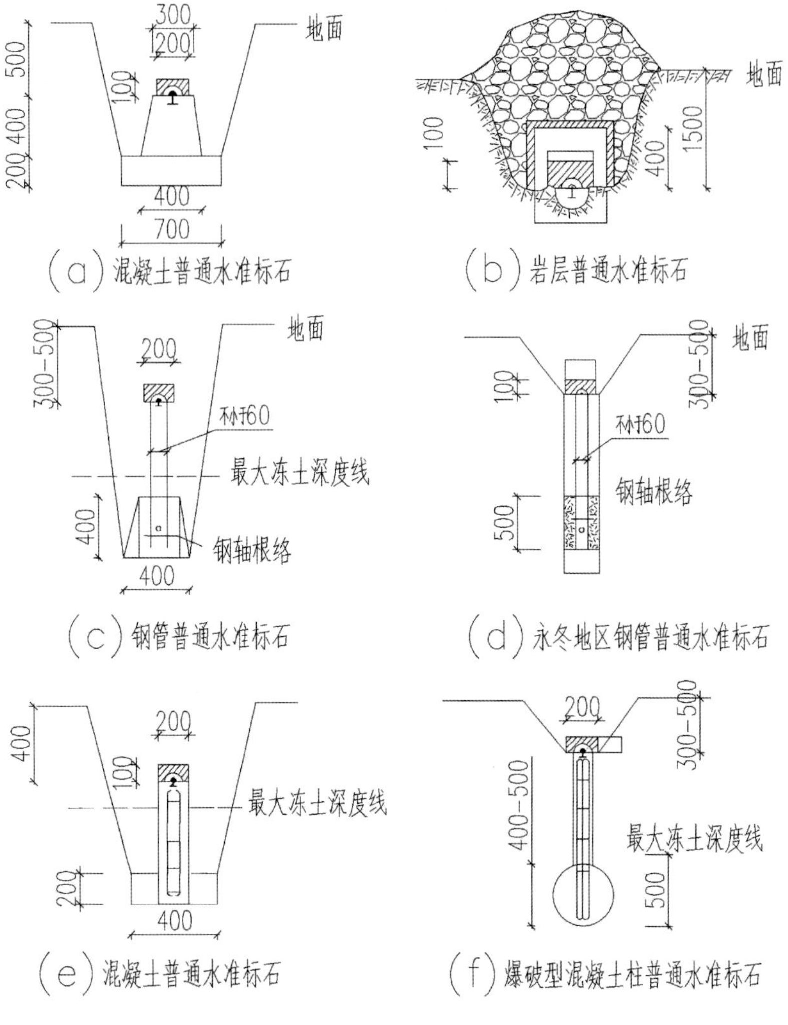

(a) 混凝土普通水准标石　(b) 岩层普通水准标石

(c) 钢管普通水准标石　(d) 永冬地区钢管普通水准标石

(e) 混凝土普通水准标石　(f) 爆破型混凝土柱普通水准标石

图注：

（1）过渡水准标石（图 a）适用于冻土深度小于 0.6m 的地区，其他类型适用于冻土深度大于 0.6m 的地区。

（2）过渡水准标石一般埋设成跨断层水准场地的标尺转点、过渡水准点等。

（3）过渡水准标石的预埋标志多采用一般水准标志，埋设时将其顶部文字中间字字头指北。

（4）过渡水准标石所用钢筋、钢管、混凝土配比以及建设流程应符合相关技术要求。

（5）过渡水准标石可设置保护井、保护墙或护栏、保护碑等附属设施，养护完成后对附属设施涂刷白色油漆，保护井上盖保护盘。

9.1－8 保护墙、栏、井、碑断面图

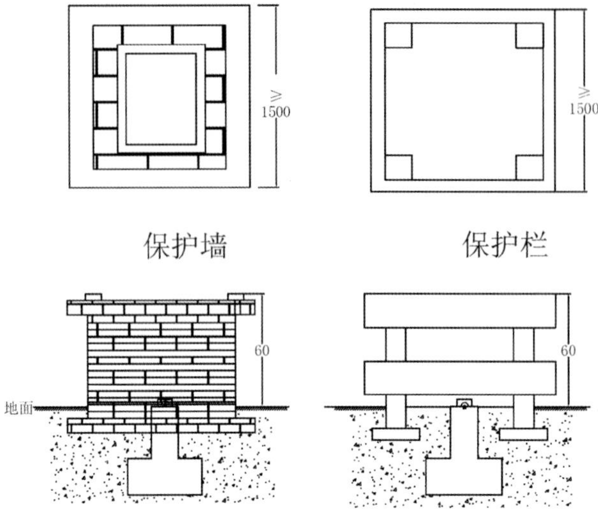

（a）保护墙（栏）

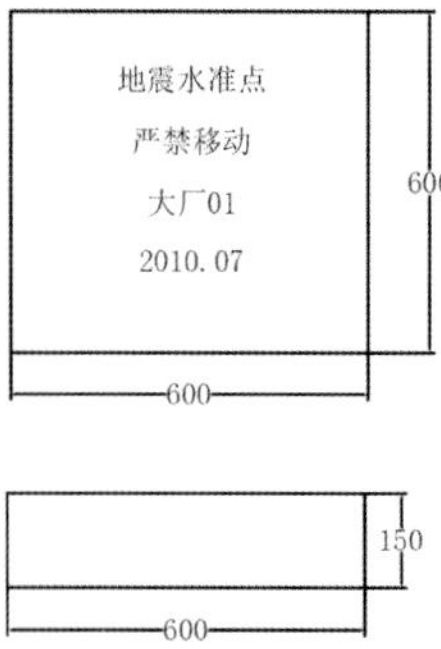

（b）保护盘

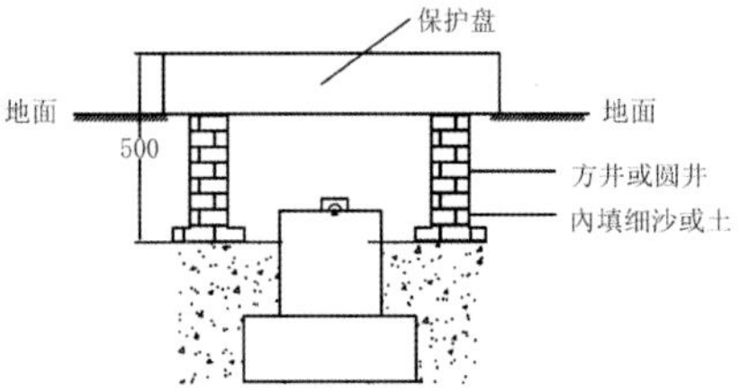

（c）保护井

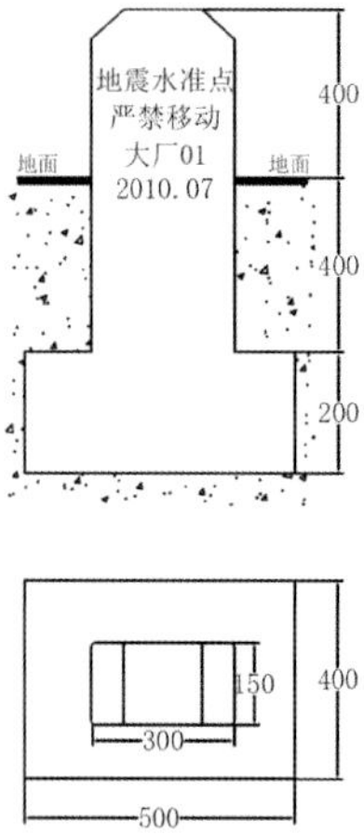

（d）保护碑

图注：

（1）保护墙（栏）用于各类标石的地上保护，一般设置成正方形，长度不小于 1.5m，高度 0.6m，保护墙（栏）一般用砖、混凝土、金属板等材料制作，养护完成后刷白色油漆。

（2）水准标石保护，在其上方设置保护井，保护井上盖保护盘，保护井通常用砖制作，可用水泥预制管、PVC 管制作，高度 350mm，口径大于 200mm。

（3）保护盘用于压盖保护井，一般由钢筋混凝土制作，有 600mm×600mm×150mm 和 400mm×400mm×100mm 两种规格，其上压印点名信息等文字，养护完成后刷白色油漆并用红油漆将文字描红。

（4）保护碑用于各类标石的警示保护，一般用钢筋混泥土制作，由指示碑和基座两部构成，也可不设置基座，尺寸 1000mm×300mm×150mm，其地上部分压印点名信息等文字，养护完成后刷白色油漆并用红油漆将文字描红。

9.1－9 预埋标志断面图

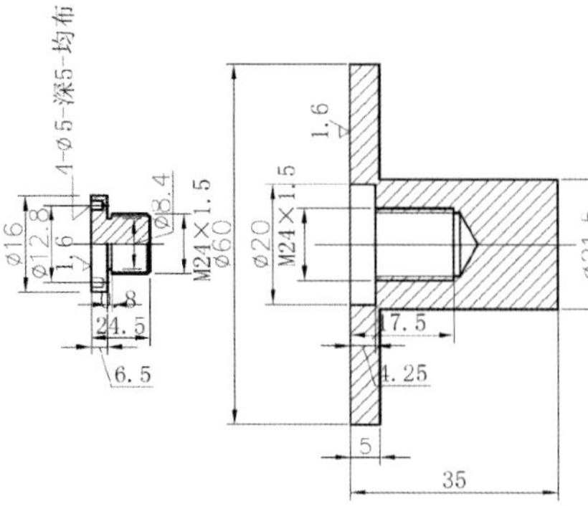

(a) 归心标志

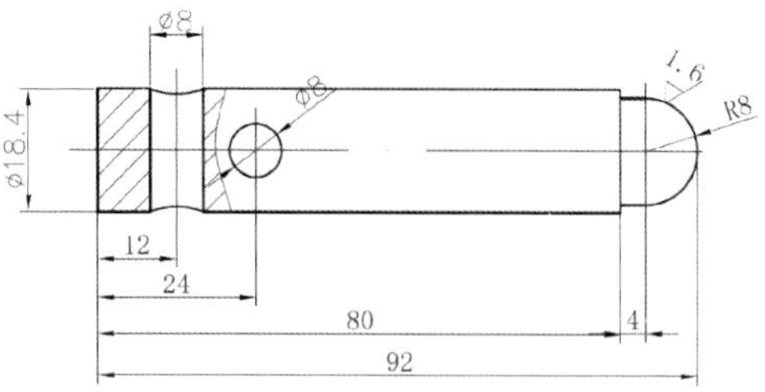

(b) 基岩水准标志

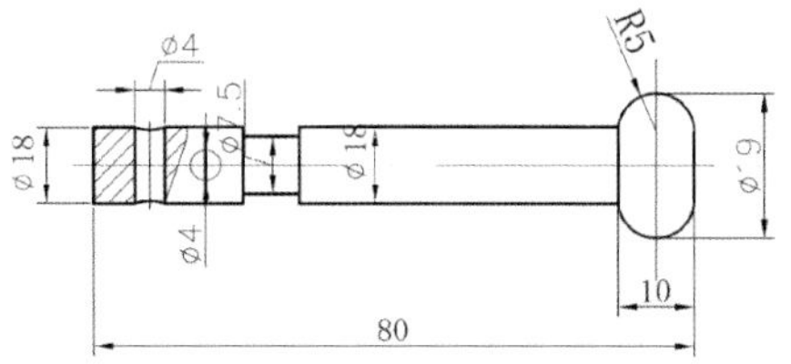

(c) 土层水准标志

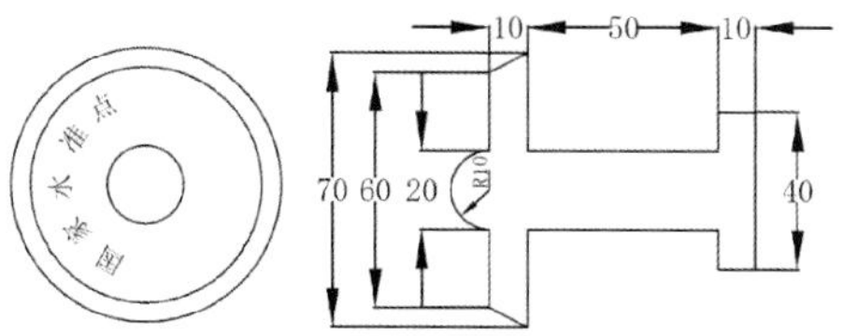

(d) 一般水准标志

图注：

（1）归心标志一般采用 304 不锈钢制作，归心标志下三个方位各焊接一根固定钢筋，埋设时用于地固定归心标志，该型标志主要用于跨断层形变场地的综合观测标石。

（2）基岩水准标志和土层水准标志一般采用 304 不锈钢制作，根部有方向垂直的两个圆孔，用于放置固定钢筋。基岩水准标志顶部半球形埋设时垂直放置，多应用于基岩综合标石。土层水准标志顶部圆帽形，埋设时水平安置于标石侧面，多应用于土层综合标石。

（3）一般水准标石多采用 304 不锈钢、铜、陶瓷等材料制作，顶部圆盘状，其上刻印文字，圆盘中心有半球形凸起。该型标志垂直埋设在标石顶部中心位置，并将其顶部文字中间字字头指北，多应用于跨断层形变水准场地中的各类水准标石。

9.2－1 观测场地类

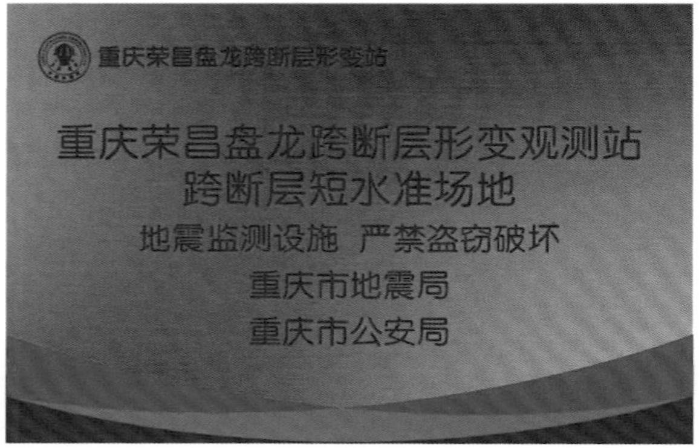

科技蓝
PANTONE 268U
C:100 M:90 Y:5 K:0

辅助色
PANTONE 299U
C:80 M:40 Y:0 K:0

不锈钢板

图注：

（1）跨断层形变台站标识标牌只有观测场地类标识。

（2）图例为跨断层短水准场地标识、观测墩标识。中国地震局徽标标志必须依据《中国地震局视觉形象识别手册》规定制作，不得随意更改。

标牌尺寸：600mm×400mm；

观测墩标牌尺寸：200mm×100mm；

标牌材质：不锈钢材质；

安装位置：台站门口合适位置，大致为人站立时目视高度（1500～1800mm）。

（3）标识内容：场地名称，所属单位以及“监测设施依法保护”警示字样。

10 形变观测站

形变观测站是在洞室或钻孔内观测地倾斜、地应变及其随时间相对变化的地震观测站。

形变观测站观测场地应按照 GB/T 19531. 3—2004《地震台站观测环境技术要求 第 3 部分：地壳形变观测》进行勘选，其地震地质、地形地貌和环境条件等基本要素符合该标准的规范要求。观测站应按照 DB/T 68—2017《地震台站综合防雷》进行台站综合防雷设计和建设。依据各种类型仪器的不同布设情况，按照摆式、水管、伸缩、钻孔应变、钻孔倾斜进行分类。按照“防震加固科学、综合布线规范、标识标志清晰”的基本要求，对形变观测站进行了标准化设计，提出了规范化要求。

本章包含形变观测站建设标准化设计所需的主要元素、重要部件以及配套设施设计，并配有相应图例和文字说明。同时本书附录还包括“外部典型案例、内部典型案例”等内容。

公用设备和设施的防震加固设计可参阅 2. 2 节。

仪器设备类标识和通用类标识可参阅 2. 4 节。

无人观测站场地类标识可参阅 3. 4 节。

垂直摆仪器的防震加固设计另行规定。

10.1－1 山洞及钻孔观测布局示意图

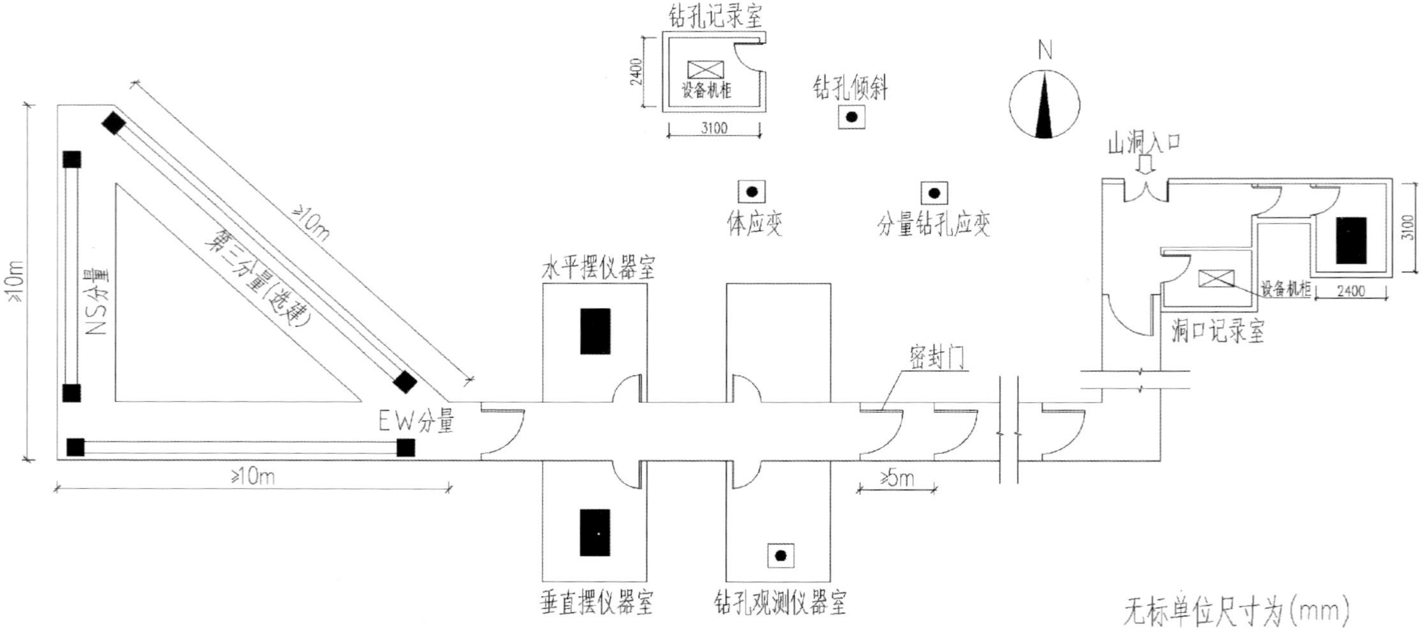

图注：

（1）观测布局：

①洞室应是开凿的专用山洞（可利用现有山洞），包括洞口记录室、引洞和仪器室三部分。

②洞体内坑道宜建成 L 形，引洞宜用 4 道以上船舱式或冷库式密封门（在保证仪器室顶部覆盖厚度达到 DB/T 8.1—2003 中 6.2.2 条要求情况下，在引洞内均匀布设密封门，两道门间距不宜小于 5m）；洞室截面高度不小于 2.6m，宽不小于 2.2m，顶部呈半圆形。

③室内不设窗户，应做防潮隔热设计，满足室温 5~30℃，相对湿度不大于 80%；室内墙体白色乳胶漆粉刷，地面为光滑平整水泥地面。

（2）配置与布设：

①摆式仪器室位于引洞与基线式仪器室之间。水管仪、伸缩仪按南北、东西两分量布设，若受场地限制，两分量夹角可在 60°~120°；伸缩仪宜布设第三分量；基线式仪器观测室布设方式可因地制宜按照 DB/T 8.1—2003 要求进行布设，图示为其中一种方式。

②山洞内设置防潮、密封式的灯具及开关。

10.1－2 洞口记录室布局图

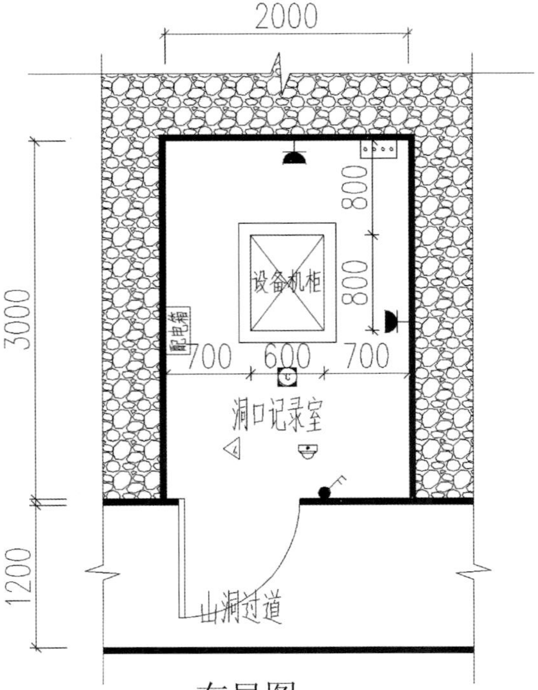

布局图

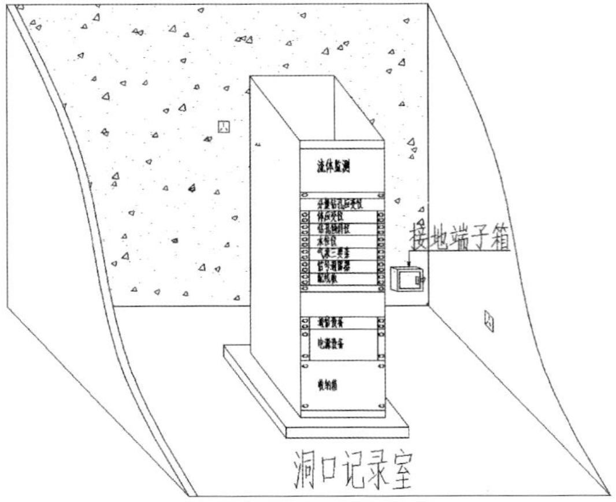

透视图

图注：

（1）观测布局：

墙体及屋顶做防潮、隔热、防变形设计；地面选用防静电涂料涂抹。

（2）配置与布设：

①记录室距仪器室距离应小于200m。

②记录室内设置设备机柜、配电箱、等电位接地箱、电源插座、照明开关等。

③机柜四周距墙不小于0.8m；配电箱安装于进门左边，距地面高度1.5m；等电位接地箱安装在机柜后侧墙面，距地面高度0.3m；电源插座装于后墙和隔墙上距地面高度0.3m；照明开关置于进门右侧，距地面高度1.4m。

（3）配套设施：安装防潮照明灯具；非山洞内的记录室可根据实际需要安装空调，以满足室温5~30℃。

10.1－3 室外钻孔观测布局图

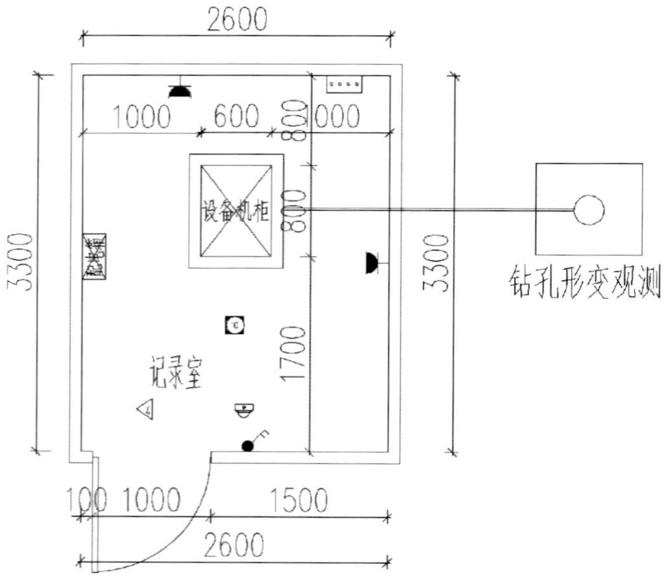

布局图

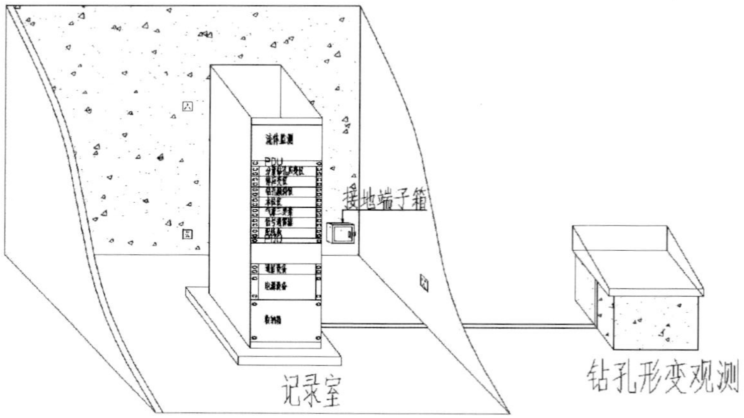

透视图

图注：

（1）观测布局：墙体及屋顶做防潮、隔热、防变形设计；地面选用防静电涂料涂抹。

（2）配置与布设：

①记录室距钻孔应小于 20m。

②记录室内设置设备机柜、配电箱、等电位接地箱、电源插座、照明开关等。

③机柜四周距墙不小于 0.8m；配电箱安装于进门左边，距地面高度 1.5m；等电位接地箱安装在机柜后侧墙面，距地面高度 0.3m；电源插座装于后墙和隔墙上距地面高度 0.3m；照明开关置于进门右侧，距地面高度 1.4m。

（3）配套设施：房顶布设节能照明灯具；室内根据实际情况安装安防和环境监控设备等，安装距地面高度 2.3m。

10.2－1 水管仪固定示意图

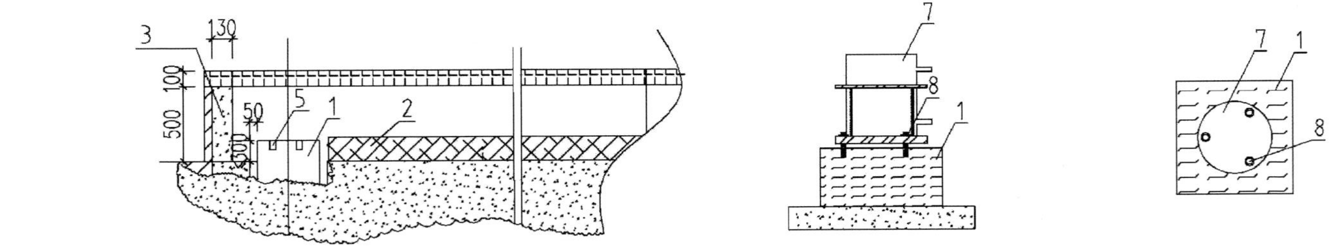

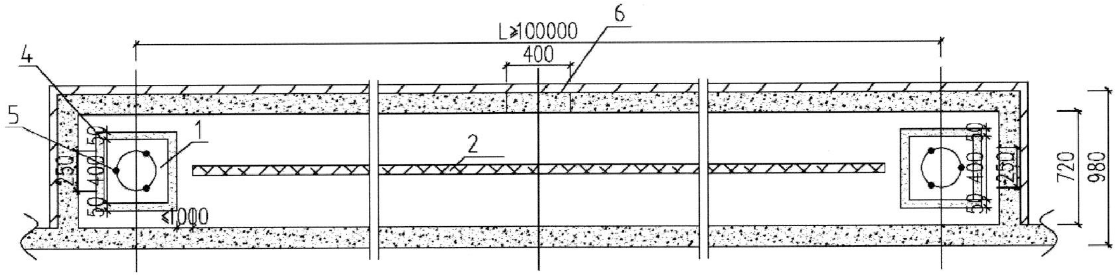

序号	名称	备注
1	主墩	
2	矮墙	比主墩高50mm
3	泡沫板	50×5mm
4	隔振槽	内填细沙与沥青
5	预埋孔	孔径40mm 深60mm
6	方孔	过道一侧由上向下
7	传感器	
8	膨胀螺栓	Φ4

图注：

（1）水管仪布设在基线式仪器室内，水管仪两端钵体由仪器自带膨胀螺钉通过主墩预埋孔固定在仪器主墩上。

（2）主墩由花岗岩、大理岩、灰岩岩石加工而成；若基岩出露完整，利用基岩作墩，基岩面较深时，应在开掘出的基岩上浇筑 C30 水泥混凝土墩面，并用水泥砂浆将其与墩基平面接触粘接；主墩周围设隔振槽，槽深 0.30m，槽内填细砂，槽面沥青覆盖。

（3）主墩长 0.40m，宽 0.40m；支墩与主墩间距应不大于 1.0m；支墩为一道矮墙，比主墩高出 50mm；仪器墩面平整，高差不大于 2mm。

（4）应建仪器整体密封小腔体（厚度为 50mm 的聚丙乙烯泡沫板），密封腔体外可铺设厚度不小于 0.1mm 的高密度聚乙烯塑料薄膜。

（5）观测墩至第一个支墩之间的距离不小于 1000mm，宜为 400～1000mm。

（6）在主墩一侧应设置仪器理线收纳盒。

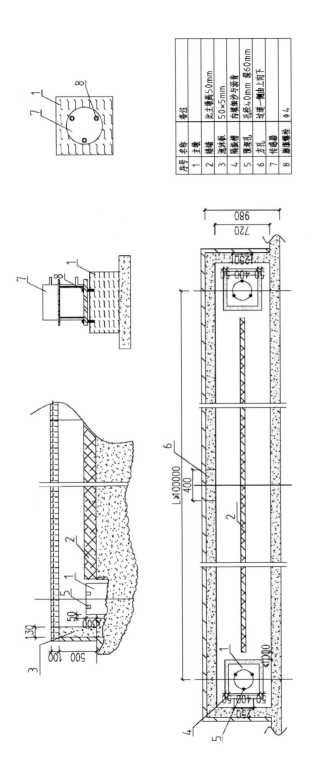

10.2－2 伸缩仪固定示意图

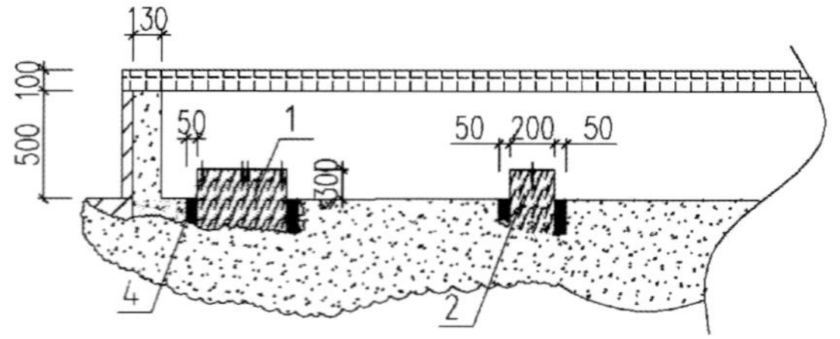

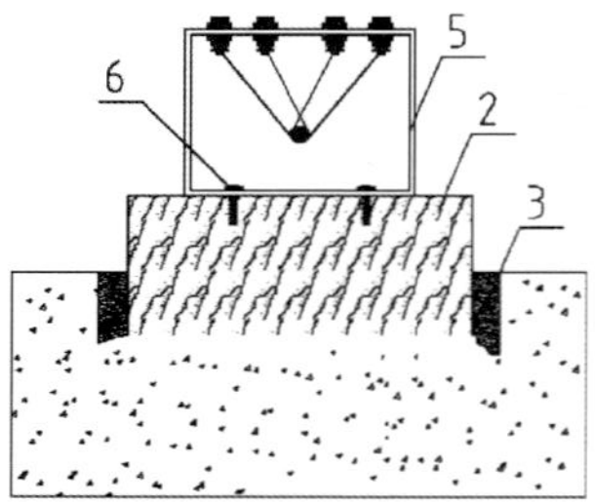

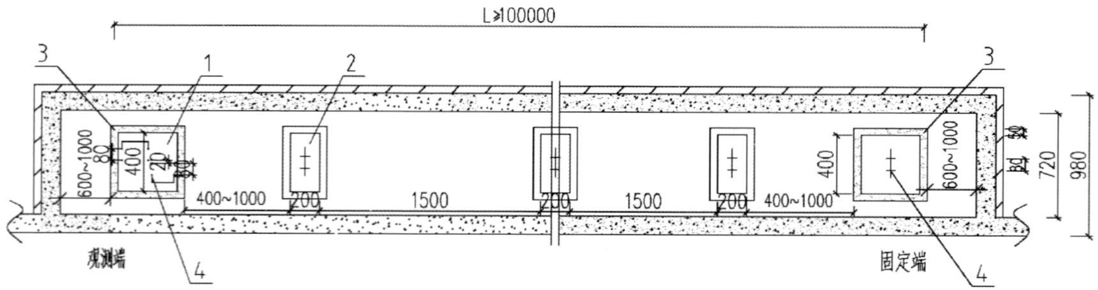

序号	名称	备注
1	主墩	
2	支墩	与主墩高差≤5mm
3	隔振槽	内填细沙与沥青
4	预埋孔	孔径10mm 深50mm
5	传感器托架	
6	膨胀螺栓	Φ2

图注：

（1）伸缩仪布设在基线式仪器室内，伸缩仪通过支墩上预埋孔方形支架，利用膨胀螺钉固定在仪器墩上。

（2）主墩由花岗岩、大理岩、灰岩岩石加工而成；若基岩出露完整，利用基岩作墩，基岩面较深时，应在开掘出的基岩上浇筑 C30 水泥混凝土墩面，并用水泥砂浆将其与墩基平面接触粘接；支墩由岩石或混凝土构成，周围设隔振槽，槽深 0.3m，槽内填细砂，槽面沥青覆盖。

（3）主墩长 0.40m，宽 0.40m；支墩间隔 1.5m，1 号支墩与主墩间距应不大于 1.0m；支墩尺寸：长度 0.4m，宽度 0.2m；支墩与主墩间高差不大于 5mm。

（4）应建仪器整体密封小腔体（厚度为 50mm 的聚丙乙烯泡沫板），密封腔体外可铺设厚度不小于 0.1mm 的高密度聚乙烯塑料薄膜。

（5）在主墩一侧应设置仪器理线收纳盒。

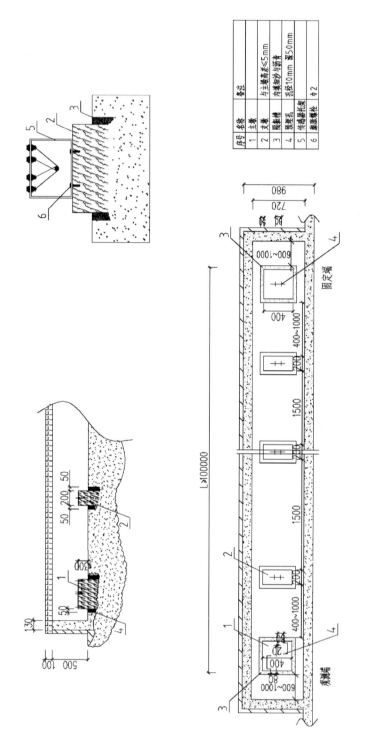

10.2-3 钻孔观测井口固定设计图

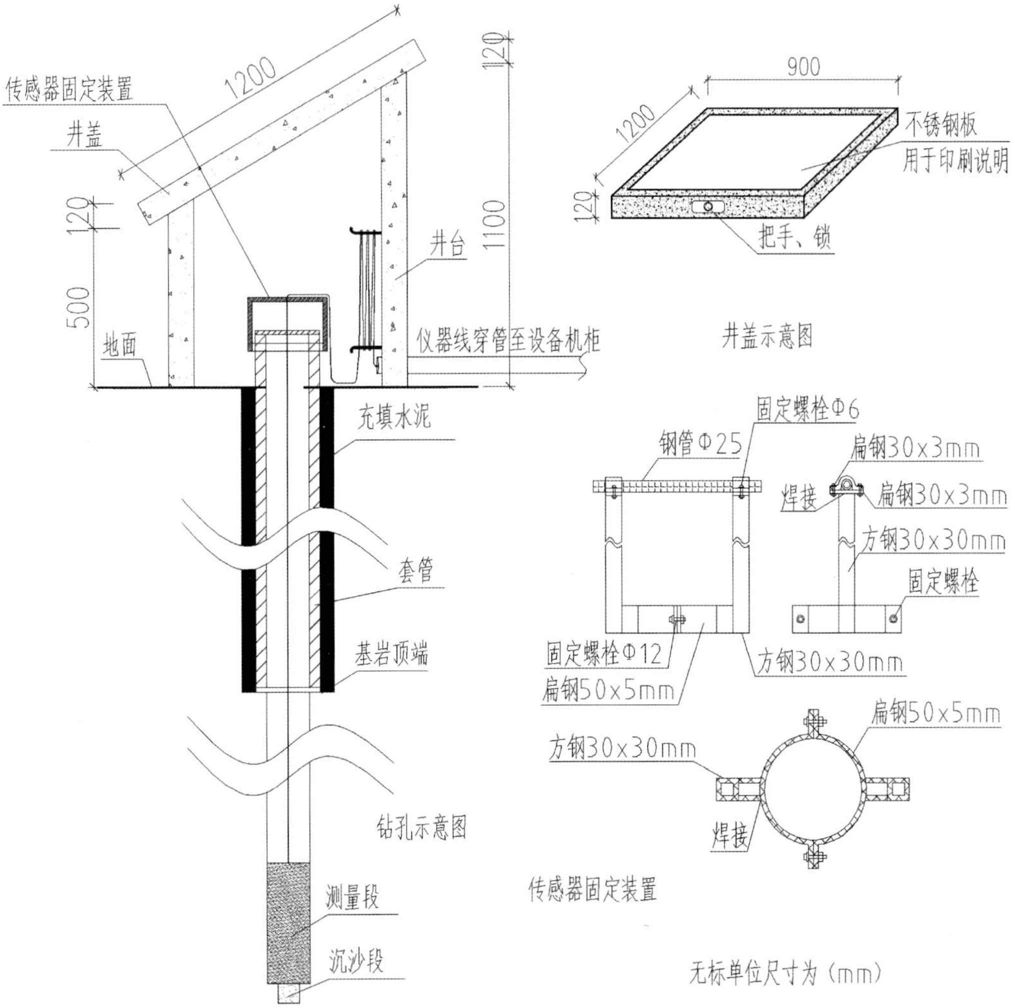

图注：

（1）钻孔斜度应不大于1°。

（2）应变传感器探头通过水泥耦合固定在测量段，倾斜探头通过仪器自带设备耦合固定在测量段。

（3）井管四周应浇注混凝土井台，浇注井台应与井管隔离（间隔10mm），井管高出浇注混凝土地面不小于0.4m。

（4）井口设防护罩，材料选用不锈钢，防护罩与底座使用膨胀螺栓固定（防护罩可拆卸），防护罩正面喷涂永久性明显标志，包括徽标标志和观测井信息及相关说明。

（5）混凝土井台内壁设线缆收纳设施，用于固定整理冗余的传感器信号电缆。

10.2－4 仪器主机及非标设备固定示意图

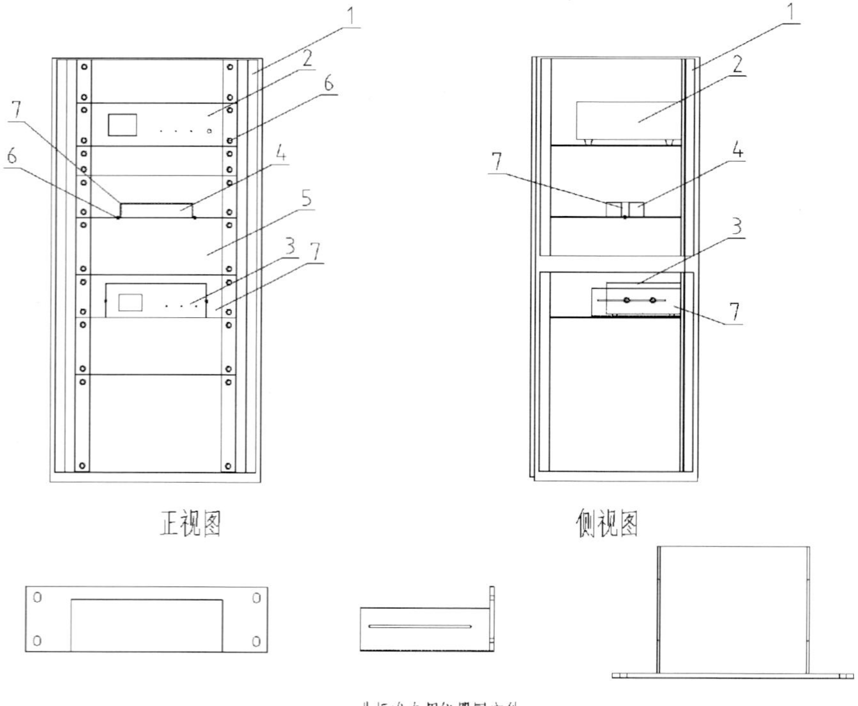

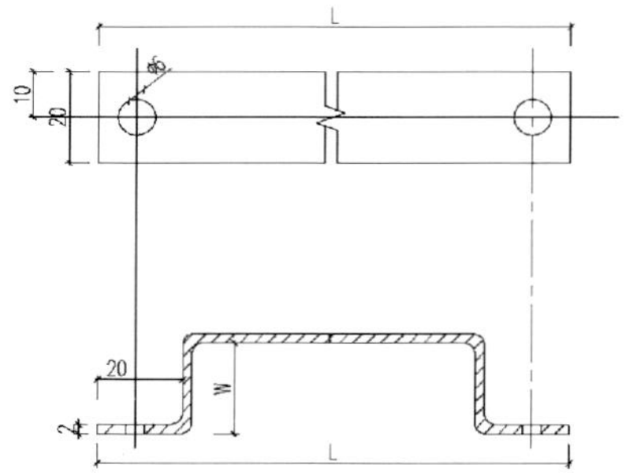

非标准通信设备固定件

序号	名称	备注
1	机柜	
2	标准专用仪器	
3	非标准专用仪器	
4	非标准通信设备	
5	盲板	2U、3U、4U
6	固定螺栓	Φ6
7	非标准设备固定件	

图注：

（1）所有仪器均应放置在设备机柜内的隔板上，不得随意叠放。

（2）标准专用仪器（指其外形为 19 英寸宽机箱）的防震固定，采用螺栓前固定方式固定在机柜内。

（3）专用仪器的机箱为非 19 英寸宽的非标准箱，可通过以下方式进行固定：

①专用仪器带有配套挂耳，安装挂耳后仪器宽度满足 19 英寸标准宽度，采用螺栓前固定方式固定在机柜内。

②对于无配套配件的非标准专用设备，应根据其尺寸大小加工专用固定件，并将制作的专用固定件与仪器固定连接后，采用螺栓前固定方式固定在机柜内。

（4）非标准通信设备等公用设备的防震固定，通过制作固定件，采用螺栓固定于隔板上，放置该设备同层的空余位置可安装相应尺寸盲板，保持设备机柜前面板的整洁。

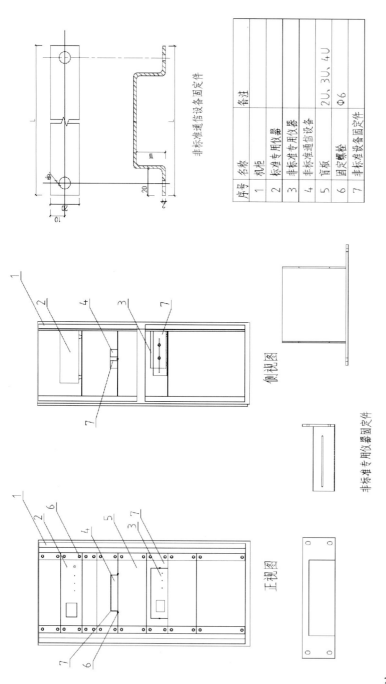

10.3－1 山洞及钻孔观测综合布线图

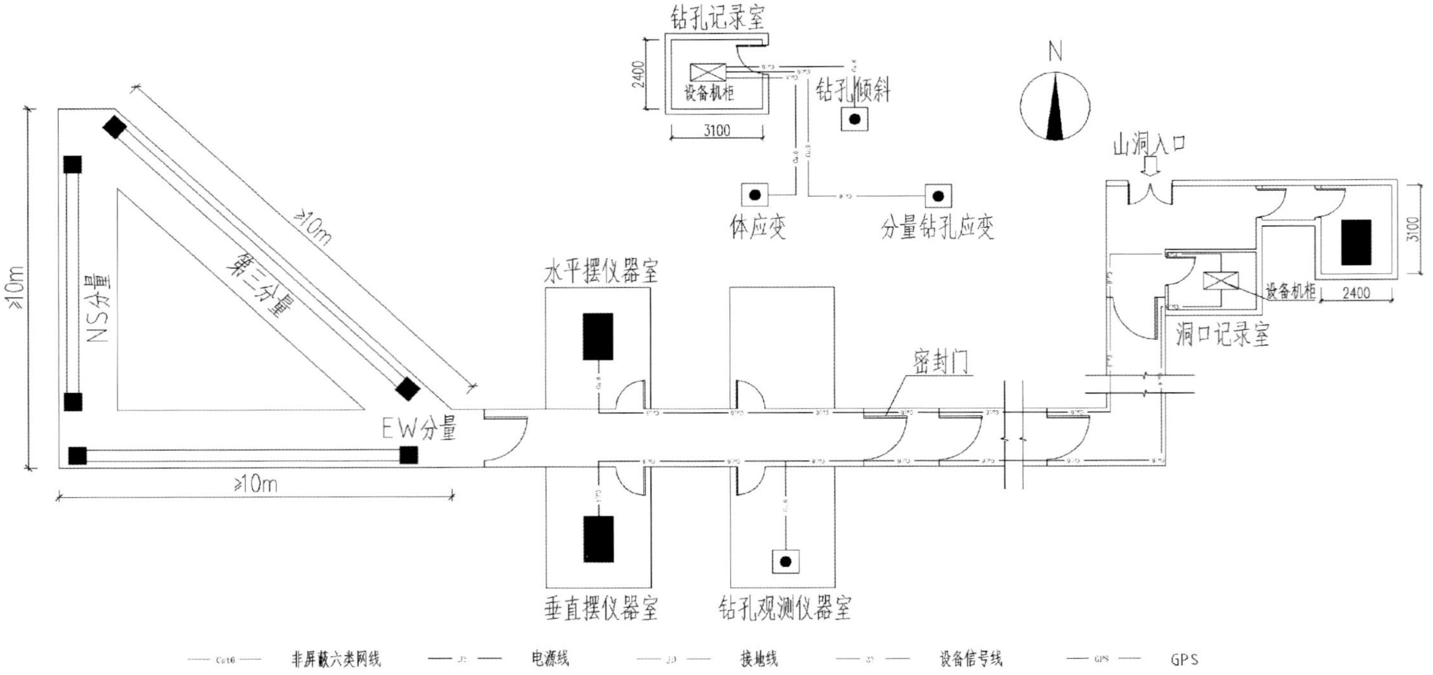

图注：

（1）布线基本要求：

①线路布设应遵循安全、可靠、适用和经济原则，敷设应横平竖直、杜绝缠绕。

②沿山洞过道安装 100mm×100mm 的镀锌桥架，连接记录室及仪器室，桥架距离地面 2.3m。

③山洞内强电弱电线缆分开布设；线缆应固定，固定间距不应超过 1m，固定的材料应有防锈功能。

（2）市电按照 DB/T 68—2017 要求配接电源防雷器，进入配电箱。电源线沿强电桥架从配电箱敷设到稳压电源或 UPS 处。

（3）传感器线穿管从摆墩敷设至弱电桥架再连接至设备机柜中，冗余线缆放入线缆收纳箱内。

（4）设备机柜、信号防雷器等设备应使用 $6mm^2$ 接地线连接到等电位接地箱中的接地母排；电源防雷器应使用 $10mm^2$ 接地线连接到接地母排；接地母排应与接地地网可靠连接，地网的接地电阻应不大于 4Ω。

10.3-2 室外钻孔观测综合布线图

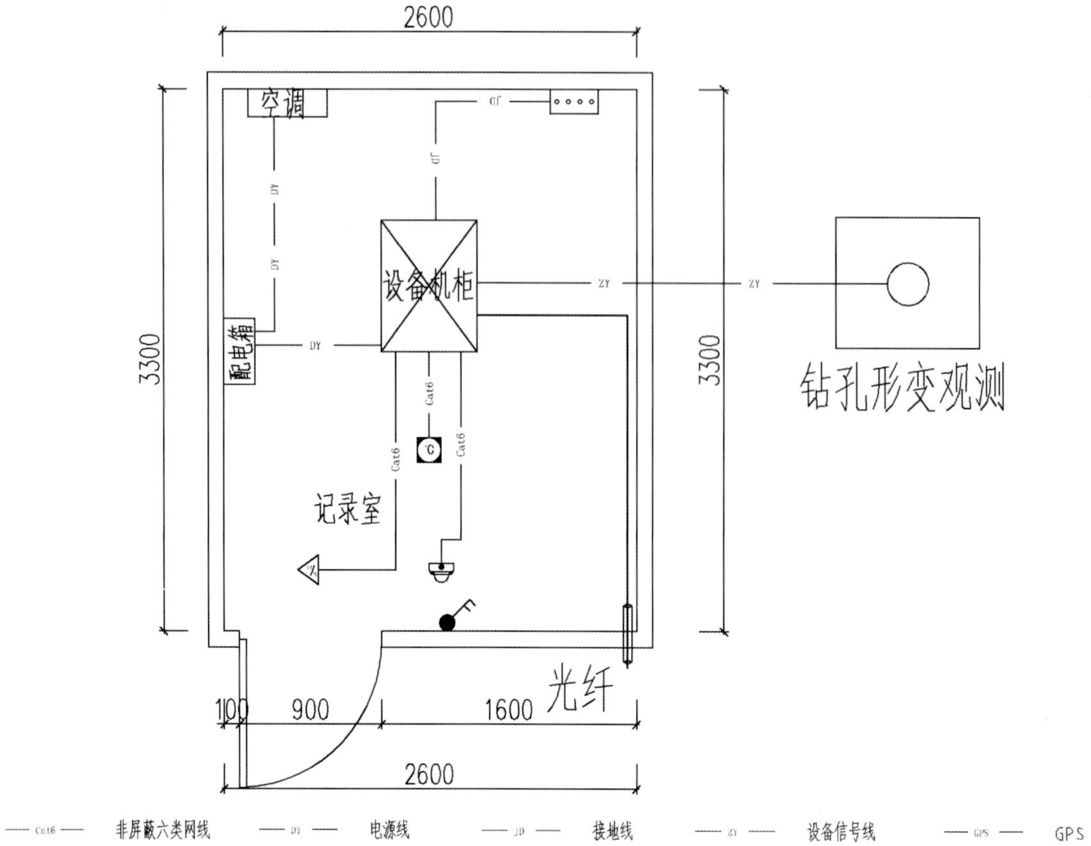

图注：

（1）布线基本要求：

①线路布设应遵循安全、可靠、适用和经济原则，敷设应横平竖直、杜绝缠绕。

②强电弱电线缆分开布设，或者采取屏蔽措施。线缆应固定，固定间距不应超过1m，固定材料应有防锈功能。

（2）市电按照DB/T 68—2017要求配接电源防雷器，进入配电箱。电源线沿强电桥架从配电箱敷设到稳压电源或UPS处。

（3）传感器线宜套金属管埋地铺设进入室内，沿弱电桥架或者穿管敷设至设备机柜，冗余线缆放入线缆收纳箱内。

（4）设备机柜等设备应使用6mm^{2}接地线连接到等电位接地箱中的接地母排；电源防雷器应使用10mm^{2}接地线连接到接地母排；接地母排应与接地地网可靠连接，地网的接地电阻不大于4Ω。

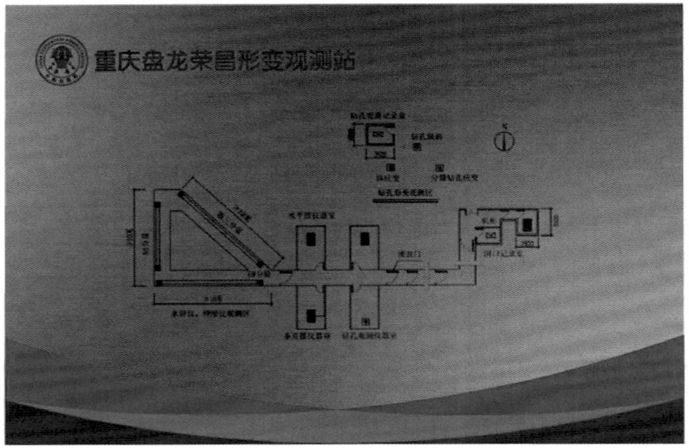

科技蓝
PANTONE 268U
C:100 M:90 Y:5 K:0

辅助色
PANTONE 299U
C:80 M:40 Y:0 K:0

不锈钢板

图注：

（1）标识标牌包括台站名称类、观测场地类、仪器设备类、线路线缆类、通用类等5类，台站名称类、仪器设备类和通用类见2.4节。本页图例为形变山洞、形变钻孔、观测墩及基线标牌。

（2）标牌尺寸：形变山洞标牌400mm×200mm；形变钻孔标牌600mm×400mm；观测墩、基线标牌200mm×100mm。

（3）标牌材质：拉丝不锈钢图文丝网印。

（4）安装位置：安装于形变山洞口、形变钻孔附近、观测墩、基线墩旁。

（5）内容要求：山洞标牌内容为形变山洞；观测墩标牌应包括摆墩编号、尺寸、摆墩类型、启用时间。

（6）其他要求：中国地震局徽标标志必须依据《中国地震局视觉形象识别手册》规定制作，不得随意更改。

10.4－2 观测场地类

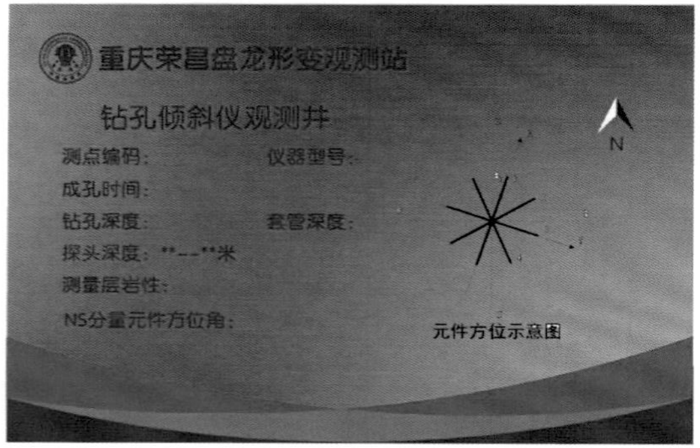

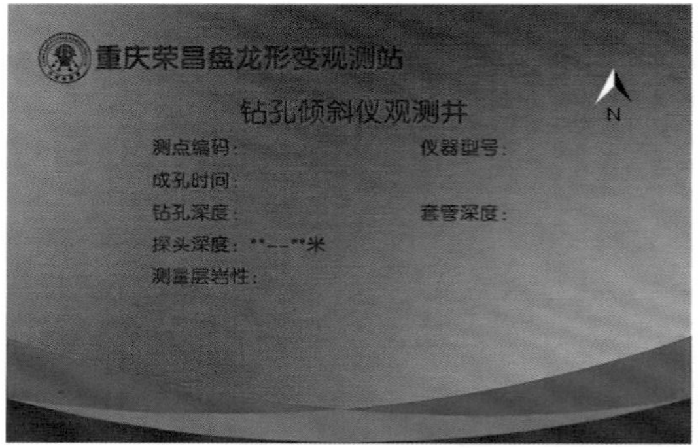

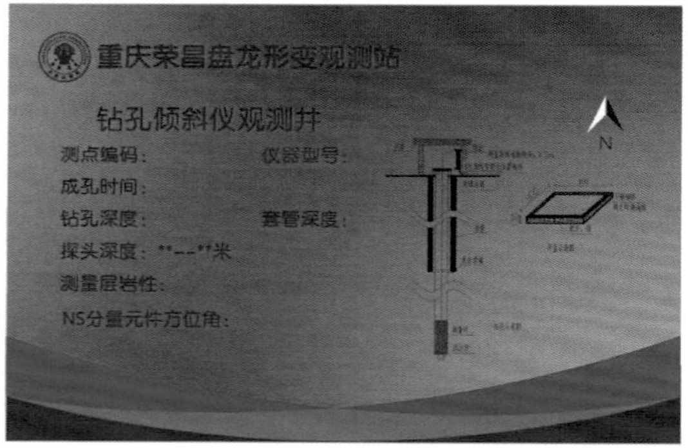

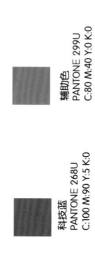

科技蓝
PANTONE 268U
C:100 M:90 Y:5 K:0

辅助色
PANTONE 299U
C:80 M:40 Y:0 K:0

不锈钢板

图注：

（1）图例为形变钻孔井标牌。

（2）标牌尺寸：400mm×200mm。

（3）标牌材质：拉丝不锈钢图文丝网印。

（4）安装位置：安装于形变钻孔井盖上。

（5）内容要求：包括仪器名称、测点编码、仪器型号、安装时间、钻孔深度、套管深度、探头深度、测量层岩性、指北标记、元件方位角等信息。

（6）其他要求：中国地震局徽标标志必须依据《中国地震局视觉形象识别手册》规定制作，不得随意更改。

10.4-3 线路线缆类

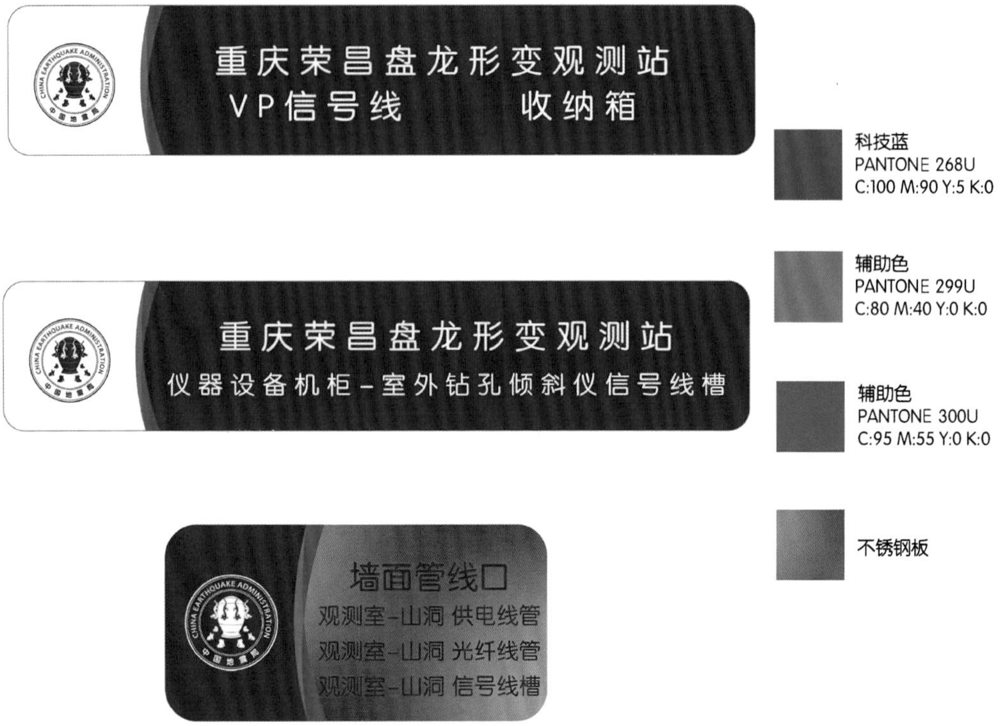

图注：

（1）图例为线路线缆类标牌。

（2）适用范围：铺设线缆的线管、线槽、桥架，进出室内的管线口。

（3）收纳箱、线管、线槽等标牌尺寸 180mm×35mm，管线口标牌尺寸200mm×100mm。

（4）标牌材质：基材可选择不锈钢/铝合金材质或聚丙烯材质，聚丙烯材质应符合 UL969 标准，背胶采用永久性丙烯酸类乳胶；基材应选择不锈钢材质，室内使用 5~10 年。

（5）安装位置：线缆收纳箱标识安装在其左上方；线管、线槽、桥架等标识应粘贴在明显位置（两端必须粘贴），对于较长的线槽、线管、桥架，每隔 5m 进行 1 次粘贴；墙面管线口标牌粘贴在墙面管线口穿墙附近的空白位置。

（6）标识内容：线缆类标牌应说明线缆起止位置及其中线缆的类型；墙面管线口标牌应说明线管、线槽、桥架的起始位置及内铺线缆的类型。

（7）其他说明：

①每个台站应只选取同一种风格的模板制作标牌。

②中国地震局徽标标志必须依据《中国地震局视觉形象识别手册》规定制作，不得随意更改。

11 流体观测站

流体观测站是以地震监测与预测为主要目的，通过井（泉）-含水层系统等观测场地，布设地震专业仪器，观测地下流体物理化学特性随时间变化过程。

流体观测井泉经过勘选，其地质构造、岩性结构、地形地貌、环境噪声和干扰源等基本要素符合有关技术规范的要求。根据井水流动情况，观测井分为自流井和非自流井；根据空间分布情况，观测井分为在观测室内和观测室外（按照要求观测井应建设井房，由于部分观测井不具备条件，观测井在室外）。按照“防震加固科学、综合布线规范、标识标志清晰”的基本要求，对流体站进行了标准化设计，提出了规范化要求。

本章包含流体观测站建设标准化设计所需的主要元素、重要部件以及配套设施设计，并配有相应图例和文字说明。同时本书附录还包括“外部典型案例、内部典型案例”等内容。

公用设备和设施的防震加固设计可参阅 2.2 节。

仪器设备类标识和通用类标识可参阅 2.4 节。

无人观测站场地类标识可参阅 3.4 节。

11.1—1 观测井在室内布局图

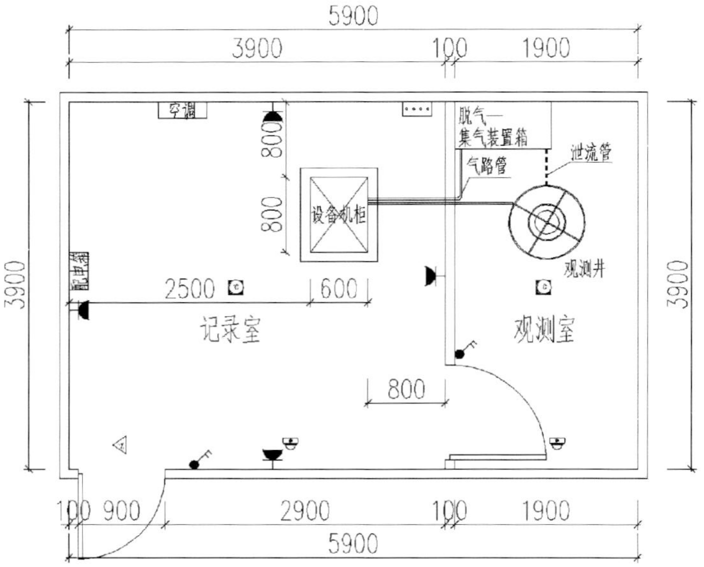

布局图

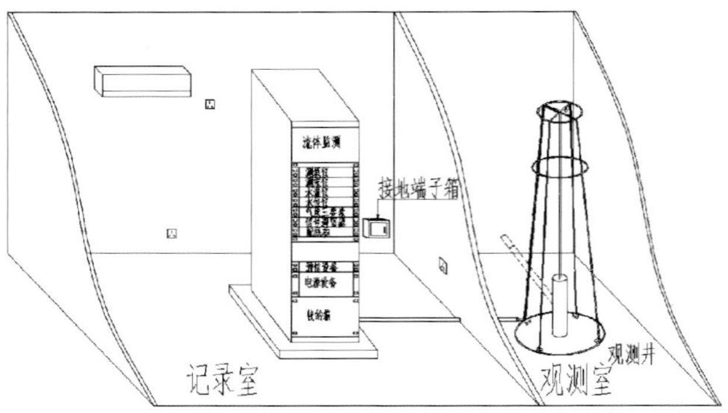

透视图

图注：

（1）观测布局：观测房面积不小于 $20m^2$，净高不小于 2.5m；入户门选用 C 级锁、甲级防盗防锈门；室内设窗户；墙体及屋顶做防潮、隔热、防变形设计；地面选用防静电涂料涂抹。

（2）配置与布设：

①观测房内设观测井，四周距墙壁不小于 0.6m，观测井口设专用固定装置（具体要求见 11.2 节）。

②记录室内设设备机柜、配电箱、等电位接地箱、电源插座、照明开关。

③设备机柜四周距墙壁不小于 0.8m；配电箱安装于进门左边，距地面高度 1.5m；等电位接地箱安装在机柜后侧墙面，距地面高度 0.3m；电源插座装于墙上距地面高度 0.3m；照明开关置于进门右侧，距地面高度 1.4m；后侧墙体上方预留线缆入户孔。

（3）配套设施：观测井可与机房在同一房间内，热水观测井需与仪器分开在两个房间。观测井需配置传感器固定装置和传感器线与水位校测装置整理箱。观测房内设节能照明灯具，室内根据实际情况安装安防和环境监控设备。

11.1－2 观测井在室外布局图

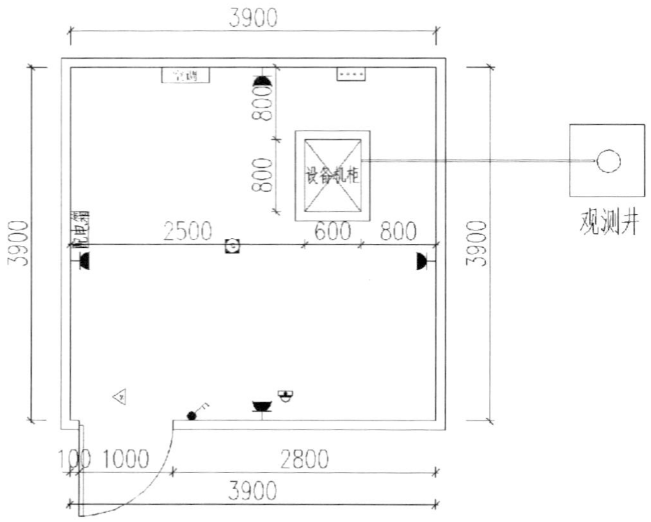

布局图

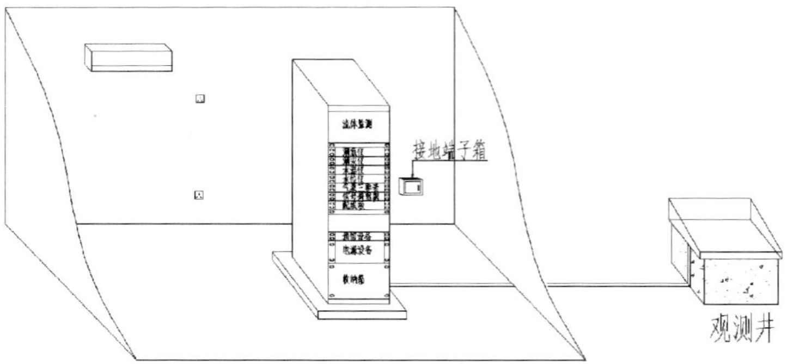

透视图

图注：

（1）观测布局：观测房面积不小于 20m²，净高不小于 2.5m；入户门选用 C 级锁、甲级防盗防锈门；室内设窗户；墙体及屋顶做防潮、隔热、防变形设计；地面选用防静电涂料涂抹。

（2）配置与布设：

①观测房外设观测井，观测井口设专用固定装置（具体要求见 11.2 节）。

②记录室内设设备机柜、配电箱、等电位接地箱、电源插座、照明开关。

③设备机柜四周距墙壁不小于 0.8m；配电箱安装于进门左边，距地面高度 1.5m；等电位接地箱安装在机柜后侧墙面，距地面高度 0.3m。

④电源插座装于墙上距地面高度 0.3m；照明开关置于进门右侧，距地面高度 1.4m；后侧墙体上方预留线缆入户孔。

（3）配套设施：室外观测井传感器线需横穿管接入观测室内机柜，管埋深要大于冻土层。

观测房内设节能照明灯具，室内根据实际情况安装安防和环境监控设备；根据地区实际需要安装低功耗、低噪音可远程监控空调。

11.1－3 气体观测室布局图

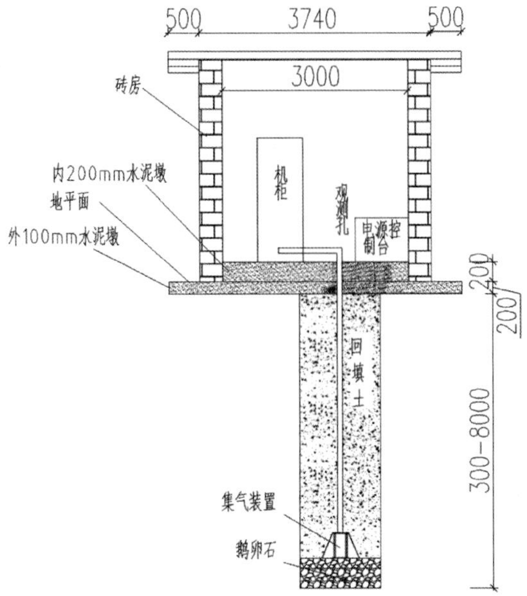

剖面图

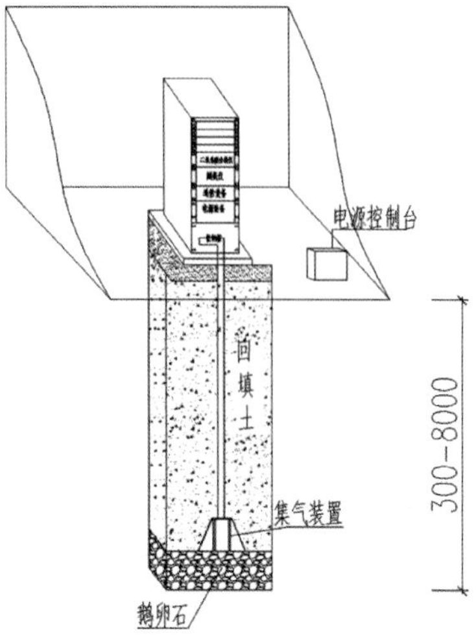

透视图

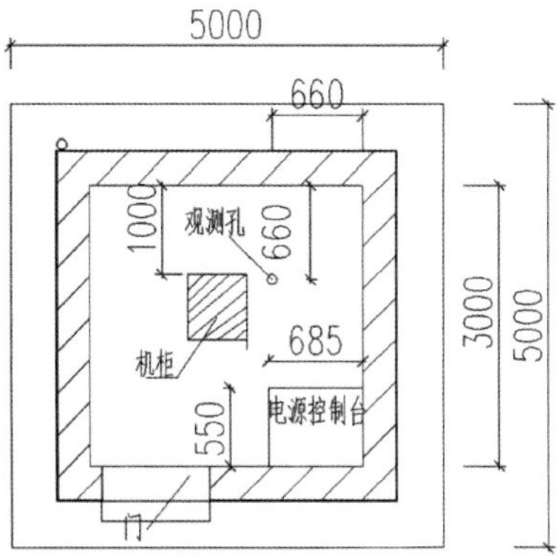

布局图

图注：

（1）冬季最低温高于0℃，冻土层小于0.5m的地区，直接采用观测房的形式开展气体观测。

（2）观测布局：观测房面积不小于10m²，净高不小于2.5m；入户门选用C级锁、甲级防盗防锈门；室内设窗户；墙体及屋顶做防潮、隔热、防变形设计；地面选用防静电涂料涂抹。

（3）无人值守观测点选用太阳能电池板供电，太阳能电池板至于房顶。房间内配置电源控制台，用于放置蓄电池、路由器等。

11.1-4 地球化学综合观测室布局图

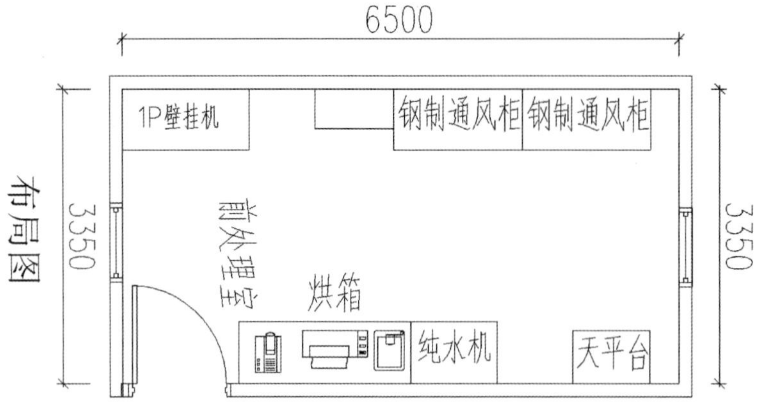

图注：

（1）观测布局：按功能可划分为前处理室、水化观测室、氡观测室、汞观测室。

（2）辅助设施：通风柜、除湿机、空调，实验台、试剂柜、房间排风和样品柜。

（3）悬挂实验室规章制度、实验方法、仪器操作规范等展板。

11.1-5 水化观测室布局图

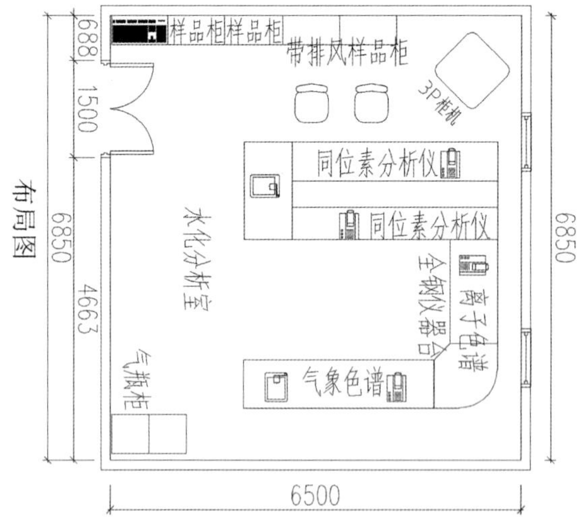

图注：

水化观测室：面积不小于 $30m^2$，布局可根据仪器数量进行相应调整。

（1）配备设备：离子色谱仪、气相色谱仪，同位素分析仪等。

（2）辅助设施：气瓶柜、样品柜、资料柜、实验台、实验凳、更衣柜。

（3）电气系统：排风、空调、除湿机。

（4）悬挂实验室规章制度、实验方法、仪器操作规范等展板。

11.1－6 汞观测室布局图

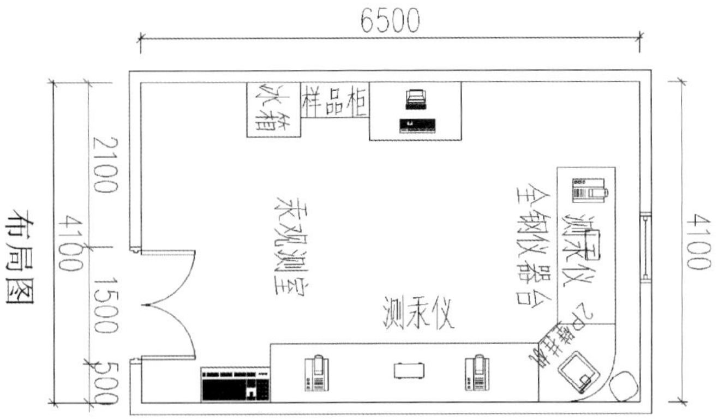

图注：

汞观测室：面积不小于 $18m^2$。

（1）配备设备：水汞仪、便携式测汞仪等。

（2）辅助设施：样品柜、资料柜实验台、实验凳、更衣柜。

（3）电气系统：万向排风罩、冰箱、空调、除湿机。

（4）悬挂实验室规章制度、实验方法、仪器操作规范等展板。

11.1－7 氡观测室布局图

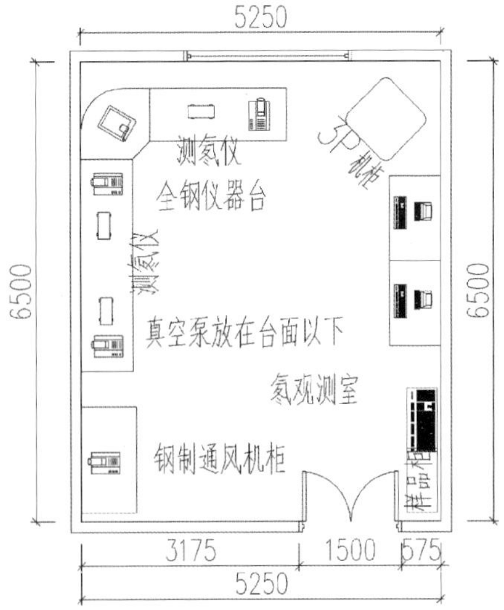

布局图

图注：

氡观测室：面积不小于 $18m^2$。

（1）配备设备：测氡仪。

（2）辅助设施：真空泵、样品柜、资料柜、实验台、实验凳、更衣柜。

（3）电气系统：万向排风罩、冰箱、空调、除湿机。

（4）悬挂实验室规章制度、实验方法、仪器操作规范等展板。

11.2－1　室外观测井口固定设计图

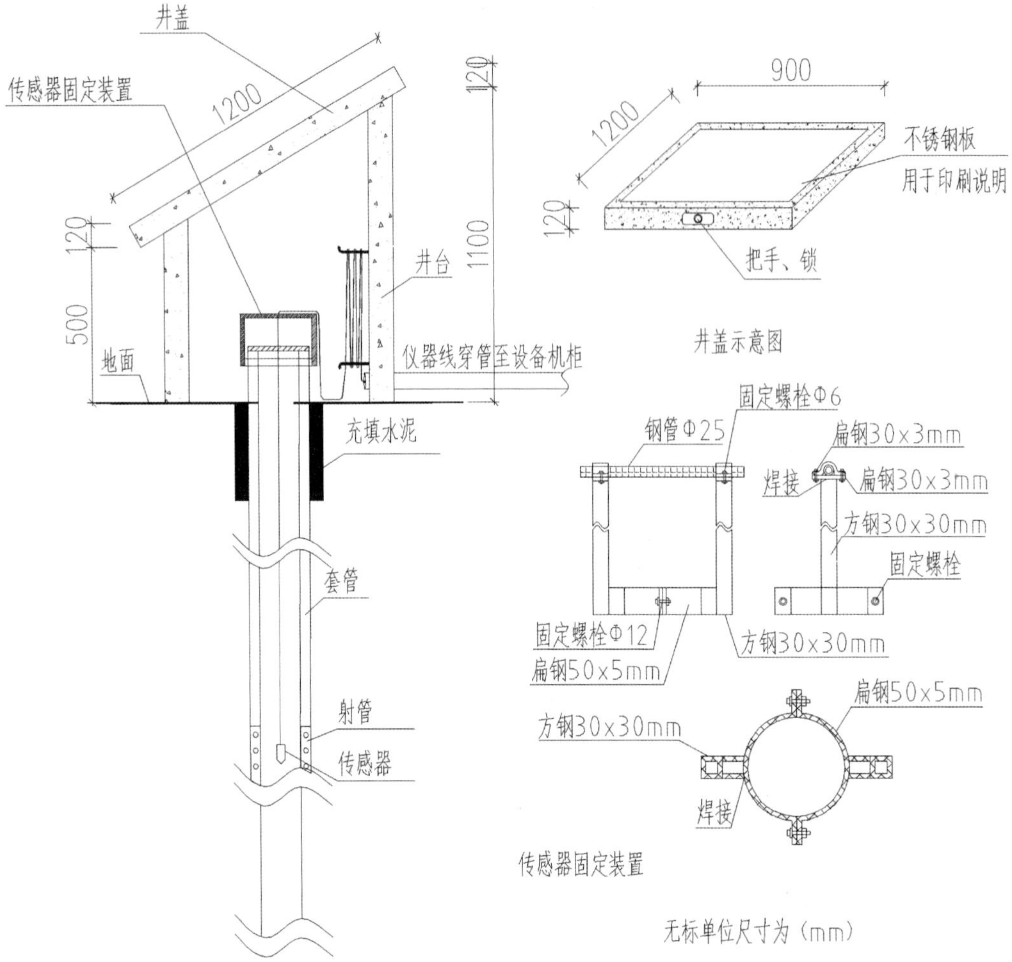

图注：

观测井在室外，井口固定装置基本要求：

（1）观测井口设防护装置：

①井管四周应浇注混凝土井台。

②井口设防护罩，材料选用不锈钢，加带锁井盖，防护罩正面喷涂永久性明显标志，包括徽标标志和观测井信息及相关说明。

③混凝土井台内设线缆收纳设施。

④井口应设置明显的水位基准线。

（2）传感器线缆固定：

①套管外环套：两个带耳的半圆形套环，用厚3mm以上的不锈钢片制作，其内径与套管外径一致，耳上各设两个圆孔，用于把两环用螺栓加紧。

②夹紧外套环用的螺栓与螺母，螺栓直径不小于10mm，钢质。

③横杆：固定水位与水温传感器吊绳用，表面光滑的不锈钢棒，直径不小于20mm，两端设有丝扣。

④横杆螺母：把横杆固定在外套环上用。

11.2-2 室内井口固定示意图

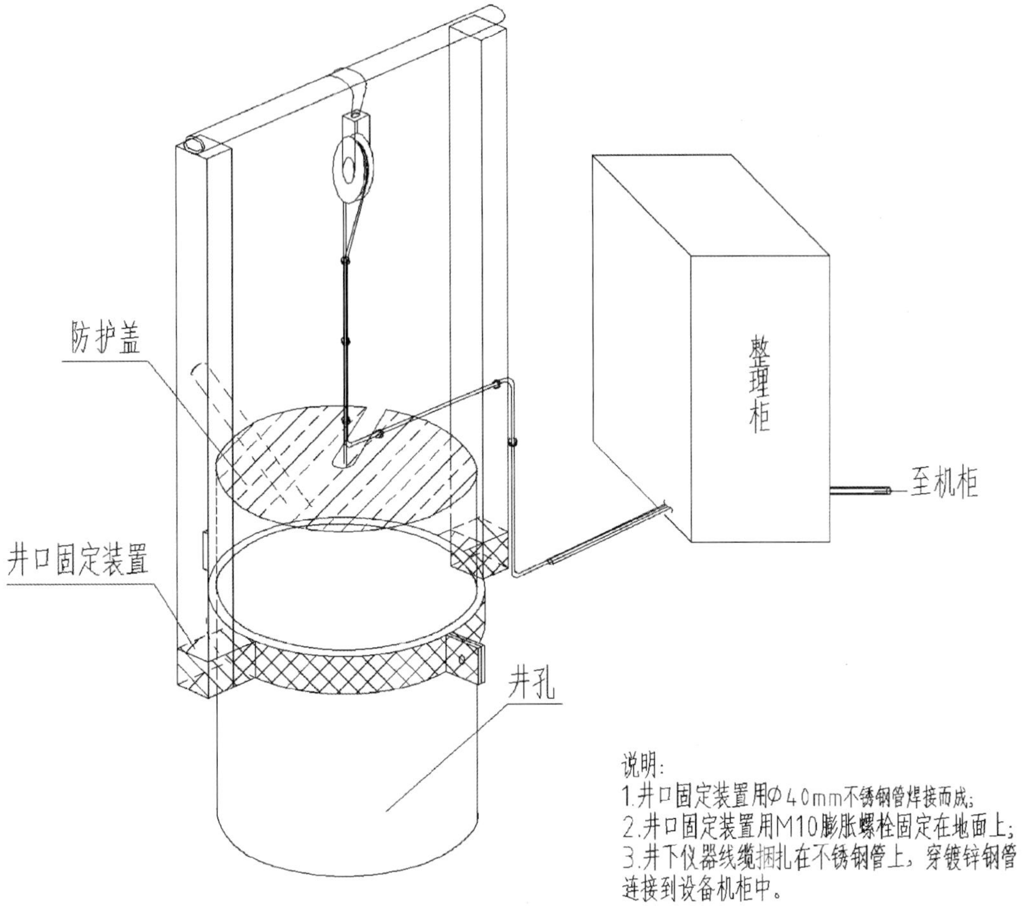
防护盖
井口固定装置
井孔
整理柜
至机柜
说明：
1.井口固定装置用Φ40mm不锈钢管焊接而成；
2.井口固定装置用M10膨胀螺栓固定在地面上；
3.井下仪器线缆捆扎在不锈钢管上，穿镀锌钢管
连接到设备机柜中。

图注：

观测井在室内，井口固定装置基本要求：

(1) 观测探头放置在观测井中时，需通过井口固定装置对传感器进行固定。

(2) 固定装置宜为三角形、圆形或方形（圆形或方形要求地面非常平整）。建议套管高于地面高度约为0.5m，井口固定装置框架宜为1~1.5m。

(3) 井口固定装置用50mm×5mm镀锌扁钢、50mm×50mm镀锌方钢及40mm镀锌管焊接而成；井口固定装置用M10膨胀螺栓固定在套管上。

(4) 井下仪器线缆捆扎在不锈钢管上，穿镀锌钢管连接到仪器设备机柜中；滑轮挂在支架上，便于提取井下传感器。

(5) 井口装置应设置明显的水位基准线。

(6) 整理柜：井口固定装置旁边放置不锈钢整理柜，整理柜主要用于放置剩余的传感器线。建议尺寸为0.4m×0.4m×0.8m。

11.2-3 设备机柜固定设计图

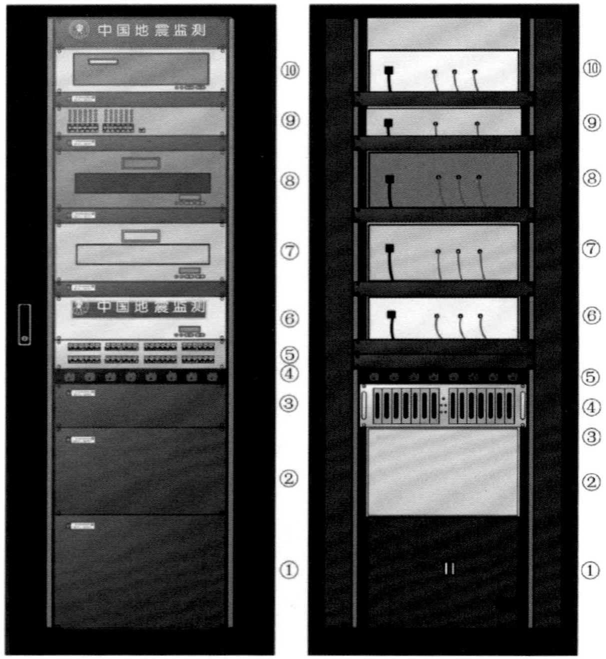

①收纳箱
②预留区
③防雷集成箱
④电源分配单元
⑤配线架
⑥三要素仪
⑦水位仪
⑧温度仪
⑨测汞仪
⑩测氡仪

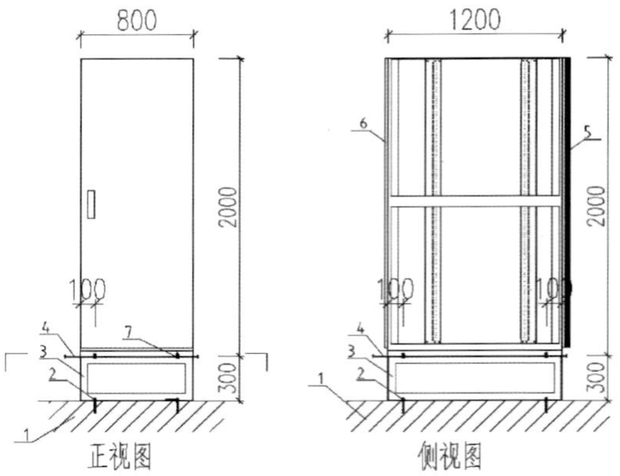

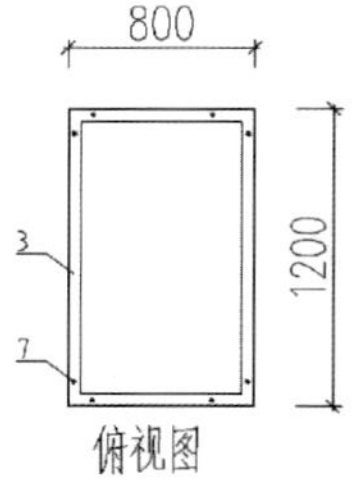

序号	名称	备注
1	原地面	
2	膨胀螺栓	ϕ8
3	底座	角钢50X5mm
4	室内地板	
5	机柜前门	
6	机柜后门	
7	固定螺栓	ϕ8

图注：

（1）设备机柜采用 42U 标准机柜，其中 01U—30U 为公共设备区，依次放置线缆收纳箱、电源设备、通信设备、防雷集成箱、电源分配单元等，30U 以上区域为专用设备区，可依次放置水位仪、水温仪、测汞仪等设备。根据线缆进入位置，可调整线缆收纳箱位置。

（2）设备机柜建议尺寸 800mm×1200mm×2000mm，颜色黑色；设备机柜板材采用优质冷轧钢板制作。

（3）标准设备嵌入采用螺丝前固定，非标设备放置采用托盘固定，托盘数量不少于 6 个，加固支撑安装应平稳牢固。

（4）设备机柜配置承重固定装置，设备机柜内前后左右设 4 个竖向全封闭金属理线槽，设备线路应在竖向和横向理线器内布设。

（5）设备机柜内所有设备均应固定，不得随意叠放。

（6）若有架空地板时，设备机柜采用专用抗震底座固定，详见设备机柜固定图示。

（7）设备机柜正面有“中国地震监测”标识。

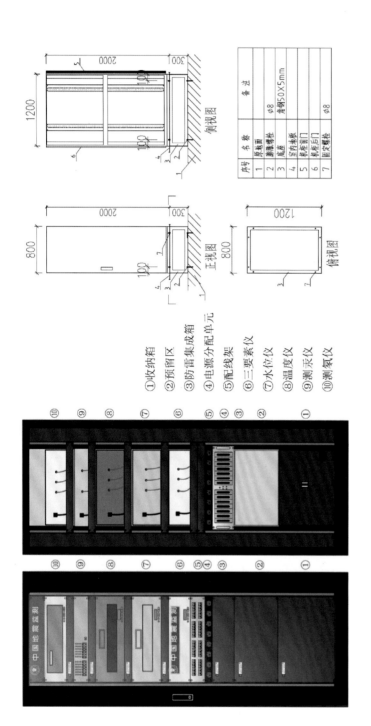

11.2-4 仪器主机及非标仪器固定示意图

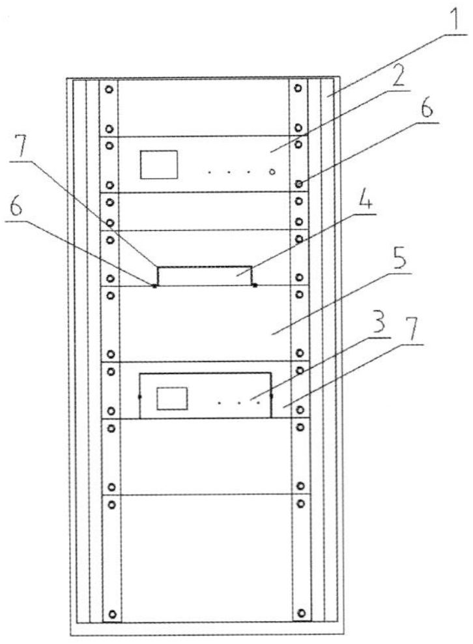

正视图

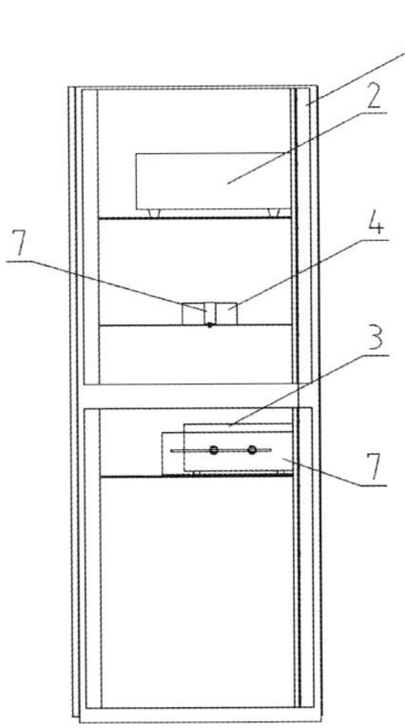

侧视图

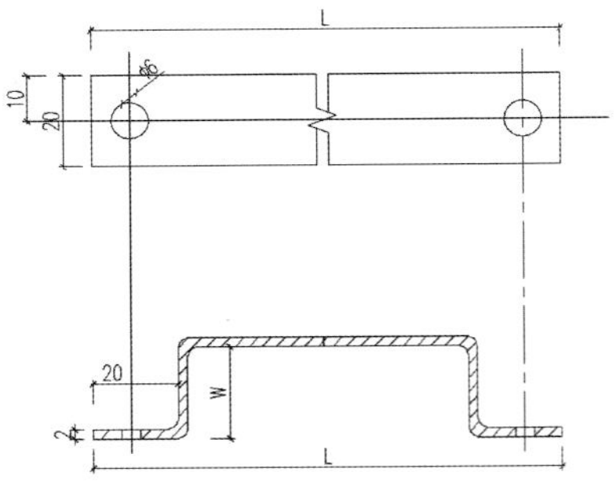

非标准通信设备固定件

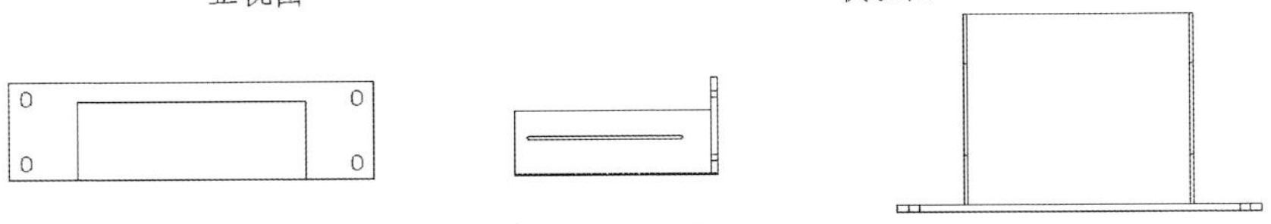

非标准专用仪器固定件

序号	名称	备注
1	机柜	
2	标准专用仪器	
3	非标准专用仪器	
4	非标准通信设备	
5	盲板	2U、3U、4U
6	固定螺栓	Φ6
7	非标准设备固定件	

图注：

（1）所有仪器均应放置在设备机柜内的隔板上，不得随意叠放。

（2）标准专用仪器（指其外形为 19 英寸宽机箱）的防震固定，采用螺栓前固定方式固定在机柜内。

（3）专用仪器的机箱为非 19 英寸宽的非标准箱，可通过以下方式进行固定：

①专用仪器带有配套挂耳，安装挂耳后仪器宽度满足 19 英寸标准宽度，采用螺栓前固定方式固定在机柜内。

②对于无配套配件的非标准专用设备，应根据其尺寸大小加工专用固定件，并将制作的专用固定件与仪器固定连接后，采用螺栓前固定方式固定在机柜内。

（4）非标准通信设备等公用设备的防震固定，通过制作固定件，采用螺栓固定于隔板上，放置该设备同层的空余位置可安装相应尺寸盲板，保持设备机柜前面板的整洁。

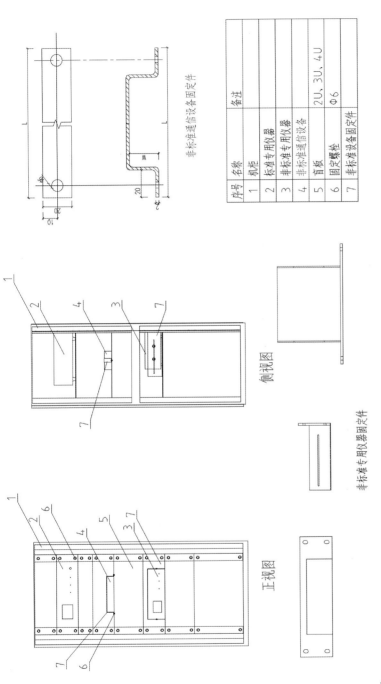

11.2-5 室外 GNSS 蘑菇头固定示意图

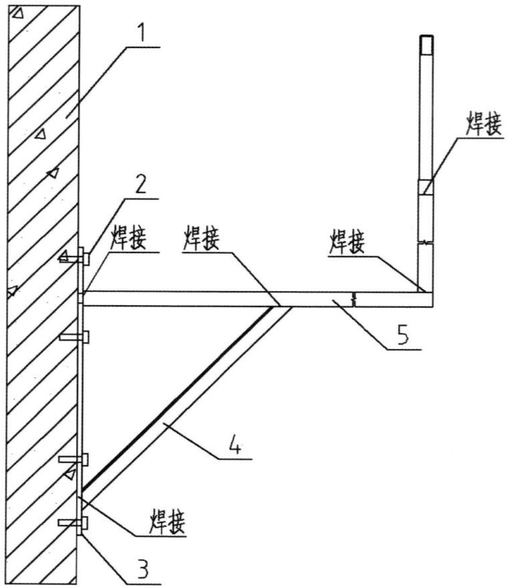

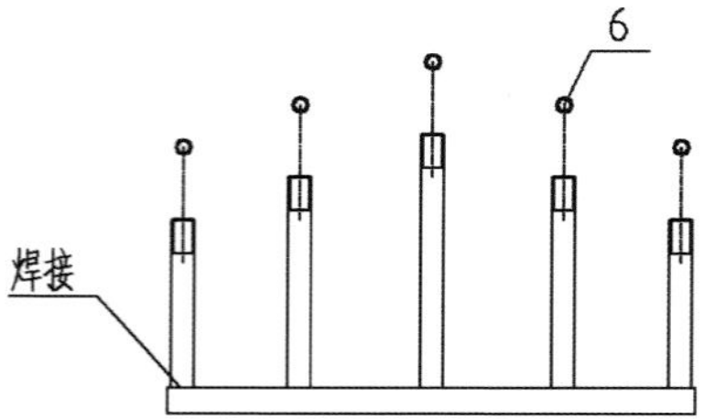

序号	名称	备注
1	外墙	
2	膨胀螺栓	Φ12
3	扁钢	50×5mm
4	角钢	50×5mm
5	方钢	50×5mm
6	钢管	Φ25

图注：

（1）本图例为室外 GNSS 蘑菇头固定示意图。

（2）本图例为必选项。

（3）适用范围：适用于 GNSS 蘑菇头天线安装。

（4）材料材质：M12×160mm 膨胀螺栓；L 形 50×5mm 角钢；50×50mm 方钢；50×5mm 扁钢。

（5）安装要求：支架安装于观测室外墙，顶端安装 GNSS 天线部分应高于观测室最高点。

（6）其他要求：所使用加固材料应符合本图例材料材质要求的最低限度。

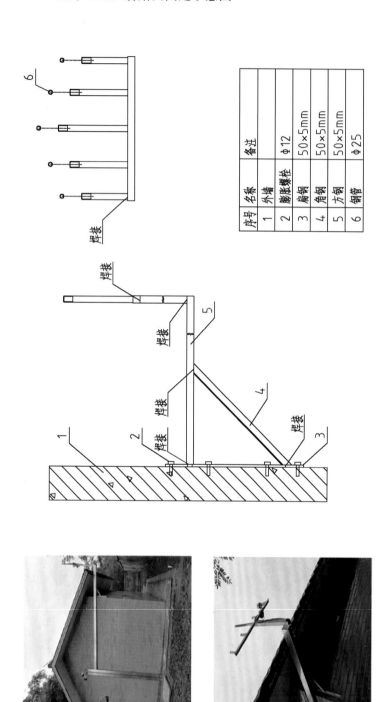

11.2-6 太阳能组件固定示意图

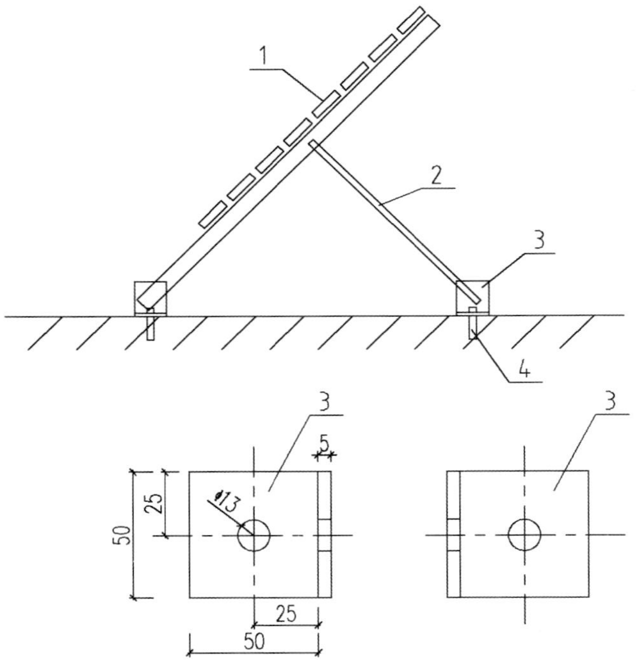

1-1

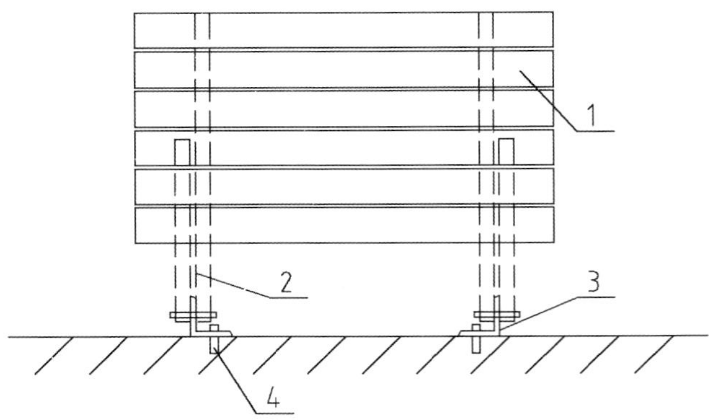

序号	名称	备注
1	太阳能板	
2	太阳能板支架	
3	固定件	50×5mm角钢
4	膨胀螺栓	ϕ12

图注：

（1）本图例为太阳能组件固定示意图。

（2）本图例为必选项。

（3）适用范围：适用于太阳能组件。

（4）材料材质：M12×160mm 膨胀螺栓；L 形 50×5mm 角钢。

（5）安装要求：立式机柜底部应与地面进行加固。

（6）其他要求：所使用加固材料应符合本图例材料材质要求的最低限度。

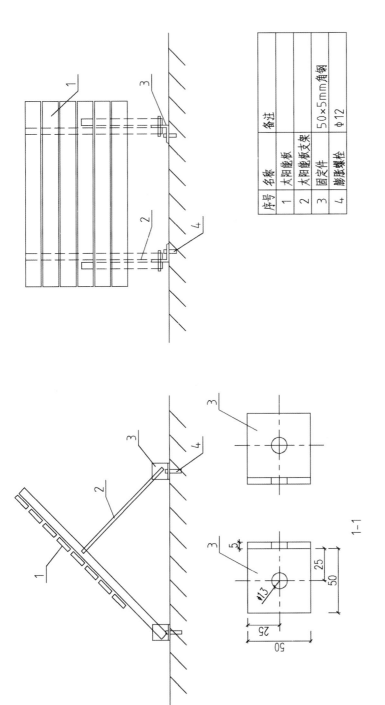

11.3－1 观测井在室内综合布线图

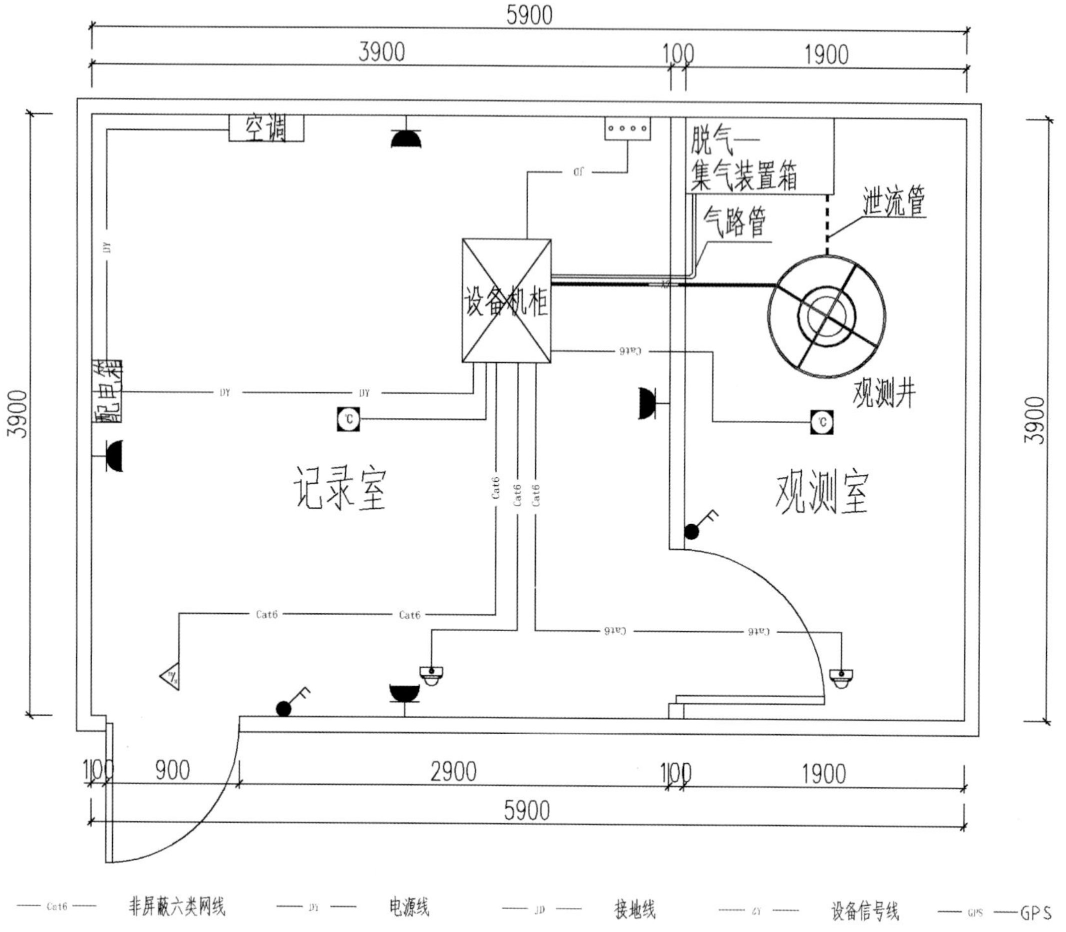

图注：

(1) 布线基本要求：

①线路布设应遵循安全、可靠、适用和经济原则，敷设应横平竖直、杜绝缠绕。

②进出观测房的各种线缆宜套入金属管埋地铺设，进出设备机柜线缆通过桥架或穿管布设，桥架、线管、线槽的规格和利用率应符合相关标准要求，桥架距离地面不低于 2.3m，线缆贴标识。

③强电弱电线缆分开布设，或者采取屏蔽措施；线缆应固定，固定间距不应超过 1m，固定材料应有防锈功能。

(2) 市电按照 DB/T 68—2017 要求配接电源防雷器，进入配电箱。电源线沿强电桥架从配电箱敷设到稳压电源或 UPS 处。

(3) 传感器线应远离干扰源，并穿管从观测井敷设至机柜，冗余线缆放入线缆收纳箱内。

(4) 设备机柜、信号防雷器等设备应使用 $6mm^2$ 接地线连接到等电位接地箱中的接地母排；电源防雷器应使用 $10mm^2$ 接地线连接到接地母排；接地母排应与接地地网可靠连接，地网接地电阻不大于 4Ω。

(5) 线缆需绑扎或采用专用的线缆卡具固定，绑扎固定间距保持一致，符合要求。

11.3－2 观测井在室外综合布线图

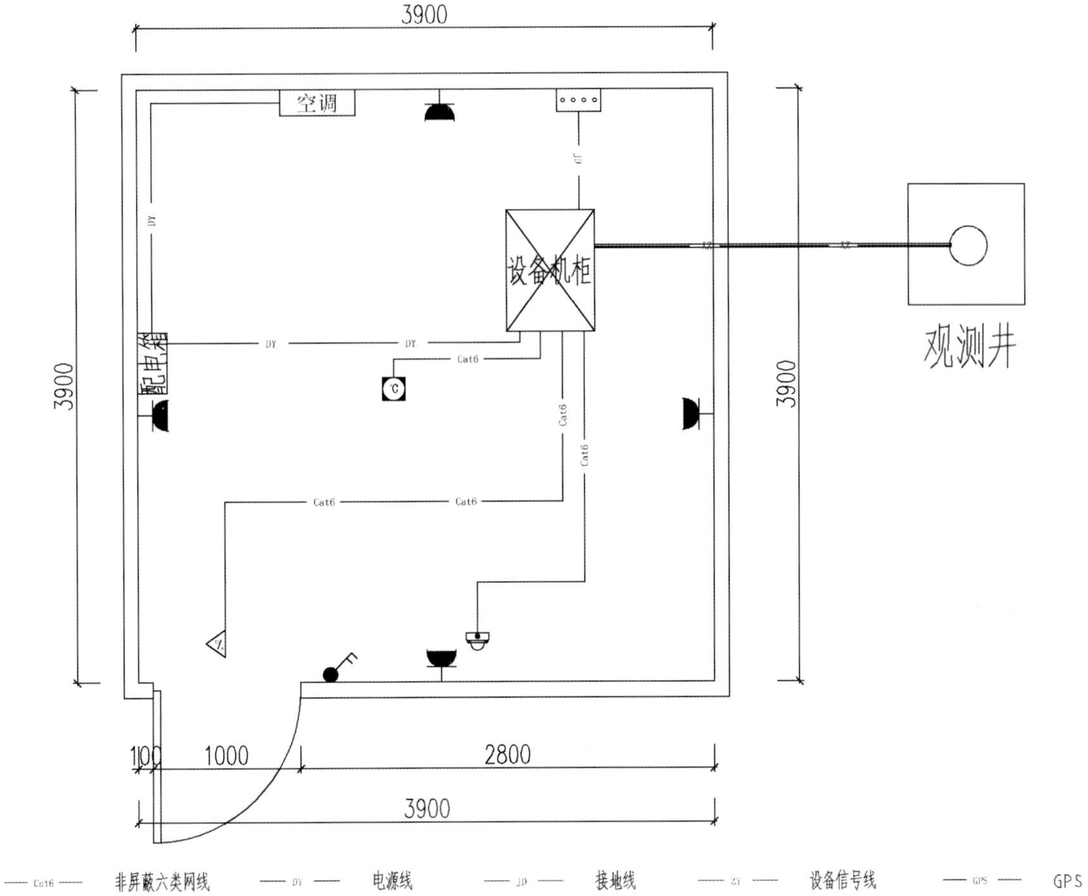

图注：

（1）布线基本要求：

①线路布设应遵循安全、可靠、适用和经济原则，敷设应横平竖直、杜绝缠绕。

②进出观测房的各种线缆宜套入金属管埋地铺设，进出设备机柜线缆通过桥架或穿管布设，桥架、线管、线槽的规格和利用率应符合相关标准要求，桥架距离地面不低于2.3m，各种线缆贴有区别标识。

③强电弱电线缆分开布设，或者采取屏蔽措施；线缆应固定，固定间距不应超过1m，固定材料应有防锈功能。

（2）市电按照DB/T 68—2017要求配接电源防雷器，进入配电箱。电源线沿强电桥架从配电箱敷设到稳压电源或UPS处。

（3）传感器线应远离干扰源，从观测室侧墙进入室内敷设至设备机柜中，冗余线缆放入线缆收纳箱内。

（4）设备机柜、信号防雷器等设备应使用6mm^{2}接地线连接到等电位接地箱中的接地母排；电源防雷器应使用10mm^{2}接地线连接到接地母排；接地母排应与接地地网可靠连接，接地电阻不大于4Ω。

11.4－1 观测场地类

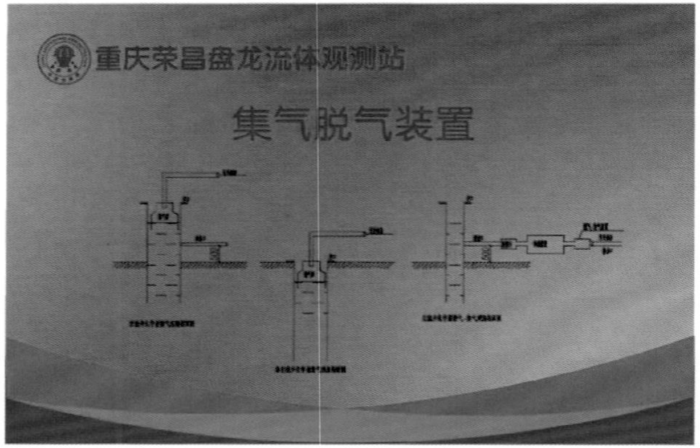

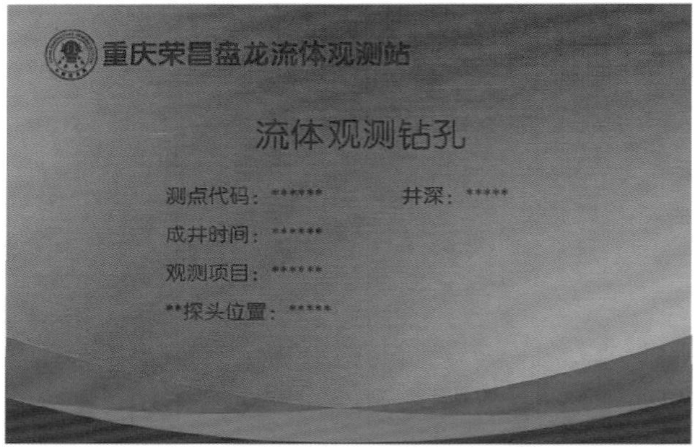

图注：

（1）标识标牌包括台站名称类、观测场地类、仪器设备类、线路线缆类、通用类等 5 类，台站名称类、仪器设备类和通用类见 2.4 节。本页图例为场地类标识标志。

（2）标牌尺寸：流体钻孔井、集气脱气装置标牌尺寸为 600mm×400mm。百叶箱、雨量同观测墩标牌尺寸为 200mm×100mm。

（3）标牌材质：拉丝不锈钢图文丝网印。

（4）安装位置：相关设施附近。

（5）内容要求：室外场地类标识可包含“地震设施、严禁破坏”等警示文字。

（6）其他要求：中国地震局徽标标志必须依据《中国地震局视觉形象识别手册》规定制作，不得随意更改。

11.4－2 线路线缆类

图注：

（1）图例为线路线缆类标牌。

（2）适用范围：铺设线缆的线管、线槽、桥架，进出室内的管线口。

（3）收纳箱、线管、线槽等标牌尺寸180mm×35mm，管线口标牌尺寸200mm×100mm。

（4）标牌材质：基材可选择不锈钢/铝合金材质或聚丙烯材质，聚丙烯材质应符合UL969标准，背胶采用永久性丙烯酸类乳胶；基材应选择不锈钢材质，室内使用5~10年。

（5）安装位置：线缆收纳箱标识安装在其左上方；线管、线槽、桥架等标识应粘贴在明显位置（两端必须粘贴），对于较长的线槽、线管、桥架，每隔5m进行1次粘贴；墙面管线口标牌粘贴在墙面管线口穿墙附近的空白位置。

（6）标识内容：线缆类标牌应说明线缆起止位置及其中线缆的类型；墙面管线口标牌应说明线管、线槽、桥架的起始位置及内铺线缆的类型。

（7）其他说明：

①每个台站应只选取同一种风格的模板制作标牌。

②中国地震局徽标标志必须依据《中国地震局视觉形象识别手册》规定制作，不得随意更改。

12 重庆垫江新民地震观测站

为突出设计与实践并重，重庆市地震局作为全国第一批开展地震台站标准化设计与试点改造的单位，严格遵循“观测布局合理、防震加固科学、综合布线规范、标识标志清晰”的基本要求，本着先行先试的原则在垫江新民、荣昌盘龙等台站开展了设计与试点。

在遵循各观测学科台站建设标准规范基础上，充分考虑地震台站的环境复杂性和各观测手段的实际需求，实施中开展标准机柜功能分区、非标仪器固定、布线及桥架、标识标牌等多项标准化改造内容的研究，自主研发了多项成果已形成专利，并在台站改造中得到应用，为地震台站标准化设计要求的验证与完善提供了大量参考依据。

为进一步推广台站标准化设计与改造成果，本书特摘选重庆局典型台站的设计方案进行案例分析，供参考。

12.1 基本情况

重庆垫江新民地震观测站位于重庆市垫江区新民镇双河村，距垫江市区约 10km，地貌以丘陵为主。观测站位于华蓥山断裂北段的东侧，距断裂约 38km，该段南起合川北，北至达州北，全长约 150km，走向北 30°东左右。垫江地区地震活动水平相对较低，历史鲜有 3 级以上地震，区域最大地震为 2016 年 8 月 11 日 4.3 级地震。

垫江新民地震观测站由三峡库区重庆段地震监测网络项目（简称“三峡项目”）、重庆强震动观测网络项目（简称“强震项目”）等项目投资建设，2004 年台址勘选，2007 年建设，2008 年安装设备，2009 年验收后正式运行。

观测站占地面积 400m^2，其中建筑面积 25m^2，观测设施：GNSS 观测墩 1 个，应变井 1 口、测震摆墩 1 个；测项有测震、强震、GNSS、分量钻孔应变，台站仪器设备配置情况见表 12.1－1。

表 12.1－1 垫江新民地震观测站监测设备一览表

序号	仪器名称	仪器型号	生产厂商	所属学科	安装日期	项目来源	通信方式
1	数据采集器	EDAS-24GN	北京港震	测震	2008.04	三峡项目	以太网
2	地震计	GL-S60	北京港震	测震	2008.04	三峡项目	以太网
3	加速度计	MR3000	瑞士 syscom	强震	2010.09	强震项目	以太网
4	GNSS 观测仪器	GRX1200	瑞士徕卡	地形变	2008.08	三峡项目	以太网
5	分量式应变仪	RZB-2	北京地壳所	地形变	2008.10	三峡项目	以太网
6	路由器	H3C	杭州华三	公用	2008.04	三峡项目	以太网

续表

序号	仪器名称	仪器型号	生产厂商	所属学科	安装日期	项目来源	通信方式
7	交换机	TP-LINK	深圳普联	公用	2008. 04	三峡项目	以太网
8	光收发器	不详	不详	公用	2007. 12	三峡项目	以太网
9	电源控制器	TDPP	珠海泰德	公用	2008. 04	三峡项目	无

12.2 现状问题

垫江新民地震监测站从2007年开始，经过三峡项目、强震项目等项目4年建设。由于在不同时段陆续建设，受当时资金、技术条件限制，加之缺乏统一规划，建成的台站与电力、通信、气象等行业野外站点在建筑外形、功能布局、设备固定、线路布设及标识标牌等存在较大差异，现状如下：

（1）地震监测站建筑物外形、内部结构、观测室面积及功能分区与其他监测站不统一。台站观测室建筑物外形和内部结构都不统一，有的是平屋顶，有的是坡屋顶，有的是两间观测房，有的是三间观测房，地震计房内设置了摆墩，摆墩上放置了地震计、加速度计，地震计房内还堆放了闲置的纸箱、塑料箱，机柜房有放置了机柜，还有清洁工具等，杂物间放置了电池柜，堆放了废弃的蓄电池，还有维修器材、仪器包装箱等。

（2）观测室内机柜内放置仪器设备，从上到下依次放置RZB-2分量钻孔应变仪主机、EDAS-24GN数据采集器、GRX1200主机、RZB-2分量钻孔应变仪数据采集器、RZB-2分量钻孔应变仪主机电源、RZB-2分量钻孔应变仪探头电源、TP-LINK交换机、华三路由器及TDPP电源控制器，光收发器放置在机柜底层。因设计时只有一台机柜且仪器设备多，设备空间拥挤，部分设备机柜内堆叠放置；部分设备如数据采集未安装固定导轨的角耳，分量钻孔应变仪主机电源、分量钻孔应变仪探头电源、交换机、路由器等设备为未非标设备，机柜及仪器设备均未固定。

（3）观测室外交流配电线、通信光缆架空固定在观测室外墙后通过穿墙孔进入室内，外墙上还布设有废弃的监控摄像头，GNSS授时信号线通过外墙穿管进入室内；观测室内供电线路、通信线路、信号线路随意沿内墙布设，有的穿PVC管，有的为信号线使用线卡固定布设，机柜内多余的信号线绑扎在机柜后侧导轨上或放置在机柜隔板上，废弃的GNSS授时信号线未拆除。

（4）大门外没有台站铭牌，观测室内设备、摆墩等没有任何标识，仪器设备及线缆也没有标识标志。

对照地震台站标准化设计要求，台站存在以下主要问题：

（1）台站观测房外观行业识别度低，未体现行业特点。台站无统一标识，台站铭牌、警示牌等缺乏。

（2）观测室功能分区不明确，观测区和工作区未明确定义和分区，导致仪器摆放、机柜安置较随意；观测室内部设施用具配置不全，缺乏防火装置，清洁卫生用具缺乏、随意放置。

（3）仪器固定缺乏或达不到标准要求，如非标仪器在机柜内随意放置，未固定等；设备布设随意性大，其布设固定方式不规范，仪器设备存在晃动、跌落风险，对正常运行带来较大隐患。

（4）地震台站使用的机柜在功能、规格、样式、颜色等方面不统一，台站机柜缺乏配置标准，使用的通用机柜无法满足设备、设备布设随意性大，其布设固定方式不规范，仪器设备存在晃动、跌落风险，对正常运行带来较大隐患，对正常观测和台站运维带来不便。

（5）观测室内外布线不规范，局部走线不合理，各种线路在机柜汇集较混乱，无标签标识；观测室潮湿严重、保温性差，未有防火、防盗、防尘等措施，地震专业设备运行环境恶劣，导致仪器故障率高，产出数据不可靠。

（6）标识标志缺乏。观测室缺乏分区标牌，观测室外避雷地网等隐蔽工程缺乏标识，观测装置缺乏标牌标识，仪器缺乏标牌标识，线路缺乏标签标识。

12.3 设计实施

针对站点外观及标识，内部布线及设备加固方面存在的问题，为实现外观标识清晰，综合布线规划，设备固定科学的标准化改造目标，根据地震台站标准化设计要求对站点改造设计如下：

12.3.1 观测布局设计

1. 观测室分区设计

（1）观测场地改造应遵循各学科建台规范。

（2）观测室按功能划分为测震观测室、设备机房、辅助间。测震观测室仅在摆墩上放置地震计等观测设备；设备机房配置台站标准机柜，所有设备均要求布设在机柜内，设备布设顺序及固定方式按照标准机柜要求进行，灭火装置放置在设备机房门口附近；辅助间放置置物柜和清洁卫生用具，仪器设备包装箱、资料、维修工具等放置在储物柜内。

（3）测震观测室和设备机房增加温湿度、入侵及视频监控等公用设备，远程监控仪器设备运行环境。

（4）受观测室平面和空间布局影响，针对不同测项组成的台站设计时应具有灵活性，同时满足保温、防潮、防火等要求。

2. 仪器机柜分区设计

台站机柜放置台站运行的专业设备和通用设备（如供电设备、通信设备以及辅助环境安全监控设等）。对于42U 机柜，其中 01U—24U 区域为通用设备区，依次放置线缆收纳箱、蓄电池、电源设备、通信设备、环监设备等，25U—40U 为专业设备区，放置如数据采集器、主机等。对于上走线方式，线缆收纳箱放置在机柜内顶层。机柜以运输安装便利，易于设备安装与维护为原则进行合理设计。机柜采取长 600mm×宽 800mm×高 2000mm 或长 800mm×宽 800mm×高 2000mm 规格机柜，对于安装仪器设备少的机柜高度为 1600mm。机柜主体全部选用优质冷轧钢板，阴极电泳底漆工艺防腐处理，静电喷塑，美观耐用。机柜表面采用高防腐工艺，选用优质高钢材质，先经过电镀工序、再进行喷塑处理，能够适用野外无人站点的潮湿环境。“机柜顶部进线”和“机柜底部进线”两种方案，根据现场实际情况以布线自行选择。固定要求：通过机柜顶部进线的机柜，机柜底部与原始地面采用膨胀螺丝固定；对于安装了防静电地板从机柜底部进线的机柜，机柜底部安装支架，机柜底部与支架通过螺丝固定，支架与原始地面通过膨胀螺丝固定；对于原始地面从机柜底部进线的机柜，机柜底部安装底座，机柜底部与底座通过螺丝固定，底座与原始地面通过膨胀螺丝固定。布线要求：机柜内线缆规范有序布设，冗余线缆收纳处理，做到封闭式线槽。

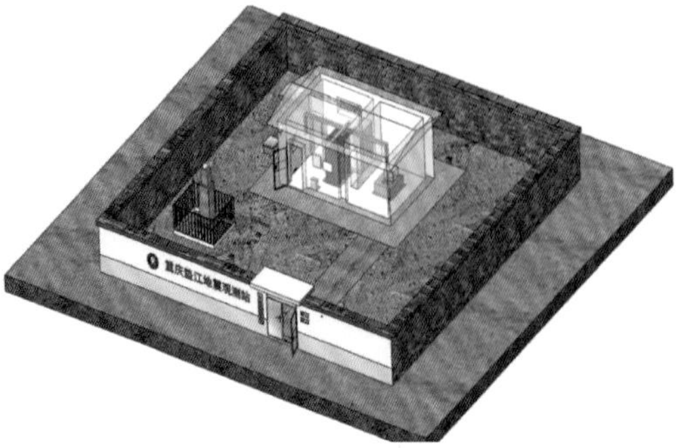

图 12.3－1 重庆垫江新民台观测布局设计效果图

图 12.3－2 重庆垫江新民台外观设计效果图

12.3.2 标识标志设计

外观设计主要目的是提高地震台站的识别度，体现行业特点，设计中采用徽标配合文字及颜色来体现。台站观测房围墙外立面上部科技蓝—中部浅灰—下部深灰喷涂装饰，外墙使用亚克力制作中国地震局徽标及“中国地震监测”文字并固定，徽标直径 70cm，中文字长宽均为 55cm。

台站标识标志包括室外标牌（台站名称类标识、观测场地类标识）和室内标牌标签（仪器设备类标识、线路线缆类标识、通用类标识等）。台站室外标牌均采用 304 不锈钢，喷涂工艺为腐蚀烤漆；室内标牌使用亚克力，喷绘工艺。具体设计如下：

台站名称标牌：台站大门一侧设置台站名称标牌，标牌尺寸为 600cm×400cm，标牌内容为“重庆垫江新民地震观测站”文字。

台站警示牌标牌：台站墙面上设置警示牌尺寸为 600cm×400cm，内容为“地震监测设施 严禁盗窃破坏”文字。

台站公告标牌：台站墙面上设置公告牌，标牌尺寸为 500cm×700cm，内容为“任何单位和个人不得侵占、损毁、拆除或擅自移动地震监测设施，不得危害地震监测站周边观测环境。违者根据《中华人民共和国防震减灾法》进行处罚，构成违反治安管理行为的，由公安机关依法给予处罚”文字。

台站观测场地标牌：在外 GNSS 观测墩旁地面设置 GNSS 观测墩标牌，标牌内容为“GNSS 观测墩，建设日期 2008 年 1 月”。

台站观测项目标牌：观测室入户门墙上设置测项牌，标牌内容为“观测项目：地震动——速度型观测、地震动——加速度型观测、地壳形变——GNSS 观测、地壳形变——分量钻孔应变观测”等文字。观测室内标牌标签设计主要通过展示、介绍地震台站管理制度、业务流程、监测技术等监测核心内容展示行业特点，提升地震台站整体形象。在台站内墙上布置台站运行管理制度、观测仪器简介、台站观测技术系统拓扑图、工作流程图等展板，机柜仪器台面上设置仪器名称标牌。在适当的位置粘贴用电、灭火等警示类提示类标识。观测室内线缆和机柜内线缆设置线缆标签，标签内容包括线缆名称、起止，采用不用颜色进行区分。

12.3.3 防震加固设计

包括专业设备、通用设备、辅助设施。各类设计如下：

（1）GNSS 主机固定：GNSS 主机为非标设备，据设备外观尺寸设计托盘采用 2mm 冷轧钢喷塑，安装在机柜隔板上固定。

（2）GNSS 授时装置固定：使用 40mm×4mm 热镀锌角钢焊接为三脚架，三脚架用 ϕ8mm 膨胀螺丝固定在墙上，将由室内引出的授时装置，有序安装在三角架顶部。

（3）观测墩加固：GNSS 观测柱改造采用 1.0mm 厚 304 不锈钢板包柱，封口采用 200mm 间距点焊焊接，点焊后用砂纸打平后，再拉丝轮拉丝。在观测柱四周设置可开门的围栏，并设置 400mm×600mm 观测墩标牌。

GNSS授时装置防震加固

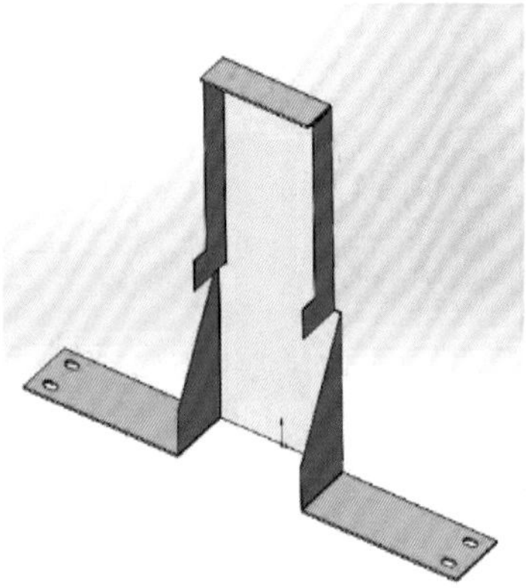

GNSS 主机防震加固

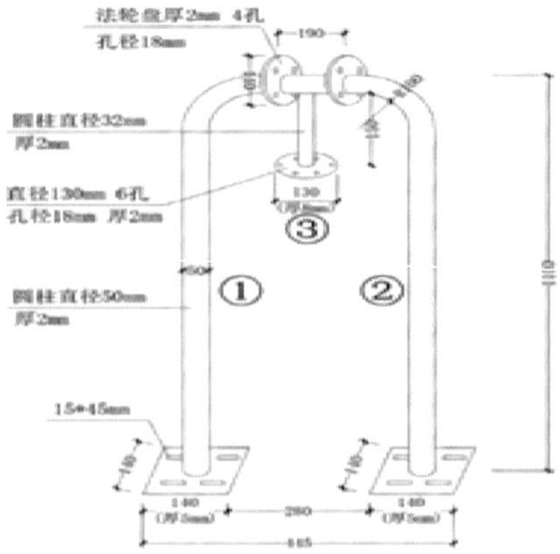

井下仪器线缆加固

GNSS 观测墩加固

图 12.3－3　防震加固设计

（4）井下设备线缆固定：固定装置由 2 两根支撑杆和 1 个固定盘组成，均采用 304 不锈钢钢管加工而成。支撑杆与底板焊接而成，固定盘采用 3 个发轮盘与钢管焊接而成，支撑杆和固定盘之间采用不锈钢螺丝连接固定，该固定装置经过膨胀螺丝将底板与原始地面连接并固定。

（5）机柜固定：地板打孔用膨胀螺丝固定机柜底座四角。

12.3.4　综合布线设计

从观测室室外线缆、观测室室内线缆、仪器机柜内线缆分别设计。

图 12.3－4　综合布线设计效果图

（1）室外线缆布线设计：①室外 220V 交流配电线路套不锈钢管进入台站院内，通过埋地到承线井及外墙镀锌封闭桥架进入观测室。②室外光纤通信线路套 PVC 管进入台站院内，通过埋地到承线井及外墙镀锌封闭桥架进入观测室。③院内测震授时信号线路通过外墙镀锌封闭性桥架进入观测室，GNSS 信号线路通过套金属管埋地到承线井及外墙镀锌封闭性桥架进入观测室。④大量的冗长线路放置在承线井里。

（2）室内线缆布线设计：①室内线路均采用上走线方式布设，进出机柜线路均从机柜顶部走线。②室内上走线采用金属桥架，材质为热镀锌，1.2mm 厚，80mm×50mm；桥架断面必须用套橡胶保护。③交流配电线路通过配置防雷配电箱后采用独立封闭镀锌桥架引入设备机柜，机架式 PDU 给设备提供交流供电。交流配电线路与弱电配电线路分别采用独立的热镀锌封闭式桥架。④通讯光纤线路，弱电线路含信号线路、直流供电线路、网线、监控线、接地线等与光纤通信线路共用桥架进出机柜。

（3）机柜内线缆布线设计：①机柜内强弱电线路分开布设。②进出机柜线路通过机柜正面理线器、背面横竖软线槽走线，保证机柜内线路不外露，尽量短，避免线路交叉缠绕。③设备网线、电源线采用同规格、同颜色导线，网线采用超六类网线，电源线带有 1.5mm^2 多股铜芯软线。④室内多余线路放置于线缆收纳箱。如地震计信号线、测震授时信号线等。⑤设备外壳、设备防雷器均采用标准接地线使用线耳良好接地，形成等电位连接。

12.3.5　台站实施

项目实施组经过行业内外调研、实施方案编制、招标采购、改造实施，完成了改造内容，通过验收。

改造实施中，针对地震台站实际需求，重庆市地震局标准化项目组牵头设计了地震台站标准化机柜、非标仪器固定装置、防雷配电箱等台站标准化装置，其中防雷配电箱申报了实用新型专利。

1. 地震台站标准化机柜

在功能需求、实验改进的基础上设计了包括机柜底座、柜体、收纳箱、蓄电池挡板、插卡式盲板、横竖软线槽等标准配件的地震台站标准化机柜，在黑龙江天元时代自动化仪表有限公司的支持下进行了生产，用于重庆、安徽、河北、云南等省台站改造中。功能需求：

（1）机柜大小：42U 标准机柜，600mm×800mm×2000mm 或 600mm×1000mm×2000mm；黑色。

（2）机柜结构：要求可拆卸成板式结构，便于运输。

（3）机柜正面门要求：机柜正面门采用透明材质。

（4）机柜走线设计：软线槽从机柜后侧走线，采用上走线、下走线方式的机柜开孔设计。

（5）机柜设计收纳箱 2U \ 3U \ 4U 各一个（顶部或底部）。

（6）机柜的固定设计：要求机柜固定在底座或地板导轨上。

（7）机柜下层电瓶柜设计：能容纳 4 只 100Ah 电瓶。

（8）机柜内接地排设计：机柜背面的底部或侧面。

（9）盲板（挡板）上仪器标签设计。

（10）机柜门楣设计：徽标+“中国地震监测”。

（11）配置接地排。

2. 防雷配电箱

在此次台站标准化改造过程中，重庆市地震局项目实施组与广州风雨雷科技有限公司共同研发了一款地震台站专业防雷配电箱，该防雷配电箱将配电、防雷集成于一体，一体化结构箱体积小，是室内面积小的台站机房、观测室的总配电及防雷的很好选择。已在重庆、山东、广西、云南、上海、山西等使用，到 2019 年年底使用总数约 100 台。防雷配电箱安装以来运行正常，效果良好，该项技术已申请了实用新型专利。

改造实施中，在标牌的材质、加工工艺、安装方式及版面样式进行了大量探索和加工应用，还主导设计了测项标牌的内容，设计成果被台站标准化设计要求所采用，为地震台站标准化设计要求的验证与完善提供了大量参考依据。

台站标牌实验。在实验改造中，项目组调研并试加工了包括亚克力、不锈钢、拉丝不锈钢等几种标牌材质，包括丝印、丝印覆膜、腐蚀烤漆等几种加工工艺，安装包括木条托底方式、玻璃胶粘接方式、L 形金属钢角悬挂方式，通过实验对比和安装效果，最终选定拉丝不锈钢腐蚀烤漆通过 L 形金属钢角悬挂的标牌制作和安装方式。

12.4 实施成果

12.4.1 实施效果

通过垫江新民地震观测站标准化改造，实现了标识标志清晰、外观形象统一、运行环境优良、设备布设合理、综合布线规范的要求，达到了显著提升地震台站的行业特色，改善台站监测环境和提高监测质量的目标。

项目实施取得的成果不但在重庆局台站建设项目中已进行全面推广（国家地震烈度速报与预警工程重庆子项目46个台站、重庆地震烈度速报与预警工程40个台站），而且也在河北、甘肃、福建、山东、上海、云南、辽宁等20多个单位台站建设改造类项目中得到大规模推广。

截至2020年底，有30多个单位400余人次先后到重庆局台站参观交流改造成果，为推动全国台站标准化建设做出积极贡献。

2019年11月，重庆市地震局召集全市主要新闻媒体召开新闻通气会，重庆市地震局介绍重庆地震台站标准化改造成果及后续工作计划，向社会公众宣传台站标准化改造的意义、内容及成效。

12.4.2 部分成果照片

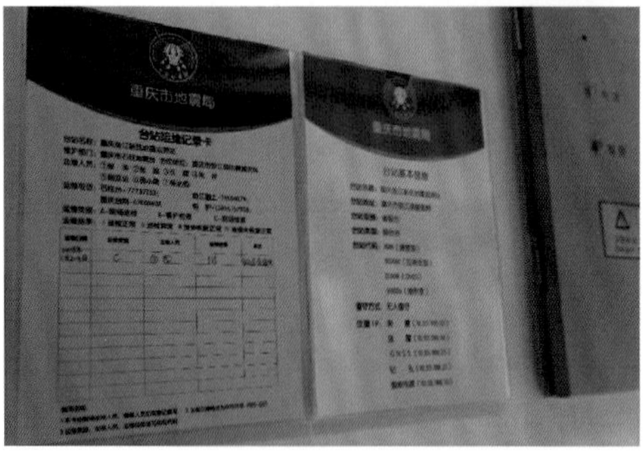

13 安徽合肥地震台

安徽省地震局作为首批标准化试点单位之一，开展了试点任务并组织编撰了标准化图册，开展了5个无人值守台站的标准化改造，探索无人值守台站标准化改造模式，在全国树立了样板；2020年，安徽省地震局又进一步扩大改造范围，完成15个无人值守台站的标准化改造工作。至此，安徽省地震局完成的标准化改造台站达到29个，其中综合台3个，无人值守台26个，为推动安徽省防震减灾事业现代化发展奠定了坚实的基础。

安徽省地震局标准化设计、试点、改造工作严格遵循“观测布局合理、防震加固科学、综合布线规范、标识标志清晰”的基本要求，坚持结合实际、科学设计、反复实验、不断优化的总体思路，不断探索、总结经验，形成了一批创新性改造成果和台站标准化设计的科学思路，项目成果在全国范围内得到了广泛应用。

为进一步推广台站标准化设计与改造成果，本书特摘选安徽省地震局合肥地震台的设计方案进行案例分析，供参考。

13.1 基本情况

合肥地震台是国家基本地震台，始建于1972年，隶属于安徽省地震局。2014年7月安徽省地震局正式组建合肥地震台并试点中心台—子台管理模式，下辖大蜀山地震台、合肥形变台、紫蓬山地震台，行政中心位于紫蓬山地震台。紫蓬山地震台位于合肥市肥西县紫蓬山风景区，占地面积6270m^2，建筑面积3000m^2，台基岩性以砂岩为主。台站所在地区地处华北断块区南缘，郯庐断裂带西侧，地质上属于下扬子断块、秦岭大别断块和华北断块的交会部位，是华北南部地区重要的地球物理观测场。大蜀山地震台位于合肥市西郊大蜀山森林公园内，占地面积3970m^2，建筑面积565m^2，台基岩性为玄武岩、辉绿岩，白垩系红砂岩等。合肥形变台位于合肥市肥东县龙泉山东麓。台站占地面积5933m^2，建筑面积280m^2，台基岩性为白垩系红砂岩。合肥形变台为国家Ⅱ类形变台，主要监测郯庐断裂带断层活动。2017年1月大蜀山地震台行政、业务整体搬迁到合肥地震台，并采用“有人看护、无人值守”子台管理模式。

合肥地震台（含大蜀山子台、合肥形变台子台）面积约16173m^2，其中设备机房约75m^2（其中大蜀山台40m^2，机房与观测室为同一区域，紫蓬山台35m^2）、测震摆房30m^2（紫蓬山台30m^2）、观测室117m^2（大蜀山台40m^2，紫蓬山台77m^2）等。台站目前观测手段主要为测震、形变、电磁等。

合肥地震台监测手段涵盖电磁观测、测震观测、形变观测三大学科7个观测手段，现有观测仪器20台（套）及部分辅助设备，主测项及辅助测项共24项。台站仪器设备配置情况见表13.1－1。

表 13.1－1　合肥地震台监测设备一览表

序号	仪器名称	仪器型号	生产厂商	所属学科	运行时间	项目来源	通信方式
1	甚宽频带地震计	CTS-1	武汉力泉测震技术有限公司	测震	1999.12	其他	以太网
2	甚宽频带地震计	CTS-1B	武汉力泉测震技术有限公司	测震	2011.10	其他	以太网
3	甚宽频带地震计	BBVS-120	北京港震机电技术有限公司	测震	2016.05	其他	以太网
4	地震数据采集器	EDAS-C24	北京港震机电技术有限公司	测震	1999.12	其他	以太网
5	地震数据采集器	EDAS-24IP	北京港震机电技术有限公司	测震	2010.09	其他	以太网
6	地震数据采集器	EDAS-24GN	北京港震机电技术有限公司	测震	2011.10	其他	以太网
7	地震数据采集器	EDAS-24GN	北京港震机电技术有限公司	测震	2016.05	其他	以太网
8	数字地电仪	ZD8M	中国地震局地壳研究所	电磁	2016.10	其他	以太网
9	数字地电仪	ZD8M	中国地震局地壳研究所	电磁	2016.10	其他	以太网
10	稳流电源	WL6B	兰州地震研究所	电磁	2007.01	其他	以太网
11	稳流电源	WL6B	兰州地震研究所	电磁	2007.01	其他	以太网
12	电磁波观测仪	DC-II	郑州晶微公司	电磁	2011.12	其他	以太网
13	钻孔体应变观测	TJ-II	地壳物理研究所	形变	2009.06	其他	以太网
14	甚宽频带地震计	BBVS-120	北京港震机电技术有限公司	测震	2017.04	其他	以太网
15	宽频带地震计	BBVS-60	北京港震机电技术有限公司	测震	2017.04	其他	以太网
16	短周期地震计	FSS-3M	北京港震机电技术有限公司	测震	2017.04	其他	以太网
17	力平衡加速度计	SLJ-100FBA	中国地震局工程力学研究所	强震	2017.04	其他	以太网
18	地震数据采集器	EDAS-24GN	北京港震机电技术有限公司	测震	2017.04	其他	以太网
19	地震数据采集器	EDAS-24GN	北京港震机电技术有限公司	测震	2017.04	其他	以太网
20	分量式钻孔应变	RZB-2	中国地震局地壳研究所	形变	2016.07	其他	以太网

13.2 现状问题

2017 年初，按照安徽省地震局的具体部署和要求，合肥地震台标准化建设全面融入台站监测文化建设中，作为合肥地震台年度重点任务实施，通过建设，完成了台站形象徽标的设计、台站情况介绍、发展历史提炼、管理体系构建、行业精神展现、文化氛围创建、职工风采展示等。

总体上看，合肥地震台标准化建设已经取得了显著的效果，也基本形成了标准化建设体系。但与全国地震观测系统标准化建设的要求仍存在不小的差距，对照地震台站标准化设计要求，台站存在以下主要问题：

（1）徽标应用不规范。合肥地震台配合监测文化建设，自行设计了徽标，对提升台站形象起到了一定的作用，但未严格按照中国地震局徽标管理办法进行实际应用，不利于地震行业形象传递和展现。

（2）地震监测行业属性体现不足。对展现地震行业属性的外观未做设计装饰，台站名称标牌不够醒目，展现行业科技属性的色彩应用缺乏，辨识度不高。

（3）导视系统尚需健全。台站外部、内部环境的导视系统建设较少，如导向牌、功能指示牌等缺少。主要包括交通指示牌未设立；院内区域导视牌未设立；办公楼及宿舍楼无标牌；部门门牌未体现徽标等元素；岗位职能、功能区域桌牌未制作等。

（4）观测场地及设备标识标牌缺失。台站机房内机柜、附属设备、线路等标准化程度较高，但没有建立完善的标识标牌。如机柜主要功能分类标识；仪器设备标识；公共环境标识等未设计粘贴等。跨断层测量场地、地电阻率测量场地等区域缺乏必要的标识标牌。

（5）观测室及场地标准化程度较低。合肥台测震观测室位于紫蓬山地下一层，建设时未进行防潮、通风等处理，室内潮湿严重。信号线缆走线不美观、不规范，且突出于地面，存在安全隐患。机柜、UPS 等设备布设较不合理。

（6）机房及内部设备布局不合理。大蜀山地震台目前为安徽省地震局科技创新平台所在地，合肥地震台大部分观测设备仍然位于大蜀山台，经过机房搬迁，大蜀山台机房完成集中，但机柜分类不清、密闭性差，需要进行必要的改造。

（7）综合布线不规范。紫蓬山台测震观测室投入运行及实验的设备较多，但走线通过地下线盒布设，突出于地面较高，存在安全隐患，不够美观。大蜀山台机房走线杂乱，线缆进出机房布设不够规范整洁，缺乏必要的装置加以整理。

13.3 设计实施

针对台站外观形象及标识标志，内外部综合布线及设备防震加固方面存在的问题，为实现“观测布局合理、防震加固科学、综合布线规范、标识标志清晰”的标准化改造目标，根据地震台站标准化设计要求，对合肥地震台标准化改造设计如下：

13.3.1 观测布局设计

1. 观测室布局设计

紫蓬山测震观测室进行摆房改造工作，主要有：地面做环氧地坪处理；墙面安装铝合金扣板，进行保温防潮处理；顶部安装集成吊顶及照明系统；地震计线缆采取桥架方式布设；四个观测墩一侧分别安装走线盒，并汇总到主桥架后，从顶部进入机柜；机柜重新布局，线缆进行整理，粘贴必要标签和标识标牌；大蜀山地震台机房主要进行布局优化，机柜重新分类，机柜内线缆进行整理等。目前有机柜 5 组，其中 1 组高度与其他机柜不匹配，仅保留 4 组。现有 3 组办公桌及电脑设备，用于日常巡检相关工作使用，加以保留。

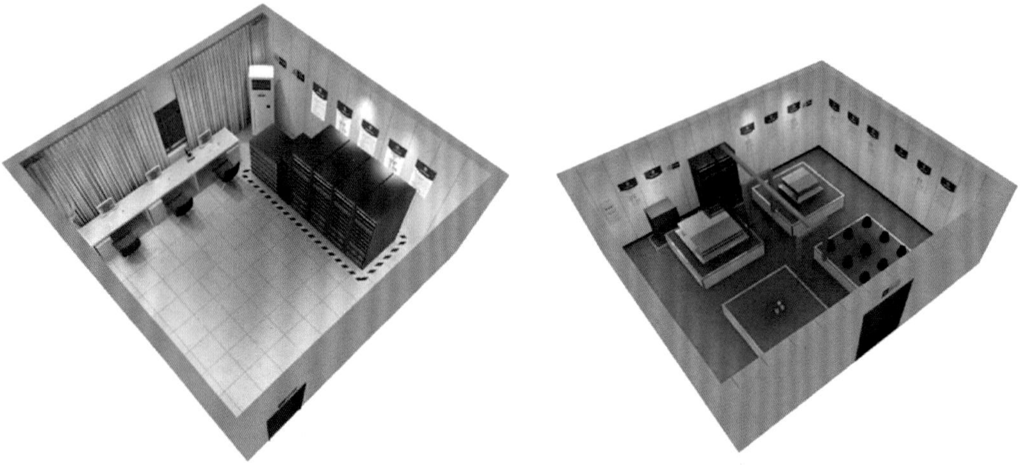

图 13.3－1　观测场地布局设计效果图（大蜀山地震台观测室、紫蓬山地震台测震观测室）

2. 仪器机柜配置设计

台站机柜放置台站运行的专业设备和通用设备（如供电设备、通信设备以及辅助环境安全监控设等）。对于 42U 机柜，其中 01U—24U 区域为通用设备区，依次放置线缆收纳箱、蓄电池、电源设备、通信设备、环监设备等，25U—40U 为专业设备区，放置如数据采集器、主机等。采用下走线方式，线缆收纳箱放置在机柜内电池箱上部。机柜采取长 800mm×宽 800mm×高 2000mm 规格。机柜主体全部选用优质冷轧钢板，阴极电泳底漆工艺防腐处理，静电喷塑，美观耐用。机柜表面采用高防腐工艺，选用优质高钢材质，先经过电镀工序、再进行喷塑处理，能够适用地下室等潮湿环境。固定要求：机柜底部与原始地面采用膨胀螺丝固定；对于大蜀山地震台、紫蓬山地震台安装了防静电地板从机柜底部进线的机柜，机柜底部安装支架，机柜底部与支架通过螺丝固定，支架与原始地面通过膨胀螺丝固定；对于原始地面从机柜底部进线的机柜，机柜底部安装底座，机柜底部与底座通过螺丝固定，底座与原始地面通过膨胀螺丝固定。

13.3.2　标识标志设计

外观设计主要目的是通过单位铭牌类、标志标语类、观测场地类、标签标识类等标识标志类型的适度安装，从整体上体现地震监测行业属性，提高辨识度，并明晰仪器设备信息、线路线缆走向等，提高后期维护检修效率。合肥地震台标识标志设计主要分为台站名称类、仪器设备类、线路线缆类、观测场地类、通用标识类等。

1. 台站名称类

（1）单位铭牌：大院内草坪上砌筑斜面平台，安装中国地震局徽标、“安徽合肥地震台”立体字等；右侧门卫室外立面，悬挂“安徽合肥地震台”“地震监测技术科普馆”等单位名称标牌；大蜀山地震台办公楼安装“安徽省地震科技创新中心”灯箱式门头。

（2）铭牌门牌：大楼铭牌。办公楼、宿舍楼铭牌，安装于相应楼体外部立柱；制作包含部门名称等内容的部门标牌，主要有：台长室、办公室、监测预报室、运维室、数据中心等。

2. 仪器设备类

设备标识。针对现有机柜内的仪器设备制作设备标识，内容包括设备名称、生产日期、安装日期、生产厂家等相关信息，主要设备包括钻孔应变仪、地电阻率观测仪等专业观测设备；服务器、路由器、交换机等网络设备；UPS、电池箱等公用设备。

3. 线路线缆类

线缆标签。现有的设备大部分均粘贴有标签，主要为网线、光纤设备等，进行统一制作，替换部分手写标签，全部进行机打标签粘贴。

4. 观测场地类

场地标牌：分别对紫蓬山测震观测室、紫蓬山机房、大蜀山机房及地电阻率外线路、合肥形变台跨断层水准测量场地等区域进行标识标牌设计。主要包括观测项目、环保警示、外线路编号等。

5. 通用标识类

通用标识。对机房内的配电柜、消防设备等粘贴通用标识。主要包括监控区域警示标志、防火警示标志、其他安全警示标志等。

6. 其他标识类

（1）围墙标语：大门左侧的栅栏式围墙，制作防震减灾 16 字行业精神宣传展板等宣传标语，采用 PVC 板，不锈钢包边工艺，尺寸 1200mm×2400mm。

（2）导视标牌：在紫蓬山环山路与合肥地震台大门前道路交会处，竖立合肥地震台指向标牌；电动门入口左侧草坪竖立台站导视标牌，包含办公楼、宿舍楼等指向信息。

图 13.3－2　各类标识标志设计效果图

（3）桌面标牌：根据台站数据中心操作终端的功能制作包含中国地震局徽标、合肥地震台名称、功能名称等元素的桌摆，以明确终端机具体工作内容，如前兆数据处理、数据跟踪分析、测震数据处理等；职能桌牌，包含中国地震局徽标、合肥地震台名称、工作人员姓名等信息、具体工作职能范围描述等。

（4）规章流程：规章制度。替换现有办公区规章制度、业务流程等展板，文字内容保留，更换板式。规章制度展板包括紫蓬山、大蜀山等相关区域。

13.3.3 防震加固设计

防震加固主要包括地震专业设备、公用设备、观测场地及设施，同时，还要区别标准设备和非标准设备等，进行差异化设计。

（1）仪器机柜及内部辅助设施加固：机柜本身采取加装底座的方式进行，将机柜、底座、地面连接为一个整体，提升抗震性能。机柜内配置的线缆收纳线等采取前、后导轨同时固定的方式。

（2）机柜内设备加固：机柜内安装金属隔板用于安置相关设备。测震和强震数据采集器、前兆观测设备主机、智能电源、机架式 UPS、交换机等标准设备，采取前面板螺丝固定方式。

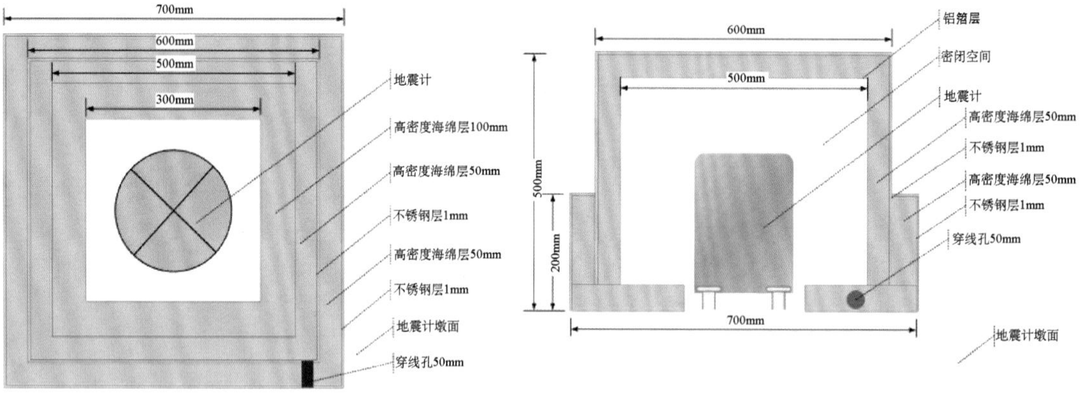

俯视图　　平视图

图 13.3－3　地震计防护罩设计图

（3）非标小型设备加固：路由器、光纤猫等采取工字形卡槽方式进行固定；蓄电池安装金属条及连杆装置，固定于金属隔板上。

（4）观测场地加固：根据紫蓬山测震半地下观测室潮湿问题，设计了一种具有良好保温、防潮、耐腐蚀特性的地震计防护罩，并开展了观测实验，获得良好效果；室外观测井设计安装不锈钢防护罩妥善安置、固定传感器信号线缆。

（5）根据需求和实际状况，设计了一款安装方便、稳固可靠、维护便捷的防震装置。在安徽紫蓬山台进行了固定防震装置试验的台站现场噪声试验观测。在一致性试验数据分析中，采用的是平方相干性数据分析方法，通过远震记录、近震记录两类记录情况进行记录波形对比分析，同时还对处于不同状态的记录地震波形对比。通过上述实际对比试验，得到了地震计加防震装置和不加防震装置情况下，尤其是对比远震和近震的记录情况，经分析认为，“地处我国大陆地区地震烈度≤Ⅶ（7度）区台站地震计可不进行防震装置加固，要在满足地震观测要求的前提下，结合台站所处的地理位置和可能的最大地震烈度，合理采取防震加固措施”，为台站标准化建设技术规范出台提供技术支撑。

13.3.4 综合布线设计

台站所有与观测系统运行有关的各类线缆线路作统一规划、规范布设，做到强弱电分离、横平竖直，杜绝明线铺设，在满足观测要求的前提下，合理规划各种线缆，避免出现线缆过多过长的情况。

（1）室外线缆布线设计：采用套入金属管或PVC管埋地（墙）或嵌入线槽铺设；埋地铺设的线缆，埋地深度不小于0.7m；线缆铺设走向的明显位置处，每隔10m做标识；进入观测室前，线缆做防强风、防雨水倒灌等安全保护措施；在线缆进入观测室前的外墙位置处做标识；当线缆穿越楼层或墙体时，对孔洞处线缆做保护。

（2）室内线缆布线设计：在线缆进入观测室后的内墙位置处做标识；采用线槽、线管地板下铺设，在线缆铺设走向的明显位置处每隔5m标识，紫蓬山地下室内各类线路线缆，做好防潮等保护措施；线槽、线管、桥架、走线架、走线槽道及走线管等采用防腐蚀性强的不锈钢材料制作；室内线路均采用下走线方式布设，进出机柜线路均从机柜底部走线；交流配电线路通过配置防雷配电箱后采用独立封闭镀锌桥架引入设备机柜，机架式PDU给设备提供交流供电。交流配电线路与弱电配电线路分别采用独立的热镀锌封闭式桥架；通讯光纤线路，弱电线路含信号线路、直流供电线路、网线、监控线、接地线等与光纤通信线路共用桥架进出机柜。

（3）机柜内线缆布线设计：机柜内强弱电线路分开布设；进出机柜线路通过机柜正面理线器、背面横竖软线槽走线，采用扎带等进行整理固定；设备网线、电源线采用同规格、同颜色导线，网线采用超六类网线，电源线带有1.5mm^2多股铜芯软线；室内多余线路放置于线缆收纳箱，如地震计信号线、测震授时信号线等；设备外壳、设备防雷器均采用标准接地线使用线耳良好接地，形成等电位连接。

13.3.5 台站实施

合肥地震台标准化改造项目实施组按照地震台站标准化设计的具体要求，编制并反复讨论修改设计实施方案，确定改造内容和实施方式，编制改造清单，绘制效果图、示意图等，形成了科学规范的实施方案。

为确保实施内容按照设计方案严格执行，实施组成员全程参与现场施工，充分沟通、严格管控，确保实施标准和效果的统一。合理制定实施计划，按照基础改造、技术支持、完善收尾三个环节合理安排进度，有序推进项目建设，顺利通过现场验收。

改造实施中，项目组不断总结经验，积极探索，形成了一批创新性改造成果。利用铝合金集成吊顶及墙板、防静电塑胶地坪等新材料开展观测室改造，显著提升了观测室防雷、保温、防潮能力，也有效避免了后期重复改造，形成了观测室基础改造新方案；普遍采用智能电源等先进设备，完成供电、通讯、数采的集中管理，显著提升了设备机柜的集成化程度；

设计安装的地震计防护装置取得了良好的保温、防潮效果，在全国测震观测台站广泛推广应用；针对蓄电池、路由器等非标设备设计了实用性强、易于维护的固定装置，具有普遍适用性；设计制作的户外井孔防护装置，实现了防护、收纳、安防等功能，又妥善解决了传统的混凝土砌筑方式施工不便，美观度差，维护困难等问题；协助完成的地震计、强震计防震加固装置试验获得了预期成果，为后续地震计等仪器设备加固方案提供了科学依据。

13.4 实施成果

13.4.1 实施效果

经过标准化改造，合肥地震台行业辨识度明显增强；地震监测设施防震加固更加科学，观测系统安全性得到充分保障；各类线路线缆布设规范，观测系统运维效率显著提升；观测环境的改善对提升地震监测能力，提高观测资料质量产生持续有力的推动作用。2020 年初，中国地震局领导在视察合肥地震台时评价道：“合肥地震台作为未来现代化地震台的雏形已经形成，在标准化建设方面做了很好的探索和实践，也为全国性的标准化建设提供了很好的样板。”

完成标准化改造的合肥地震台，成为中国科学技术大学、合肥工业大学等高校开展地震学野外教学的活动的首选场所，仅近两年，组织开展 6 次野外实习，300 余人次参加；成为光纤地震计等前沿观测设备研究、实验的理想场所；业已成为省局各类新配备观测设备的比测平台。

同时，经过不断探索形成的典型改造案例和相关方案，受到专家组的广泛好评，为后续综合台站、无人值守台站、市县地震台站等标准化改造提供了现实案例，并已经在全国多个单位推广应用，取得了良好的效果。

13.4.2 部分成果照片

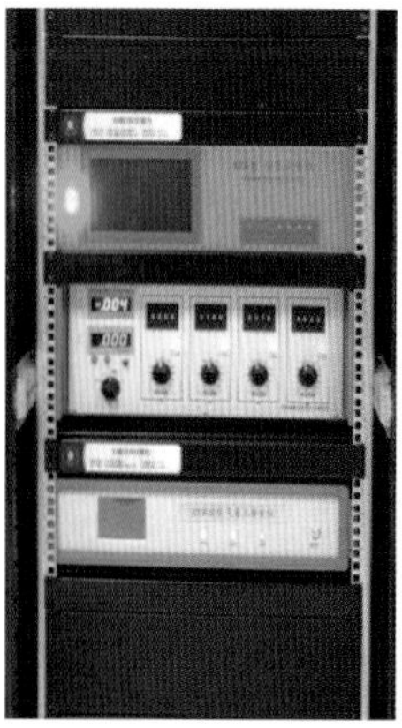

14 福建泉州地震台

作为全国第一批开展地震台站标准化设计与试点改造的单位，福建泉州台标准化项目按照地震台标准化试点改造实施要求，并结合泉州台实际情况，对台站机房、观测山洞和地磁台等场地进行优化设计和施工。本着先行先试原则，实现了标识标志清晰、综合布线规范、设备布设合理、外观形象统一的要求；达到显著提升地震台站的行业特色，改善台站监测环境和提高监测质量的目标。泉州台标准化改造在防震加固、综合布设、标识标志、外观形象等方面具有很强的示范性，为全面推广台站标准化建设奠定了基础。

为进一步推广台站标准化设计与改造成果，本书特摘选福建省地震局泉州地震台的设计方案进行案例分析，供参考。

14.1 基本情况

泉州地震台是国家级基准台，台站处于闽东南断块间歇上升区的西南侧，北东向长乐—诏安断裂带与北西向永安—晋江断裂带交会处，台基为粗粒二长花岗岩。监测综合楼占地面积 4666.7m^2，建筑总面积约 2546m^2。

清源山地震观测山洞 2013 年改造后主要为安装测震、形变和重力观测设备，并分别预留了比测观测墩，其中测震摆房 60m^2、形变山洞观测房 300m^2、流体观测房 15m^2。该山洞位于泉州市清源山风景区内。观测山洞大致分为三个区域：记录区、通道区、观测区。洞内共有观测室 5 间，测震比测室、甚宽频带地震计和加速计观测室、超宽频带地震计观测室、重力垂直摆观测及比测室，记录室 1 间放置数据采集器和通信系统。山洞外设 UPS 供电房 1 间。如图 14.1－2 所示。山洞内目前正式运行的形变仪器有：钻孔体应变仪（型号：TJ-2C）、水管仪（型号：DSQ，近东西和近南北各布设一条，长度 25m）、伸缩仪（型号：SS-Y）、垂直摆（型号：VS）和相对重力仪（型号：G-Phone）。测震仪器有 M2166-VBB 360S 超宽频带地震计、STS-2.5 120S 甚宽频带地震计，guralp 3t 360S 甚宽频带地震仪（同济大学项目）、CTS—1EF 甚宽频带地震计、加速度计等。

泉州地磁台是泉州基准地震台的组成部分，台址位于南安市洪濑镇厝斗产田村。观测区距离台部约 27km，占地 18316m^2，建筑面积为 1179m^2。仪器观测房设有绝对观测室、相对记录室、矢量仪观测室、比测亭以及电器室。主要配备有相对记录仪器：FHDZ-M15 地磁总场与分量组合观测系统、GM4 磁通门磁力仪、GSM－19FD dIdD Overhauser 矢量磁力仪（加拿大）；绝对（人工）观测仪器：MINGEO-DIM 磁通门经纬仪（匈牙利）、CTM-DI 磁通门经纬仪、G856 核旋仪、GSM-19W Overhauser 磁力仪（加拿大）以及地电场、气象三要素、ELF 等 10 套仪器。

泉州地震台监测设备配置情况，见表 14.1－1。

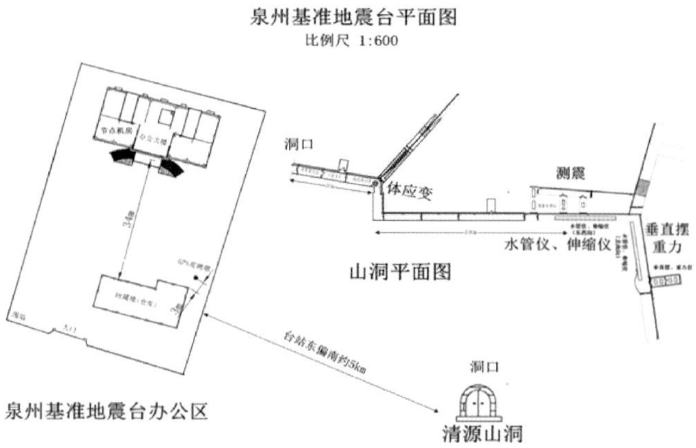

图 14.1-1　泉州地震台建筑物分布平面示意图

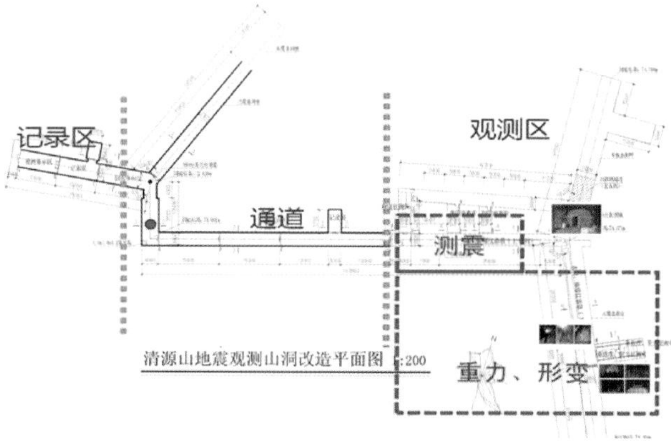

图 14.1-2　泉州清源山地震观测山洞平面布局图

图 14.1-3　泉州地震台办公监测楼

图 14.1-4　泉州地磁台全景图

表 14.1-1　泉州地震台监测设备一览表

序号	仪器名称	仪器型号	生产厂商	所属学科	运行时间	项目来源	通信方式
1	超宽频带地震计	M2166-VBB	美国凯尼	测震	2013	其他设备	以太网
2	甚宽频带地震计	STS-2.5120s	美国凯尼	测震	2013	其他设备	以太网
3	数据采集器	Q330HRS	美国凯尼	测震	2013	其他设备	以太网
4	甚宽频地震计	CTS-1E	武汉地震科学仪器研究院	测震	2015	其他设备	以太网
5	加速度计	SLJ-100	中国工力所	测震	2016	其他设备	以太网
6	数据采集器	EDAS-24GN6	北京港震机电技术有限公司	测震	2015	其他设备	以太网
7	水管倾斜仪	DSQ	中国地震局地震仪器研究院	地形变	2015	“十五”	以太网
8	铟瓦棒伸缩仪	SS-Y	中国地震局地震仪器研究院	地形变	2015	“十五”	以太网
9	垂直摆倾斜仪	VS	中国地震局地震仪器研究院	地形变	2015	“十五”	以太网
10	体积式钻孔应变仪	TJ-Ⅱ	中国地震局地震仪器研究院	地形变	2015	“十五”	以太网
11	相对重力仪	G-phone	LRS	重力	2016	“十五”	以太网
12	磁通门经纬仪	CTM-DI	博飞	电磁	2006	“十五”	
13	磁通门经纬仪	MINGEO DIM	匈牙利	电磁	2009	“十五”	
14	质子旋进磁力仪	G-856AX	不详	电磁	2007	“十五”	
15	Overhauser 磁力仪	GSM-19FD	加拿大	电磁	2007	其他设备	RS232
16	磁通门磁力仪	GM4	地球所	电磁	2007	“十五”	以太网
17	总场与分量组合观测系统	FHDZ-M15	地球所	电磁	2007	“十五”	以太网
18	气象三要素	WYY-1	地壳所	电磁	2007	“十五”	以太网
19	地电场仪	DZ9A-Ⅱ	地壳所	电磁	2007	“十五”	以太网

14.2 现状问题

泉州台新监测楼存在无明显的行业标识，办公场所标牌、制度牌和流程牌不够规范，机房机柜布线不够标准等。

清源山地震观测山洞无明显的行业标识，强弱电桥架锈迹斑斑，无观测场地标识标志牌，仪器设备无固定、无保温装置，记录室线路凌乱，机柜无固定、布线不合理，山洞口杂草丛生、形象不佳等。

地磁台观测房外观涂装陈旧龟裂，办公楼和观测场地无明显的行业标识，观测室内仪器布线不规范、机柜布线随意且凌乱，仪器设备和机柜无加固、无标识标志等。

对照地震台站标准化设计要求，台站主要存在以下问题：①台站外观行业识别度低，未体现行业特点，台站铭牌、仪器标牌等缺乏或不符合《中国地震局视觉形象识别手册》要求。②机房机柜各设备线路在历史维修中废弃线多，光纤跳线直接熔接未能妥善处理，机柜整体布线凌乱不堪，线路标识不清；仪器主机操作台下也由于设备预留线路过长杂乱无章。③传感器安装无固定装置或达不到标准要求，台站供电防雷措施和防雷等级不够，观测室内电源防雷器等级不够，观测园区环境欠整治。

14.3 设计实施

针对台站外观形象及标识标志，内外部综合布线及设备防震加固方面存在的问题，为实现“观测布局合理、防震加固科学、综合布线规范、标识标志清晰”的标准化改造目标，根据地震台站标准化设计要求，对泉州地震台标准化改造设计如下：

14.3.1 观测布局设计

1. 观测室布局设计

泉州地震台本次标准化改造着重进行观测室布局设计的主要是清源山地震观测山洞中观测区部分的形变、重力观测区和测震观测区以及泉州地磁台地磁监测楼机房、电气室（地电场观测室）、绝对观测室、和相对观测室。

示例：重力和垂直摆观测室内部设计方案

泉州台 G-phone 相对重力与 VS 垂直摆倾斜仪共用一个观测室。该观测室是在观测山洞中另行修建的“洞中屋”，防潮、保温、抗干扰性能优越。观测室长 11.4m，宽 3.6m，分内外两室，分别设置两个 2m×1m 的观测墩。外室为比测室，内室为重力和垂直摆观测室。G-phone 相对重力仪与 VS 垂直摆倾斜仪分别安装在两个观测墩。

G-phone 相对重力仪传感器与数采之间线路长度约 2m，数采之间安装在观测室墩边数采箱内，用仪器自带的数据线与传感器相连。数采直接通过山洞内部光纤接入记录室的网络。

VS 垂直摆倾斜仪传感器与模拟放大部分线路长度约 1m，探测线直接从墩面拉到墩边模拟放大部分，模拟放大部分距离数采约 50m，线路从观测室线槽通往洞壁架空线槽，最后到达记录室机柜数采。

针对重力和垂直摆观测室布线不规范、仪器无加固等问题，需改造主要内容为：地面铺设工程塑料地板，仪器线路布设在塑料地板内，达到整洁美观；仪器加装固定装置并加装防护罩；由于重力仪传感器与数采之间信号线以及垂直摆倾斜仪传感器与模拟放大部分信号线长度均较短，在两个观测墩之间设一座600mm×800mm×1200mm 不锈钢机柜，用于安装重力仪数采和垂直摆倾斜仪模拟放大器以及电源分配器与通信设备等；机柜固定在原始地面；布设枪式红外摄像机 2 个，实现对机柜数采设备的监控。见图 14. 3 - 1、图 14. 3 - 2。

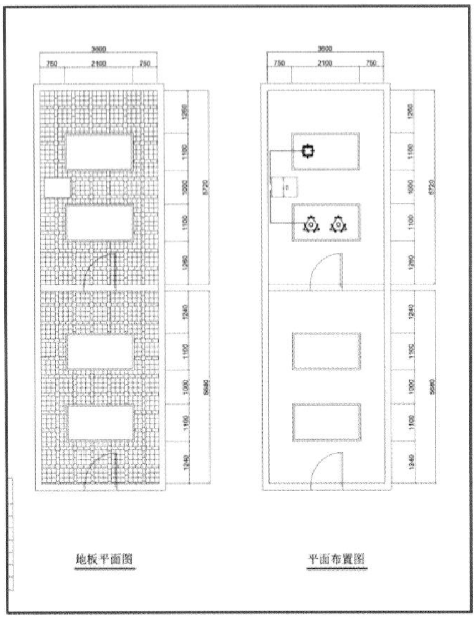

图 14. 3 - 1　重力和垂直摆观测室平面布局图

图 14. 3 - 2　重力和垂直摆观测室布局效果图

2. 仪器机柜配置设计

示例：清源山观测山洞记录室机柜配置。

山洞记录室配置两台尺寸为600mm×1000mm×2000mm 的 42U 标准机柜，用于放置公共设备和专业设备。鉴于山洞潮湿易腐蚀的因素，设备机柜板材采用优质 304 不锈钢钢板制作，要求方孔条不小于 2mm，安装樑不小于 1. 5mm，其他不小于 1. 2mm，颜色为黑色；标准设备嵌入采用螺丝前固定，非标设备放置采用托盘固定；托盘数量不少于 6 个，加固支撑安装应平稳牢固；机柜配置承重固定装置，机柜左侧理线槽固定电源线缆，右侧理线槽固定信号线缆（信号、通信、控制等）；机柜的横向和竖向安装理线槽，理线槽内的线不再绑扎；机柜采用专用抗震底座固定，详见机柜固定图示。专业设备机柜其中 01U—30U 为公共设备区，依次放置线缆收纳箱、防雷集成箱、电源分配单元和配线架，30U 以上区域为专用设备区，依次放置垂直摆倾斜、伸缩仪、水管仪等专业设备；公用机柜其中 01U—30U 区域内容依次放置线缆收纳箱、电源设备、防雷集成箱、电源分配单元等，30U 以上依次放置交换机、光端机、路由器、服务器、显示器等现场设备。

14. 3. 2　标识标志设计

外观设计主要目的是为体现地震监测行业属性，提高辨识度，并明晰仪器设备信息、线路线缆走向等，提高后期维护检修效率。主要内容：包括场地类、设备类、线缆类、通用类等4类。泉州地震台标识标志设计主要包括以下内容：

1. 场地类标牌

（1）台站标牌、标志、门头牌、导视牌、户外栅栏宣传牌等场地类标志牌。以泉州台本部为例，办公楼楼顶安装中国地震局发光徽标灯箱；门头安装“徽标+福建泉州地震台”立体字；台站大门左侧墙体，安装“防震减灾造福人民”标牌；大门右侧安装“福建泉州地震台”单位名称标牌；围墙栅栏安装行业精神等宣传广告牌。

图 14.3-3　泉州台主入口设计效果图

（2）站点名称、观测项目、警示标牌。适用范围：野外无人台站；标牌尺寸：600mm×400mm；标牌材质：不锈钢材质；安装位置：台站门口合适位置，大致为人站立时目视高度（1500~1800mm）；警示标牌标示：地震监测设施严禁盗窃破坏。

图 14.3-4　场地类标志牌示例

（3）台站观测室标牌、科室牌。标牌尺寸：300mm×100mm；标牌材质：基材应选择不锈钢材质；安装位置：综合台内设的观测室如测震观测室、形变观测室以及办公室、运维室、会议室等门口合适位置，大致为人站立时目视高度（1500mm 左右）。

图 14.3－5　场地类标志牌示例 C（台站观测室标牌）

2. 设备类标牌

适用范围：地震专业设备和公用设备。

标牌尺寸：180mm×35mm。

标牌材质：基材不锈钢/铝合金材质或聚丙烯材质；聚丙烯材质符合 UL969 标准，背胶采用永久性丙烯酸类乳胶。

安装位置：安装在设备机柜内相应仪器上方 1U 盲板的正中间。标识内容：设备名称、厂商型号、设备编号、启用日期，字体为加粗黑体。

图 14.3－6　设备类、线缆类标志牌示例

3. 线缆类标识牌

（1）适用范围：适用于各类线缆收纳箱，明铺或置于防静电地板下的各类线管、线槽，桥架。

标牌尺寸：180mm×35mm。如图 14.3－6 后两个示例。

标牌材质：线缆收纳箱标牌的基材可选择不锈钢/铝合金材质或聚丙烯材质；线管、线槽、桥架标牌为聚丙烯材质；聚丙烯材质，符合 UL969 标准，背胶采用永久性丙烯酸类乳胶，室内使用 5~10 年。

安装位置：

①仪器设备机柜标识安装在机柜门板正方，线缆收纳箱标识安装在其左上方。

②线管、线槽、桥架等标识应粘贴在明显位置，对于较长线槽、线管、桥架，每隔 5m 进行 1 次粘贴。

标识内容：线缆收纳箱线缆标识说明标识线缆内容，线管、线缆桥架说明起止位置及其中线缆类型。

（2）适用范围：观测室墙面管线口的标识，类型为标牌。

安装位置：墙面管线口标牌粘贴在墙面管线口穿墙附近的空白位置。

标牌尺寸：200mm×100mm。

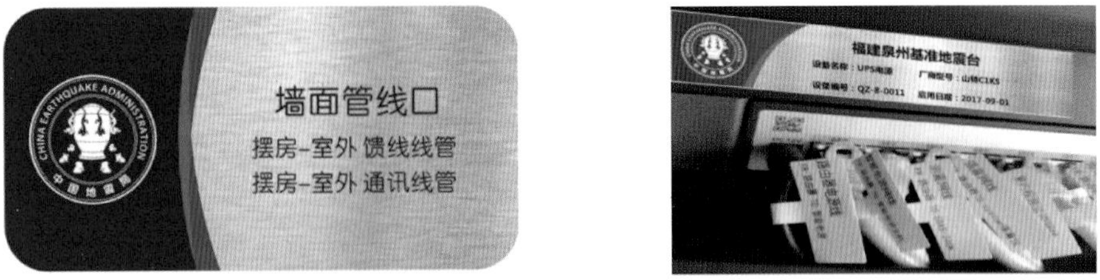

图 14.3－7 线缆类标志牌示例

标牌材质：墙面管线口标牌不锈钢/铝合金材质或聚丙烯材质，聚丙烯材质符合 UL969 标准，背胶用永久性丙烯酸类乳胶。

标牌内容：墙面管线口标牌应说明线管、线槽、桥架的起始位置及内铺线缆的类型。

（3）适用范围：供电线、仪器信号线、网络通信线、其他线缆、接地线等线缆。

粘贴要求：T 形标签在室内明铺或线槽桥架内线缆每隔 3m 做 1 个标志，T 形标签贴标后其标签内容与标记线缆平行；F 形标签用在距接头或仪器端 3~6cm 处线缆、接地线标志，F 形标签贴标后其标签内容与标记线缆垂直。

标签材质：符合 UL969 标准，基材为聚丙烯类材料，背胶采用永久性丙烯酸类乳胶，室内使用 5~10 年。

标签内容：网络通信线（本对端信息、IP 地址等信息），信号线等（型号、名称及线缆连接类型等）。

4. 通用类标牌

（1）室内展板：安装于台站各类观测室内墙面展示位置。如台站规章制度及维护维修流程图等。

标牌尺寸：一般为 750mm×1050mm，根据场景等比缩放。

标牌材质：高透亚克力材料 UV，加宽度 4cm 开启式铝合金边框。

（2）桌面标牌：职能桌牌，根据台站岗位职能制作。包含徽标、泉州地震台名称、岗位等元素的桌摆，如前兆数据处理、数据跟踪分析、测震数据处理、日常办公等。

（3）通用类标牌：提示类、警示类、生产生活类标识。安装于相应设施的表面或附近的明显位置。

标牌尺寸：200mm×120mm，厚度宜为厚度 1.5mm。

标牌材质：PVC 材料，反光膜，UV 印刷或丝网印刷。

14.3.3 防震加固设计

防震加固主要包括地震专业设备、公用设备、观测场地及设施，同时，还要区别标准设备和非标准设备等，进行差异化设计。

（1）仪器机柜及内部辅助设施加固：机柜直接安置于地面的，机柜底部与原始地面采用膨胀螺丝固定；对于安装了防静电地板从机柜底部进线的机柜，机柜底部安装支架，机柜底部与支架通过螺丝固定，支架与原始地面通过膨胀螺丝固定；将机柜、底座、地面连接为一个整体，提升抗震性能。机柜内配置的线缆收纳槽，采取前、后导轨同时固定的方式。

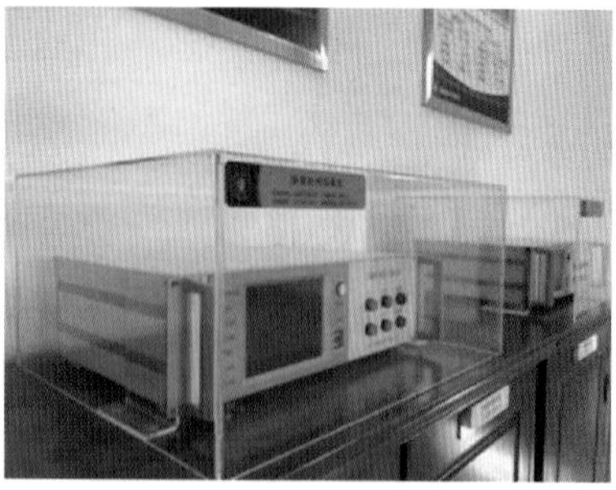

地磁数据采集器

非标小型设备加固

图 14.3-8　防震加固示例

（2）机柜内设备加固：机柜内安装金属隔板用于安置相关设备。测震和强震数据采集器、前兆观测设备主机、智能电源、机架式 UPS、交换机等标准设备，采取前面板螺丝固定方式。

（3）非标小型设备加固：路由器、光纤猫等采取工字形卡槽方式进行固定；蓄电池安装金属条及连杆装置，固定于金属隔板上。

（4）专业仪器设备加固：根据仪器外形尺寸定制不锈钢固定支架，起防止倾覆。防护罩与观测墩采用防震垫隔离安装。地磁数据采集器，利用富有韧性的有机玻璃扣件，用铜螺丝将数据采集器固定在专用桌面上，外加有机玻璃防尘防护罩；桌体用弱磁（纯铜或高纯度不锈钢）固定装置分别与墙面或地面进行固定。

（5）观测场地加固：放置专业仪器设备的专用桌，用固定装置分别与墙面和地面进行固定；专用计算机通过夹持式装置固定于桌面，桌体通过固定装置固定于原始地面，将线路固定布设在集线槽内。

14.3.4　综合布线设计

台站所有与观测系统运行有关的各类线缆线路做统一规划、规范布设。

（1）室外线缆布线设计：采用套入金属管或 PVC 管埋地（墙）或嵌入线槽铺设；埋地铺设的线缆，埋地深度不小于 0.7m；线缆铺设走向的明显位置处，每隔 10m 做标识；进入观测室前，线缆做防强风、防雨水倒灌等安全保护措施；在线缆进入观测室前的外墙位置处做标识；当线缆穿越楼层或墙体时，对孔洞处线缆做保护。

（2）室内线缆布线设计：在线缆进入观测室后的内墙位置处做标识；为隐蔽线缆，观测室地面采用工程塑料网络地板铺设，地板下铺设线槽、线管，在线缆铺设走向的明显位置处每隔 5m 标识。各类线路线缆，做好防潮等保护措施；泉州清源山观测山洞内甬道桥架采用防腐蚀性强的不锈钢材料制作；室内线路均采用下走线方式布设，进出机柜线路均从机柜底部走线；交流配电线路通过配置防雷配电箱后采用独立封闭不锈钢桥架引入设备机柜，机架式 PDU 给设备提供交流供电。交流配电线路与弱电配电线路分别采用独立的不锈钢闭式桥架；通信光纤线路，弱电线路含信号线路、直流供电线路、网线、监控线、接地线等与光纤通信线路共用桥架进出机柜。

（3）机柜内线缆布线设计：机柜内强弱电线路分开布设；进出机柜线路通过机柜正面理线器、背面横竖理线槽走线，采用扎带等进行整理固定；设备网线、电源线采用同规格、同颜色导线，网线采用超六类网线，电源线带有 1.5mm^2 多股铜芯软线；室冗余线缆整理放置于线缆收纳箱，如地震计信号线、测震授时信号线等；设备外壳、设备防雷器均采用标准接地线使用线耳良好接地，形成等电位连接。

（4）鉴于地磁观测的特殊性，定制木质卯榫结构无磁工作台，台面放置观测仪器，台下设置双门柜，用于放置传输线缆、电源插排等配套材料或设备；模拟盒（主机）放置在离探头 3m 远的设备台上，信号线缆通过入地埋设的暗管连接模拟装置（或主机），裸露线缆采用 PVC 线槽沿墩壁、地面、墙脚线铺设引入主机；电源线路与信号线路分开布设，不交叉、不缠绕；线路两端做好标识。

14.3.5 台站实施

泉州基准地震台标准化改造范围主要是台站监测楼外观和清源山地震观测山洞标准化改造，以及下属的泉州地磁台标准化改造。实施内容为：提高台站外观形象的辨识度、统一观测室内部风格、规范观测场地和仪器设备的布设、合理布设各种线缆、增加各种设施的标识标牌，按照防潮、保温、配电、接地、防雷等要求，改善台站观测环境。

为了完成泉州台标准化试点改造任务，福建省地震局成立了项目领导小组和项目实施小组。领导小组负责项目申报、资金申请、开展招投标、组织实施等。实施小组在项目领导小组领导下，按照地震台站标准化设计的具体要求，编制并反复讨论修改实施方案，确定改造内容和实施方式，绘制效果图、施工图、示意图等，形成了科学规范的实施方案；实施组成员全程参与现场施工，并具体承担改造项目现场管理，检查监督施工材料和施工工艺，确保施工质量和效果。

泉州台标准化试点改造中，项目组不断总结标准化实施过程中的经验和问题，探索形成具有可实际操作性的推广经验。工作亮点多数被载入中国地震局地震观测台站标准化规范设计要求中作为经典案例，为地震台站标准化设计提供样板。

14.4 实施成果

14.4.1 实施效果

福建泉州地震台站标准化试点改造项目的实施，有着显著的社会效益，主要表现在：其一，显著提升地震台站的行业辨识度，对增强社会公众对地震监测的认知能力有极大帮助；其二，改善台站监测环境和提高监测质量，提升地震台站观测能力和管理水平；其三，为中国地震局全面推广台站标准化建设奠定了基础。

2019 年 1 月，监测司组织了重庆、安徽、陕西、河南、河北、甘肃、云南、江苏、辽宁、新疆等局 38 人赴泉州台进行现场观摩与交流；来泉州台参观调研并予与应用推广的单位还有：广东局、辽宁局大连台、北京局昌平台、浙江局、湖北局、四川局、海南局、贵州局、江西局、西藏局。项目实施取得的成果在国家地震烈度速报与预警工程江西、甘肃、辽宁子项目进行了推广应用，近年来共协助江西局完成 158 个、甘肃局完成 171 个、辽宁局完成 140 个地震预警台站标准化建设任务，取得了良好效果。

14.4.2 部分成果照

15　冬奥会保障晋冀蒙监测能力提升项目

冬奥会保障晋冀蒙监测能力提升项目是中国地震局批准，由中国地震台网中心牵头组织了北京市地震局、河北省地震局、山西省地震局、内蒙古地震局4个单位共同实施项目。

冬奥会保障晋冀蒙监测能力提升项目是在遵循台站建设行业技术规范基础上，充分考虑台站观测环境的复杂性和各台站实际状况及需求，并增加了台站标准化建设设计和改造内容，这对有效提升地震台站对深井地电阻率观测系统的标准化建设起了积极和有意义的作用。为进一步推广北京冬奥会、残奥会地震安全保障晋冀蒙监测能力提升项目的标准化建设与改造成果。

本章节较为系统地阐述了冬奥会保障晋冀蒙监测能力提升项目实施过程的标准化设计、建设内容，并充分展示了项目建设的优秀成果和效益。

15.1　基本情况

冬奥会保障晋冀蒙监测能力提升项目的实施，依托了晋冀蒙交界区域有地电阻率观测测项的地震台站。为此，选取北京通州、平谷；河北阳原；山西大同、代县、临汾；内蒙古宝昌、和林格尔共8个有地电阻率观测台站（图15.1－1），组成北京冬奥会、残奥会期间实时监测晋冀蒙交界区域地震活动的新型地电监测台网，增上地电小极距深井电阻率观测手段（图15.1－2），购置并安装地电阻率仪、数字水位仪及气象三要素仪等专业设备（表15.1－1），按照台站标准化设计要求，改造建设台站供电、避雷、通信等辅助设施，对其地电观测系统、基础设施和辅助设备进行技术升级改造，全面提升该区域地球物理场地电阻率变化观测能力。建设内容有：新建8个地震台站井下地电阻率72口水平观测井，8口垂直观测井，8口水位观测井；共配置16台多极距地电阻率观测仪及恒流源设备、8台水位仪、8套气象三要素仪及辅助设备，组建晋冀蒙交界区域井下地电阻率观测系统，为冬奥会期间该区域的地球物理场监测、地震活动、震情跟踪保驾护航。

表15.1－1　项目主要监测设备一览表

序号	仪器名称	仪器型号	生产厂商	所属学科	备注
1	地电仪	ZD8MI	地壳所	地电	每个台站2台，共16台
2	数字水位仪	SWY-2	地壳所	流体	每个台站1台，共8台
3	气象三要素观测仪	ZKGD3000-M	中科光大	辅助	每个台站1台，共8台

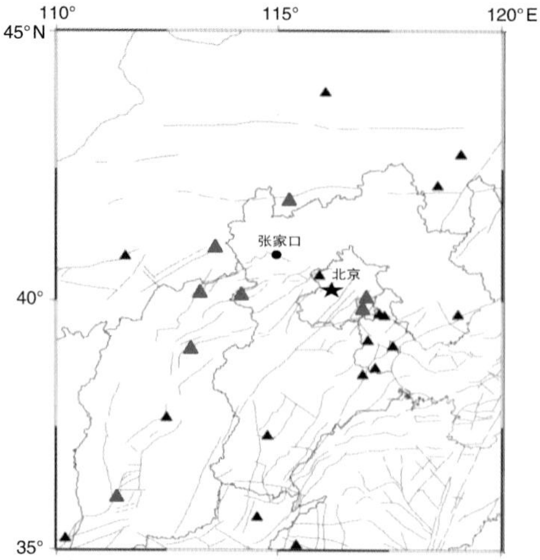

图 15.1－1　冬奥会保障晋冀蒙监测能力提升建设台站分布

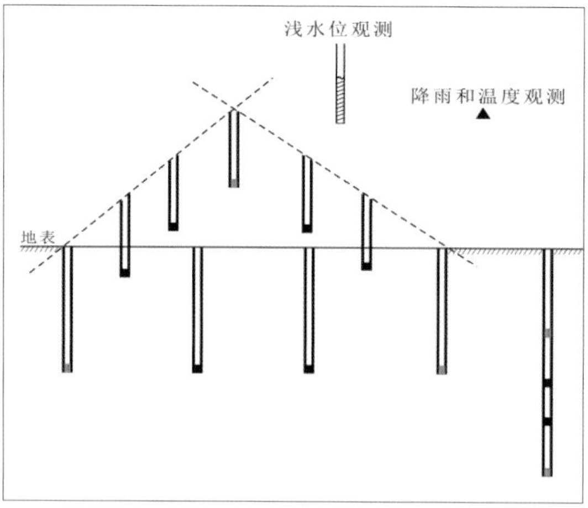

图 15.1－2　观测场小极距井下地电阻率观测布极分布

15.2　项目实施需求

2022 年 2~3 月，北京冬季奥运会、残奥会先后在北京、河北张家口举办。为加强北京冬奥运会、残奥会举办期间，该区域及周边地区的震情监视，确保北京冬奥会、残奥会的地震安全保障工作，中国地震局 2019 年就启动了晋冀蒙监测能力项目建设。北京及张家口市举办冬奥会、残奥会场馆处于晋冀蒙交界区域，该区域是近 40 多年来地震活动最频繁的区域。有记录以来共发生了 8 次 6.0 级以上地震，其中 7 级地震 1 次，最近一次破坏性地震为 1998 年张北 6.2 级地震，至今 6 级地震已经平静 20 多年，该区域近年来微小地震、震群活动频繁，存在着发生 6.0 级以上中强震的潜在危险和背景。晋冀蒙交界区域均位于地震发生危险区内，多条地震活动断裂同时穿过北京和晋冀蒙地区。

实践证明：地电阻率观测资料是开展地震中短期预测预报的有效手段，该区域内及附近台站组成的监测台网（含地球物理地电监测网）观测资料在 1976 年唐山 7.8 级、1989 年大同—阳高 6.1 级震群和 1998 年张北 6.2 级地震发生前都记录到了清晰的中短期异常，表明这些台站所在的地电观测场地能够较好在该区域强震前做出有效的反映。地震预测预报离不开高质量的观测数据，目前，该区域台网多数地面地电观测场台站资料存在较大环境干扰，造成观测数据质量下降和资料应用的不可信，一定程度影响到了地震预测预报工作。为此，采用具有较强干扰抑制能力观测方式就是对台网监测能力进行升级和技术改造，努力提升观测数据质量，保障北京冬奥会、残奥会期间的地震安全，因而在 2021 年底顺利实施完成了晋冀蒙监测能力提升项目，保证了晋冀蒙监测能力提升项目地球物理深井地电监测台网按期投入观测运行，为北京冬季奥运会、残奥会顺利举办、地震安全保驾护航。

15.3　设 计 实 施

冬奥会保障晋冀蒙监测能力提升项目建设场点在北京通州、平谷台站；河北阳原台站；山西大同、代县、临汾台站；内蒙古宝昌、和林格尔台站，为 8 个深井地电阻率观测系统，主要在这些台站原有地面地电观测场地环境下，新增上深井地电阻率观测系统，增加地电小极距井下地电阻率及井下水位、气象三要素观测测项。主要工作内容包括观测井打井建设、观测系统设备采购与安装、辅助观测和标准化建设。本项目建设主要依据 GB/T 19531.2—2004《地震台站观测环境技术要求　第 2 部分：电磁观测》、DB/T 18.1—2006《地震台站建设规范　地电台站　第 1 部分：地电阻率台站》、DB/T 29.1—2008《地震观测仪器进网技术要求　地电观测仪　第 1 部分：直流地电阻率仪》等规范的相关技术要求进行设计。项目设计过程中，充分考虑了台站与观测系统的标准化建设，主要涉及仪器防震加固、观测综合布线、标识标牌标志等方面。实施方案具体设计如下：

15.3.1　观测井建设

以河北阳原台为例，深井地电阻率观测新建 8 口水平观测井，钻井深 100m，孔径 360mm，倾斜度小于井深的 1%；新建 1 口水位观测井，钻井深度 50m，孔径 200mm，倾斜度小于井深的 1%；新建 1 口垂直观测井，钻井深 140m，孔径 360mm，倾斜度小于井深的 1%，井口锁井装置按照标准化要求对电缆进行布线固定，剩余电缆绕紧井口锁井装置定位线盘，经缠绕后插入锁紧销紧固在锁井装置上。

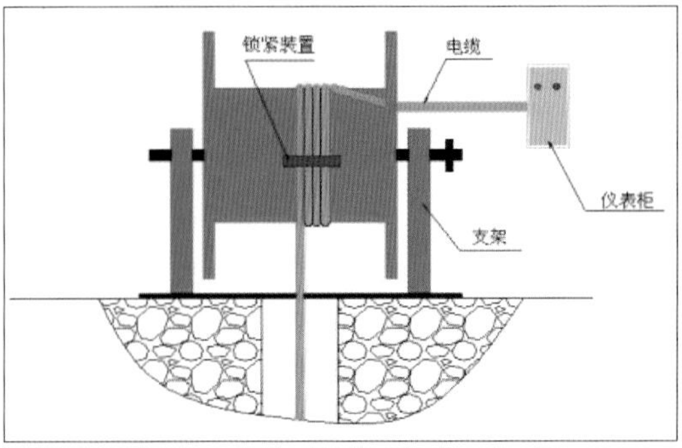

图 15.3-1　井下电缆锁紧装置示意图

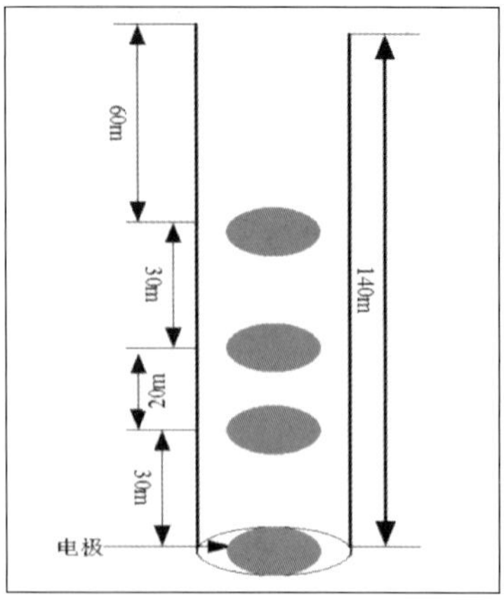

图 15.3－2　水平观测井立面图

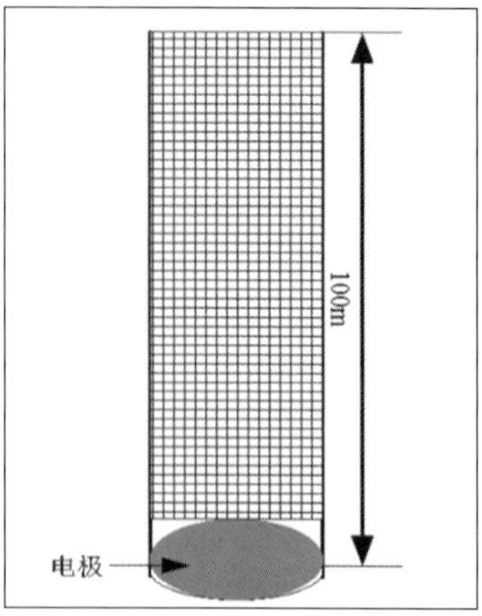

图 15.3－3　垂直观测井立面图

15.3.2　观测系统建设

深井地电观测系统建设包括观测室改造、深井电极制作及下井埋设、沟槽开挖、外线铠装电缆地埋铺设及沟槽回填土方等。

1. 观测室改造

对台站观测室环境进行升级改造，按照标准化要求对观测室进行修缮整理，除了观测室内外墙粉刷、室内照明线路改造、更换防静电地板、吊顶，还需对观测区进行综合设计，规范各类布线，更换机柜、蓄电池，保证台站原有观测仪器设备固定重新安装，对深井地电观测系统及辅助观测新布设一台机柜固定安装设备，机柜上每一台观测仪器与辅助设备都应固定结实牢靠，更新深井地电外线接入的配线盘盒、安装进线标识清晰的玻璃隔断。

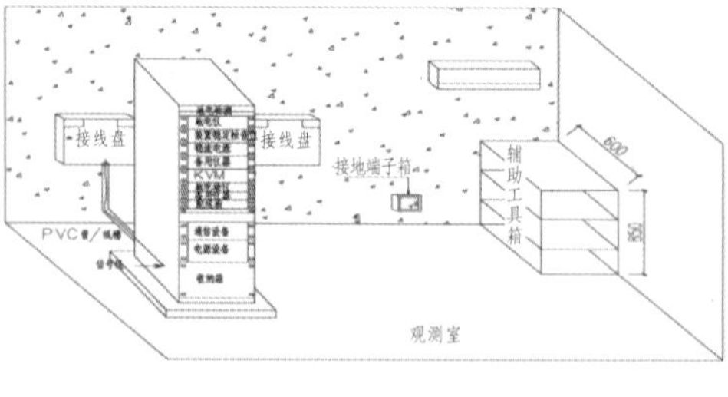

图 15.3－4　河北阳原观测室剖面图

2. 深井电极制作及埋设

根据接地电极制作技术规范要求，购置纯度 99.99%铅板（规格（长×宽×厚）1000mm×628mm×5mm）使用电缆线、铅条、焊枪、锡条、松香，配置自动加热焊锡锅、环氧树脂灌封胶、美工刀、钢刷、砂纸、电钻及铁锤等工具，在地面完成接地电极焊接制作，完成接地线电极焊接后，对焊接点进行密封及绑扎、认真仔细检查焊接点和测试是否合格。接地电极焊接完工后，应在钻孔完成时，及时下井埋设，若出现井孔坍塌，就难以达到预期效果。

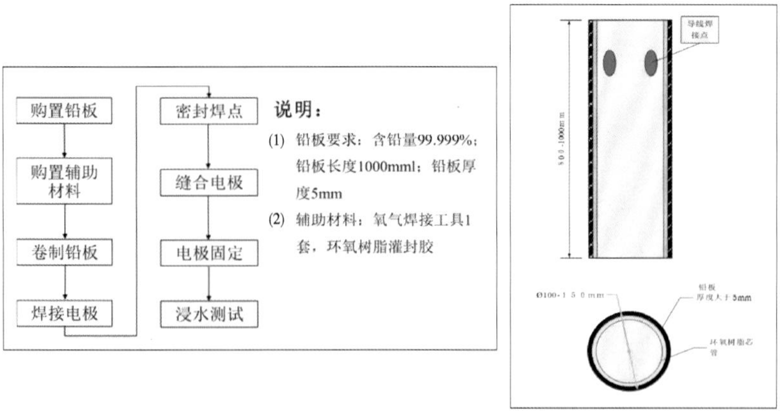

图 15.3－5　深井接地电极焊接制作流程及效果示意图

3. 外线电缆铺设

外线电缆铺设主要包括工程外场地线路铠装电缆铺设及观测室标准化布线两部分内容。外线路铺设采用铠装带屏蔽多股铜芯电缆，分为水平敷设电缆和地电观测井下专用电缆。外线路电缆引入室内供电导线、测量导线经分线器与线路避雷器连接，再经分线器与观测仪器连接，对观测室内的线缆进行标准化规范布线后，进行了标签粘贴或捆扎。

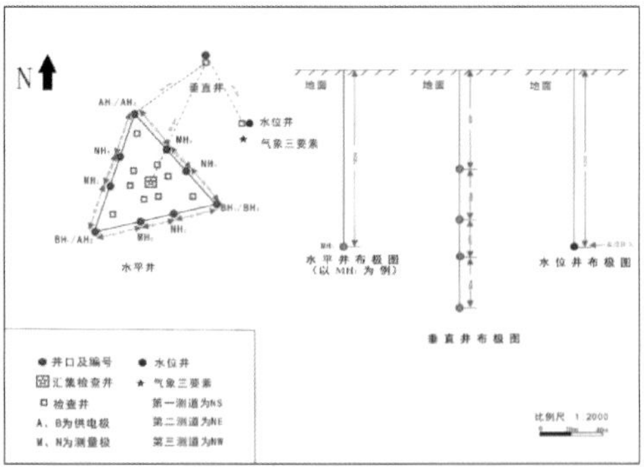

图 15.3－6　山西大同井下小极距地电阻率电缆走线示意

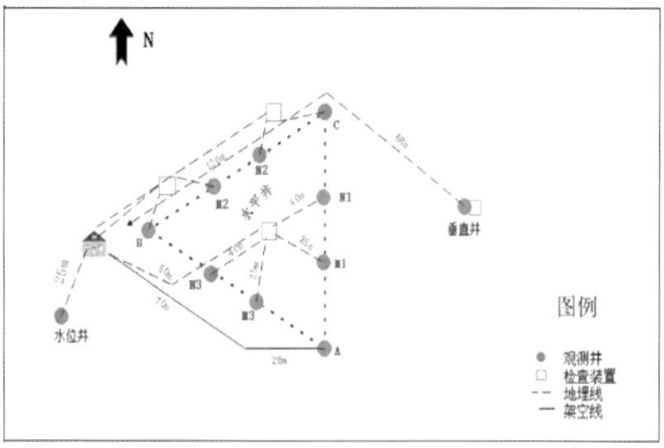

图 15.3－7　山西临汾井下小极距地电阻率电缆走线示意

15.3.3　辅助系统建设

1. 供电系统

阳原地震台深井地电观测系统供电方式设计采用市电+UPS 供电模式。市外供电入室内后，并联接入避雷器进配电箱的限流开关下出，接入观测室内的 UPS 电源，UPS 输出接入仪器的电源插座。市电正常供电时，市电直接对仪器供电并对 UPS 连接蓄电池充电；当市电断电时，自动切换为 UPS 在线逆变供电。UPS 电源给台站全部仪器正常供电，应提供不低于 8 小时时长的供电能力，配置 16 块 120Ah 蓄电池及 1 个电池柜。并对安装仪器智能电源的标准化机柜进行防震加固，机柜下方加装底座，底座与地面用膨胀螺丝进行固定。

2. 避雷系统

台站供电避雷系统采用了 B、C、D 三级防雷装置，避免雷电流通过供电线路进入仪器造成仪器因雷击受损。充分利用原有避雷地网，在观测室四周的镀锌扁钢带状防雷网，还研制了基于物联网的动环及避雷状态实时监视模块，发挥应用的作用。

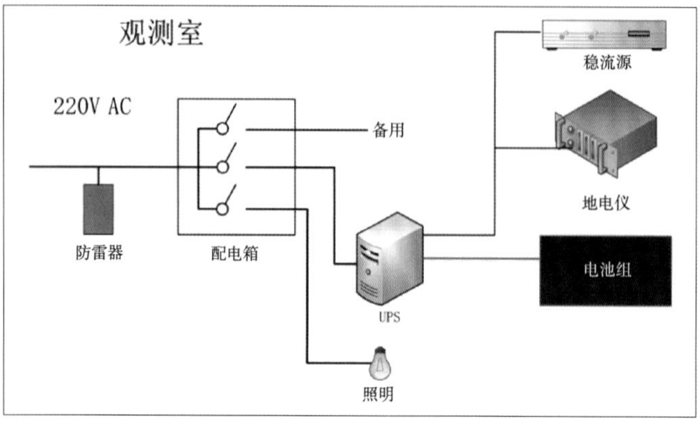

图 15.3－8　河北阳原台供电系统示意图

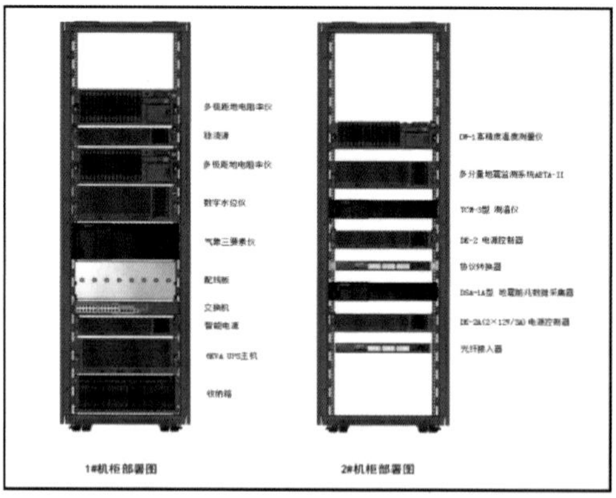

图 15.3－9　河北阳原台标准化机柜固定

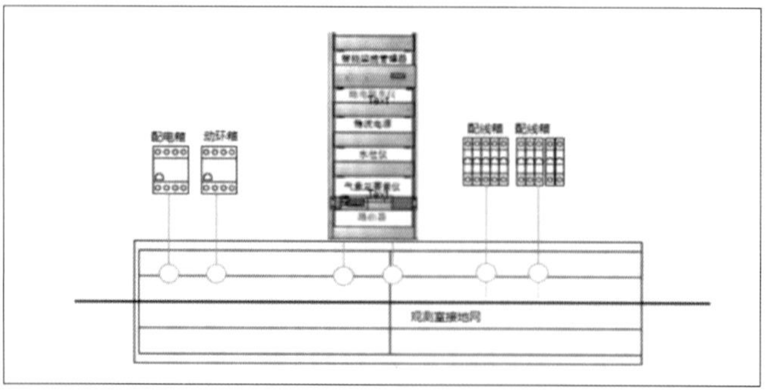

图 15.3－10　避雷接地连接

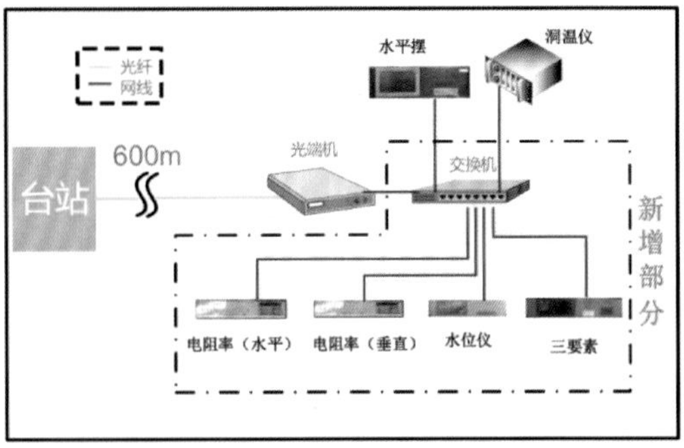

图 15.3－11 深井地电观测网络系统仪器连接拓扑结构图

3. 通信系统

地震台站接入专用光纤，具备网络通信条件，将井下地电阻率观测系统采集数据接入地震信息网络系统。

4. 标识标牌

冬奥会保障晋冀蒙监测能力提升项目进行了台站标准化标识标牌制作设计，包括每一个台站的名称类、观测场地类、仪器设备类、布线缆类。还设计了地电阻率观测室外场地警示牌、检查井标牌、接线盒标牌、线缆标识、电极标牌等。

15.4 项目实施

15.4.1 实施效果

2018 年 9 月 14 日冬奥会保障晋冀蒙监测能力提升项目正式启动，经过近三年的项目实施，截至 2021 年初，8 个地震台站建设的观测系统数据陆续接入地球物理监测台网中心系统。

2022 年 1 月 20 日，冬奥会保障晋冀蒙监测能力提升项目，通过测试专家组测试检查，并给予了较高的评价，验收意见表明：深井地电观测系统产出资料“日变幅小，产出数据稳定，各项指标超出设计要求”。于 2022 年 1 月 21 日，正式通过项目竣工验收。

冬奥会保障晋冀蒙监测能力提升项目的实施，有效增强了该区域的地震前兆异常信息的提取能力，全面提升了晋冀蒙交界区域的微小地震活动监测能力，为北京冬奥会、残奥会的地震安全服务保驾护航；首次实施的台站深井地电阻率成场观测，为井下地电阻率观测系统发展奠定了坚实的试验基础，也为我国地震观测地电学科及管理等培养了一批技术骨干人员。

15.4.2 部分成果照片

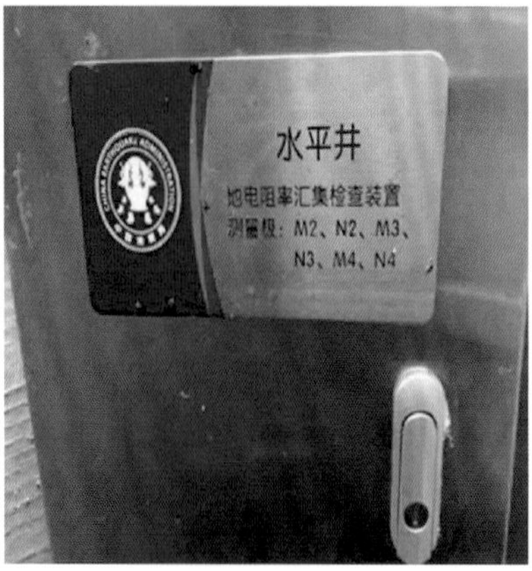
水平井
地电阻率汇集检查装置
测量极：M2、N2、M3、
N3、M4、N4

北京市地震局
地震观测井
井名：西集-3井
完钻井深：51m
200mm
观测层岩性：粘土层、
成井日期：2019-10

附录1　台站外部标识设计效果图

附录 1－1　外部设计说明

一、设计目的

为进一步展现地震台站的行业特色，体现行业精神，针对地震台站外部设计存在题，经过反复论证和探讨，在优化、规范、统一现行标准的基础上，形成一整套能够充现地震行业精神和监测文化内涵，具有鲜明的辨识度和可延展性，统一性与地域特色合，可操作性强的外部设计要求。

二、内容要求

外部设计内容包括台站名称标识、门头标识、导视标识、警示标识、工作制度流程

对于每一个台站来说，结合实际情况灵活变通，根据实际选取所需要的尺寸、工质、内容多少选择版式，以达到最佳效果。

三、设计方向

体块。台站观测室外立面以浅暖灰色为主色调。外部环境其他建筑外立面以浅暖灰主色调，底部腰线为深暖灰色。楼体顶部腰线为科技蓝。

线段/点。外部空间建筑墙体为喷涂浅暖灰色，底部腰线为深暖灰色，顶部腰线喷技蓝、外部围墙等均为浅暖灰色。有国际规定时以国标为准。

材质方向。观测室外立面部分采用喷涂、自喷颗粒漆两个方向，南北方可结合实际选用所需材质。观测室外立面部分均为喷涂工艺。

四、创意说明

（1）地球：承载万物，孕育生命和希望，包容与守护世间一切，体现了我们的行直默默守护，无私奉献，为人民服务的工作精神。

（2）双手：环抱地球的双手，寓意员工携手共同守护地球，保卫美好的家园，筑全家园。

（3）圆弧形：圆润和谐，表示自然，意在合家欢乐，体现天地人和谐共存。

（4）色彩：在《中国地震局视觉形象识别手册》的基础上对蓝色进行升级，突破形象，选用与时俱进的科技蓝，体现行业高科技，点缀希望黄，使整个空间氛围稍显突破以往给人的呆板传统的形象，加入灰色凸显品质。

（5）字体：本设计所涉及的所有字体均为中文简体。

五、辅助图形的衍变

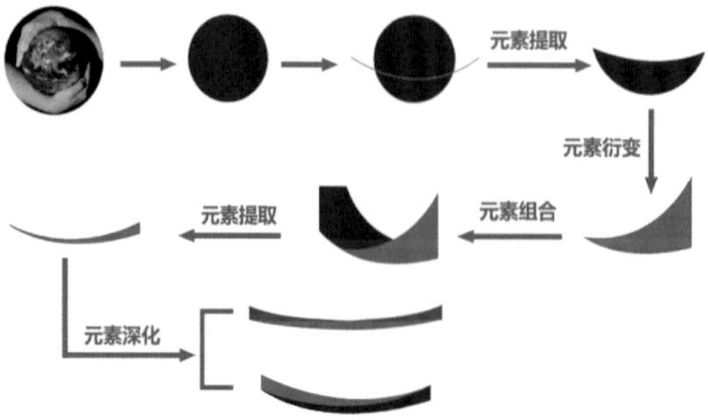

灯箱效果总览图

灯箱版式设计

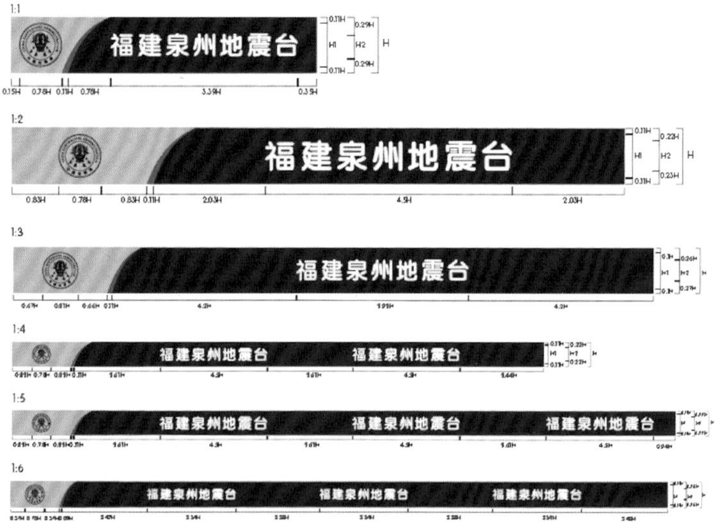

图注：

（1）本图例为楼体灯箱标志。

（2）本图例为可选项。

（3）适用范围：有场地条件的台站。

（4）安装位置：台站显著位置。

（5）材质色彩：严格以样本为准。

（6）其他要求：

①各台站可根据实际情况，选择 6 种版式中的一种。

②应结合本地区和本台站实际，适当进行个性化设计，台站实际设计和现场施工时以美观简洁为标准。

③如遇到特殊情况，除辅助图形及颜色外，台站可按照实际情况调整排版内容、尺寸等。

④台站名称命名暂按现有规范执行，若有台站名称命名新规范发布，按新规范执行。

⑤中国地震局徽标标志必须依据《中国地震局视觉形象识别手册》规定制作，不得随意更改。

附录1－3　台站楼体字设计图

台站楼体字设计

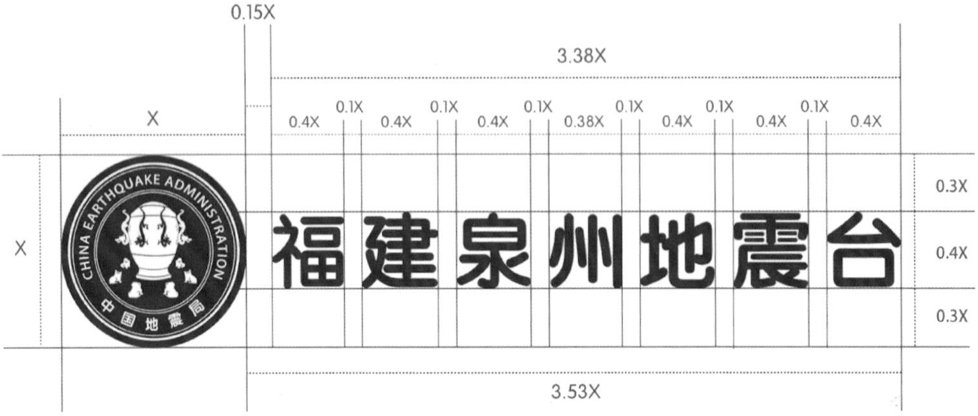

台站楼体字效果图

图注：

（1）本图例为台站楼体字标志。

（2）本图例为可选项。

（3）适用范围：有场地条件的台站。

（4）安装位置：台站楼体顶部位置。

（5）材料要求：材质色彩以实际样本为准。

（6）其他要求：

①楼体字具体尺寸应根据现场楼体长度所决定。设计样例中，以徽标标识的高度为X，字体大小按比例设计。

②应结合本地区和本台站实际，适当进行个性化设计，台站实际设计和现场施工时以美观简洁为标准。

③台站名称命名暂按现有规范执行，若有台站名称命名新规范发布，按新规范执行。

④中国地震局徽标标志必须依据《中国地震局视觉形象识别手册》规定制作，不得随意更改。

附录1－4　台站圆形标设计图

台站圆形标设计

台站圆形标效果图

图注：

（1）本图例为台站圆形标志。

（2）本图例为可选项。

（3）适用范围：有场地条件的台站。

（4）安装位置：台站显著位置。

（5）建议工艺：200mm 厚拉丝不锈钢金属包边喷银漆，3M 灯箱布喷绘。

（6）其他要求：

①安装设施要做隐藏处理。

②应结合本地区和本台站实际，适当进行个性化设计，台站实际设计和现场施工时以美观简洁为标准。

③中国地震局徽标标志必须依据《中国地震局视觉形象识别手册》规定制作，不得随意更改。

附录1－5 台站观测楼外部腰线效果图

台站观测楼外部腰线效果图

A

B

图注：

楼体腰线建议高度为1m（极特殊情况下各地震台根据自己楼型的实际情况决定腰线尺寸和位置）。

（1）应结合本地区和本台站实际，适当进行个性化设计，台站设计和现场施工时以美观简洁为标准。

（2）材质色彩以实际样本为准。

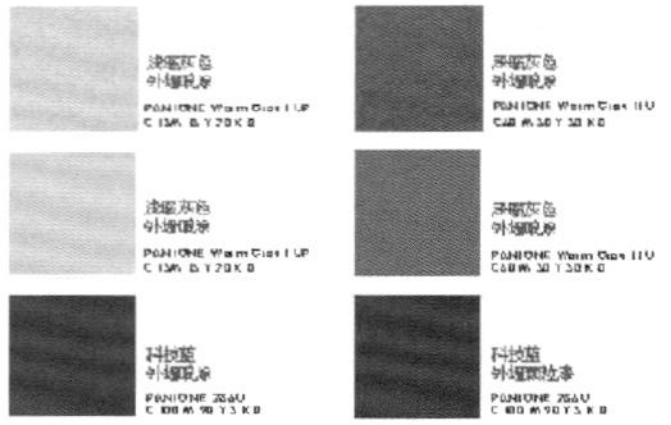

附录1－6　台站业务管理制度标牌效果图

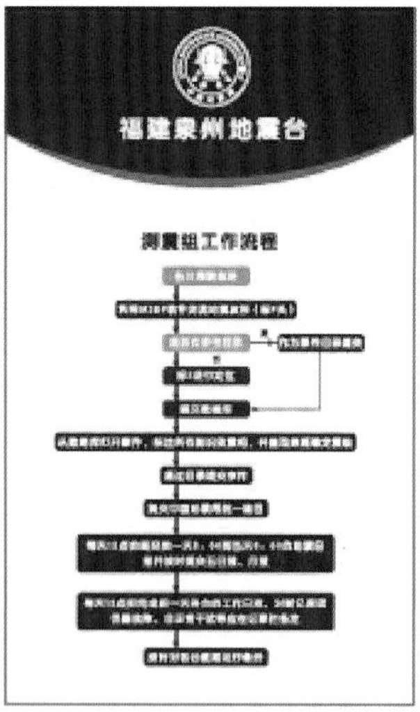

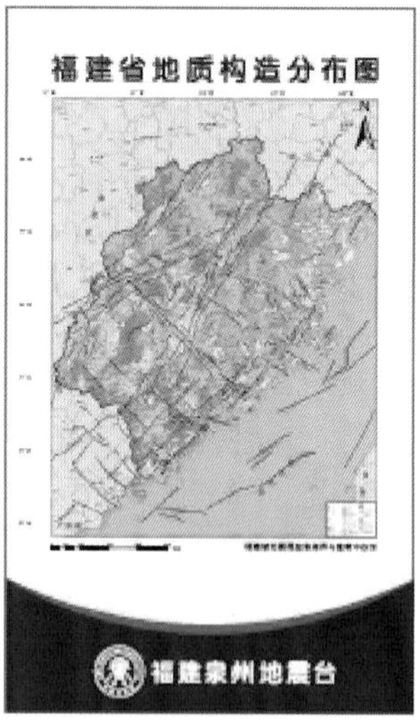

附录 1－7　台站桌牌效果图

台站桌牌效果图

附录 1－8　防撞贴设计图

台站防撞贴设计图

台站防撞贴制作样例

注：距地**1100mm**。

附录 1－9　台站内部门牌设计图

台站内部门牌设计图

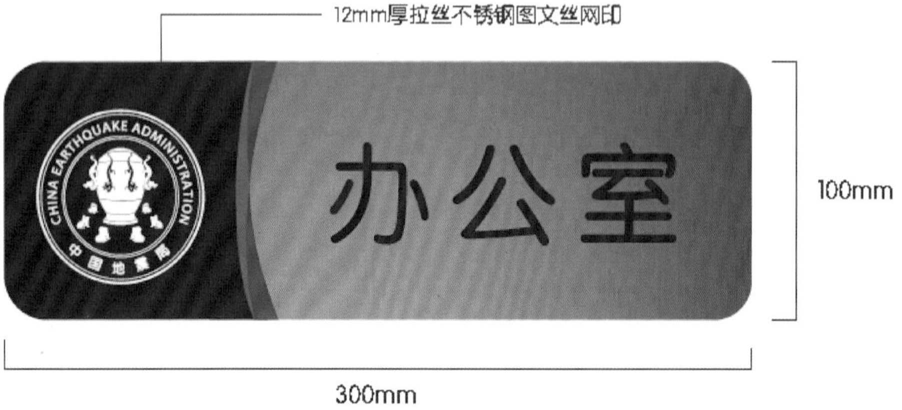

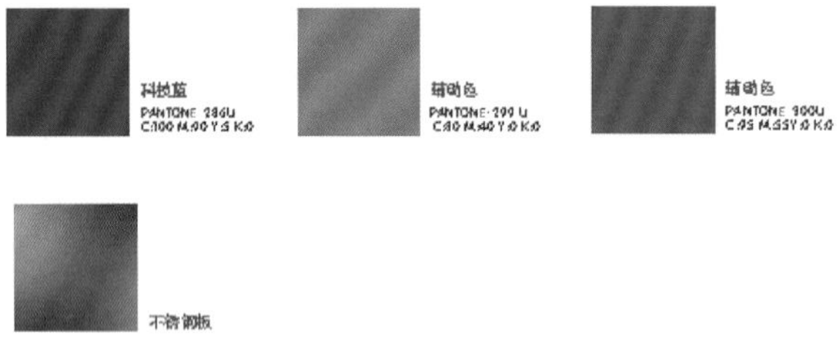

材质建议：
1. 1.5mm 厚的不锈钢单面板
2. 6mm 磨砂亚克力做底

图注：
(1) 本图例为台站内部门牌。
(2) 本图例为可选项。
(3) 材料要求：材质色彩严格以实际样本为准。
(4) 其他要求：
①除字体及颜色外，台站可按照实际情况调整排版内容、尺寸等。
②应结合本地区和本台站实际，适当进行个性化设计，台站实际设计和现场施工时以美观简洁为标准。
③中国地震局徽标标志必须依据《中国地震局视觉形象识别手册》规定制作，不得随意更改。

附录1－10　无人观测站设计效果图

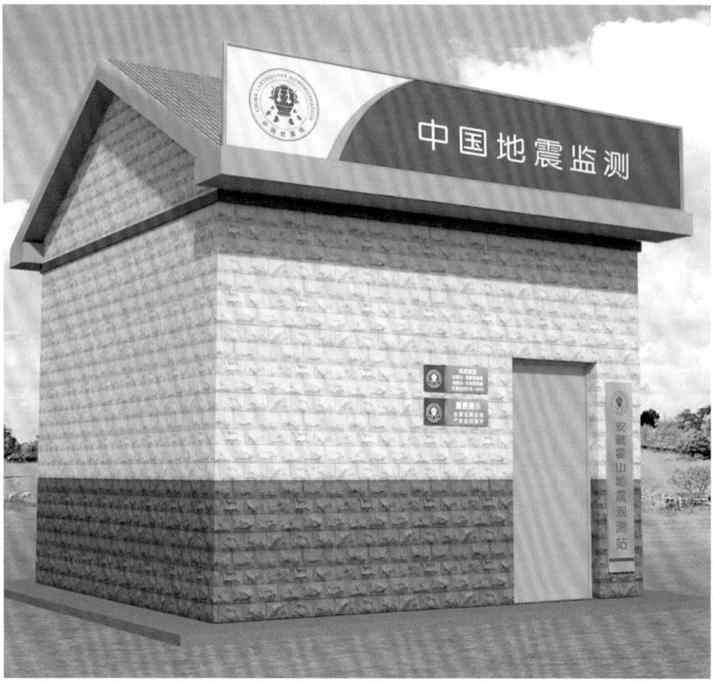

附录 1－11　材质设计说明

材质设计说明

喷涂

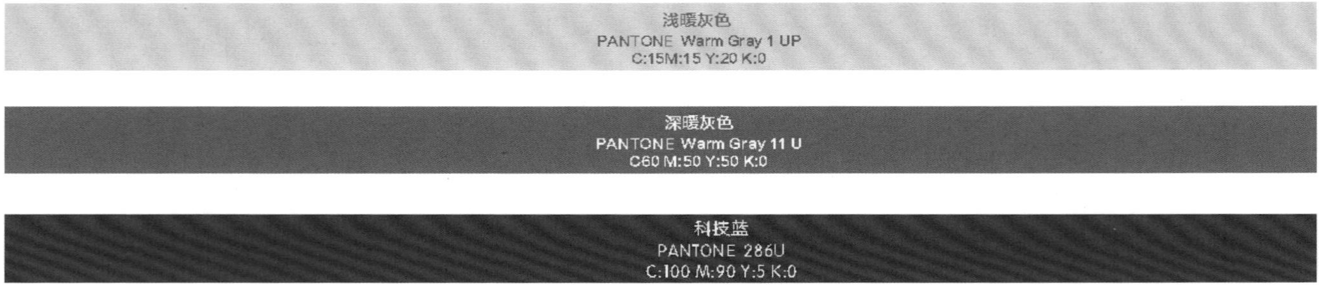

颗粒漆

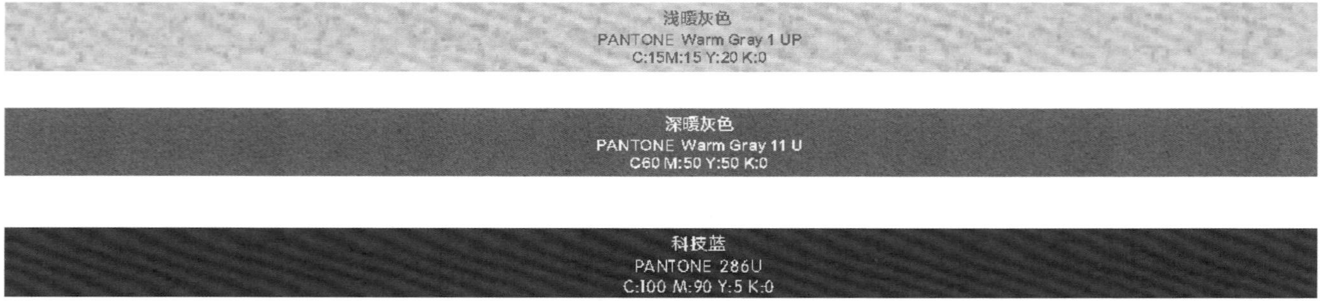

注：结合台站实际情况，可在设计及建设时参考使用。

附录 2　台站内部设计效果图

附录 2－1　测震观测站：地表型透视效果图

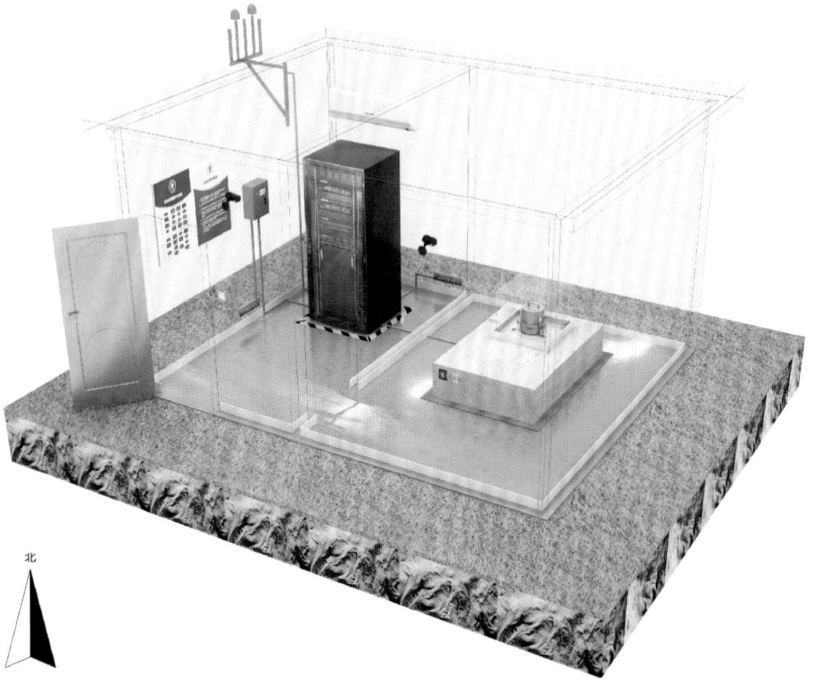

附录 2－2　测震观测站：摆坑型透视效果图

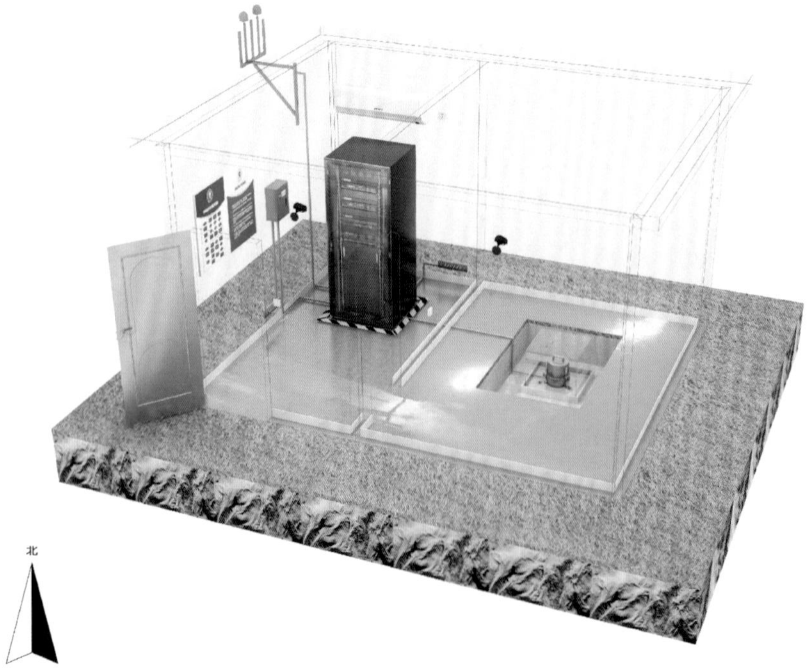

附录2－3 测震观测站：室内井型透视效果图

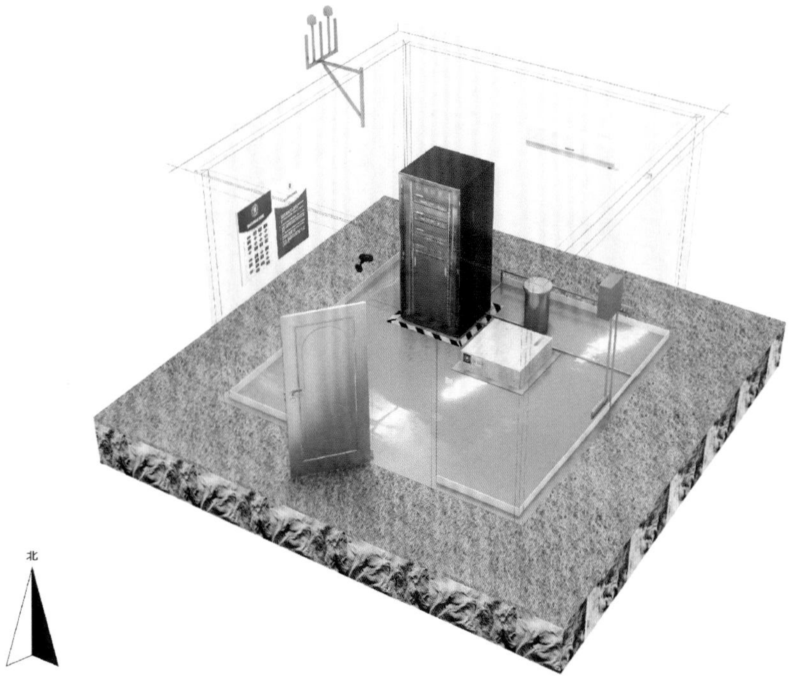

附录2－4 测震观测站：山洞型剖面透视效果图

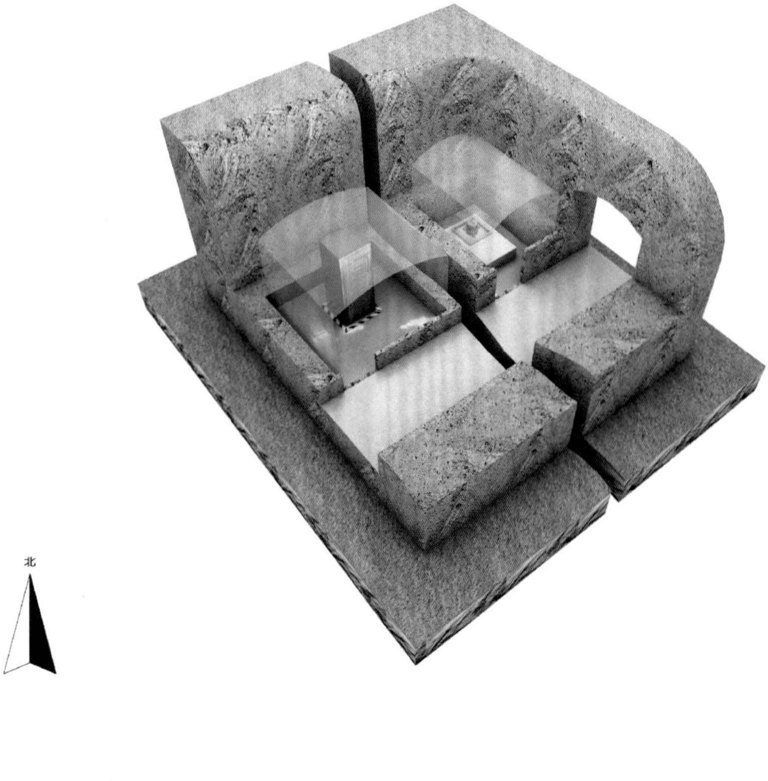

附录2－5　强震动观测站：基本站集成式透视效果图

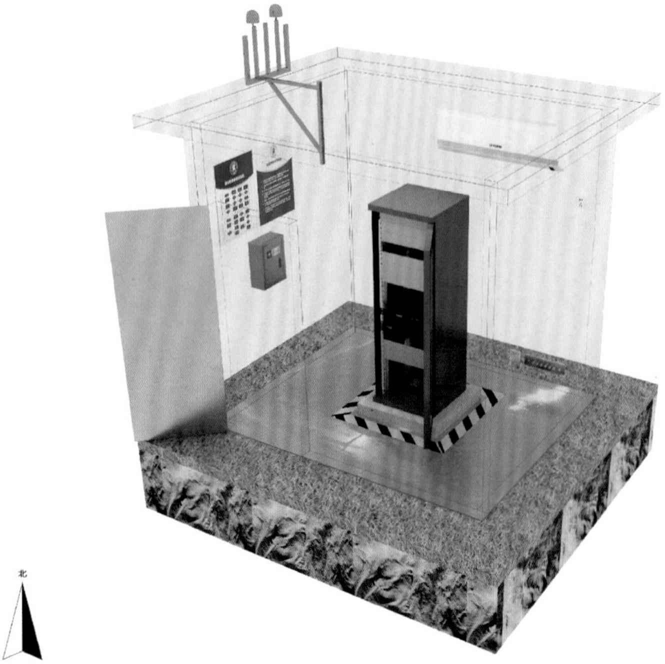

附录2－6　强震动观测站：基本站分离式透视效果图

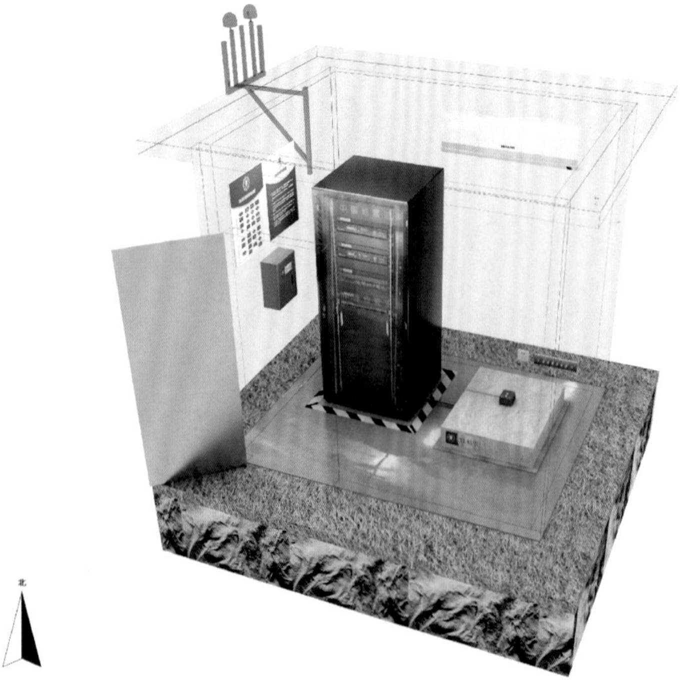

附录 2－7　强震动观测站：室外密封罩式效果图

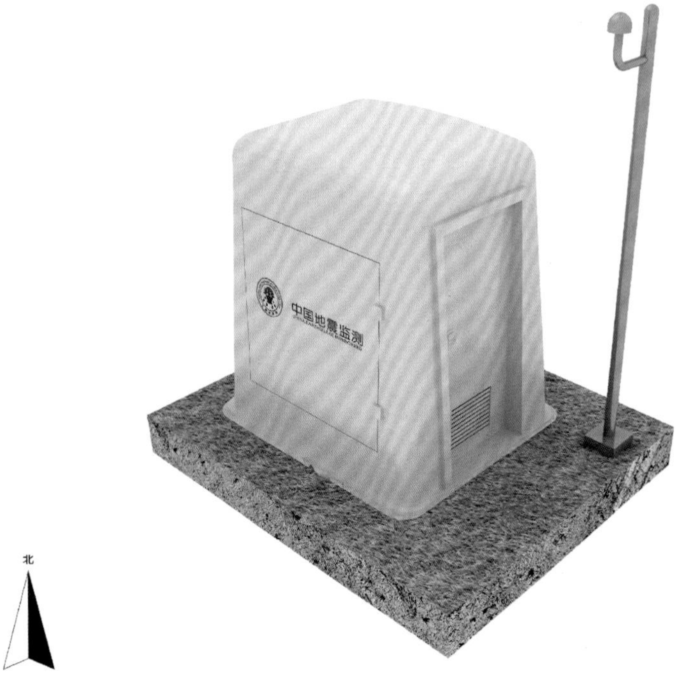

附录 2－8　强震动观测站：室外集成式效果图

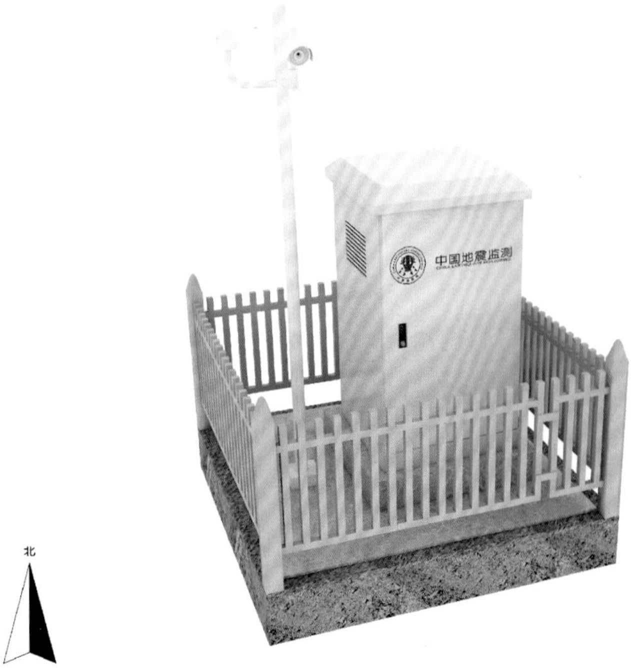

附录 2－9　地磁观测站：绝对观测室效果图

附录 2－10　地磁观测站：相对记录室效果图

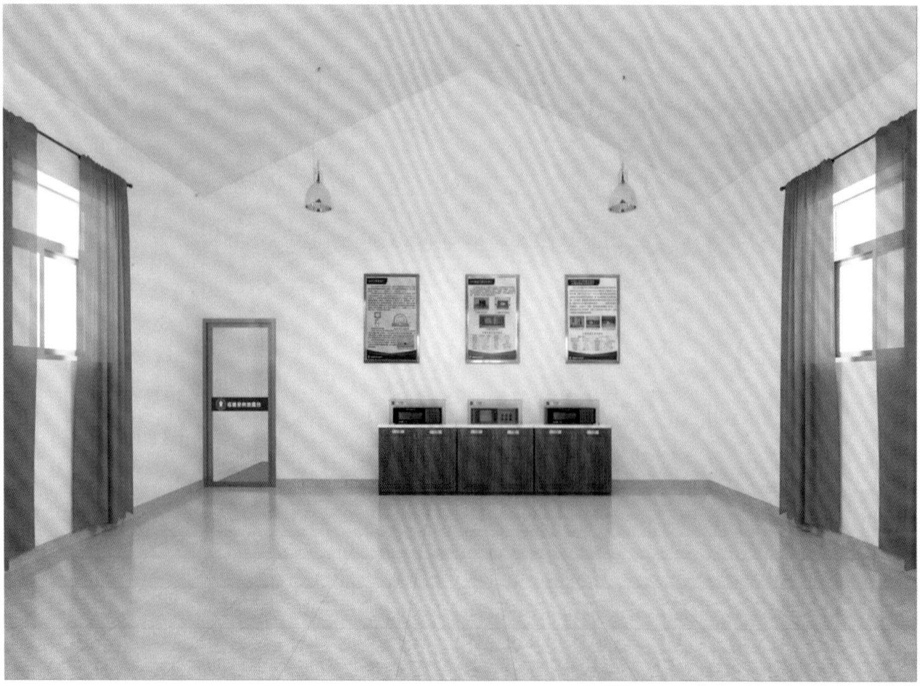

附录 2－11　GNSS 观测站：室内观测墩透视效果图

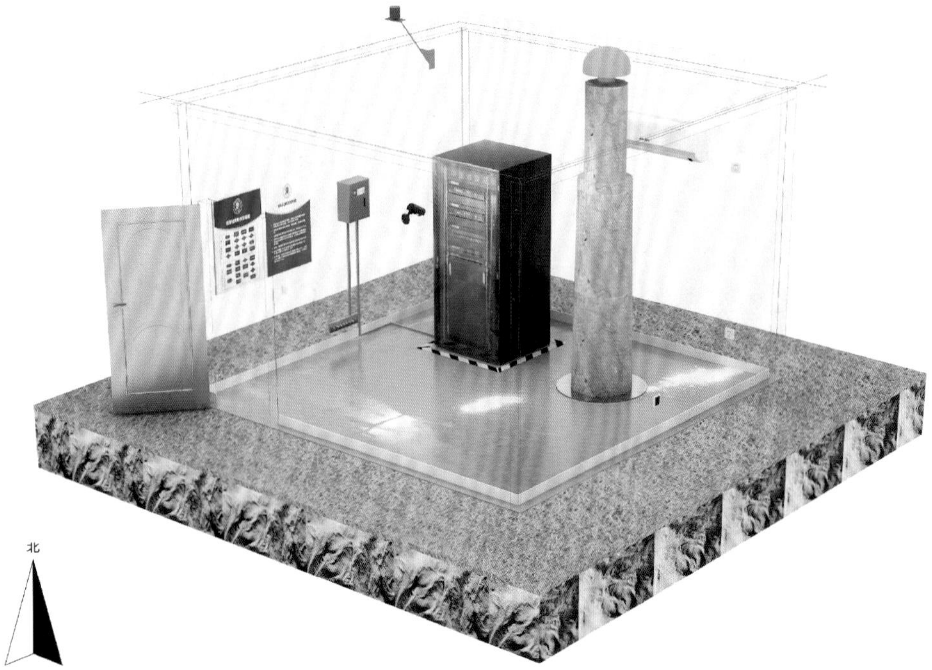

附录 2－12　GNSS 观测站：室外观测墩透视效果图

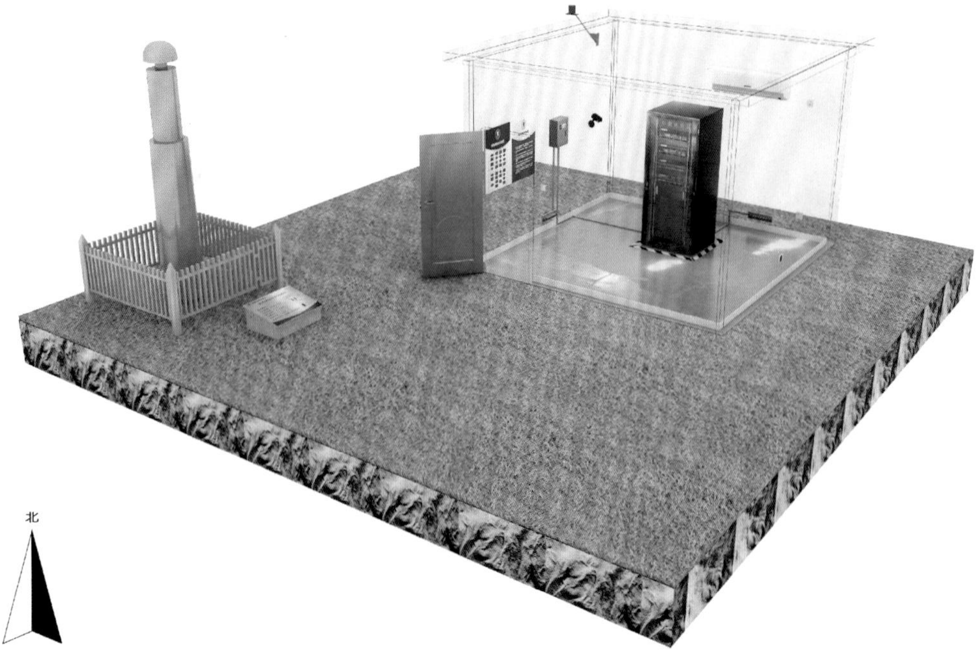

附录 2－13　形变观测站：山洞观测区剖面透视效果图

附录 2－14　形变观测站：山洞观测区透视剖面效果图

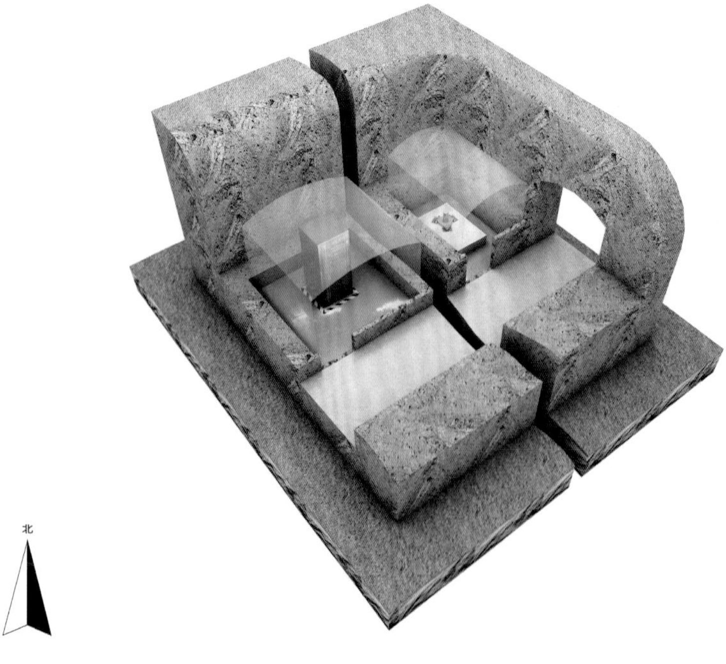

附录 2－15　形变观测站：室外钻孔井透视效果图

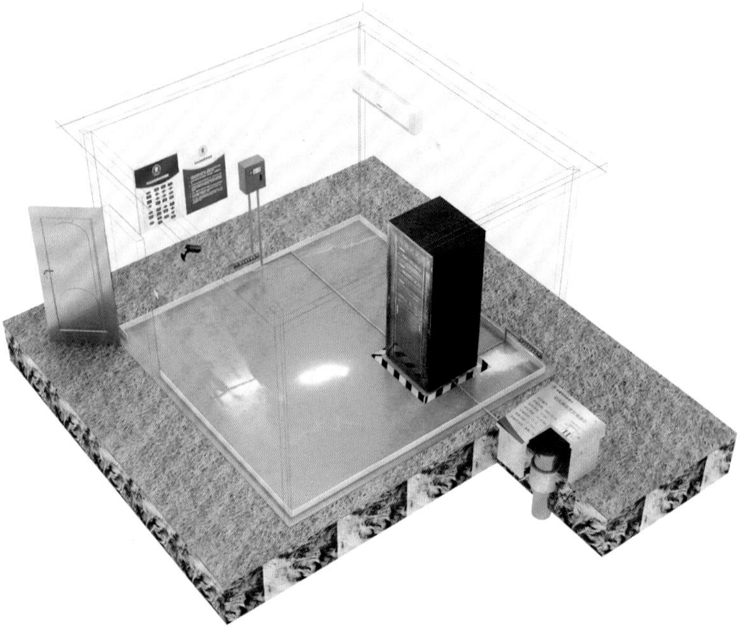

附录 2－16　流体观测站：室内流体井透视效果图

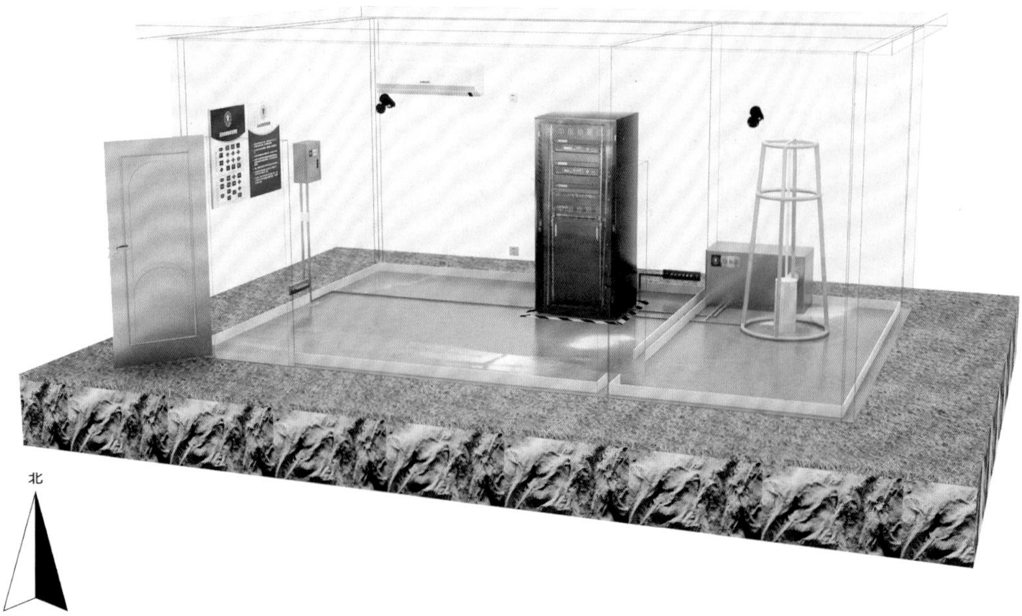

附录 2－17　流体观测站：室外流体井透视效果图

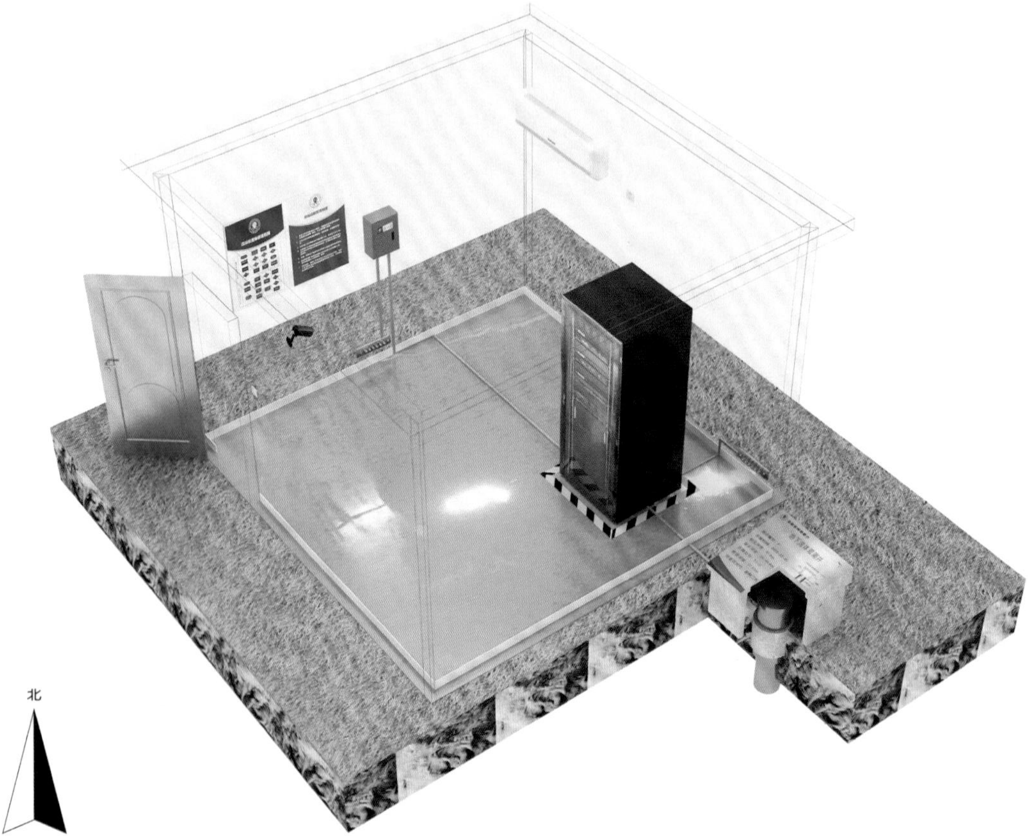

参 考 文 献

DB/T 7-2003　地震台站建设规范　重力台站
DB/T 8.1-2003　地震台站建设规范　地形变台站　第1部分：洞室地倾斜和地应变台站
DB/T 8.2-2020　地震台站建设规范　地形变台站　第2部分：钻孔地倾斜和地应变台站
DB/T 8.3-2003　地震台站建设规范　地形变台站　第3部分：断层形变台站
DB/T 9-2004　地震台站建设规范　地磁台站
DB/T 16-2006　地震台站建设规范　测震台站
DB/T 17-2018　地震台站建设规范　强震动台站
DB/T 18.1-2006　地震台站建设规范　地电台站　第1部分：地电阻率台站
DB/T 18.2-2006　地震台站建设规范　地电台站　第2部分：地电场台站
DB/T 19-2020　地震台站建设规范　全球导航卫星系统基准站
DB/T 20.1-2006　地震台站建设规范　地下流体台站　第1部分：水位和水温台站
DB/T 20.2-2006　地震台站建设规范　地下流体台站　第2部分：气氡和气汞台站
DB/T 60-2015　地震台站建设规范　地震烈度速报与预警台站
DB/T 68-2017　地震台站综合防雷
DB/T 87-2021　地震观测仪器型号编码及名称命名规则

车用太等，2002，地下流体数字观测技术，北京：地震出版社
付子忠等，2003，地震前兆数字观测公用技术与台网，北京：地震出版社
高玉芬等，2002，地震电磁数字观测技术，北京：地震出版社
吴云等，2003，地壳形变观测技术，北京：地震出版社
中国地震局监测预报司，2003，数字地震监测技术系统，北京：地震出版社